国家出版基金项目
NATIONAL PUBLICATION FOUNDATION

国家社会科学基金重大项目（17ZDA323）核心成果
"十三五"国家重点图书出版规划项目

21世纪学习与测评译丛·杨向东 主编

Authentic Problem Solving and Learning in the 21st Century

［韩］高恩静（Young Hoan Cho）
［新加坡］阿曼达·S. 卡雷恩（Imelda S. Caleon）
［新加坡］马努·卡普尔（Manu Kapur）

编著

真实问题解决和21世纪学习

杨向东　许瑜函　鲍孟颖————译

CNS 湖南教育出版社

"21 世纪学习与测评译丛" 编委会

总　序

21 世纪，人类已然跨入智能时代。科技正以史无前例的速度发展。未来学家雷·库兹韦尔曾预言，到 2045 年，人工智能将超越人类智能，到达人类发展的奇点。人工智能技术的飞速发展，给全球的经济模式、产业结构、社会文化生活带来了深远的影响。技术进步导致世界范围内经济模式从大工业时代进入信息时代，以创新驱动为特征的知识经济已成为现实。有研究表明，自 20 世纪 60 年代伊始，以体力劳动为主、有固定工作流程与规范的行业或职业正在逐渐被人工智能所取代，而需要审慎判断新情况、创造性解决陌生问题或任务的行业却大幅上升。人们不仅会在工作中越来越多地身处充斥着高新科技的环境，日常生活也变得越来越技术化和智能化。在教育领域，人工智能机器人可能会比人类教师更加准确地诊断学生在知识或技能上存在的不足，提供更有针对性的学习资源和支持。

工作环境与社会环境的变化给人力资源和个体生活带来了新的挑战和要求。就像今天的个体必须掌握人类的文字一样，信息技术素养成为智能时代公民的根本基础。与此同时，批判性思维、创新、沟通和交流、团队协作成为 21 世纪里个体适应工作和社会生活的必备能力。随着工作性质和社会生活变化速度的加快，个体将不可避免地面临更多复杂陌生的任务或场景，个体需要学会整合已有知识、技能、方法或观念，审慎地判断和分析情境，创造性地应对和解决问题，能够同他人协作开展工作和完成任务。生活流动性增加，需要个体适应多元异质的社会和环境，学会与不同文化、地域和背景的群体进行沟通和交流。日益加速的工作和社会变化，需要个体具备学会学习的能力，能够尽快适应新环境，成为有效的终身学习者。

新的时代要求我们重新认识教育的价值，重新思考 21 世纪学习的性质和特征。对学习性质的认识曾经历不同的阶段。20 世纪初，在桑代克的猫反复尝试错误而试图逃离迷笼的时候，心理学家就试图从动物身上获取人类学习的机制。受此影响，行为主义将学习理解为刺激与反应之间的连接。从早期经典的条件反射到后期斯金纳的操作条件反射，行为主义者想通过强化机制和条件反射的结合，实现对人类学习的控制。这种以动物为隐喻的学习理论显然不适用于人类。20 世纪六七十年代，学习的信息加工理论兴起。以计算机为隐喻，人类个体被视为一个信息加工系统：长时记忆是人的"硬盘"，存储着各种类型的知识、表象或事件；感官是人的"外接端口"，从周边环境获取各种刺激或输入；工作记忆是人的"CPU"，在此实现信息编码、匹配、组织等各种心理操作。此时，学习被认为是一种人的内在心理过程，主要是如何对信息进行编码或组织以解决问题。这是一种个体的、理性的和客观主义的学习观。自 20 世纪 80 年代以来，在杜威、皮亚杰、布鲁纳、维果茨基等学者的思想启蒙和影响下，建构主义和社会文化观对学习领域产生了深刻的影响，对学习的认识回归人的内在本性。此时的学习被认为具有如下特征：

（1）主体驱动性（agency-driven）：人具有内在的发展需求，是能动的学习者，而非被动接受客观的知识。（2）情境化（situated）：知识呈现于相关的情境中；通过情境活动，发现并掌握知识。（3）具身性（embodied）：学习并非外部世界的心理表征，只需依赖知觉和理性即可把握；学习是在学习者（身心）与世界互动过程中展开的。（4）社会文化限定性（social-culturally shaped）：学习始终是在特定社会和文化场域中发生的实践活动；社会互动和协作不仅是促进学习的影响因素，更是学习的本质所在；文化形成于并反过来塑造了学习者的活动、观念（知识）和情境。

在新的观念下，学习越来越被认为与特定社会文化不可分割，与学习者及其所处群体的现实生活和经验不可分割，与学习者的认知和自我、动机、情感、人际互动等不可分割。进入 21 世纪，该领域越来越强调在现实世界或虚拟现实场景下，个体、社会、文化等方面的动态整合和互动，强调整合观下正式和非正式学习环境及课程的创设，关注儿童在解决真实问题和参与真实性实践的过程中认知、情感、社会性、认识论及价值观的发展。近几十年来西方涌现出来的合作学习、项目式学习、问题式学习、抛锚式教学法、认知学徒制、设计学习、创客等新型学习方式，都与这种观念的转型有着深刻的内在关联。

新型学习观对测评范式和路径产生了深远影响。面向 21 世纪的测评不再限于考查学习者对特定领域零碎知识或孤立技能的掌握程度，而更为关注对高阶思维——如推理和劣构问题解决能力——的考查，关注学习者在批判性思维、创新、沟通和交流、团队协作等 21 世纪技能上的表现。在测评任务和方式上，新型测评更为注重真实情境下开放性任务的创设，强调与学习有机融合的过程性或嵌入式（embedded）的测评方式，在学习者与情境化任务互动的过程中收集证据或表现。借助现代信息和脑科学技术，测评数据也从单一的行为数据向包含行为、心理、生理、脑电波等方面的多模态数据转变。所有这些，对测评领域而言，无论是在理论、技术层面还是实践层面，都带来了巨大变化，也提出了新的挑战。

自 21 世纪初经济合作与发展组织（Organization for Economic Cooperation and Development，OECD）发起"核心素养的界定和选择"项目以来，世界上各个国家、地区或国际组织都围绕着培养应对 21 世纪生活和社会需求的核心素养或 21 世纪技能进行了一系列教育改革。2018 年 1 月，教育部印发普通高中课程方案和语文等学科课程标准（2017 年版）的通知，开启了以核心素养为导向的新一轮基础教育课程改革。本质上，核心素养是 21 世纪个体应对和解决复杂的、不确定性的现实生活情境的综合性品质。以核心素养为育人目标蕴含了对学校教育中学习方式和教学模式进行变革的要求。核心素养是个体在与各种复杂现实情境的持续性互动过程中，通过不断解决问题和创生意义而形成的。正是在这一本质上带有社会性的实践过程中，个体形成各种观念，形成和发展各种思维方式和探究技能，孕育具有现实性、整合性和迁移性的各种素养。它要求教师能够创设与学生经验紧密关联的、真实性的问题或任务情境，让学生通过基于问题或项目的活动方式，开展体验式的、合作的、探究的或建构式的学习。

课程改革的推进，迫切需要将 21 世纪学习和测评的理念转化为我国中小学教育教学的实践。"21 世纪学习与测评译丛"正是在这种背景下应运而生的。针对当前的现实需求，此译丛包含了面向 21 世纪的学习理论、新一代测评技术、素养导向的学校变革等主题。希望本套丛书能为我国基础教育课程改革研究和实践提供理念、技术和资源的支持。

本译丛曾得到教育部基础教育课程教材专家工作委员会副主任朱慕菊女士和杭州师范大学张华教授的鼎力支持，在此向他们表示衷心的感谢。

杨向东

2019 年 2 月 20 日

前　言

　　学习离不开问题解决。真实世界的生活模糊不定，复杂多变，交织着各种问题，学校学习必须让学生为此做好准备。21世纪社会、技术和文化的快速发展，正在持续塑造并转化着生活领域。在充满竞争和动态变化的这一领域，问题解决技能是我们生存法宝的组件和急救包。新的世界给那些没有准备好的人制造了种种困难，但为那些具备了必要素养的人带来了回报和更好的生活质量。

　　对读者而言，如果他们重视能够迁移到现实生活中去的实践学习，意识到真实问题解决是21世纪的一个核心素养，明了其重要性，那么这本书可以当作一个综合的资源。因为这本书的不同章节展示了真实问题解决和学习的诸多方面，覆盖了从K－12学校到高等教育的各种不同学习背景。作者关注的领域非常广泛，包括科学、数学、地理和教师教育等。本书不仅关注学校中的真实性学习，而且包括了非正式学习场景的（真实性）参与。虽然已经有几本书论及学校中的真实性学习或问题式学习，但它们很少既包括真实性学习的模拟模型，又包括参与模型，既关注正式学习场域，又关注非正式学习场域。

　　作者来自不同的教育系统或教学背景，他们的贡献为真实性学习提供了既有理论也有实践的视角，指导着教与学的变革。本书描述了各种革新的学校实践，涉及指向真实问题解决和学习的问题设计、学习过程、环境和ICT（信息与通信技术，Information and Communication Technologies）工具。此外，这本书不仅强调了真实性学习活动的关键构成，还描述了这些构成在一个动态系统中如何彼此互相影响。

　　在当前的出版物中，真实性学习或问题解决被各种西方观点所主导。这本书提供了一种亚洲的视角，弥补了这一缺失。它强调了新加坡研究者提出的真实性学习理论（如有益性失败，认知功能）和新加坡独有的实践（如主动学习的零售经验，共和国理工的问题式学习课程）。有兴趣改革学校课程和改进课堂实践的，尤其是针对亚洲学习者的，可以（从中）发现与他们自己的教育场景有所类似的成功故事。不仅如此，这本书描述了在亚洲课堂上开展真实性活动时，教育者可能面临的各种挑战。若要减小计划的和实施的真实性学习活动间的差异，本书提供了教师专业发展以及学习者和真实任务共同演变的建议。

本书汇集了一系列文章，聚焦于理论、研究和实践的整合，可以作为真实问题解决和学习最新的、全面的资源。它面对的读者范围广泛，只要是有兴趣设计和改进教学实践与学习环境的，旨在促进在现实世界情境下问题解决素养的培养的，皆在其列。特别要指出的是，学习科学和教育技术领域的研究生和研究者会发现这本书大有裨益，有助于理解真实性问题解决和学习的理论与实践方面。对教师和学校领导来说，本书提供了学校课程开发、教学改进、专业发展计划设计等方面的真知灼见。书中呈现的基于实证的洞察和发人深思的命题，有助于指导实践，促进转型，更好地让学生和教师做好准备，面对 21 世纪的挑战。

荣誉教授　阿兰·柯林斯

教育和社会政策学院
西北大学，美国

目　录

第七部分　结论与未来方向

索引

第一部分

简介与概览 >>

第一章　面向 21 世纪的真实性问题解决与学习

高恩静

阿曼达·S. 卡雷恩

马努·卡普尔①

摘要：21 世纪以知识经济的出现为特征。为了与 21 世纪学习者的培养目标相一致，教育者努力在真实性问题解决中培养学生的素养。本书记录了新加坡和其他国家真实性问题解决与学习的创造性实践，主要有三类方式：真实性问题、真实性实践和真实性参与。关于真实性问题，本书介绍了真实性问题以及问题式学习环境的角色和设计。对真实性实践的讨论强调真实的经历，以工具为中介的行动和文化，而不仅仅是真实问题本身。本书最后一个关键主题是真实性参与，阐明了校外的非正式学习以及学习者与实践共同体从业者间的互动。整本书对真实性问题、学习者、工具和学习环境间动态的相互作用和冲突进行了讨论，并呈现 K-12 学校、高等教育和专业发展中真实性学习的成功案例。结合新加坡及其他国家学者的贡献，本书给愿意为 21 世纪学习者开发真实性学习环境的学校领导、家长、教师和研究者提供了有用信息、新的视角、成功案例和实践指导。

关键词：真实性问题解决；真实性学习；21 世纪素养；
　　　　真实性实践；真实性问题；实践共同体

---

①　Y. H. Cho (✉)

Department of Education，Seoul National University，Seoul，South Korea

e-mail：yhcho95@snu. ac. kr

I. S. Caleon·M. Kapur

National Institute of Education，Nanyang Technological University ，Singapore，Singapore

e-mail：imelda. caleon@nie. edu. sg；manu. kapur@nie. edu. sg
© Springer Science＋Business Media Singapore 2015

Y. H. Cho et al. (eds.)，*Authentic Problem Solving and Learning in the 21st Century*，Education Innovation Series，DOI 10. 1007/978-981-287-521-1_1

一、21 世纪学习者的真实性学习

随着全球社会、政治、经济和科技的迅速发展，学习者毕业后面临更具挑战的全球竞争的就业市场。以知识经济为特征的 21 世纪，要求学习者能自如应对真实世界的模糊性和复杂性，并能在工作环境中把知识作为工具来用。尽管新社会有复杂需求，但学校教育却一直强调为了标准化的考试而获取知识，这些考试通常是与真实世界活动和情境分离的。另外，学校的考试通常是结构良好的问题，包含获得一个正确答案所需要的所有元素（Jonassen，1997）。学生通过应用规定的过程和有限的概念或规则就能解决结构良好的问题，无须批判性和创造性思维。为了确保学生在高难度考试中取得好成绩，教师倾向于用样例就问题解决过程进行直接教学，并要求学生解决教科书中的练习题。但是，这些传统的问题解决和教学实践在 21 世纪是有局限的。在 21 世纪，人们要灵活解决没有唯一正确答案的新问题，并适应时刻变化的世界（Thomas and Brown，2011）。

学习科学与教育心理学中的文献已经表明惰性知识问题的存在或扩散，也就是说，学习者在解决因为情境和表面特征变化而出现的新问题时，不能回忆和使用先前的知识和问题解决经验（Gentner et al.，2003；Novick and Holyoak，1991）。例如，有关"2/3 杯白软干酪的 3/4 是多少"的用餐问题，人们通常不能运用他们在学校学的分数知识（Lave，1988）。布朗和他的同事（Brown et al.，1989）也指出当前教育系统的共同局限："学生可能通过考试（学校文化中一个明显的部分），但是在真实实践中可能仍然不会用某一领域内的概念工具。"（p. 34）

惰性知识问题是寻求发展 21 世纪素养的教育共同体中一个关键议题。真实性学习模型为 21 世纪学习者必备核心素养关键能力的培养提供了沃土，也能帮助处理惰性知识问题。美国国家研究委员会（United States National Research Council，NRC，2012）指出了 21 世纪素养的三大领域：认知（例如批判性思维、问题解决、论证）、自我（例如自我调节、适应、元认知）和人际（例如合作、领导力、冲突解决）。在传统的课堂中，由于缺少相应的机会对解决结构不良的问题进行论证、进行自我调节学习、和同学合作构建知识，学生难以充分发展 21 世纪素养。相反，真实性学习方式在帮助学生发展 21 世纪素养上是非常可信的。通过在真实的情境中合作去解决问题，学生能进行批判性思维，合作地构建知识，自我调节，发展可以迁移到新情境的知识和

技 能（Hmelo-Silver and Barrows，2008；Kapur and Rummel，2012；Yew and Schmidt，2009）。例如荷梅洛-西尔沃等（Hmelo-Silver et al.，2007）发现问题式学习和探究性学习不仅对知识获得和应用有益，对问题解决技能、推理技能、自主学习技能和未来学习的提升也有帮助。因此，为了帮助学习者发展 21 世纪素养，教育者考虑使用真实性学习模型势在必行。

在真实性学习模型中，学习是在真实情境中解决问题，并参与共同体实践。也就是说，真实性学习与共同体中的问题解决和其他实践密切相关。学生通过参与被定义为"文化的日常实践"的真实活动进行学习（Brown et al.，1989，p. 34），包括与从业者的互动，合作式的问题解决，意义商讨和反思。通过这些活动，在真实情境中学生作为参与者像数学家、科学家、作家和历史学家一样思考，发展他们的知识、技能和价值观（Cho and Hong，2015）。因此，真实的学习能帮助学生成为文化的一员并参与有意义的实践。

二、真实性学习模型

尽管在学校中进行真实性学习有很多障碍（例如课程、考试、学校文化），但是很多与真实性学习原则一致的教学模型已经开发并成功地运用到 K - 12 和高等教育中，例如抛锚式教学法（Cognition and Technology Group at Vanderbilt，1990）、认知学徒（Barab and Hay，2001；Collins et al.，1989）、问题式学习（Hmelo-Silver，2004）、设计学习（Kolodner et al.，2003）、有益性失败（Kapur，2012，2013）等。这些模型把问题解决看作关键的学习活动，在这些活动中学习者通过合作解决复杂的、结构不良的问题，这些问题与从业者在共同体实践中遇到的问题相似（即真实性问题）。在解决真实性问题时，学习者可能参与各种认知实践，学习运用在文化中不断形成的种种概念、原则、规则、工具和资源，而这些是在文化中反复形成的（Bielaczyc and Kapur，2010）认知实践。这些教学模型均基于学习不能与问题解决分开的认知假设，这是共同体实践的核心必要部分。威戈（Wenger，1998）强调学习和实践的整合："学习是构成日常生活的有机构成必需部分。它是我们参与共同体和组织的一部分。"（p. 8）

尽管关于如何最好地精心组织和构架真实性学习环境存在很大争议（Kapur and Rummel，2009），但有关真实性学习已有的文献表明，可以基于真实性（authenticity）的模拟和参与模型来设计真实性学习环境（Barab et al.，2000）。在真实性的模拟模型中，学习者参与与真实世界实践和情境相似的班级活动。真实性学习的参与模型强调生态真实性（ecological authenticity），即学习者参与校外共同体的实践，以建立作为共同体一员的身份。

（一）真实性学习的模拟模型

模拟视角下的教学模型包括问题式学习、认知学徒制和探究性学习。在模拟的经历中，真实的学习环境主要是作为情境，反映在真实世界情境中应用知识和技能的过程（Gulikers et al.，2005；Herrington and Oliver，2000）。这一环境与现实世界的复杂性相似，并提供了大量的资源以便从不同的角度进行分析（Herrington and Oliver，2000）。这些环境中包含的过程在多大程度上反映现实世界中的过程，可被看作程序真实性。学习环境中任务的真实性与一些关键特征相连（由 Herrington and Oliver 总结，2000）：任务应该是结构不良的（ill-defined）、复杂的，需要持续一段时间来解决，给学习者提供机会合作，整合多个领域。

在以模拟模型为特色的学习环境中，学生通过解决真实问题和完成真实任务，发展他们的知识、技能和价值观。问题和任务通常不会呈现解决问题所需的所有信息，它们可以用不同的方式解决，通常需要使用多学科的方式，搜集的信息越多问题还会发展成不同形式，而且没有绝对正确的解决方案（Gallagher et al.，1995；Jonassen，1997）。前期研究已经很好地表明了基于模拟模型的真实性学习环境的益处。例如，有关有益性失败的研究已经表明，在学习固有权威概念之前，让学生参与到真实数学实践中，生成和探索复杂问题的多样解决方案是如何帮助学生形成深度概念性知识的，这些知识可以迁移到新的情境中（Kapur，2014，2015；Kapur and Bielaczyc，2012）。该研究也表明，当学生不知道正确的解决方案而探索多种表达和解决方案时，合作的讨论最初是如何出现分歧的；但是，这一过程对于深度学习是关键（Kapur et al.，2006）。罗斯和罗伊周博瑞（Roth and Roychoudburry，1993）发现，在合作探究活动中运用真实情境可以促进学生高阶探究技能的发展。与这些结果一致，库恩和皮斯（Kuhn and Pease，2008）发现持续参与合作性探究活动，并把这些活动置于真实世界情境并补充以基于计算机的支持时，将有助于培养学生基本的过程性技能，例如解释证据，形成合适的因果结论，问题识别和交流发现。基于问题的学习方法（Problem-Based Learning，简称 PBL，也称作问题式学习）源自经验学习传统，通过参与有指导的合作问题解决，给学习者提供丰富的机会，发展知识和生活技能（Hmelo-Silver，2004）。这方面的实证研究，大多是针对成人学习者的，为 PBL 能够培养灵活的理解、可迁移的问题解决技能、自我导向的学习策略和有效的合作技能等方面提供了验证性 （converging）证据（Hmelo-Silver，2004）。对 PBL 在高等教育中的应用的 43 篇研究 文献的元分析显示，PBL 有着一致性的积极效应，尤其是与技能相关的结果（Dochy et al.，2003）。尽管需要更多的研究来确定 PBL 对年轻学习者的有效性，但有关 PBL 培养当今学习者必要的能力以适应科技驱动下快速发展的世界，现有的证据足以提供 强有力的支撑。

（二）真实性学习的参与模型

真实性学习的参与方法强调在真实实践领域情境中给学习者提供与实际真实的从 业者直接互动的机会（Radinsky et al.，2001）。除了事实、过程和任务真实性，参与 经历也以生态真实性为特征，也就是，学习者在现实真实情境中处理有意义的真实生 活任务（Barab and Dodge，2007；Barab et al.，2000）。学习者扮演学徒的角色，在导 师的指导下参与专业实践活动。从莱维和威戈（Lave & Wenger，1991）的观点来看， 学习者通过合法的边缘参与进行学习，这使得他或她能参与到简单的低风险的活动中， 接着慢慢地参与到共同体中重要的任务中。这一参与经验，将学习者个体本身带到真 实世界，给学习者提供最适宜的机会去学习实践各个方面，这一点从模拟经验中是无 法获得的（Radinsky et al.，2001）。在巴拉布和海因的研究中，初中生参与与科学家 的短期训练营，学生有机会参与到真实的科学项目中，使得他们能与科学从业者一起 在科学家做科研的地方做科学研究（Barab and Hay，2001）。学生经历了与领域相关困 境相联系的真实科学实践与讨论。他们认为自己在进行合法的科学研究并对创造科学 有所贡献。兰姆森（Lambson，2010）发现在教师研究团队中新教师从边缘式参与逐 渐过渡到核心的参与，并通过与经验丰富的教师持续交流，吸收了教师共同体的文化、 实践和语言。这些研究表明真实性学习随着参与经历的出现，让新手能够与专业实践 者互动，并在合作的活动中生成意义（Bielaczyc，Kapur and Collins，2013；Rahm et al.，2003）。

（三）真实性问题、真实性实践和真实性参与

在本书形成中，我们同时考虑了真实性学习的模拟模型和参与模型。在模拟模型 中，我们进一步区分了真实性问题方式和真实性实践方式。真实性问题方式关注复杂、 结构不良的和现实的问题，这些问题可能导致学习者通过真实问题解决实现学习。例 如在 PBL 中，所有的学习活动都是通过围绕复杂和现实的问题进行组织的（Hmelo-

Silver，2004）。为了阐述这一观点，荷梅洛-西尔沃和巴罗斯（Hmelo-Silver and Bar-rows，2008）让学生参与到 PBL 活动中，这一活动需要对一位感染恶性贫血的真实病人进行诊断并治疗。最初，给学生呈现病人医疗记录中有限的信息。在这一过程中允许学生提问并获取化验测试结果，学生还能自由地对所要解决问题所需的概念进行识别和研究，也要求学生提出假设并进行反思。为了引导问题解决过程，学生要在白板上写出事实、观点、学习议题和行动计划，这些将作为小组讨论的焦点。问题解决完后，学生要反思从活动中学到的经验。

相比之下，真实性实践方式强调超越现实问题本身的真实经验、以工具为媒介的行动和文化。在真实性实践领域，即使是一个简单的问题，也有助于理解实践者是如何理解世界、如何使用工具以及如何参与活动的。例如，舍恩菲尔德（Schoenfeld，1991）用到幻方（即把数字 1～9 放入九格的正方形中，使得每行、每列和对角线的和相等），这能让学生参与数学实践并像数学家一样思考问题。

真实性实践方式分为两个子主题。第一个子主题在前文中已经描述过，在实践场所背景之下阐明学习者与从业者间的互动。第二个子主题关注当学习者参与到合作性的识别和解决共同体面临的问题时，实践共同体成员间的互动。达琳-哈曼德（Darling-Hammond，1998）用与教师学习和专业发展相关的例子对第二个分主题进行了说明：教师参与合作研究活动，在活动中他们识别和解决基于课堂的问题和议题，比如与评估实践和有效教学方法相关的问题和议题。

因此，关于真实性问题解决和学习，本书结构包括如下三种方式——真实性问题、真实性实践和真实性参与。

三、新加坡的真实性问题解决与学习

本书的一个关键目的是向那些对学校课程改革和提升教学实践感兴趣的学校利益相关者介绍真实性问题解决和学习实践，尤其是亚洲背景下的相关实践。尽管真实性学习环境的模拟模型和参与模型在很多的研究中都经过了检验，但鲜有书籍和论文讨论亚洲国家背景下的真实性学习和真实性问题解决。巴拉布等（Barab et al.，2000）认为，"真实性来自个体、共同体和任务间有意义的关系"。（p. 42）随着学习者和共同体的变化，真实性学习活动有着不同的设计和实施，有着各种不同的意义。例如，一群老师将班级模拟成银行，客户经理负责接待需要开新账户的顾客，出纳负责已有储户和客户经理间的取款和存款。如果学生不熟悉银行，模拟的环境对他们而言可能不是真实的。当教育者在亚洲国家设计和建立真实性学习环境时，他们应该充分理解真实任务、亚洲学习者和亚洲共同体文化间的动态联系或冲突。但是，很少有设计原则、案例、真实性问题解决和学习的实证研究是针对亚洲学习者的，他们缺乏以学习者为中心的学习经验。为了填补真实性学习文献的这个空白，本书旨在介绍新加坡学校和学习共同体中真实性问题解决和真实性学习的创新实践。新加坡的教育系统是一个值得借鉴的案例，一直致力于提升学生真实性学习经历。

在 21 世纪初期，真实性问题解决在新加坡课堂中还没有明确作为一个关键学习活动来使用。霍根和高宾那桑（Hogan and Gopinathan，2008）在 2004 年至 2005 年间进行课堂观察发现，小学和初中的教学实践主要包括集体讲授、集体答案核对和个人课堂作业。他们指出了新加坡教学实践中的以下议题：

新加坡课堂上实施的课程在学科学习深度上有限，对复杂概念、知识应用、验证知识论断、生成对学生而言的陌生知识等方面的关注很有限……在课堂上以教师为中心的教学实践很流行。（p. 370）

为了克服这些局限，新加坡政府根据"思考的民族，能迎接未来挑战的负责任公民，以及适合 21 世纪需求的教育系统"的愿景，提出各种教育政策（教育部，2008）。另外，教育部发起了一个新的计划，即"少教多学（Teach Less Learn More）"，旨在弱化关注考试评价的教学，转而关注学习的质量和学生参与度。结果，新加坡学校开始增加以学生为中心的学习实践和培养 21 世纪素养的教学。新加坡的教育努力看上去已经见成效，这个城市国家已经显现出与培养真实性学习和问题解决相一致的成就指标。由经济合作与发展组织（Organization for Economic Cooperation and Development，OECD）发起的国际学生评估项目（Programme for International Student Assessment，PISA）结果表明，与其他 64 个国家相比，新加坡学生表现非常好：数学排名第二，科学排名第四，阅读排名第五（OECD，2010）。PISA 关注"在面临与所学知识相关的情境和挑战时学生运用在学校习得的知识和技能的程度"，完成真实生活情境下的评价任务（OECD，2012）。

另一个与新加坡教育部愿景相一致的发展是越来越多的研究在探索将真实性问题解决活动整合到新加坡课堂学习活动中去。在国家教育研究院教育研究办公室指导下，许多研究者和教师合作开展研究，特别关注 PBL，探究学习，有益性失败实践，参与学习共同体。我们认为在最近十年里由新加坡研究者开展的研究是非常有价值的教育资源，值得引起世界其他地区的教育家、研究者和课程开发者的注意。来自像新加坡这样高水平教育系统（OECD，2010）的有关真实性学习的教育信息将提供丰富的视角，能够丰富世界其他教育系统教育者现有的知识。本书也试图探索这些真实性学习和问题解决的创新实践是如何改变新加坡课堂教学实践的，在新加坡的环境之下哪些挑战尚未克服。本书包含在多样的领域、教育水平和学习环境之下真实性问题解决和学习实践。读者能轻易地发现可以应用到自身实践环境之下的成功案例，对如何提升教学实践和设计学校课程革新将获得新的想法。

四、本书概览

我们希望本书能帮助读者理解真实性问题解决和学习，并了解学校或学习共同体如何使用并发挥其作用以发展 21 世纪素养。本书描述了学校为了真实性问题解决和学习，在问题、学习过程、环境和 ICT 工具设计方面的创新实践。除了创新实践，本书也试图为读者提供有关真实性学习过程和结果的理论解释。为了深入理解真实性问题解决和学习，本书呈现了学生针对复杂问题如何通过生成和探索解决方案进行学习，以及问题式学习的不同阶段需要怎样的认知功能。

本书包括 20 章，呈现了与真实性学习相关的三种方式（真实性问题、真实性实践和真实性参与），并介绍了 K－12 学校和学习共同体的理论解释、成功案例、教学设计原则和遇到的挑战（见图 1.1）。三种方式在本书的核心部分（第二部分和第六部分）中呈现，位于第一部分（简介与概览）和第七部分（结论与未来方向）之间。在第一部分的第一章（面向 21 世纪的真实性问题解决与学习）中，我们描述了本书的目的和总体结构。第二部分和第三部分关注真实性问题。第四和第五部分包含进行真实性实践的章节。第六部分的章节报告了关于真实性参与的研究。第七部分（结论与未来方向）包含最后两章，这两章对前面章节提到的关键学习点进行了综合，并为未来真实性问题解决和学习的研究提供了有意义的见解。

第二部分"真实性问题和任务"包括 3 章，详细说明了教育者如何设计和使用结构不良的真实世界问题，并描述了真实性任务在学校进行有意义学习中的角色。第二章"真实性任务与 21 世纪学习倾向的培养"表明真实性任务在决定初中生学习数学时的信念、动机倾向和个体投入中的重要角色。为了发扬真实性任务的优点，教师需要理解真实性问题的本质，并基于理论和班级情况进行有效设计。第三章"问题式学习中真实性任务的设计和评价"介绍了为 PBL 设计真实世界问题的理论和实证研究，以

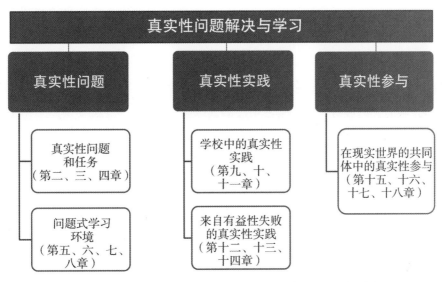

图 1.1　本书结构与真实性问题解决和学习的三种方法相对应

及设计和评价问题的实践方式。另外，第四章"小学数学真实性问题及其解决"表明在新加坡小学中应用真实性问题的意义和挑战。这些章节对于想要理解真实性任务的角色并为了有意义学习设计真实性任务的读者是有帮助的。

就如在 PBL 和探究式学习中一样，真实性问题在问题式学习环境中是必不可少的。这些学习环境为学习者合作式地解决真实性问题提供教学支持、资源和工具。第三部分，"问题式学习环境"包括 4 章，呈现了 PBL 的概念框架和新加坡的课堂实践。第五章，"问题式学习：概念、实践和未来"将 PBL 看作一种以学生为中心，问题驱动、情境式学习方法，在不同学科中都可以实践。PBL 的理论概念和设计议题在未来研究建议中有所讨论。第六章"高等教育中的问题式学习"呈现了在新加坡理工学院中如何有效地设计和建立问题式学习坏境。为了 PBL，学校不仅修改了课程、评价和学术政策，也为教师的专业发展做出了努力。这部分的两章都展示了学生在基于问题的学习环境中如何进行学习的不同方法。第七章"问题式学习环境的设计"揭示了 PBL 每个阶段的认知功能，而第八章"协作式问题解决中的学生参与"，关注合作式探究学习中的社会文化方面。

对真实性实践的讨论更强调真实性学习活动和经验，而不只是真实性问题。第四和第五部分关注真实性实践。尽管两部分都强调通过真实性活动让学习者适应实际从业者文化的理论和实践，但是第五部分主要关乎有益性失败的做法（参见以下段落的讨论）。第四部分"学校中的真实性实践"包括 3 个章节，呈现了不同的真实性学习活动理论框架和实践。第九章"东亚文化中的再融合教育运动"的作者认为应培养玩耍活动、修整活动（tinkering）和再融合（remix）以克服东亚文化背景下应试教育的局限。另外，第十章"基于论证的真实性思维"提供了对科学家和设计者的实践都非常必要的运用论证的真实性思维的概念框架。最后，第十一章"沉浸式学习环境与地理问题解决"呈现了初中生通过浸润式的学习环境体验形成地理学直觉和知识的课程干预。这部分帮助我们理解真实性学习中浸润式（新兴的）的实践，它们可以运用到 K‐12 教育中。

接下来的一部分"来自有益性失败的真实性实践"聚焦有益性失败的研究。有益性失败的学习设计，给学生提供机会参与数学实践，让学生在接受权威答案的传统教育之前，通过小组形成和探索新问题的解决方法。该部分包括 3 个章节，介绍了作为真实性实践的有益性失败，解释是什么让有益性失败对有意义学习有效。第十二章，"运用有益性失败促进学习"提供了有益性失败的理论框架，基于新加坡学校的实证研究，提供了有益性失败的关键学习机制。越来越多的研究表明，通过有益性失败的学习比通过传统的直接教学更有效。基于一项准实验研究，第十三章"即时和延迟教学条件与学生学习成效"的作者认为，有益性失败之所以有效，是因为当学习者将标准解决方案与自己的解决方法进行比较时，学习者能关注标准解决方案的关键要素。另外，第十四章"小组发明学习与数学技能水平"表明发现活动之所以有效，部分是由小组组成所决定的。小组组成在有益性失败实践中扮演了重要角色。有益性失败的实践通常是通过合作而非单独来完成的。作者强调这一研究发现，即小组中同时包括数学技能高和低的学生，更有可能探索更广范围的和更高质量的解决方法。这对通过有益性失败来进行学习是很重要的。

倒数第二部分"在现实世界的共同体中的真实性参与"包括 4 个章节，呈现了具体的案例，并就人如何从参与非正式学习活动和共同体实践中学习提出了一些想法。这一部分集中于真实性参与，其中，真实性参与被认为是学习者直接与现实世界的共同体互动。第十五章，"促进主动学习的零售体验（REAL）项目"呈现了一个创新项目，初中生通过在新加坡当地零售商店实习，形成他们的商业知识和技能。另外，第十六章，"非正式科学学习中的真实性学习经验"呈现了在职前教师合作开发的非正式天文学工作坊中教师与其导师进行互动的基于设计的研究。第十七和十八章报告了在职教师在专业学习共同体（"专业学习共同体中的问题发现过程"）和基于维基百科的学习共同体（"维基百科环境下的同伴影响与教师课堂管理"）中发展其能力的真实性实践。第十七章探索了生物学教师如何识别和定义在专业学习共同体中待解决的问题，第十八章研究了初中教师在网络学习共同体中如何合作式地解决他们自己的班级管理问题。在共同体中教师通过积极参与合作式的识别、分析和解决真实问题，可以发展 21 世纪课堂必要的认同感和专业能力。

最后一部分（第十九章"真实性问题解决与学习：经验与展望"和第二十章"真实性学习研究和实践：问题、挑战和未来方向"）呈现了对前面章节中所强调的关键想法的综合和反思，并为读者在真实性问题解决和学习中将当前的实践转化为进一步的研究提供了建议。

参考文献

Barab, S. A., & Dodge, T. (2007). Strategies for designing embodied curriculum: Building rich contexts for learning. In J. M. Spector, M. D. Merrill, J. J. G. van Merriënboer, & M. P. Driscoll (Eds.), *Handbook of research on educational communications and technology* (3rd ed., pp. 301-348). New York: Lawrence Erlbaum Associates.

Barab, S. A., & Hay, K. E. (2001). Doing science at the elbows of experts: Issues related to the science apprenticeship camp. *Journal of Research in Science Teaching*, 38(1), 70-102.

Barab, S. A., Squire, K. D., & Dueber, W. (2000). A co-evolutionary model for supporting the emergence of authenticity. *Educational Technology Research and Development*, 48(2), 37-62.

Bielaczyc, K., & Kapur, M. (2010). Playing epistemic games in science and mathematics classrooms. *Educational Technology*, 50(5), 19-25.

Bielaczyc, K., Kapur, M., & Collins, A. (2013). Building communities of learners. In C. E. Hmelo-Silver, A. M. O'Donnell, C. Chan, & C. A. Chinn (Eds.), *International handbook of collaborative learning* (pp. 233-249). New York: Routledge.

Brown, J. S., Collins, A., & Duguid, P. (1989). Situated cognition and the culture of learning. *Educational Researcher*, 18(1), 32-42.

Cho, Y. H., & Hong, S. Y. (2015). Mathematical intuition and storytelling for meaningful learning. In K. Y. T. Lim (Ed.), *Disciplinary intuitions and the design of learning environments* (pp. 155-168). Singapore: Springer.

Cognition and Technology Group at Vanderbilt. (1990). Anchored instruction and its relationship to situated cognition. *Educational Researcher*, 19(6), 2-10.

Collins, A., Brown, J. S., & Newman, S. E. (1989). Cognitive apprenticeship: Teaching the crafts of reading, writing, and mathematics. In L. B. Resnick (Ed.), *Knowing, learning, and instruction: Essays in honor of Robert Glaser* (pp. 453-494). Hillsdale: Lawrence Erlbaum Associates.

Darling－Hammond，L. (1998). Teacher learning that supports student learning. *Educational Leadership*，*55*(5)，6-11.

Dochy，F. ，Segers，M.，Van den Bossche，P. ，& Gijbels，D. (2003). Effects of problem-based learning：A meta-analysis. *Learning and Instruction*，*13*(5)，533-568.

Gallagher，S.，et al. (1995). Implementing problem-based learning in science classrooms. *School Science and Mathematics*，*95*(3)，136-146.

Gentner，D.，Loewenstein，J.，& Thompson，L. (2003). Learning and transfer：A general role for analogical encoding. *Journal of Educational Psychology*，*95*(2)，393-408.

Gulikers，J. T. M.，Bastiaens，T. J.，& Martens，R. L. (2005). The surplus value of an authentic learning environment. *Computers in Human Behavior*，*21*(3)，509-521.

Herrington，J.，& Oliver，R. (2000). An instructional design framework for authentic learning environments. *Educational Technology Research and Development*，*48*(3)，23-48.

Hmelo-Silver，C. E. (2004). Problem-based learning：What and how do students learn? *Educational Psychology Review*，*16*(3)，235-266.

Hmelo-Silver，C. E.，& Barrows，H. S. (2008). Facilitating collaborative knowledge building. *Cognition and Instruction*，*26*，48-94.

Hmelo-Silver，C. E.，Duncan，R. G.，& Chinn，C. A. (2007). Scaffolding and achievement in problem-based and inquiry learning：A response to Kirschner，Sweller，and Clark (2006).*Educational Psychologist*，*42*(2)，99-107.

Hogan，D.，& Gopinathan，S. (2008). Knowledge management，sustainable innovation，and preservice teacher education in Singapore. *Teachers and Teaching：Theory and Practice*，*14*(4)，369-384.

Jonassen，D. H. (1997). Instructional design models for well-structured and ill-structured problem- solving learning outcomes. *Educational Technology Research and Development*，*45*(1)，65-94.

Kapur，M. (2012). Productive failure in learning the concept of variance. *Instructional Science*，*40*(4)，651-672.

Kapur，M. (2013). Comparing learning from productive failure and vicarious failure. *The Journal of the Learning Sciences*. doi：10.1080/10508406.2013.819000.

Kapur，M. (2014). Productive failure in learning math. *Cognitive Science*. doi：10.1111/cogs. 12107.

Kapur，M. (2015). The preparatory effects of problem solving versus problem posing on learning from instruction. *Learning and Instruction*，*39*，23-31.

Kapur，M.，& Bielaczyc，K. (2012). Designing for productive failure. *The Journal of the Learning Sciences*，*21*(1)，45-83.

Kapur，M.，& Rummel，N. (2009). The assistance dilemma in CSCL. In A. Dimitracopoulou，C. O'Malley，D. Suthers，& P. Reimann (Eds.)，*Computer supported collaborative learning practices-*

CSCL 2009 community events proceedings（Vol. 2，pp. 37-42）. Boulder：International Society of the Learning Sciences.

Kapur, M., & Rummel, N.（2012）. Productive failure in learning and problem solving. *Instructional Science*，*40*(4)，645-650.

Kapur, M., Voiklis, J., Kinzer, C., & Black, J.（2006）. Insights into the emergence of convergence in group discussions. In S. Barab, K. Hay, & D. Hickey（Eds.），*Proceedings of the international conference on the learning sciences*（pp. 300-306）. Mahwah：Lawrence Erlbaum Associates.

Kolodner, J. L., Camp, P. J., Crismond, D., Fasse, B., Gray, J., Holbrook, J., & Ryan, M.（2003）. Problem-based learning meets case-based reasoning in the middle-school science classroom：Putting learning by design into practice. *Journal of the Learning Sciences*，*12*(4)，495-547.

Kuhn, D., & Pease, M.（2008）. What needs to develop in the development of inquiry skills? *Cognition and Instruction*，*26*(4)，512-559.

Lambson, D.（2010）. Novice teachers learning through participation in a teacher study group. *Teaching and Teacher Education*，*26*，1660-1668.

Lave, J.（1988）. *Cognition in practice：Mind，mathematics，and culture in everyday life*. Cambridge：Cambridge University Press.

Lave, J., & Wenger, E.（1991）. *Situated learning：Legitimate peripheral participation*. Cambridge：Cambridge University Press.

Ministry of Education.（2008）. *About us*. Retrieved from http://www.moe.gov.sg/about/#our-mission

National Research Council［NRC］.（2012）. *Education for life and work：Developing transferable knowledge and skills in the 21st century*. Washington, DC：The National Academies Press.

Novick, L. R., & Holyoak, K. J.（1991）. Mathematical problem solving by analogy. *Journal of Experimental Psychology：Learning，Memory，and Cognition*，*17*(3)，398-415.

OECD.（2010）. *PISA 2009 results：Executive summary*. Paris：PISA, OECD Publishing.

OECD.（2012）. *PISA 2009 technical report*. Retrieved from doi：10.1787/9789264167872-en

Roth, W. M., & Roychoudhury, A.（1993）. The development of science process skills in authentic contexts. *Journal of Research in Science Teaching*，*30*(2)，127-152.

Radinsky, J., Bouillion, L., Lento, E. M., & Gomez, L. M.（2001）. Mutual benefit partnership：A curricular design for authenticity. *Journal of Curriculum Studies*，*33*(4)，405-430.

Rahm, J., Miller, H. C., Hartley, L., & Moore, J. C.（2003）. The value of an emergent notion of authenticity：Examples from two student/teacher-scientist partnership programs. *Journal of Research in Science Teaching*，*40*(8)，737-756.

Schoenfeld, A. H.（1991）. On mathematics as sense-making：An informal attack on the unfortunate divorce of formal and informal mathematics. In J. F. Voss, D. N. Perkins, & J. W. Segal（Eds.），*In-*

formal reasoning and education (pp. 311-343). Hillsdale: Lawrence Erlbaum Associates.

Thomas, D., & Brown, J. S. (2011). *A new culture of learning: Cultivating the imagination for a world of constant change*. Lexington: CreateSpace.

Wenger, E. (1998). *Communities of practice: Learning, meaning, and identity*. New York: Cambridge University Press.

Yew, E. H. J., & Schmidt, H. G. (2009). Evidence for constructive, self-regulatory, and collaborative processes in problem-based learning. *Advances in Health Sciences Education*, 14(2), 251-273.

第二部分

真实性问题和任务

>>

第二章 真实性任务与 21 世纪学习倾向的培养

詹妮弗·谭佩玲

聂尤彦[1]

摘要：真实性任务在培养 21 世纪所期望的学生学习倾向方面获得了教育工作者的广泛认可，尤其是学习动机和参与方面。具体在数学教育中，真实性任务被认为对学生形成生成性数学情感、数学问题解决素养及其所包括的社会认知过程如推理、交流和联系等方面非常必要（Beswick K，Int J Sci Math Educ，9（2）：367-390，2011）。尽管对真实性任务价值有着广泛的推崇，却极少有在课堂中使用真实性任务与生成性学习倾向之间关系的实证证据（Pellegrino and Hilton（eds）Education for life and work：developing transferable knowledge and skills in the 21st century. National Academies Press，Washington，DC，2013），而将学生视为重要利益群体，来自学生视角的证据尤其少。本章试图弥补这一知识鸿沟。

本章根据在新加坡 39 所初中学校，包括 129 个班级的 4000 余名学生的综合性研究，着重探索使用真实性任务对一系列 21 世纪生成性学习倾向（productive learning dispositions）的预测程度。这些学习倾向包括生成性信念、态度和促进学生指向深度学习的动机性倾向，即掌握或表现目标取向、自我效能、任务价值、个体的和合作式学习参与。多层线性建模结果突出了真实性任务在预测学生个体参与水平，掌握和表现目标取向，以及学生是否认为数学有趣、有用和重要等方面有着重要作用。但是，真实性任务不是学生数学学习中合作式参与和自我效能感方面的重要指标。本章将讨论这些结果的启示，特别是站在新加坡初中生对数学学习倾向的自陈报告，以及与他们在国际数学成就测验中优良表现的当前理解的背景下展开讨论。

---

① J. P. -L. Tan (✉) • Y. Nie
National Institute of Education，Nanyang Technological University，Singapore，Singapore
e-mail：jen. tan@nie. edu. sg；youyan. nie@nie. edu. sg
© Springer Science＋Business Media Singapore 2015
Y. H. Cho et al. （eds.），*Authentic Problem Solving and Learning in the 21st Century*，Education Innovation Series，DOI 10. 1007/978-981-287-521-1 _ 2

关键词：真实性任务；21 世纪技能；动机；目标取向；自我效能；参与

一、引言

社会评论家和未来学家对当前的新千年有大量描述。简要列举几个，对新千年的称呼包括数字时代（Brown，2006；Thomas and Brown，2011）、创造时代（Florida，2002）和概念时代（Pink，2005）。除了语义的差别，所有的称呼都赞同 21 世纪的社会和经济图景与先前的历史时期有着鲜明差别。在工业时代，标准化和大规模生产是经济财富的主要生产者，当前的"数字革命"——以个体、移动和网络化科技为特征——已经用个性化服务、理念、创新替代了体力和常规的脑力劳动。换句话说，这些是驱动新经济增长的关键商品（Freeman，2004；Perez，2002）。

认识论和社会学的重大转型对全球的学校教育机构如何演变和应对哈佛大学理查德·埃尔默（Richard Elmore，1996）教授所说的"教育实践的核心"产生了实质性的压力。所谓"教育实践的核心"，就是"教师如何理解知识的本质与学生在学习中的角色，以及这些知识和学习的理念如何显示在教学和课堂作业中"（p. 2）。虽然学校课程的细节仍具有争议，但是对全球教育学者、政策制定者和实践者而言，对 21 世纪素养和学习倾向的构成，以及对培养这些素养和学习倾向的教育方法的看法似乎日益趋同（Hanna et al.，2010）。真实性任务的运用就是被广泛认可的教育方法之一。通常所指的 21 世纪素养和学习倾向——诸如数字化、创造性和批判性素养，合作和终身学习能力，如参与、兴趣和自我效能——在人类历史进程中总是扮演重要角色，它们传统上被认为属于"表达性特质"（expressive affordances）（Bernstein，2000）。知识经济以复杂性、快速变化、指数式技术进步、带宽增加、全球消费需求增加为特征，使得这些个体的和集体的特性具有更为核心的作用，决定了个体能否融入和有效参与当地、全球和虚拟的社会。

但是，正如前文所强调的，对现有文献的梳理（在以下两方面）显示一种巨大的落差：（a）对真实性任务的倡导，将其作为激发和维持学生参与深度学习的一种手段；（b）相关实证（研究）证据的可用性，缺乏超越小规模的质性研究案例，能够对真实性任务和参与、动机等生成性学生学习倾向之间关系提供真知灼见的实证证据。本书作者认可质性研究的价值，认为它们提供了课堂上真实性任务使用及其效果的情境化理解。但毫无疑问，已有文献仍然存在实证知识的不足，值得进一步关注。这是本章的主要关切点，即提供实证证据，深刻理解在多大程度上真实性任务的使用能够在统计意义上预测当前 21 世纪知识经济所需的一系列生成性学习信念和动机性倾向。

　　针对真实性学习、21 世纪素养和学习展开详细的论述超出了本章范围，下面这一部分简要概述了与本研究有关的真实性任务和 21 世纪学习倾向的含义，即适应性成就目标，个体和集体性学习参与，自我效能和任务价值。总之，这些描述为后续结果和讨论提供了一个概念和背景框架。

二、真实性任务与创造性 21 世纪学习倾向

（一）真实性任务

　　真实性任务的根源大概可以追溯到几十年前，即 20 世纪 40 年代之前，这个时期以西方尤其是美国的教育改革"进步主义时期"而闻名。这一时期，在包括杜威以及其他富有影响力的知识分子的引领下，一项重要议程就是要改变学校教学的本质，从"教师中心、事实中心、死记硬背"的教育学向"基于学生的思考过程和在真实生活问题情境下学习和运用观念的能力"的教育学改变（Elmore，1996，p. 7）。这种教育意图和"红线"贯穿了后继大规模教育改革的几个时期，覆盖了美国和世界上其他地区，实现了一种剧烈的范式转型，从一种笛卡尔式的模式，向对知识和学习本质更为生态化的理解转变。

　　学习范式的笛卡尔模型根植于传统的转化主义者导向的教学方法，容易导致消极或惰性知识。与之形成鲜明对比的是，生态学习范式的一个关键前提是将学习者置于与"真实世界"相关、基于共同体而非个体的学习环境中（Barab and Plucker，2002；Brown，2006；Vygotsky，1978）。作为一项知识研究，它从关注个体的认知和理性，转向关注认识（knowing）、存在（being）和实践（doing）的多种社会形态，超越固定不变的课堂和教科书练习，学生们在与生活相关、彼此联结的各种经验活动中进行意义建构，在学习者共同体中进行情境认知和主动学习（Dawson and Siemens，2014；Tan and McWilliam，2008）。真实性任务就源于这样一种"教育常识"。

　　真实性任务在最新的素养研究中也被称之为"情境学习"（Tan，2008；the New London Group，2000）或者数学教育中的"情境性问题"，随着具体化程度的不同，它存在几个不同的界定和理解，具体化程度也随之变化。例如，一方面布罗菲和阿勒曼

(Brophy and Alleman，1991）给出了一个一般性的定义，真实性任务是指"除了通过读或听而获得的输入外，期望学生为了学习、练习、应用、评估或者其他任何方式对课程内容进行反应的任何事情"（p. 10）。另一方面，李维斯等人（Reeves et al.，2002）列举了真实性任务的 10 个具体特征：（1）与真实生活相连；（2）包括像真实生活一样复杂的不明确问题；（3）为了完成任务学生有机会将多学科领域联系起来；（4）包含了在一段时间内学生追求的复杂目标；（5）学生有机会用不同资源、不同观点对问题进行界定；（6）提供了课堂和现实生活中都必须要有的合作机会；（7）提供自我表达的机会；（8）在过程结束时允许出现不同结果；（9）包括过程和结果两方面评价；（10）允许多元解释和结果。

克鲁玛斯基（Kramarski，2002）特别针对数学教育，将真实性任务具体界定为提供了没有现成算法的共同情境（的任务）。相反，卓达克（Jurdak，2006）给出了一个更宽泛的、没有指定排除条件的定义，将真实性任务描述为"有意义的、有目的的、目标导向的"任务，模拟了真实世界的问题解决（引自 Beswick，2011，p. 369）。

不管学科领域和定义的具体性或一般性，关于真实性任务的一个重要趋同点是它需要"真实世界"的元素——无论是在意义相关性和/或应用于学习者的个人生活世界，还是联结超越课本和学校的其他学科领域或情境的某个元素。同样，基于本研究的目的，我们将真实性任务描述成并操作化定义为学生认为他们老师出现以下情况的频率：

1. 给学生提供机会将各种观念应用到学校外的日常情境中；
2. 关注课程对于个体的意义而非课程方案中有什么；
3. 试图将学科知识与个体经验相联系；
4. 为学生提供机会将课堂上所学的观念应用到其他学科中。

（二）创造性 21 世纪学习倾向

本章所讲的 21 世纪学习倾向，是指一系列指向学习的生成性信念和动机性倾向。具体而言，包括：（1）两种成就目标取向——掌握取向和表现取向，通常认为它们与适应性学习高度相关；（2）自我效能和任务价值；（3）学习参与，包括个体和团体两种。

在进一步阐述我们对这些倾向的概念化和操作化定义之前，有必要强调我们之所以把这些生成性信念和动机性倾向看作 21 世纪所必需的，不是因为它们在 21 世纪才出现或者才对学习变得重要。相反，自 20 世纪 90 年代中期或晚期以来，对这些学习建构（constructs）以及它们对于学习的积极影响的理解就已经开始涌现了，主要通过教育动机心理学家和社会心理学家的理论和实践工作呈现。一些杰出的贡献者包括：

约翰·尼克尔斯（John Nicholls，1984）和卡罗尔·德威克（Carol Dweck，1986，2000，2006）的自我理论和成就目标取向，艾伯特·班杜拉（Albert Bandura，1982，1997）的自我效能，以及詹奎琳·艾克尔斯和艾伦·维格菲尔德（Jacquelynne Eccles and Allan Wigfield，1983，2000）的成就动机的期望—价值理论和主观任务价值对学习结果的影响。

但是，直到最近出现的国家和国际课程改革浪潮，才开始试图阐述 21 世纪素养的教与学，在课程框架中明确确定这些关键学习倾向是学习者 21 世纪技能发展的一个重要甚至是奠基性的部分。最近，美国国家科学院（National Academy of Sciences in the United States）发布了名为《为了生活和工作的教育：发展 21 世纪可迁移的知识和技能》（Pellegrino and Hilton，2013）的"21 世纪课程框架"。该框架把"积极的学习倾向"——包括生成性学习信念和学习动机——看作培养 21 世纪技能、深度学习和可迁移知识的 5 大核心支柱。同样，国际文凭（the International Baccalaureate，简称 IB）的一系列 K‑12 教育项目通过十个明确阐述的"学习者剖面图"倾向建立关联，并将其作为该项目的标志性的学习结果。IB 项目越来越多地被全世界私立和公办学校采用，不仅仅是因为其学术严谨性，也是因为它的教育和评价方法被认为与培养学习者 21 世纪综合能力高度相关。国际文凭所列举的众多"学习者剖面图"属性中，核心是对学习的积极信念和内在动机。这些方面在个体一生中，不管是在正规学校教育过程中，还是超越正规学校教育，对持续的个人成长和发展都是必不可少的。21 世纪技能联盟（the Partnership for 21st Century Skills，2011）提出了 21 世纪学习框架。新加坡教育部（Singapore Ministry of Education，2010）界定了新加坡教育的期望教育结果（即自信的个体、自主学习者、负责任的公民、积极的贡献者）和 21 世纪学习素养（如批判性和创造性思维、交流技巧、社会—情感学习）。本研究所要研究的学习倾向，要么是国家（新加坡）和国际上列举的重要价值和技能，要么是被认为能促进 21 世纪学习技能和素养的重要因素。

正是在教育理论和实践的进展之下，我们构建了如下适应性动机信念和行为，作为与本研究相关的 21 世纪关键学习倾向。

1. 掌握和表现成就目标取向

成就目标理论主张，参与特定学习任务的潜在意图即成就目标，往往会驱动个体学习过程和结果（Dweck，2000；Nicholls，1989）。总的来说，成就目标有四种类型：掌握目标，表现目标，掌握避免型目标，表现避免型目标。前两种目标本质上有更好的适应性，通常对学习是有益的。相反，后两种目标与适应不良和缺乏建设性的学习行为相关（Liem et al. ，2008；Nie and Lau，2009）。

本章关注前两种成就目标形式。德威克（Dweck，2000）认为，一方面，受掌握目标驱动的学习者关注增强能力，学习新技能，理解新概念以及"变得更聪明"。这些学习者对复杂和挑战表现出更多的适应性反应。另一方面，受表现目标驱动的学习者主要关注"获得正确的答案"，赢得对他们能力的积极判断，"避免被看轻"。

虽然这样的学习者渴望高水平的表现，他们在面对挑战性和复杂性问题时，同时也更可能会经历大脑短路，也可能因为没有能力获得正确的答案而感到无所适从。但值得注意的是，当前该领域的研究已经引起对"掌握或表现"的二元逻辑潜在问题的关注。实际上，当掌握性目标和表现性目标大约为 50：50 比例呈现时，富有成效且可持续的学习才更可能发生（Dweck，2000；Tan and McWilliam，2008）。

2. 自我效能和任务价值

根据詹奎琳·艾克尔斯和艾伦·维格菲尔德的期望—价值理论，解释成功学习结果时有两个信念最突出：（1）自我效能，是指个体对自己成功完成某个给定任务的自我能力的自信程度（Bandura，1997）；（2）任务价值，是指对任务的重要性、价值和是否值得追求的相信程度。

许多学者认为自我效能是最重要的适应性学习动机建构之一。大量的实证研究证明，自我效能与一系列行为选择和结果有积极关系，包括较高的努力和坚持程度，对困难的韧力和学习参与度（Yeung et al. ，2011）。

与自我效能和成就目标相比，任务价值历来较少引起成就动机研究者的注意（Wigfield and Eccles，1992）。但是，各种实证研究结果已清楚表明，任务价值能更好预测学习者参与任务时的意图和选择，而自我效能和任务价值的关系更为密切（Greene et al. ，2004；Liem et al. ，2008）。这一点在 K‑12 正规教育背景下尤为重要。在正规教育中，如果早期不能专注于学习任务，尤其如语文和数学等核心课程，有可能会对学业成就带来长期的不利影响，进而影响到未来的社会参与和流动。从这个角度来讲，有人或许会主张，积极的任务价值对小学和初中学生在学习任务和学科课程上保持持续的兴趣和参与度有着更为重要的作用。只有这样，他们才能成为韧性更强的学习者，才能有效跨越像考试等级这样各种官方成功指标的起起伏伏。

3. 个体和合作参与

学习参与一般是指学生参与学校常规活动的意愿，如上课专心听讲，完成布置的任务，在课堂上能跟上教师的解释和教学（Chapman，2003；Yeung et al. ，2011）。我们发现，参与学习的学生会付出更多努力，表现出更强的坚持性和决心，因而有助于更高质量的学习，取得更好的学习结果（Fredricks et al.，2004；Skinner et al.，2008）。学习参与有不同的定义和测量方式，但是已有研究一般更关注个体参与而非团队或合作参与。考虑到合作已经被广泛认为是一个日益重要而核心的 21 世纪素养，出于本研究的目的，我们将参与这一建构扩展到既包括个人的也包括合作的，二者在课堂学习中密切相关。

我们认为，一方面，个体参与是指学生对自己参与和注意班级活动程度的自我知觉；另一方面，合作参与是指学生对他们参与团队工作和讨论及对团队贡献程度的知觉。

概而言之，作为教育学和学习倾向的重要建构，真实性任务以及前文所提到的生成性学习信念和行为对于 21 世纪学习质量至关重要。但是至今，课堂上真实性任务的使用与这些生成性学习倾向之间关系的实证证据，尤其是作为关键利益群体的学生视角的实证研究，非常有限。本章旨在填补这一空白。

由此，本章提出如下问题：在多大程度上使用真实性任务能预测学生（1）掌握和表现成就目标，（2）自我效能，（3）任务价值，（4）个人和合作性的学习参与？下文将呈现这一实证探索的方法和结果。

三、方法

（一）抽样、设计和研究被试

样本的选取采用分层随机抽样技术。研究被试是来自新加坡 39 所初中 129 个班级的 4164 名九年级学生。先按照先前学校平均成绩将新加坡初中划分成三个层级。每个层级随机抽取 13 所学校。从每一所参与学校的九年级班级中随机抽取大约一半班级。

研究被试的种族分布如下：71% 是中国人，20% 是马来人，7% 是印度人，2% 是其他种族人群。样本的性别分布基本相等（53% 女生和 47% 男生）。学生的平均年龄是 15.5 岁（SD＝0.61）。

（二）研究过程

通过网络调查问卷进行施测。随机抽取每个班级约一半的学生完成一种表格，要求学生报告与数学学习相关的动机（学生水平数据）。同一班级另一半的学生完成另一种表格，要求学生报告数学老师提供真实性任务的频率（班级水平数据）。尽管学生水平和班级水平的数据是由不同群体学生提供的，但可以通过班级变量将这些多水平数据连接起来。

（三）测量工具

问卷中所有的题目都采用 5 点计分的李克特（Likert）量表，从 1（从不）到 5（经常）或者从 1（完全不同意）到 5（完全同意）。题目见附录 A。受篇幅限制因素，分析结果在本文中未呈现，感兴趣的读者可以与我们联系索取。

1. 真实性任务的使用

真实性任务使用的测量工具包括 4 道题。该量表测量在班级中使用真实性任务的频率。问卷中所有的题目都采用 5 点计分的李克特量表，从 1 到 5。5 表示"总是"（always），4 表示"经常"（often），3 表示"有时"（sometimes），2 表示"很少"（seldom），1 表示"从不"（never）。单因素结构能很好拟合数据，$\chi^2(1, N = 2\ 070) = 10.15$，TLI＝0.979，CFI＝0.998，RMSEA＝0.066，内部一致性信度系数和克隆巴赫系数是 0.87。班级水平真实性任务的平均数是 3.06，标准差 0.45。平均数 3.06 表明教师在班级教与学中不是经常使用真实性任务。

2. 生成性 21 世纪学习倾向

本研究测量了 6 个 21 世纪生成性学习倾向。量表是改编的动机策略和学习问卷（Motivated Strategies and Learning Questionnaire，MSLQ，Pintrich et al.，1993）以及适应性学习模式问卷（Patterns of Adaptive Learning Scales，PALS，Midgley et al.，2000）。问卷中所有的题目都采用 1 到 5 的 5 点计分李克特量表。5 表示"完全同意"，4 表示"同意"，3 表示"部分同意，部分不同意"，2 表示"不同意"，1 表示"完全不同意"。掌握目标导向量表包含 5 道题目（克隆巴赫系数为 0.89）。表现目标导向量表包含 4 道题目（克隆巴赫系数为 0.88）。自我效能量表包含 4 道题目（克隆巴赫系数为 0.86）。任务价值量表包含 5 道题目（克隆巴赫系数为 0.88）。个体参与和团队合作参与量表分别包含 4 道题（克隆巴赫系数分别为 0.87 和 0.90）。分数越高表示掌握目标导向的倾向越高，表现目标导向的倾向越高，自我效能越高，任务价值越高，个体参与和团队合作参与也分别越高。

为了检验 6 个建构的因素结构，本研究进行了验证性因素分析。六因素结构能很好地拟合数据，$\chi^2(305, N = 2\ 094) = 1809.25$，TLI＝0.946，CFI＝0.957，RMSEA＝0.049。因素之间的相关系数在 0.13 到 0.72 之间（详见表 2.1）。

表 2.1　描述统计与动机变量间的零阶相关

	平均数	标准差	1	2	3	4	5	6
1. 个体参与	3.64	0.86	—					
2. 团队参与	3.81	0.77	0.48**	—				
3. 掌握目标	3.55	0.79	0.54**	0.35**	—			
4. 表现目标	3.09	0.99	0.13**	0.17**	0.26**	—		
5. 自我效能	3.74	0.72	0.47**	0.31**	0.64**	0.26**	—	
6. 任务价值	3.77	0.77	0.44**	0.26**	0.72**	0.18**	0.56**	—

**$p < 0.01$

四、结果

（一）学生结果的建模分析方法

多层线性模型（hierarchical linear modelling，HLM）分析前将所有自变量和结果变量加以标准化。本研究用零模型（模型 0，没有预测变量）估计班级内和班级间的方差比例（Raudenbush and Bryk，2002）。接下来的一组多层线性模型（模型 1）用于估计真实性任务使用对学生动机结果的预测关系。另外，我们估计了在模型 1 中添加真实性任务这一变量后方差降低的比例，也就是比较模型 1 和模型 0 在水平 2 上的方差。

（二）真实性任务对倾向性结果的预测

多层线性模型预测学生学习倾向的结果见表 2.2，2.3，2.4，2.5，2.6 和 2.7。结果表明，一方面真实性任务的使用是掌握目标（$\gamma = 0.161$，$p < 0.001$）、表现目标（$\gamma = 0.065$，$p < 0.01$）、任务价值（$\gamma = 0.112$，$p < 0.001$）和个体参与（$\gamma = 0.103$，$p < 0.01$）的一个正向预测指标。比较模型 0 和模型 1，以上动机结果中的班级间方差减少了 11% ～ 28%（详见表 2.2，2.3，2.4，2.5，2.6 和 2.7）。

另一方面，真实性任务的使用对自我效能（$\gamma = 0.025$，$p = 0.377$）和团队参与（$\gamma = 0.022$，$p = 0.458$）没有显著的预测作用。

表 2.2　预测个体参与的多层线性模型结果

变量	模型 0		模型 1	
真实性任务使用				
固定效应	γ	SE	γ	SE
截距				
γ_{00}	-0.004	0.034	-0.001	0.032
真实性任务（γ_{01}）			0.103^{**}	0.031
随机效应	方差		方差	
u_{0j}	0.090		0.080	
r_{ij}	0.912		0.912	
			方差减少百分比	
	ICC		M1 vs M0（L2）	
	0.089		11%	

注意：ICC 同类相关系数，L2 表示在水平 2 的基础上变异减少的百分比　$^{**}p<0.01$

表 2.3　预测团队参与的多层线性模型结果

变量	模型 0		模型 1	
真实性任务使用				
固定效应	γ	SE	γ	SE
截距				
γ_{00}	-0.007	0.031	-0.006	0.031
真实性任务（γ_{01}）			0.022	0.030
随机效应	方差		方差	
u_{0j}	0.068		0.068	
r_{ij}	0.935		0.935	
			方差减少百分比	
	ICC		M1 vs M0（L2）	
	0.067		0%	

注意：ICC 同类相关系数，L2 表示在水平 2 的基础上变异减少的百分比

表 2.4 预测掌握目标的多层线性模型结果

变量	模型 0		模型 1	
真实性任务使用				
固定效应	γ	SE	γ	SE
截距				
γ_{00}	0.001	0.034	0.005	0.030
真实性任务（γ_{01}）			0.161**	0.030
随机效应	方差		方差	
u_{0j}	0.088		0.063	
r_{ij}	0.913		0.913	
			方差减少百分比	
	ICC		M1 vs M0（L2）	
	0.088		28%	

注意：ICC 同类相关系数，L2 表示在水平 2 的基础上变异减少的百分比 **$p<0.001$

表 2.5 预测表现目标的多层线性模型结果

变量	模型 0		模型 1	
使用真实性任务				
固定效应	γ	SE	γ	SE
截距				
γ_{00}	0.000	0.025	0.003	0.024
真实性任务（γ_{01}）			0.065**	0.022
随机效应	方差		方差	
u_{0j}	0.018		0.015	
r_{ij}	0.982		0.981	
			方差减少百分比	
	ICC		M1 vs M0（L2）	
	0.018		17%	

注意：ICC 同类相关系数，L2 表示在水平 2 的基础上变异减少的百分比 **$p<0.01$

表 2.6　预测自我效能的多层线性模型结果

变量	模型 0		模型 1	
	使用真实性任务			
固定效应	γ	SE	γ	SE
截距				
γ_{00}	-0.007	0.030	-0.006	0.030
真实性任务（γ_{01}）	0.11121		0.025	0.029
随机效应	方差		方差	
u_{0j}	0.061		0.061	
r_{ij}	0.941		0.941	
			方差减少百分比	
	ICC		M1 vs M0（L2）	
	0.061		0%	

注意：ICC 同类相关系数，L2 表示在水平 2 的基础上变异减少的百分比

表 2.7　预测任务价值的多层线性模型结果

变量	模型 0		模型 1	
	使用真实性任务			
固定效应	γ	SE	γ	SE
截距				
γ_{00}	-0.001	0.033	0.002	0.031
真实性任务（γ_{01}）			0.112^{***}	0.032
随机效应	方差		方差	
u_{0j}	0.080		0.069	
r_{ij}	0.921		0.921	
			方差减少百分比	
	ICC		M1 vs. M0（L2）	
	0.080		14%	

注意：ICC 同类相关系数，L2 表示在水平 2 的基础上变异减少的百分比　$^{***}p < 0.001$

五、讨论

不管是一般意义上的 21 世纪教育和学习，还是具体到数学教育，本研究结果对增进我们的理解都有重要启发作用。我们将依次讨论。

（一）对一般意义上 21 世纪教育与学习的启发

首先，结果表明使用真实性任务是适应性掌握成就目标和表现成就目标、任务价值和个体参与的重要预测指标。这一结果对现存提倡真实性任务对增强学生积极学习倾向，尤其是动机和参与的文献（Jurdak，2006；Kocyigit and Zembat，2013；Norton，2006），提供了强有力的实证研究证据。正如前文所强调的，目前大部分提倡真实性任务的研究本质上是靠推测的，或者一般都是基于很少数量被试和班级的小规模案例研究（Beswick，2011）。考虑到在众多出版发行的 21 世纪技能课程框架中，使用真实性任务通常被明确推荐为一个理想的教育途径，本研究结果在某种程度上证实了该理论立场的有效性。由于适应性成就目标导向、价值任务和个体参与都是学习质量和教育结果重要的倾向性预测指标，本研究的贡献得到了进一步强调。

其次，结果表明真实性任务不能显著预测学习者自我效能和合作参与。这一结果在某种程度上有些让人惊讶，让作者十分感兴趣，因为这一结果与使用真实性任务的流行信念不符。这一研究结果清楚暗示，在接受真实性任务在所有形式下都能有效培养学习者动机倾向这个一般推论时，我们需要保持警惕。更确切地说，正如拉希姆等人（Rahim et al.，2012）恰当地指出，即使在"真实性任务"之下，问题的本质和质量也会有实质性的不同。就这一点而论，必须深入考虑任务设计，以及在当前目的下"真实"意味着什么。

真实性任务，如本研究操作化定义的那样，主要是指学生认为任课教师提供给他们的以个人有意义的方式学习和应用观念的程度，这种方式超越学校，并与其他学科相连。这一操作化定义并没有特别包括合作学习，这可能解释了为什么在本研究中真实性任务和合作参与没有显著关系。但这最多只是审慎的推测，将来还需要进一步研究以理解这一发现。

同样，要更好地理解真实性任务和自我效能间的关系，也需要进一步研究。本研究的发现表明，"真实性"学习任务中的真实世界的相关性、个人意义性、元素间相关性等方面，对提升学习者自我感知到的成功完成给定任务和/或学科领域的能力水平提升影响有限。聂和刘（Nie and Lau，2010）的研究发现，在英语教学中建构主义教学与自我效能正相关。在他们的定义中，建构主义教学包括三大关键要素，即深度思考、交流和真实生活体验。总而言之，其研究结果表明，基于学生自身真实生活经验的教学可能不会培养学生的自我效能，尤其是在学习多种学科领域时；但是如果在教学中把学习中的深度思考和交流整合为一个完整的整体，真实性任务可能会有效。考虑到随着具体情境变化，真实性任务的定义和操作化也会变化，需要跨越不同学科领域真实性任务的比较研究，才有可能对我们在该领域当前的理解产生有意义和有洞见性的贡献。

（二）对数学教育的意义：全球化背景下的新加坡

接下来我们将更具体地在数学教育背景下讨论研究结果。数学任务是数学课的核心，是指一系列问题或是一个复杂的问题，旨在让学生将注意力集中在特定的数学观念上（Kaur and Toh，2012）。事实上，根据国际教育成就评价协会（International Association for the Evaluation of Educational Achievement，IEA）和美国教育统计中心（US National Center for Education Statistics，NCES）对 7 个国家八年级数学和科学教学所进行的一项跨国大规模录像调查研究，数学课堂上超过 80% 的时间花在数学任务上（Hiebert，2003）。考虑到数学任务使用的大量时间，任务的性质和质量以及他们对学习倾向和结果的影响变得十分重要。

这一现象得到进一步验证。尤其是在发达国家，越来越多的人担忧，在义务教育阶段结束之后，人们对数学和相关领域的参与度似乎正在下降。这一趋势如果放任自流，可能会对国家经济构成威胁，导致合格的数学家、统计学家、经济学家和工程师缺乏（Australian Academy of Science，2006；Beswick，2011）。

数学研究者发现，早在初中很多学生就不太参与数学学习了（Sullivan et al.，2006）。为此，基于真实性任务或数学教育中有时所说的情境问题更能引起学生的兴趣和参与这一前提，它们经常被用到。但是，在该领域内面临的一个共同的批评是这些任务是否有效的证据是缺乏的，尤其是在提升学生的数学情感方面。因此，这一说法与其说是事实，不如说是一个假设（Beswick，2011）。就这一点而言，本章所呈现的研究结果在弥补这一知识缺陷上起到了一些作用，尤其是从九年级学生这一关键利益群体的重要视角去看。

具体到新加坡，以及对国际数学与科学趋势研究（Trends in International Mathematics and Science Study，TIMSS）中居于领先水平的东亚同行而言，本研究的结果将有某种相关意义。弗里德里克·莱恩（Frederick Leung，2008）通过 1999 年到 2003 年 TIMSS 的结果和录像研究，分析了东亚国家的数学课堂和学生，强调了两个重要的趋势：

1. 除了新加坡学生，东亚学生（韩国、日本以及中国香港和台北）既不认为数学有很高价值（任务价值），也不喜欢学习这门学科（参与），尽管他们在国际数学测试中获得很高的分数。值得注意的是，和东亚同龄人相比，新加坡学生在任务价值和数学兴趣上呈现较高水平。但也仅仅是略高于国际平均水平，比世界各地其他同龄人要明显低很多（Mullis et al.，2004）。

2. 东亚学生，包括新加坡学生，尽管获得较高的测试分数，但与全球同龄人相比，他们学习数学的自信心（自我效能）一直较低。

莱恩（Leung，2008）将这些研究结果与录像研究结合起来，认为东亚的数学课虽然要求学生学习更复杂深奥的内容，需要更多的演绎推理，但也有一致的弱点。具体来讲，大部分数学任务与现实生活无关，再加上内容的高度挑战性，可能解释了学生对数学学科负面的信念和态度，最终导致学生逃避持续和进一步学习数学及相关学科。因此，一个重要的结果就是学生在数学上的高成就不应该让教师忽略同样重要的目标，即激发学生对数学积极的信念和学习动机。

结合上文数学教与学的全球趋势，本研究结果为真实性任务作为一个有益资源提供了实证研究支持。设计真实性任务是为了给学生提供更多的机会，将课堂上学到的数学观念和个人经验、生活世界以及其他学科中学过的观念相联系。这有助于提升学生数学学习的掌握取向（和表现取向，尽管对东亚学生这并不是重要的问题），培养学生更高水平的参与，以及他们对学习该科目重要性和价值的认识。

我们研究的结果在东亚学生普遍缺乏数学学习自我效能和信心方面涉猎不多。正如前文所强调的，本研究结果表明数学任务与真实性生活情境、其他学科的相关本身并不能提升学生对数学学习能力的感知。一方面，部分原因可能是与东亚国家所教数学内容的高挑战度有关（Leung，2008），导致学生认为即使给他们更多时间，他们付出更多努力，也可能学不好；另一方面，更为有害的可能是学生对于自身数学智力或能力持有一种"固定的"而非"不断增长的"信念（Dweck，2006）。在"能力驱动"的教育系统中这会进一步强化。例如在新加坡，"能力分班"或个别化教育的实践和理念已经高度制度化，多次高难度考试决定了未来的学术"轨迹"和路径。这种对自我能力的非建设性学习信念在一定程度上可以与像掌握目标取向这样的适应性动机过程建立联系（Dweck，2006）。基于我们的结果表明真实性任务是掌握目标的一个正向预测指标，我们可以推测真实性任务可能无意中会提升学生数学学习的自我效能。但这最多是一个希冀的猜想，值得今后好好研究。

最后但同样重要的是，我们的研究表明真实性任务不能显著预测学生的合作参与。这表明，即使运用真实性任务，正如当前在新加坡数学课中所设计的那样，可能给学生将学习与真实经验和其他学科领域相联系提供机会，但这些任务本质上大部分可能仍然是个性化的（Boaler，1994）。同样，新加坡本土学者富（Foo，2007）对数学课上真实表现性任务的使用进行了研究。研究揭示，教师担心使用真实性任务会影响内容学习，从而影响学期考试的备考和成绩，而备考大部分是针对个人的。因此，我们可以推论，至少对于本研究被试所经历的任务而言，数学课上的数学任务尽管设计时本质上是真实的，但学习时更偏重个体化，并没有给有意义的合作学习提供重要的机会。这一推论在对新加坡用于指导职前教师设计数学课堂真实任务的关键材料进行综述时得到了进一步验证（例如：Fan，2011）。这些材料中呈现的任务样例本质上完全是针对个人而非合作的。就这一点而言，接下来如果研究如何加强真实性任务中有力促进合作学习的元素及其对团队参与的影响，将对推动这一领域的前进非常有价值。

六、结论

最后，我要指出本章呈现的研究的一些局限。首先，正如许多基于调查的研究，尽管我们尽力确保建构是基于理论和实证加以概念化，但是真实性任务的操作化具有难以避免的限制特征。鉴于真实性任务内在的丰富性，未来研究可以考虑测量更多教学要素和实践。其次，本研究属于相关和横向设计，无法产生因果理解，可能导致低估任务对学生学习倾向结果的影响（Nie and Lau，2010；Rowan et al.，2002）。本研究的发现可以通过其他实验设计或纵向设计加强。这样可能会更多了解使用真实性任务的因果关系、累计效果和它们对学生学习倾向的影响，以及它们是怎样随着时间而变化的。最后，在本研究中，学生自陈报告是数据的唯一来源。多元数据来源，例如课堂观察、教师报告、课堂作品和质性访谈将会增强对本研究结果的理解。

尽管本研究有着诸多的局限，但是我们认为，本章在弥补已有文献中的一个重要证据缺陷方面取得了一些进展，即真实性任务对培养学生生成性学习信念和动机倾向的效果，无论是一般意义上，还是具体到数学教育上。

作为教育者，我们有一个隐含但是非常明确的义务，就是保证学生正式的学校教育经历不仅仅是在考试中获得高的分数。相反，学生从正式教育机构毕业前，他们应该有足够多的机会成为一个有文化且有责任感的公民，具备为更广泛的经济发展、工作和公民生活做贡献的相关倾向。事实上，这一努力是非常复杂的。仅仅在课程中加入一些真实性任务的形式可能是简单的，但却远远不够。真正的挑战在于课程、学习任务和单元设计的一致性与连贯性。当这些有益的倾向、价值和实践与学校文化相关并与最大受益者——学生的未来生活相关时，它们是能得到培养并持久保持的。

致谢：本研究得到新加坡教育部教育与实践研究中心（the Centre for Research in Pedagogy and Practice，CRPP）的支持和许可。本文所陈述的任何研究发现、结论和观点是作者的立场，并不代表新加坡教育部的倾向或政策。我们要特别感谢 Lau Shun 博士对本研究各方面的重大贡献。我们也感谢教育与实践研究中心（CRPP）创始人和执行主任，Allan Luke 教授和 Peter Freebody 教授提供的必要的基础知识和研究领导，为本研究的成功设计和执行提供保障。感谢 David Hogan 教授为研究和调查设计提供的支持和宝贵建议。感谢 Ridzuan Abdul Rahim 博士和学校老师们对工具的改变提供的反馈意见。感谢 Lim Kin Meng，Sheng Yee Zher 和其他研究者对本研究的帮助。

附录 A

使用真实性任务

1. 你的数学老师是否经常将你在课堂上学到的数学知识应用到其他课程中？

2. 你的数学老师是否经常将你在课堂上学到的数学知识应用到与学校不相关的情境中？

3. 你的数学老师是否经常关注数学课对你们个人的意义，而不仅仅是教学大纲上的内容？

4. 你的数学老师是否尝试将你的学科知识与你的个人经历相联系？

个体参与

1. 我能很好地注意。

2. 在整堂课上我能始终关注我的任务。

3. 当老师解释一些知识时我能仔细听。

4. 我能尽最大努力完成课堂任务。

团队参与

1. 在小组讨论时我能尽我最大的努力。

2. 在小组活动时我分享我的观点。

3. 我尽自己最大的努力参与到班级讨论中。

4. 我尽自己最大努力为团队工作做贡献。

掌握目标导向

1. 完成数学任务很重要的一个原因是我喜欢学习新的事物。

2. 数学任务促使我思考是我最喜欢的。

3. 完成数学课上的任务一个重要的原因是我希望做得越来越好。

4. 完成数学课上的任务一个重要的原因是我喜欢它。

5. 完成数学课上的任务一个重要的原因是我希望能学好有挑战性的内容。

表现目标导向

1. 在数学课上我希望同学们认为我很聪明。

2. 在数学课上我希望老师认为我比其他同学更聪明。

3. 在数学课上其他同学认为我很聪明对我很重要。

4. 如果我的数学比大部分同学取得更好的分数我觉得自己很成功。

自我效能

我确定我能很好地学会数学课教的技能。

1. 如果我不放弃，我能完成数学课上几乎所有的作业。

2. 如果我有足够的时间，所有的数学任务我都能很好地完成。

3. 即使数学任务很难，我也能学会。

4. 我相信我能完成数学课上困难的任务。

任务价值

1. 我认为学习数学很重要。

2. 我发现数学很有趣。

3. 我在数学学科上学到的很有用。

4. 与其他学科相比，数学是有用的。

5. 与其他学科相比，数学很重要。

参考文献

Australian Academy of Science. (2006). *Mathematics and statistics：Critical skills for Australia's future：The national strategic review of mathematical sciences research in Australia*. Melbourne：Australian Academy of Science.

Bandura，A. (1982). Self-efficacy mechanism in human agency. *American Psychologist*，37 (2)，122-147.

Bandura，A. (1997). *Self-efficacy：The exercise of control*. New York：Worth Publishers.

Barab，S. A.，& Plucker，J. A. (2002). Smart people or smart contexts? Cognition，ability and talent development in an age of situated approaches to knowing and learning. *Educational Psychologist*，37(3)，165-182.

Bernstein，B. (2000). *Pedagogy，symbolic control and identity：Theory，research，critique* (Rev. ed.). Lanham：Rowman & Littlefield Publishers Inc.

Beswick，K. (2011). Putting context in context：An examination of the evidence for the benefits of 'contextualised' tasks. *International Journal of Science and Mathematics Education*，9(2)，367-390.

Boaler，J. (1994). When do girls prefer football to fashion? An analysis of female underachievement in relation to 'realistic' mathematics contexts. *British Journal of Sociology of Education*，20 (5)，551-564.

Brophy，J.，& Alleman，J. (1991). Activities as instructional tools：A framework for analysis and evaluation. *Educational Researcher*，20(4)，9-23.

Brown，J. S. (2006，September/October 18-24). New learning environments for the 21st century：Exploring the edge. *Change*. Retrieved June 1，2006，from http://www. johnseelybrown. com/ Change%20article. pdf

Chapman，E. (2003). Alternative approaches to assessing student engagement rates. *Practical Assessment，Research and Evaluation*，13(8)，1-10.

Dawson，S.，& Siemens，G. (2014). Analytics to literacies：The development of a learning analytics framework for multiliteracies assessment. *The International Review of Research in Open and*

Distance Learning, *15*(4), 284-305.

Dweck, C. S. (1986). Motivational processes affecting learning. *American Psychologist*, *41*(10), 1040-1048.

Dweck, C. S. (2000). *Self-theories: Their role in motivation, personality, and development*. Philadelphia: Psychology Press.

Dweck, C. (2006). *Mindset: The new psychology of success*. New York: Random House.

Eccles, J. S. (1983). *Expectancies values and academic behaviors*. Frankfurt: University of Frankfurt.

Elmore, R. F. (1996). Getting to scale with good educational practice. *Harvard Educational Review*, *66*(1), 1-27.

Fan, L. (2011). *Performance assessment in mathematics: Concepts, methods, and examples from research and practices in Singapore classrooms*. Singapore: Pearson Education South Asia.

Florida, R. (2002). *The rise of the creative class*. New York: Basic Books.

Foo, K. F. (2007). *Integrating performance tasks in the secondary mathematics classroom: An empirical study*. Retrieved May 8, 2013, from http://repository.nie.edu.sg/jspui/bitstream/10497/1423/1/FooKumFong.pdf

Fredricks, J. A., Blumenfeld, P. C., & Paris, A. H. (2004). School engagement: Potential of the concept, state of the evidence. *Review of Educational Research*, *74*(1), 59-109.

Freeman, C. (2004). Income inequality in changing techno-economic paradigms. In S. Reinert (Ed.), *Globalization, economic development and inequality* (pp. 243-257). Cheltenham: Edward Elgar.

Greene, B. A., Miller, R. B., Crowson, H. M., Duke, B. L., & Akey, K. L. (2004). Predicting high school students' cognitive engagement and achievement: Contributions of classroom perceptions and motivation. *Contemporary Educational Psychology*, *29*(4), 462-482.

Hanna, D., Istance, D., & Benavides, F. (Eds.). (2010). *Educational research and innovation the nature of learning using research to inspire practice: Using research to inspire practice*. Paris: OECD Publishing.

Hiebert, J. (2003). *Teaching mathematics in seven countries: Results from the TIMSS 1999 video study*. Darby: Diane Publishing Co.

International Baccalaureate Office (IBO). (2006). *IB learner profile booklet*. Cardiff: IBO.

Jurdak, M. E. (2006). Contrasting perspectives and performance of high school students on problem solving in real world, situated, and school contexts. *Educational Studies in Mathematics*, *63*(3), 283-301.

Kaur, B., & Toh, T. L. (Eds.). (2012). *Reasoning, communication and connections in mathematics: Yearbook 2012, Association of Mathematics Educators* (Vol. 4). Singapore: World Scientific Publishing Company.

Koçyiǧit, S., & Zembat, R. (2013). The effects of authentic tasks on preservice teachers' attitudes towards classes and problem solving skills. *Educational Sciences: Theory & Practice*, *13*(12), 1045-1051.

Kramarski, B., Mevarech, Z. R., & Arami, M. (2002). The effects of metacognitive instruction on solving mathematical authentic tasks. *Educational Studies in Mathematics*, *49*(2), 225-250.

Leung, F. K. (2008). *The significance of IEA studies for education in East Asia and beyond*. The 3rd IEA international research conference. Retrieved January 28, 2013, from http://www.iea.nl/fileadmin/user_upload/IRC/IRC_2008/Papers/IRC2008_Leung.pdf

Liem, A. D., Lau, S., & Nie, Y. (2008). The role of self-efficacy, task value, and achievement goals in predicting learning strategies, task disengagement, peer relationship, and achievement outcome. *Contemporary Educational Psychology*, *33*(4), 486-512.

McWilliam, E. (2008). *The creative workforce: How to launch young people into high-flying futures*. Sydney: UNSW Press.

Midgley, C., Maehr, M. L., Hruda, L. Z., Anderman, E., Anderman, L., Freeman, K. E., & Urdan, T. (2000). *Manual for the patterns of adaptive learning scales*. Ann Arbor: University of Michigan.

Ministry of Education, Singapore. (2010). *Nurturing our young for the future: Competencies for the 21st century*. Retrieved from http://www.moe.gov.sg/committee-of-supply-debate/files/nurturing-our-young.pdf

Mullis, I. V., Martin, M. O., Gonzalez, E. J., & Chrostowski, S. J. (2004). *TIMSS 2003 international mathematics report: Findings from IEA's trends in international mathematics and science study at the fourth and eighth grades*. Chestnut Hill: TIMSS & PIRLS International Study Center.

Nicholls, J. G. (1984). Achievement motivation: Conceptions of ability, subjective experience, task choice, and performance. *Psychological Review*, *91*(3), 328-346.

Nicholls, J. G. (1989). *The competitive ethos and democratic education*. Cambridge, MA: Harvard University Press.

Nie, Y., & Lau, S. (2009). Complementary roles of care and behavioral control in classroom management: The self-determination theory perspective. *Contemporary Educational Psychology*, *34*(3), 185-194.

Nie, Y., & Lau, S. (2010). Differential relations of constructivist and didactic instruction to students' cognition, motivation, and achievement. *Learning and Instruction*, *20*(5), 411-423.

Norton, S. (2006). Pedagogies for the engagement of girls in the learning of proportional reasoning through technology practice. *Mathematics Education Research Journal*, *18*(3), 69-99.

Partnership for 21st Century Skills. (2011). *Framework for 21st century learning*. Retrieved from http://www.p21.org/our-work/p21-framework

Pellegrino, J. W., & Hilton, M. L. (Eds.). (2013). *Education for life and work: Developing transferable knowledge and skills in the 21st century*. Washington, DC: National Academies Press.

Perez, C. (2002). *Technological revolutions and financial capital: The dynamics of bubbles and golden ages*. Cheltenham: Edward Elgar.

Pink, D. H. (2005). *A whole new mind: Why right-brainers will rule the future*. New York: Penguin Group.

Pintrich, P. R., Smith, D. A. F., Garcia, T., & Mckeachie, W. J. (1993). Reliability and predictive-validity of the motivated strategies for learning questionnaire. *Educational and Psychological Measurement*, *53*(3), 801-813.

Rahim, R. A., Hogan, D., & Chan, M. (2012). The epistemic framing of mathematical tasks in secondary three mathematics lessons in Singapore. In B. Kaur & T. L. Toh (Eds.), *Reasoning, communication and connections in mathematics: Yearbook 2012, Association of Mathematics Educators* (Vol. 4, pp. 11-55). Singapore: World Scientific Publishing Company.

Raudenbush, S. W., & Bryk, A. S. (2002). *Hierarchical linear models: Applications and data analysis methods* (Vol. 1). Thousand Oaks: Sage Publications Inc.

Reeves, T. C., Herrington, J., & Oliver, R. (2002). *Authentic activities and online learning*. HERDSA conference. Retrieved May 24, 2013, from http://elrond. scam. ecu. edu. au/oliver/2002/ Reeves.pdf

Rowan, B., Correnti, R., & Miller, R. (2002). What large-scale survey research tells us about teacher effects on student achievement: Insights from the prospects study of elementary schools. *Teachers College Record*, *104*(8), 1525-1567.

Skinner, E., Furrer, C., Marchand, G., & Kindermann, T. (2008). Engagement and disaffection in the classroom: Part of a larger motivational dynamic? *Journal of Educational Psychology*, *100* (4), 765.

Sullivan, P., Tobias, S., & McDonough, A. (2006). Perhaps the decision of some students not to engage in learning mathematics in school is deliberate. *Educational Studies in Mathematics*, *62*(1), 81-99.

Tan, J. P.-L. (2008). Closing the gap: A multiliteracies approach to English language teaching for 'at-risk' students in Singapore. In A. Healy (Ed.), *Multiliteracies and diversity in education: New pedagogies for expanding landscapes*. Melbourne: Oxford University Press.

Tan, J. P.-L., & McWilliam, E. (2008). Cognitive playfulness, creative capacity and generation 'C' learners. *Cultural Science*, *1*(2). Retrieved April 13, 2009, from http://www. cultural-science. org/journal/index.php/culturalscience/article/view/13/51

The New London Group. (2000). A pedagogy of multiliteracies: Designing social futures. In B. Cope & M. Kalantzis (Eds.), *Multiliteracies: Literacy learning and the design of social futures*. London: Routledge.

Thomas, D., & Brown, J. S. (2011). *A new culture of learning: Cultivating the imagination for a world of constant change*. Lexington: CreateSpace.

Vygotsky, L. S. (1978). *Mind and society: The development of higher psychological processes*. Cambridge, MA: Harvard University Press.

Wigfield, A., & Eccles, J. S. (1992). The development of achievement task values: A theoretical analysis. *Developmental Review*, *12*(3), 265-310.

Wigfield, A., & Eccles, J. S. (2000). Expectancy-value theory of achievement motivation. *Contemporary Educational Psychology*, *25*(1), 68-81.

Yeung, A. S., Lau, S., & Nie, Y. (2011). Primary and secondary students' motivation in learning English: Grade and gender differences. *Contemporary Educational Psychology*, *36*(3), 246-256.

第三章　问题式学习中真实性任务的设计和评价

纳沙玛·撒坎林甘牧①

摘要：问题式学习（PBL）的一个基本原则就是解决结构不良的现实世界的真实问题，以激发学生参与学习过程，引发更有深度的、有意义的学习。因此，问题设计是成功实施 PBL 的关键。本章给读者介绍 PBL 问题设计的理论和实证研究，并为设计现实世界的问题提供了实践方法。读者也能了解如何评价这些问题的有效性。概言之，本章能帮助读者设计和评价指向问题式学习（PBL）的真实世界问题。

关键词：设计模型；问题；基于问题的学习；问题特征

一、为什么需要问题式学习？

科技的快速发展，全球化的加剧，知识经济的持续驱动，需要当今的学生具备新技能（Griffin et al.，2012）。学生仅仅擅长内容知识和技能已经不够了。在 21 世纪技能评价和教学联盟（Assessment and Teaching of 21st-Century Skills，ATC21S）看来，为了在快速变化的全球化社会中取得成功，学生需要发展新技能，也就是众所周知的 21 世纪技能（Binkley et al.，2010）。这些技能包括：（1）思维方式（具有好奇、批判

① N. Sockalingam (✉)
Singapore Management University，Singapore，Singapore
e-mail：nachammas@smu. edu. sg
© Springer Science＋Business Media Singapore 2015
Y. H. Cho et al. （eds.），*Authentic Problem Solving and Learning in the 21st Century*，Education Innovation Series，DOI 10. 1007/978-981-287-521-1＿3

性思维和分析能力），（2）工作方式（能够独立和合作开展工作），（3）使用科技工具的方式，（4）在世界生存的生活技能（Binkley et al.，2010）。

　　尽管传统教学能够确保课程的覆盖面和内容的掌握，但它不足以为学生接受高等教育和工作做好充分准备（Saavedra and Opfer，2012）。好几个全球性的研究结果都表明，学校所教的内容和预期能够就业的技能之间存在差距，尤其是在技术（实际应用）和非认知方面（如团队合作、交流、沟通、问题解决和批判性思维）（Jayaram，2012）。当今学生需要的不仅仅是掌握信息，而是获取和分析信息的能力，以便将其应用于真实世界中（Griffin et al.，2012）。

　　为了帮助学生于当今的世界做好准备，我们不能简单地用过去的教学方法；我们教育支持系统的很多方面都需要范式转型，比如：（1）课程与教学，（2）标准，（3）学习环境，（4）评估，（5）教育者的专业发展（Binkley et al.，2010）。由此，教育机构现在支持更多以学习者为中心的真实性教学方法，如问题学习、项目学习和案例学习（Weimer，2013）。

　　真实性教学是指鼓励学生超越课本和学校进行学习的教学，从仅仅获得事实性知识向在真实生活背景下应用知识转变。真实性教学以结构不良的真实生活情境为特征，让学生参与到探究过程中，要求他们理解和建构新知识，并能在这样的情境中应用知识。这样做，学生能发现为什么他们要学习当前正在学习的东西的价值（Lombardi，2007；Newman et al.，1996）。因而，真实性教学被认为是一种有效方式，让学生积极主动学习和深度学习（Newman et al.，1996）。

　　真实性教学中一种常见的方法是问题式学习（PBL）。当前，PBL被宽泛地用于各种教育水平，从小学低年级到高等教育，覆盖不同类型的学校。同样，它也被广泛应用于各种内容领域，例如语言、文学、数学、几何、历史、科学以及各种专业学科如医学、工程学、会计和法律等（Boud and Feletti，1991；Hung et al.，2008；Kim et al.，2006；Torp and Sage，2002）。

　　PBL得以广泛使用，可以认为是因为其对学生学习有积极作用。事实上，大量研究者已经发现，PBL在提高传统考试成绩上与传统教学是一样的（Colliver，2000；Newman，2003）。研究还表明，PBL在促进问题解决技巧和自主学习上比传统教学更有效（Strobel and van Barneveld，2009；Walker and Leary，2009）。但是，洪（Hung，2011）警告说，采用PBL并不能自动促进学习；PBL的成功依赖于它的有效实施。他及其同事认为，"（PBL 中）最为重要的研究问题可能是要回答什么样的问题本质符合 PBL"（Hung et al.，2008）。

本章试图通过提供设计和评价 PBL 问题的实践指导来回答这一问题，重点关注为中小学老师提供支持。本章第一部分是导言，解释什么是问题以及它为什么重要。第二部分主要是梳理当前文献中有关问题的特征，并提出了关于问题特征的三维框架。最后一部分描述了根据问题的三个维度设计 PBL 问题的系统方法。总的来说，本章呈现了一种比较新颖的真实世界问题设计方法。

二、PBL 问题

"问题"是激发和引导学生在 PBL 中的学习过程的基本教学材料。根据荷梅洛-西尔沃（Hmelo-Silver，2004）的观点，PBL 问题通常是复杂问题，可以通过不同方式来解决。为了解决这一问题，学生以合作小组的形式开展工作，由一名导师指导。学生通常会遵循一系列步骤，比如马斯特里赫特（Maastricht）提出的 PBL 过程的七步模型（Schmidt，1983），具体包括：（1）澄清概念，（2）界定问题，（3）分析问题，（4）提出假设，（5）确定学习目标，（6）寻找信息，（7）汇报并检查新发现的信息。导师的作用是通过各种方法帮助学生学习，比如激发团队成员的讨论，提出引发思考的问题，鼓励团队的合作，在合适时候给学生提供反馈等（Das et al.，2002；Maudsley，1999）。这与教师直接向学生传授内容的传统教学形成鲜明对比。导师角色的变化要求 PBL 学生在给定的问题引导下，积极搜寻信息，整合他们自己的理解。因此，PBL 中的学习比传统教学更加强调教学材料（问题）的重要性。

总的来说，问题的目的是使学生参与到问题解决中，重新点燃先前的知识，激发讨论，鼓励团队合作，提高自主学习技能，并最终获得相关内容知识（Hmelo-Silver，2004）。由于问题激发 PBL 的学习过程，它们有时候被称之为"触发器"。在 PBL 文献中问题有时也会称之为"案例"或"场景"（Hmelo-Silver，2004）。通常问题是以文本的形式呈现给学生。在一些案例中，问题也使用可视化的辅助工具或者多媒体，例如视频或电脑模拟。框 3.1 是新加坡共和国理工学院一个问题案例。这一问题选自认知过程与问题解决技巧这一核心模块。

框 3.1：认知过程与问题解决技巧模块的一个 PBL 问题案例

教育是什么？

巴甫洛夫（Ivan Pavlov）是俄罗斯生物学家，他在 1904 年获得诺贝尔生理学或医学奖。他在研究中发现，如果每次给狗提供食物的时候都伴随一阵铃声，狗会流口水。最后，即使只给铃声而不提供食物，狗也会流口水。

心理学家把学习界定为引起"行为发生变化"的活动，并推断狗学会了它以前不能做的。狗"学习"的发生因此成为所谓的学习理论中"经典条件反射"的一个著名案例。

怀疑论者批判说，如果我们把学习和行为改变联系起来，那么如果一个人因腿受伤开始跛行，受伤的人学会了跛行便是可以接受的一种说法了。

显而易见，对于学习存在很多困惑。但是，对个体、社区和纳税人而言，更为重要的是教育而不是学习。有些人认为，学习和接受教育是一回事，但是很多人可能不愿意承认巴甫洛夫的狗是因为接受教育而流口水，或者某些人在受伤后是因为接受教育才跛行。

"接受教育"意味着什么？凭什么说一个人"受过教育"？

教师的一个常见难题是如何区分 PBL 问题与直接提问。例如，框 3.1 中的 PBL 问题可能与以下的直接提问相似，即"接受过教育是什么意思？是什么让一个人成为受过教育的人？"明显的区别是前者提供了一个真实的情境，而后者没有。在框 3.1 给定的问题中，首先呈现了有关经典条件反射的学习理论。理论与接下来呈现的因受伤导致跛行形成比较，并提出了一个观点，即"为什么这种情况（跛行）"被认为不属于学习。最后，学习的概念用来引起学生对于教育和"受过教育的"这一概念的注意，并要求学生去解释它们。

在直接问题中缺乏真实情境，意味着学生可能不能真正理解他们所学内容的相关性和重要性。学生更倾向于用事实回答直接的问题，换言之，就是关注问题的答案，忽视作答过程，忽略任何可能的额外学习。因此，直接问题的缺点就是它可能无法帮助学生实现与问题相关的所有学习目标。

　　PBL 问题的目的不仅仅是帮助学生获得问题的事实性答案。在给定的例子中，通过提供关键词如"学习理论"或线索，如对学习和教育进行对比，指导学生进行信息搜索或形成一个回应。通过强调对学习的认识的矛盾，PBL 的问题在设计上旨在激发学生的兴趣。这样能使学生参与到讨论中。它也有助于帮助学生重视将所学应用于情境中。如此这样，PBL 问题比直接提问更能鼓励学生进行自主、合作和反思学习。我们预期解决真实问题能帮助学生更好地为未来世界做准备，鼓励深度学习，有助于知识获得，并提供机会学习问题解决和获得"学会学习"的技能（Errington，2011）。而且，它有助于情境化学习（Schmidt，1983），从而导致有意义的学习（Brown et al.，1989）。

　　大量证据支持真实问题在 PBL 中扮演重要角色。施密特和基色莱尔（Schmidt and Gijselaers，1990）与范·伯克尔和施密特（Van Berkel and Schmidt，2000）报告说，问题的质量比学生先前知识和导师作用对学习过程和结果的促进更重要。罗特根斯和施密特（Rotgans and Schmidt，2011）发现，在问题开始呈现阶段，学生的情境化兴趣就得到很大提升。按照施密特和波鲁斯坦（Schmidt and Bruysten，2005）与撒坎林甘牧和施密特（Sockalingam and Schmidt，2013）的观点，如果使用了恰当的问题，学生的兴趣能持续整个学习过程。例如，他们发现熟悉的问题比不熟悉的问题更能激发学生的兴趣，提升学生的学习。同样，沃克伊贞等人（Verkoeijen et al.，2006）认为，目标自由问题比目标具体问题更能鼓励学生在学习上花更多时间。

　　同时，其他研究发现，过于概括的模糊问题可能导致学生偏离轨道，因而花大量的时间搜寻那些没有意义的内容（Dolmans et al.，1994；Hung et al.，2008；van den Hurk et al.，1999）。尽管我们希望学生更加独立，且花更多时间和精力去探索更广泛的信息，但对他们来说，参与有目的性的活动也是非常重要的。

　　上述报告提供了强有力的证据，问题质量确实对 PBL 很重要。他们建议：（1）设计良好的问题能促进学生参与，实现更好的学习；（2）设计不好的问题可能不利于学生的学习；（3）设计良好的问题是可能的。基于这些前提，可以推测鉴别问题特征有助于问题设计。因此，在提供问题设计原则的早期尝试中，我们关注鉴别设计良好问题的特征（Des Marchais，1999；Dolmans et al.，1997）。

三、问题特征

向老师介绍 PBL 后，他们一般会凭直觉设计问题。老师通常是在指导手册下自行设计问题，指导手册包含有问题设计原则和特征，并收录了一些例子。德斯·马歇（Des Marchais，1999）开发了一个广泛使用的手册。他建议医学中用的问题应该激发思考、分析、推理，促进自主学习，与基础知识相连，设置在一个真实的情境中，引导学生发现学习目标，激发好奇心和兴趣，话题与公共健康相关，包括全球视野和合适的医学分析词汇。多尔曼斯及其同事（Dolmans et al.，1997）提出了 7 大原则，认为问题应该模拟真实生活，指向精细加工，鼓励知识整合和自主学习，与学生先前知识相吻合，引发学生兴趣，复杂性和结构适合学生的水平，反映职业目标。

尽管这些指导原则是确切的（中肯的），但在实际应用到问题设计过程中可能会存在困难。提供一系列问题特征并要求设计一个问题，就如对蛋糕质量提一系列要求（例如蛋糕必须是奶油的，颜色是棕色的，可口的）并要求某人去烘焙这个蛋糕一样。同样，对老师而言，如何在只有一系列特征的情况下对问题设计进行概念化是有难度的。如何进行问题设计的关键元素和程序看起来是缺失的。

为了帮助教师将问题概念化，洪（Hung，2006）提出了称为"3C3R"模型的概念框架。在模型中，"C"表示三个核心要素，"R"表示问题的三种过程要素。核心要素——"内容"（content）、"情境"（context）和"关联"（connection）表示学生学习的内容和概念。过程要素——"研究"（researching）、"推理"（reasoning）和"反思"（reflecting）表示学生认知过程和问题解决的技能。

撒坎林甘牧和施密特（Sockalingam and Schmidt，2011）也提出了一个类似的模型，他们将 11 个问题按照"特征"或"功能"进行分类。与洪提出的概念框架不一样，这一模型是基于学生关于好问题特征的实证数据得出的。与问题设计要素相关的特征包括：（1）问题形式；（2）清晰度；（3）熟悉度；（4）难度；（5）相关性（应用和使用）。功能特征主要是指参与或解决某一问题可能的结果。六大功能特征主要是指问题（1）激发批判性推理；（2）促进自主学习；（3）激发阐释；（4）推动团队合作；（5）引发兴趣；（6）指向预期学习议题的程度。在某种程度上，这些功能特征反映了建构主义学习的五大原则和 PBL 的目标（Savery and Duffy，1995）。图 3.1 呈现了所提出的这些特征和功能的分类。

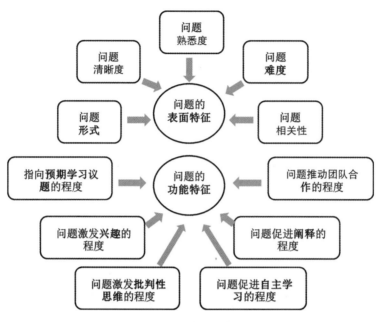

图 3.1　问题的功能和表面特征

　　洪的"3C3R"模型（Hung，2006）与撒坎林甘牧和施密特（Sockalingam and Schmidt，2011）的"特征和功能"模型比德斯·马歇（Des Marchais，1999）和多尔曼斯团队（Dolmans et al.，1997）所提出的一系列特征要清楚很多，因为前者提供了二级分类。但是来自教师设计问题的反馈表明，在使用这些模型的时候存在一定困难。这可能是因为设计问题的几个方面的内容（核心和过程）与特征（特征和功能）不是非常明确。

　　因此，我们考虑了一种不同的问题设计方法。不是以什么是一个好的问题和问题特征开始，新的方法考虑从学生如何使用问题着手。基于作者从 PBL 课堂中观察到，很明显"用户界面"也就是问题的结构，是学生接近问题的关键。在着手解决问题前，学生倾向于从每一个方面分析问题，如标题、关键词和任何识别学习问题的线索。问题用户界面这一概念的重要性也得到了马斯特里赫特（Masstricht）PBL 过程的七步模型支持（Schmidt，1983），尤其是在澄清概念、界定问题和分析问题这前三步上。

　　问题结构的要素可以分成：（1）内容（content）；（2）背景（context）；（3）任务（task）；（4）呈现（presentation）。问题的内容是指问题焦点，反映了教师预期的学习目标。它呈现的方式旨在能产生更多驱动性问题来指导学生学习。问题的背景是指问题所嵌入的背景或情境。它通常是复杂的、结构不良的且体现了学生所学的在真实生活中的应用。任务是指问题所期待的产出。任务在本质上通常是真实的，可能是以（但不限于）报告、建议书和简报呈现。呈现，是指问题的情节、特征和形式，也就是问题是如何撰写并传递给学生的。

　　在以上四个要素中，只有呈现是在撒坎林甘牧和施密特（Sockalingam and Schmidt，2011）的特征中用形式直接来表示的。如果将问题结构的元素比作蛋糕的"成分"，撒坎林甘牧和施密特（Sockalingam and Schmidt，2011）所描述的所有特征，除了形式外，都可以看作"这些成分的本质"。将这些多样的成分组合起来的结果与撒坎林甘牧和施密特（Sockalingam and Schmidt，2011）所提倡的功能特征相似。因此，最好将撒坎林甘牧和施密特的特征分成三类而不是两类（参见表 3.1）。

表 3.1　问题的三个维度

结构要素	问题特征	功能特征
内容	相关性	促进自主学习
背景	熟悉度	推动合作
任务	难度	促进阐释
呈现/形式	清晰度	引发兴趣
		激发批判性推理
		导向学习议题

　　一般而言，问题的有效性与否可由学生是否能达成学习结果或功能特征来决定（Dolmans et al.，1994）。为了阐释如何有效地设计 PBL 问题，框 3.1 中的问题是一个良好的开始。虽然这个问题可能会鼓励学生去思考"学习""接受教育"和"受教育"的含义，但它不一定会让学生考虑不同文化之下"受教育"的概念。为了促进诸如此类的批判性思维，一个建议是修改任务并要求学生解释不同文化背景之下他们对"受教育"的理解。为了达到相似的效果，另一个建议是修改背景并包括引用不同文化背景之下"受教育"的含义。

　　显然设计问题肯定不止一种方法，而且可以通过多种路径获得相似的效果。通过改变结构元素和/或问题特征，问题的功能特征预期的变化也能达到。关键是要保证问题能朝着预期的功能特征或结果发展。接下来将呈现 PBL 制定的步骤。

（一）系统设计 PBL 的问题

系统设计一个问题包括五个基本步骤。值得注意的是这些步骤不一定是线性的，往往是同步进行的而且是迭代的。具体包括：

（1）研究学习需求

（2）明确内容

（3）选择情境

（4）设定预期

（5）整合问题

这些步骤与威金斯和麦克泰（Wiggins and McTighe，2005）所描述的"反向设计"是一致的。按照这种方法，学习目标指导了问题的定义和推导。另一种供选择的方法称之为"正向设计"法，首先选择背景，接下来再与教育系统相关的学习目标匹配。

尽管正向设计法看上去更简单，但是，首先它最主要的缺点是并非所有预期的目标都能包含在选择的背景之下。其次，真实生活情境常常太复杂且结构不良，除非对情境进行修改，否则对学生而言它可能太难。最后，因为目标的形成是"偶然的"，学习目标和评估可能会脱节。但是，在"反向设计"法中，因为教师对于他们期望关注的目标有清晰的想法，所以学习目标与评估可能相匹配。他们可以选择关键的学习议题并设计真实的评估。因此，我们建议在设计 PBL 问题时采用反向设计法。

1. 研究学习需求

因为学生通常是多样化的，他们可能有不同的先前知识优势，因而在设计问题时，考虑学生的学习需求是很重要的。评估学生学习需求的一种方式是参考学生过去一年的课程和成绩。了解学生起点的位置将有助于估计学生在学习上能走多远。如果需要，可以给予学生额外的脚手架或资源支持。关于用额外脚手架支持学生更全面的解释可以参见维果斯基（Vygotsky）最近发展区（Zone of Proximal Development，ZPD）的理论（Vygotsky，1978）。

2. 明确内容

在指定内容时，学习目标应该是具体的（specific）、可测量的（measurable）、可达成的（achievable）、相关的（relevant）、依赖时间的（time dependent）（SMART）。

具体的学习目标是指目标是清楚的，也就是期望学生实现什么或证明什么是非常清楚的。为了表明具体的学习目标，教师可以使用布鲁姆学习目标分类，将目标分为：（1）认知目标，（2）行为目标，（3）情感目标（Airasian et al.，2001）。这些目标还应该包括经常被忽略的 21 世纪技能。可测量是指可以用一些评价形式来评价学习目标是否达成，以及达成程度如何。可达成是指学生能达成目标，这一点取决于学生先前知识是否足够充分。相关性是指目标与所选的课程/科目/学科的适合程度。依赖时间是考虑达成学习目标所需要的时间。

3. 选择情境

学习目标一经确定，接下来将是探索与这些目标相匹配的各种现实环境。真实世界情境的来源可以是新闻、杂志文章、研究发现和采访，这些都描绘了所讨论内容在真实世界中的应用。

如果真实生活背景太复杂，可以简化问题以帮助学生关注关键议题。例如，假设一个问题是想要教学生特定的细菌（如与水相关的疾病病原体）。老师在设计问题时可能想要运用真实生活情境，例如用新闻报道描述一个情境。在真实生活中，与水相关的疾病可能是由多种因素引发的，如细菌、寄生虫、藻类、病毒甚至于化学物质。细菌不是唯一的病原体。因此，如果教师描述与水相关疾病的一般症状，学生可能提出很宽泛的学习议题，甚至于忽略细菌。克服这一问题的方式之一就是在问题中暗示这一症状可能是因为微生物，甚至表明怀疑是细菌感染。这样，在保持真实的情况下问题可以变得更具体。

根据问题情境和呈现的方式，我们可以将问题界定为结构良好或结构不良的问题（Jonassen，1997）。结构良好的问题需要具体的、明确的或可以预测的解决方式，而且有清晰界定或者有限数量的具体结果。相反，结构不良的问题没有呈现所有的信息，并鼓励学生去搜索额外的信息，用多样的方式解决问题（Jonassen，1987）。

一般性的指导原则是当学生第一次接触 PBL 时，问题设计的复杂性和结构应该降低。另外，必须给学生提供指导或脚手架，以帮助他们学会如何处理给定问题的复杂性和结构。如果问题远远超出学生的能力，即使在有支持的情况下也难以掌握，他们会觉得无所适从，开始走神。问题的真实性取决于许多因素，举几个例子，如：（1）学生使用 PBL 的经验，（2）学生对内容和背景的先前知识，（3）解决该问题可用的时间（Mauffette et al.，2004）。

4. 设定预期

系统设计 PBL 问题接下来的一步就是选定任务，也就是确定学生需要做什么。任务应该提供超过一种的正确答案，考虑多样的视角、解决问题和讨论的不同方法。这样的任务能让学生参与并导向更好的学习（Errington，2011）。因为任务有具体的目标，可能很容易帮助学生确定好预设的学习目标。尽管任务或目标自由的问题倾向于鼓励学生独立学习（Verkoeijen et al.，2006），但教师可能会发现很难处理学生多样的回答（Hung，2011）。明确任务的另一个优势是学生变得积极参与。这是因为任务通常需要学生把自己视为问题情境的一部分。因此，学生能更好地投入问题解决中。因而也建议给学生的任务在本质上是真实的，就像在真实世界一样。真实任务的例子可以是写一份建议或做一个陈述。真实任务为真实评价提供了一种途径。综合起来，真实背景、任务和评估会一起帮助学生领会到他们学习的价值（Brown et al.，1989）。

5. 整合问题

问题的结构要素需要整合。问题撰写的过程就像写故事。撰写问题时需要考虑四个方面：(1) 情节、情景设置和人物，(2) 思路和语言的清晰，(3) 呈现形式，(4) 吸引眼球的标题。

在形成问题时，教师可以从情景设置着手，并引入角色来叙述情景。为了确保学生能与所选的情景相关联，必须注意背景、时间、地点、情节和特征与学生相关且是他们所熟悉的。尽管情景要有趣，但并不意味着学生是为了娱乐（Mauffette et al.，2004）。书面呈现方式比较常见，给了学生一个具体的起点，但学生通常不喜欢读长的段落（Sockalingam and Schmidt，2011）。墨菲特及其同事（Mauffette et al.，2004）也建议用简短的句子，增加可读性。撒坎林甘牧和施密特（Sockalingam and Schmidt，2011）建议使用有意选择过的关键词和嵌入的线索来指导学生学习。

学习中也提倡用不同形式，如文本、视频和多媒体，来满足学生的多种学习风格，增加多样性。霍夫曼和里奇（Hoffmann and Ritchie，1997）推荐在 PBL 问题中使用多媒体提供更丰富的、交互的情景。德·莱恩（De Leng et al.，2007）发现在 PBL 问题中使用视频是有益的，尤其是在促进学生团队合作和学习参与方面。多媒体的应用也能促进问题的澄清。

最后，拟一个与内容相关又吸引眼球的题目总是好的，这样在一开始就能引起学生的兴趣（Sockalingam and Schmidt，2011）。这和一本书或一部电影的标题的目的是一样的。它提供了与问题相关的信息并建立预期。

（二）评价问题

一旦问题完成，甚至在问题撰写过程中，教师就可以尝试去评价问题。教师可以用框 3.2 中的检查表或者相似的评价工具（Sockalingam et al.，2012）对问题质量进行评价。

评价任何问题有效性的基本标准是验证 PBL 问题的三个维度（结构要素、问题特征和功能特征）。让有经验的同事来审核问题是很有用的方式。在学习后搜集学生的反馈也是值得推荐的。这能帮助教师理解如何设计更好的问题，对问题进行复审以备后用。设计一个问题通常是不断反复的过程，包含多轮评估和问题审查。

框 3.2　PBL 问题评估检查单

评估 PBL 问题

- 我清楚我的学生的困难，例如学习风格的需求和其他利益相关方的需求。
- 我制定了具体清晰的学习目标或议题。
- 我考虑过不同的背景并选择了合适的背景。
- 我讲清楚了学习预期。
- 我以合适的形式呈现问题以使之足够清晰。
- 问题能吸引学生充分参与。
- 问题允许从不同的途径推进。
- 问题允许团队合作。
- 问题鼓励批判性推理。
- 问题鼓励自主学习。

四、总结

问题在 PBL 中起到重要作用，一个设计良好的问题是 PBL 有效的必要条件。但问题设计不是凭直觉。尽管有基于问题特征的纲领和原则，但在指导教师时用处可能不大。本章呈现了另一种方法，反向设计有助于系统地进行问题设计。

撰写一个 PBL 问题需要很好地理解问题的目的和特征。为此，在已有包含问题特征和功能特征的设计模型上加入第三个维度（Sockalingam and Schmidt，2011）。本章还阐述了如何对特征和结构要素进行操作以对功能特征产生影响。为了将之应用于实践，在考虑问题的三个维度之下讨论了问题设计的五步法。为了进一步帮助教师设计问题，也提供了问题评价列表。

在设计问题时，教师应该对要准备的材料做好记录，包括：（1）学习资源，例如一系列的网站或参考文献；（2）脚手架，例如帮助学生分析和接近问题的学习单；（3）列出指导者该注意的，例如列出问题目标和可能的询问学生的指导问题；（4）测试理解的评估问题，测量自主学习、合作学习和批判性思维的量表。其他因素如学习环境、指导者的角色以及学生的准备性也不容忽视。由于教师更常使用一系列的问题而不是单个的问题，他们应该考虑问题的连续性。通常的做法是，从结构不良程度较低的问题开始，然后是结构不良程度较高的问题。

整体而言，问题设计模型（和 PBL 的实施）应该来自我们对学生是如何学习的理解，而不是关注如何传递内容。用本章描述的以学生为中心的方法设计真实世界的问题，教师能使学生参与进来，并鼓励其进行更深层的学习，与此同时让学生为变化的世界做好准备。

参考文献

Airasian,P. W., Cruikshank, K. A., Mayer, R. E., Pintrich, P. R., Raths, J., Wittrock, M. C., Anderson, L. W., & Krathwohl, D. R. (2001). In L. W. Anderson & D. R. Krathwohl (Eds.), *A taxonomy for learning, teaching, and assessing: A revision of Bloom's taxonomy of educational objectives*. New York: Addison Wesley Longmann.

Angeli, C. (2002). Teachers' practical theories for the design and implementation of problem-based learning. *Science Education International*, 13(3), 9-15.

Binkley, M., Erstad, O., Herman, J., Raizen, S., Ripley, M., & Rumble, M. (2010). *Draft white paper 1: Defining 21st century skills*. Melbourne: ACTS.

Boud, D., & Feletti, G. (1991). *The challenge of problem-based learning*. New York: St. Martin's Press. Brown, J. S., Collins, A., & Duguid, P. (1989). *Situated cognition and the culture*. Cambridge, MA: Harvard University Press.

Colliver, J. A. (2000). Effectiveness of problem-based learning curricula: Research and theory. *Academic Medicine*, 75(3), 259-266.

Das, M., Mpofu, D. J. S., Hasan, M. Y., & Stewart, T. S. (2002). Student perceptions of tutor skills in problem-based learning tutorials. *Medical Education*, 36(3), 272-278.

De Leng, B. A., Dolmans, D. H., Van de Wiel, M. W., Muijtjens, A. M. M., & Van Der Vleuten, C. P. (2007). How video cases should be used as authentic stimuli in problem-based medical education. *Medical Education*, 41(2), 181-188.

Des Marchais, J. E. (1999). A Delphi technique to identify and evaluate criteria for construction of PBL problems. *Medical Education*, 33(7), 504-508.

Dolmans, D. H., Schmidt, H. G., & Gijselaers, W. H. (1994). The relationship between student- generated learning issues and self-study in problem-based learning. *Instructional Science*, 22(4), 251-267.

Dolmans, D. H., Snellen-Balendong, H., & Van Der Vleuten, C. P. (1997). Seven principles of effective case design for a problem-based curriculum. *Medical Teacher*, 19(3), 185-189.

Errington, E. P. (2011). Mission possible: Using near-world scenarios to prepare graduates for the professions. *International Journal of Teaching and Learning in Higher Education*, 23(1), 84-91.

Gijselaers, W. H., & Schmidt, H. G. (1990). Development and evaluation of a causal model of problem-based learning. In Z. H. Nooman, H. G. Schmidt, & E. S. Ezzat (Eds.), *Innovation in medical education: An evaluation of its present status*. New York: Springer.

Griffin, P., McGaw, B., & Care, E. (2012). *Assessment and teaching of 21st century skills*. Dordrecht: Springer.

Hmelo-Silver, C. E. (2004). Problem-based learning: What and how do students learn? *Educational Psychology Review*, 16(3), 235-266.

Hoffmann, B. O. B., & Ritchie, D. (1997). Using multimedia to overcome the problems with problem-based learning. *Instructional Science*, 25(2), 97-115.

Hung, W. (2006). The 3C3R model: A conceptual framework for designing problems in PBL. *Interdisciplinary Journal of Problem-Based Learning*, 1(1), 55-77.

Hung, W. (2011). Theory to reality: A few issues in implementing problem-based learning.

Educational Technology Research and Development，*59*(4)，529-552.

Hung，W.，Jonassen，D. H.，& Liu，R. (2008). Problem-based learning. *Handbook of Research on Educational Communications and Technology*，*3*，485-506.

Jayaram，S. (2012). *Training models for employment in the digital economy*. Washington，DC：Results for Development Institute. Retrieved from http://r4d. org/sites/resultsfordevelopment. org/files/resources/R4D%20ICT%20Models%20Report_0.pdf

Jonassen，D. H. (1997). Instructional design models for well-structured and ill-structured problem- solving learning outcomes. *Educational Technology Research and Development*，*45*(1)，65-94.

Kim，S.，Phillips，W. R.，Pinsky，L.，Brock，D.，Phillips，K.，& Keary，J. (2006). A conceptual framework for developing teaching cases：A review and synthesis of the literature across disciplines. *Medical Education*，*40*(9)，867-876.

Lombardi，M. M. (2007). In D. G. Oblinger (Ed.)，*Authentic learning for the 21st century：An overview*. Boulder：Educause Learning Initiative. Retrieved from http://net.educause.edu/ir/library/pdf/eli3009.pdf

Maudsley，G. (1999). Roles and responsibilities of the problem based learning tutor in the undergraduate medical curriculum. *British Medical Journal*，*318*(7184)，657.

Mauffette，Y.，Kandlbinder，P.，& Soucisse，A. (2004). The problem in problem-based learning is the problems：But do they motivate students? In M. Savin-Baden & K. Wilkie (Eds.)，*Challenging research in problem-based learning* (pp. 11-25). Buckingham：Society for Research into Higher Education and Open University Press.

Newman，M. (2003). *A pilot systematic review and meta-analysis on the effectiveness of problem-based learning*. On behalf of the Campbell Collaboration Systematic Review Group on the Effectiveness of Problem-based Learning. Newcastle upon Tyne：Learning and Teaching Support Network-01，University of Newcastle upon Tyne.

Newmann，F. M.，Marks，H. M.，& Gamoran，A. (1996). Authentic pedagogy and student performance. *American Journal of Education*，*104*(4)，280-312.

Rotgans，J. I.，& Schmidt，H. G. (2011). Situational interest and academic achievement in the active-learning classroom. *Learning and Instruction*，*21*(1)，58-67.

Saavedra，A. R.，& Opfer，V. D. (2012). Learning 21st-century skills requires 21st-century teaching. *The Phi Delta Kappan*，*94*(2)，8-13.

Savery，J. R.，& Duffy，T. M. (1995). Problem based learning：An instructional model and its constructivist framework. *Educational Technology*, *35*(5), 31-35.

Schmidt, H. G. (1983). Problem-based learning: Rationale and description. *Medical Education*, *17* (1), 11-16.

Schmidt, H. G., & Gijselaers, W. H. (1990, April 16-22). *Causal modeling of problem-based learning*. Paper presented at the Meeting of American Educational Research Association, Boston, MA.

Sockalingam, N., & Schmidt, H. G. (2011). Characteristics of problems for problem-based learning: The students' perspective. *Interdisciplinary Journal of Problem-Based Learning*, *5*(1), 3.

Sockalingam, N., & Schmidt, H. G. (2013). Does the extent of problem familiarity influence students' learning in problem-based learning? *Instructional Science*, *41*(5), 921-932.

Sockalingam, N., Rotgans, J. I., & Schmidt, H. G. (2012). Assessing the quality of problems in problem-based learning. *International Journal of Teaching and Learning in Higher Education*, *24*(1), 43-51.

Soppe, M., Schmidt, H. G., & Bruysten, R. J. (2005). Influence of problem familiarity on learning in a problem-based course. *Instructional Science*, *33*(3), 271-281.

Strobel, J., & van Barneveld, A. (2009). When is PBL more effective? A meta-synthesis of meta- analyses comparing PBL to conventional classrooms. *Interdisciplinary Journal of Problem-Based Learning*, *3*(1), 44-58.

Torp, L., & Sage, S. (2002). *Problems as possibilities: Problem-based learning for K - 16 education* (2nd ed.). Alexandria: Association for Supervision and Curriculum Development.

Van Berkel, H. J. M., & Schmidt, H. G. (2000). Motivation to commit oneself as a determinant of achievement in problem-based learning. *Higher Education*, *40*(2), 231-242.

van den Hurk, M. M., Wolfhagen, I. H., Dolmans, D. H., & Van Der Vleuten, C. P. (1999). The impact of student-generated learning issues on individual study time and academic achievement. *Medical Education*, *33*(11), 808-814.

Verkoeijen, P. P., Rikers, R. M., te Winkel, W. W., & van den Hurk, M. M. (2006). Do student-defined learning issues increase quality and quantity of individual study? *Advances in Health Sciences Education*, *11* (4), 337-347.

Vygotsky, L. S. (1978). *Mind in society: The development of higher psychology process*. Cambridge, MA: Harvard University Press.

Walker, A., & Leary, H. (2009). A problem based learning meta-analysis: Differences across problem types, implementation types, disciplines, and assessment levels. *Interdisciplinary Journal of*

Problem-Based Learning，3(1)，12-43.

Weimer，M. (2013). *Learner-centered teaching：Five key changes to practice*. San Francisco：Jossey-Bass.

Wiggins，G. P.，& McTighe，J. A. (2005). *Understanding by design*. Philadelphia：ASCD.

第四章　小学数学真实性问题及其解决

程陆萍

卓镇南①

摘要：根据新加坡小学数学课程（2006），小学生运用数学问题解决技巧处理各种各样的数学问题是很重要的，包括真实世界的问题。本章探讨了在新加坡一所小学里，小学生使用真实世界问题的挑战和可能性。通过实验性的班级周期，本研究的教师对二年级使用真实世界问题的数学课进行计划、观察和评价。本研究的数据包括教师在实验周期的谈话，以及在使用真实世界问题的数学课堂上观察到的学生反应。研究发现使用真实世界问题产生了丰富的数学课堂讨论。本研究还讨论了教师在实验周期通过使用真实世界问题进行学习以及他们面临的挑战。

关键词：小学数学；真实世界问题；数学过程；问题解决

一、引言

近年的教育改革计划受经济对技能娴熟工人需求的影响，这些工人要能灵活运用各种方法以解决新奇的问题（Goodman，1995）。因此毫不奇怪，教育者测量的素养不仅是获取基本技能，也包括整合技能以解决真实生活中的问题（Fuchs and Fuchs，1996；

---

① L. P. Cheng (✉) · T. L. Toh

Mathematics and Mathematics Education Academic Group，National Institute of Education，Nanyang Technological University，Singapore，Singapore

e-mail：lupien. cheng@nie. edu. sg；tinlam. toh@nie. edu. sg

© Springer Science＋Business Media Singapore 2015

Y. H. Cho et al. （eds.），*Authentic Problem Solving and Learning in the 21st Century*，Education Innovation Series，DOI 10. 1007/978-981-287-521-1 _ 4

Fuchs et al.，2005）。与以上教育改革一致，世界数学教育团体呼吁在数学课程中引入与"真实生活"和"真实世界"相关的数学任务，也就变成了很自然的发展趋势。这样的呼吁最早可以追溯到 1982 年的考克罗夫特报告（Cockcroft Report）。报告指出一种越来越令人担忧的情况，即成人不能将学校中学到的数学知识应用到日常环境中（Boaler，1993）。运动倡导者提出的原因大致可以分为以下五大类：（1）满足社会的经济需求，（2）深化学生对重要问题的理解，（3）增强学生对数学概念的理解，（4）加强学生对数学的欣赏能力，（5）增强学生对数学的情感态度（Beswick，2011）。

新加坡小学数学课程一直强调应用数学解决真实世界的问题（MOE，2000，2006，2012）。为了增强学生对关键概念的理解，发展数学能力，学生必须能将所学的数学与真实世界联系起来（新加坡教育部，Ministry of Education，MOE，2012）。这与库珀和哈里（Cooper and Harries，2002）提倡的两大主要原因相匹配：（1）把数学应用到课堂之外的问题，（2）增强学生对数学概念的理解。

"数学问题解决包括在实际任务、真实生活和数学本身中使用和应用数学"。（MOE，2000）。数学学习的核心就是数学问题解决，这涉及"在一个广泛的情境中，包括非常规的、开放式的和真实世界的问题数学概念和技能的获取和应用"（MOE，2006，p. 6）。

二、在真实世界问题的情境之下教数学

在本研究中，真实生活情境被定义为"大体上包括（直接或间接）与日常活动或数学应用有关的情境"（Stylianides，A. J.，and Stylianides，G. J.，2008）。本文中对真实生活和真实世界进行交替使用。与真实世界连接之下的实践范围包括简单的类比、经典的文字问题、对真实数据的分析、社会中的数学讨论、数学概念的实践表征和真实现象的数学模型表达（Gainsburg，2008）。

使用真实世界的问题对学生的一个积极影响就是学生学习数学的积极性得到提高。当孩子们将真实世界与数学概念联系起来时，数学概念就与他们相关，因而激发学生学习，并使学生对学习过程更加感兴趣（Albert and Antos，2000）。希伯特等（Hiebert et al.，1996）发现"学生最容易参与的问题是那些与他们日常生活相关的"（p. 18）。也有研究建议，教师可以把真实生活情景中的问题解决作为激发学生数学学

习动机的方法之一（Schiefele and Csikszentmihalyi，1995；Stylianides，A. J.，and Stylianides，G. J.，2008）。但是，如果主要目的是获得数学概念和技能，而不是培养学生识别、应用和解决真实问题的能力与倾向时，试图利用真实世界活动来复习或加强先前教过的概念，好像特别不值得（expendable）（Gainsburg，2008）。我们认为，为了"激发学生的兴趣和参与，形成数学是有用学科的健康和准确的认识"，真实生活任务需要精心设计（Trafton et al.，2001，p. 263）。

三、新加坡数学问题解决：从故事总结到现实问题

冯（Foong，2009）的数学问题类型分类系统表明新加坡小学生可能会遇到的问题范围。在解决问题时，教师很擅长使用启发式问题解决和思维技巧（Kaur and Dindyal，2010）。事实上，教师在启发式教学法的使用上做过充分准备，而且在数学课程中，他们还努力将给定类型的文字题与特定的启发式教学法相联系。

小学阶段学生主要是通过文字题或故事题来学习数学（Reusser and Stebler，1997）。在新加坡课堂中，教科书中的典型问题是文字题。这些文字题通常是情境化的，学生要理解情境并用适当的数学计算才能解决问题。翁的研究也发现，这些情境化问题通常是通过人为处理的，"非常干净和整洁"（Ang，2009，p. 180）。这些文字题本质上是不真实的，它们实际上会延迟学生对真实世界的意义建构（Greer，1997）。事实上，"许多教师把文字题的真实情境看作无关的干扰"（Gainsburg，2008，p. 200），导致很难让学生相信真实生活中数学的应用。此外，教科书中的大部分问题都是封闭式的，而真实生活中的许多问题是开放式的，而且需要问题解决者参与"解释活动"（Inoue，2008，p. 39）。这类开放式真实生活问题在问题目标上较少限制，因而允许问题解决者有更多的机会将他们的各种日常经验和问题联系起来，并基于真实世界的假设做出正确决定。关等人认为开放式的任务鼓励学生采用发散性思维和推理，并允许学生"积极回应和参与学习过程"（Kwon et al.，2006，p. 51）。而且有研究表明，关注特定内容特征的开放式任务在促进特定概念的发展与高阶思维的培养上是有效的（Sullivan et al.，2009）。

新加坡在让学生置身于情境化的开放式数学问题方面做出了很大的努力。富和范

（Foo and Fan，2007）调查了新加坡的一所初中在数学课堂中整合开放式任务的效果，该学校将开放式任务作为一种评估策略。陈（Chan，2005）调查了教师和 6 位学生在使用情境化开放性数学问题任务中的经历和困难。陈（Chan，2005）的研究结果表明，通过提供足够的教学准备和有意义的解释，学生能够积极参与到高水平的认知思维过程中。在同一篇论文中，陈也指出，情境化的开放式数学问题的真实本质为"通过讨论为呈现个人价值和信念提供了机会"。另外，将学生置于情境化的开放式数学问题中，让学生理解真实世界的复杂性，通过问题解决的过程，情境化的开放式数学问题帮助学生将数学与真实世界联系起来。但是，这样的任务需要大量时间去计划和实施。

四、使用真实世界问题教学的挑战

有研究表明，教师在使用具有真实世界情境的数学任务时会面临一些困难。例如，鲁尔和霍兰艮（Rule and Hallagan，2007）注意到，在他们的研究中，教师在理解真实情境下的代数原理存在困难。这一情况表明教师在学科教学知识（pedagogical content knowledge，PCK）方面存在一些不足，尤其是在教授真实问题解决方面。为了把课上好，舒尔曼（Shulman，1986b）强调了 PCK 的重要性。这一观点也得到了查拉姆布斯（Charalambous，2008）的支持，他认为拥有较好学科教学知识的教师能维持数学任务中较高的认知需求，但是，没有良好学科教学知识的教师"通常会将他/她使用的需要智力解决的任务程序化，更多地强调学生的记忆以及规则和公式的运用"（p. 287）。金斯伯格（Gainsburg，2008）认为教师在教授真实问题解决中的准备不足可能是由于"教师主要是通过头脑去想来获得与真实世界的关联，可能因为缺乏资源、观点或培训来获取这种关联而感到困难"（p. 215）。另一个原因可能是在充分使用情境化的问题时需要更宽泛的知识基础。特纳等人（Turner et al.，2009）在拉美裔小学生使用真实数学的调查中发现，学生会将"多种多样丰富的知识带到教室"（p. 140）。这些研究表明教师可能需要更广泛的知识基础，其中可能包括在使用嵌入真实生活情境的数学问题时会混合学生的"校外"和"校内"经验。

冯等人（Foong et al.，1996）在研究报告中指出，在教数学问题解决时，如果案例有多种可能解答，很多教师会觉得准备不充分。冯（Foong，2005）描述了三个小学教师如何不同程度地实施了开放式问题解决活动。但只有一位教师成功完成了任务。有一位教师在完成教学时过于程序化，另一位教师对嵌套在任务中的数学思维以及学生所需认知需求的理解很有限。

使用情境化的开放式问题可能对小组合作学习提出挑战。例如，陈（Chan，2005）的报告指出"小组中有比较安静的学生时，小组学习将存在困难"，在小组队中发声较多的学生看上去能更好地参与到任务中。贝内特和戴斯富瑞斯（Bennett and Desforges，1989）已经提醒到，使用这类问题时应该建立在学生已有知识之上。不熟悉的情境可能导致一些学生在问题解决过程中存在困难（Chan，2005；引自 Rogoff and Lave，1984）。同样，斯蒂尔曼（Stillman，2000）也指出，在应用任务时"明显的线索以及线索与已有知识间的交互作用是非常重要的"。对问题情境不熟悉的问题解决者与其他有着"相同程度"但已经接触过相似情境的问题解决者相比，前者投入度要低（p. 335）。

教师在数学课上使用真实问题所面临的各种挑战中，如何让问题促进年幼儿童的教和学，还有很多潜在问题有待探讨。本文研究数学中真实世界问题的潜在功能，考察它们对教师和年轻学习者的好处和挑战。

五、本研究

本文继续就数学中真实世界问题的可能性进行调查研究，类似研究程（Cheng，2013）先前已经报告过，本文呈现的结果基于程的研究数据的一部分。实验班周期是教师计划、观察和评论真实世界数学问题的一个平台。观察阶段也被称为研究课。在接下来的部分，我们将呈现教师们在一所社区小学参与的一个实验周期，主要是通过数学中真实世界问题来培养小学二年级学生做决策的技能。具体而言，我们主要关注以下研究问题：

1. 对教师和年轻学生而言，使用真实世界问题的好处是什么？

2. 对教师而言，在给年轻学生使用真实世界问题时的挑战是什么？

研究者和教师连续六周每周开会，每次会议持续 1 个小时。前四次会议主要是计划在数学课上使用真实世界问题，第五次是研究课，最后一次是评论研究课。

（一）被试

本研究有来自同一学校的 5 位教师参与，他们的背景、种族和教龄各不相同。这几位教师分别是玛丽、梅波尔、金杰、维恩和艾薇。本研究的几位教师都用了化名。研究课是由玛丽在她的班级中执教，这些孩子是她所在学校二年级班级中比较好的。在研究之前，这些孩子被分到不同的混合能力组。在下文中，我们将用孩子而非学生来表示本研究中的年轻儿童。

（二）数学课

本研究用了一种不同于聚焦问题的教学方法。聚焦于问题的教学法（Riedesel et al.，1996）将数学置于情境中进行教学，这种方式之下真实世界问题成了数学问题呈现的背景。也就是说，给学生一道文字题，用对他们而言有意义的任何方式来解决。在教师提供一个解决问题的标准算法前，学生在班级中分享他们解决问题的方法。"数学技能来自情境"，而不是先呈现技能再呈现情境（Schwartz，2008）。本研究所应用的教学方法与聚焦于问题的教学不同。本研究中，先教学生数学技能，再呈现嵌套于真实生活情境下的问题。任务的目的是进一步巩固计算能力，并给学生提供在真实生活情境之下、在更开放的任务中运用这些技能的机会。

任务是由社区学校的一群教师为小学二年级孩子设计的。问题设计时遵循了几个原则（Cheng，2013）：与新加坡 2006 年的数学课程一致，其利用并拓展了对数学概念的掌握。在孩子解决真正的[①]餐馆问题之前，用学校书店作为前置任务让孩子先熟悉。前置任务要求孩子们在学校书店的情境之下正好花掉 2 美元。任务中要用到很小的数值（10 美分、20 美分、30 美分、50 美分、80 美分和 2 美元），而且孩子只能选择 9 项物品，这些物品包括铅笔、橡皮和尺子等。

餐馆问题需要孩子在餐馆的情境之下花掉近 30 美元。任务中要用到更大的数值（18 美元、5.5 美元、3 美元、2.5 美元），孩子要选择 14 个物品，小组中的每个人都有一份饮料和一份甜点。可以选择的物品包括一篮 12 根的炸鸡翅 18 美元，一杯橙汁2.5 美元，3 个冰淇淋蛋卷 4.5 美元等。

餐馆问题和前置任务书店按照这样一种方式进行设计和排序，旨在确保授课时，

---

① 书店和餐馆问题的一个例子，在程（2013）中出现过。

班级大部分孩子的学习都是在最近发展区内。博尔雅（Polya，1957）的问题解决步骤并没有很正式地介绍给孩子，而是用来指导任务的完成。本研究的参与者之一玛丽在允许孩子进行餐馆问题前，模拟了数学思考、推理、决策计算技巧，以满足前置任务书店中所要求的条件。孩子们三个一组记录并完成餐馆问题。

（三）研究设计和数据分析

本研究所采用的探究模式是解释性案例研究（Merriam，1988）。数据搜集包括会议录音、每周会议的资料、实验班级周期结束后的教师访谈以及研究者的田野笔记。在数据分析第一阶段，研究者仔细听会议录音并标出讨论的议题和话题。议题和话题将被编码（时间、教学准备问题、学生分组等），研究开始就记录在每一个编码之下的任务对教师和孩子们的益处和挑战。接下来，研究者将编码用于访谈的文字转录和课程计划，并继续记录有关任务的益处和挑战。来自三方面的数据形成三角互证。编码按主题进行组织和分类。研究者将根据生成的主题撰写研究报告。

六、结果与讨论

对实验班级中教师所讨论的内容进行分析显示，使用真实情境的餐馆问题给参与本研究的教师专业发展提供了丰富的机会。首先，我们讨论了在本研究中教师和孩子们使用真实世界问题的益处。接下来，我们呈现了教师在实施餐馆问题时面临的三大主要挑战。

（一）教师有机会在课程计划中进行更深入的讨论

使用真实生活情境设计数学问题需要多方面的知识，例如课程知识、任务设计知识、儿童思维及其信念的知识（Cheng，2013）。作为一个团队，设计这样的任务给教师提供了一个平台，同时，通过创建相关和优良的学习任务还可以提升每个人的专长。在计划任务时，教师设计了更多开放的高阶问题，抛弃标准答案，寻求由孩子提供的多种可能的回答。为了便于学生完成餐馆问题，教师需要对所有可行的回答以及每个回答需要的数学技能进行预期和分类。教师发现他们是根据对学生思维的理解来设计教学准备问题和有意义的解释的，以便解决问题。表 4.1 总结了在数学课堂上如何用脚手架来解答餐馆问题（Kim and Hannafin，2011，p. 409）。

表 4.1　孩子揭开餐馆问题的脚手架

问题解决过程	脚手架聚焦	脚手架例子
1. 前置任务	用一个简单的平行任务模拟问题解决过程	帮助孩子获得解决问题过程的感觉
	解决实际任务需要的能力模型	帮助孩子提升解决实际任务需要的能力
2. 实际任务：问题解决过程亲身实践经历，应用和拓展能力		
简介：问题之前	鉴别问题的结构	帮助孩子鉴别问题中的"已知""待发现"和"假设"
理解问题	将孩子们关于问题的先前知识和经验外化	帮助孩子发现与问题情境、背景、相关的知识
		给孩子探索问题提供资源
开始：在问题解决过程中	为问题解决获得计划	帮助孩子寻找已经解决的问题并与之相联系（与前置任务相连）
计划和实施	追求解决办法	帮助孩子标定问题的关键概念、数据、已知和未知变量及其关系/相关
	积极检查工作的每一步	帮助孩子鉴别与情境相关的其他信息
	处理障碍	帮助孩子比较问题假设和解决办法
		当解决办法不能满足所有假设或遇到障碍时，帮助孩子重新计划
全班讨论：问题解决后	将任务中的数学和数学过程呈现出来，例如比较和对比	帮助孩子巩固和反思数学技能、数学过程、数学推理和问题解决过程
检查	检查结果/积极诊断	帮助孩子将解决办法进行口头表达和解释
		帮助孩子发现错误和分析失败原因
		帮助孩子反思他们的解决办法并进行可能的修改

　　由于孩子们有不同的种族、文化和家庭背景，我们预期孩子们对问题有不同的解释。孩子个体差异及个人价值和信仰的不同会使得问题解决方法也大不相同。在创建适切的情境和脚手架问题以引发孩子的多样回答中，教师不同的背景、信仰和个人价值观扮演着重要角色。这样的平台和任务给教师提供机会参与到丰富的讨论中，拓宽

他们的视野，让他们作为一个共同体进行分享并成长。

在餐馆问题中，教师有机会更深入思考使用脚手架问题，这使得教师能让学生以更深和更高水平的认知思维参与学习。金杰认为：

我真的要多想一想脚手架问题，这样孩子们不至于只说"是"或"不是"……坐下来［小组一起计划问题］真的有帮助，因为脚手架问题真的能帮助［一些］孩子清楚地表达他们的思维过程。［周会议 6］

玛丽说，"通常当我进行小组学习时，孩子们执行任务，讨论不会像这堂课这么长"。［玛丽，周会议 6］玛丽也指出：

现在为了引出孩子更多的解释和推理，我会更加关注如何提问。在此之前我问得更多的是封闭式问题，现在开放式问题更多，主要是意识，现在我更多地意识到了（开放式问题）。［访谈］

（二）教师有更多机会听取孩子的思维和理解

研究课期间，孩子们小组活动时，在人际交谈中出现了对问题情境多样的解释。教师和指定的小组待在一起，他们能听到孩子们在想什么、孩子们对问题情境的理解以及在解决问题时遇到的障碍，教师也更加能意识到学生对问题中关键词不一样的解释。有一组对"甜点"的理解不能达成一致，这一点提供了一个机会在菜单中澄清什么是甜点。根据陈（Chan，2005）的观点，以"真实世界"描述问题任务，给个人在讨论中呈现价值和信念提供了机会。无论何时删除、增加物品或用列表中另一种物品替换，学生都要检查问题中所有的条件是否符合。许多孩子对"能花的最多的钱"有不同的解释。在研究课和评论时，教师也检查了孩子在餐馆问题上的解题策略（Cheng，2013，有相关报告）。一些孩子的回答并不在教师的预期之内。例如，一个小组将 30 美元平分，每个孩子决定用 10 美元去买他们想买的。也有很多例子让教师对孩子们能做的事情感到惊讶。玛丽说（周会议 6）："有些孩子让我感到惊讶……一个学生能理解能花的最多的钱的含义，还能解释它的含义。"梅波尔也很惊讶"有些孩子能解释得很好"。

通过孩子们出人意料的解决方案和回答，教师对孩子们解决此类任务时会产生的各种解决方案和解释图式也得到同化和顺应。通过预期孩子们的解决方案和解释，教师强化了他们对孩子思维的理解。

（三）为孩子们提供发展数学处理技巧的机会

在研究课期间，教师观察到通过餐馆问题，孩子们的过程技能（例如决策、比较、推理、思考等）和数学技能得到了强化、巩固和提升。因为真实世界问题提供了"从菜单中选择、混合和搭配物品"并考虑他们解决方法的适切性的机会，孩子们也能参与到更多元和灵活的思考中。根据关等（Kwon et al.，2006）的观点，开放性的任务鼓励孩子们在学习过程中采用发散性思维和推理，并推动其积极参与。使用餐馆问题使得数学学习经历更有意义，而且孩子们对数学本质的理解能力也得到增强。这一研究结果为艾伯特和安托斯（Albert and Antos，2000）的发现提供了支持。

金杰觉得餐馆问题为孩子们就解决问题所需的思考和决策过程展开更丰富的讨论提供了机会。但是，充分利用任务的蕴含性取决于教师个体。金杰说过：

一些孩子的目标是解决任务。当他们解决问题后，他们感到很高兴。他们并不想进一步思考这一问题……对这样的小组，在小组学习时我会给他们反馈，并鼓励孩子们对问题进行更深入的思考。[周会议 6]

（四）教师的挑战——学生分组

本研究对孩子们进行了分组，这样每组都混合有能力强、中和弱的孩子。但是陈（Chan，2005）指出，在小组中更愿意说话的孩子倾向于能更多参与到任务中。本研究中教师面临的挑战就是试图"在能力强和弱的孩子中对任务进行平衡"（玛丽，周会议 6）。教师觉得能力强的孩子即使在深入餐馆问题时也能进行拓展。观察发现，即使使用了前置任务来帮助孩子熟悉实际的餐馆问题，能力弱的孩子仍在语言、计算能力、问题理解、识别已知和未知条件方面存在困难。教师们的一个建议就是将孩子根据能力进行分组，这样任务因组而异。对能力弱的小组，梅波尔建议使用同样的菜单但是减少组内物品的数量。她还建议（将任务改为）为更少的顾客设计菜单。艾薇建议将食物的分类减少到主餐和饮料。但是，挑战将是在全组讨论中完成该任务。这方面还需要进一步的思考和研究。

（五）教师的挑战——在课程规定时间内完成任务

接下来的挑战是课程时间。半开放式的真实世界问题需要很多时间去计划和完成，这与陈（Chan，2005）的研究结果一致。团队成员都有同感，每组孩子充分的讨论要花费超过 1 个小时的时间。他们建议，对教师和孩子们来说，大约 3 节课或 1.5 个小时是更理想的，以充分拓展和利用任务所提供的学习机会。

（六）困境——在任务开始前计算技能要教到什么程度

所有的教师都认为在让孩子接触这类任务之前，课程中基础和核心的计算技能要提前教。但是，对于任务需要的"拓展"计算技能是否要提前教有不同的观点。维恩观察到任务对孩子的要求超过了传统数学课对孩子的要求，但是她不确定是否应该在任务完成前教孩子们拓展的技能。维恩说：

通常，在课上有些孩子不能完成加一串数字，他们总共发现了 2 个数，不是连续的（一串数字）……他们忘了他们加了什么，［中途］不得不从头再加一遍，可能这是一个需要在任务之前要教的……教他们如何加 2 个数接着如何从这里开始一个一个加。［周会议 6］

七、结论和启示

本研究的目的是通过调查这些任务的意义以及实施这些任务所需的知识，最大限度地利用精心设计的现实问题。本研究表明，使用真实世界问题对教师和孩子有很大的益处和挑战。对教师而言，这些任务有深化教师数学教学知识的可能性。对孩子而言，这些任务通过识别真实生活情境下的数学和在真实世界情境下应用相关数学，给孩子提供了发展数学学习过程的机会。通过这些任务，孩子的计算技能也得到增强和拓展。本研究的真实生活问题为增强年轻学习者的 21 世纪素养提供了机会，尤其是批判性思维和创造思维。在本研究中数学教学知识的一个方面浮现出来，即有关情境和孩子更深层次的知识。有关情境和孩子更深层次的知识将帮助教师设计合适的任务和脚手架问题，以揭开嵌套在任务下的数学。

在实施真实世界任务时教师面临三个主要的挑战。一个值得注意的关键挑战就是设计和实施任务使其在课程时间内可行。真实世界的问题在本质上对很多孩子是有吸引力的，也是一个激发学生解决数学问题的良好平台。但是，因为情境的丰富性，教师和孩子需要花更多时间去理解和详述问题成为一个倾向。这需要留下一部分时间去讨论和揭开问题中的数学。这可能是在我们的数学课堂上使用真实生活问题的一种"噪声"——无意地推迟或背离了通过问题试图学习的数学目标。因此，我们需要清楚，我们期望学生何时以及"以多快的速度"进入数学。另一种可能的"噪声"是情境的"厚度"。一个建议是根据数学课不同的目的变化情境的"厚度"并根据孩子不同的需求和能力"装扮"情境。

　　这项研究的启示应该谨慎对待，因为这项研究是由一个单一的实验班周期得出的。但是，从本研究学习到的是经过仔细设计的真实世界问题，与课程教学目标一致，为教师提供了通过计划和实施问题学习的机会；也给孩子们提供了"温和的一小步"，将数学和他们的社会生活联系起来。当孩子们处理他们没有听过的问题时，真实世界问题会让他们觉得被压倒了。但是，当我们小心且注意去练习选择适合孩子的情境和问题情境时，他们能在欣赏并应用方法解决问题的过程中将数学与他们最初发现的世界相连。简化任务，尤其是为了满足孩子不同的需求和不同能力区分不同的任务还需要进一步研究。

　　致谢：作者要感谢 Lee Peng Yee 副教授对数学教育独到的见解。

参考文献

Albert，L.，& Antos，J. (2000). Daily journals. *Mathematics Teaching in the Middle School*，5(8)，526-531.

Ang，K. C. (2009). Mathematical modeling and real life problem solving. In B. Kaur, B. H. Yeap, & M. Kapur (Eds.)，*Mathematical problem solving：AME yearbook 2009* (pp. 159-182). Singapore：World Scientific Publishing.

Bennett，N.，& Desforges，C. (1989). Matching classroom tasks to students' attainments. *The Elementary School Journal*，88，221-234.

Beswick，K. (2011). Putting context in context：An examination of the evidence for the benefits of 'contextualized' tasks. *International Journal of Science and Mathematics Education*，9，367-390.

Boaler，J. (1993). Encouraging transfer of 'school' mathematics to the 'real world' through the integration of processes and content: context and culture. *Educational Studies in Mathematics*, *25*, 341-373.

Chan, C. M. (2005, August). *Engaging students in open-ended mathematics problem tasks: A sharing on teachers' production and classroom experience (Primary)*. Paper presented at the third ICMI-East Asia regional conference on mathematics education conference, East China Normal University, Shanghai, China.

Charalambous, C. Y. (2008). Mathematical knowledge for teaching and the unfolding of tasks in mathematics lessons: Integrating two lines of research. In O. Figuras, J. L. Cortina, S. Alatorre, T. Rojano, & A. Sepulveda (Eds.), *Proceedings of the 32nd annual conference of the International Group for the Psychology of Mathematics Education* (Vol. 2, pp. 281-288). Morelia: PME.

Cheng, L. P.(2013). The design of a mathematics problem using real-life context for young children. *Journal of Science and Mathematics Education in Southeast Asia*, *36*(1), 23-43.

Cooper, B., & Harries, T. (2002). Children's responses to contrasting 'realistic' mathematics problems: Just how realistic are children ready to be? *Educational Studies in Mathematics*, *49*, 1-23.

Foo, K. F, & Fan, L. (2007). *The use of performance tasks in a neighbourhood school*. Paper presented at CRPP/NIE international conference on education: Redesigning pedagogy: Culture, knowledge and understanding (CD-ROM, 12 p.), Singapore.

Foong, P. Y. (2005). Developing creativity in the Singapore mathematics classroom. *Thinking Classroom*, *6*(4), 14-20.

Foong, P. Y. (2009). Problem solving in mathematics. In P. Y. Lee & N. H. Lee (Eds.), *Teaching primary school mathematics: A resource book* (p. 56). Singapore: McGraw Hill.

Foong, P. Y., Yap, S. F., & Koay, P. L. (1996). Teachers' concerns about the revised mathematics curriculum. *The Mathematics Educator*, *1* (1), 99-110.

Fuchs, L. S., & Fuchs, D. (1996). Connecting performance assessment and curriculum-based measurement. *Learning Disabilities Research and Practice*, *11*, 182-192.

Fuchs, L. S., Fuchs, D., & Courey, S. J. (2005). Curriculum-based measurement of mathematics competence: From computation to concepts and applications to real-life problem solving. *Assessment for Effective Intervention Winter*, *30*(2), 33-46.

Gainsburg, J. (2008). Real-world connections in secondary mathematics teaching. *Journal of Mathematics Teacher Education*, *11*, 199-219.

Goodman, J. (1995). Change without difference: School restricting in historical perspective. *Harvard Educational Review*, *65*, 1-28.

Greer, B. (1997). Modeling reality in mathematics classrooms: The case of word problems. *Learning and Instruction*, *7*(4), 293-307.

Hiebert, J., Carpenter, T. P., Fennema, E., Fuson, K., Human, P., Murray, H., et al. (1996). Problem solving as a basis for reform in curriculum and instruction: The case of mathematics. *Educational Researcher*, *25*(4), 12-21.

Inoue, K. (2008). Minimalism as a guiding principle: Linking mathematical learning to everyday knowledge. *Mathematical Thinking and Learning*, *10*(1), 36-67.

Kaur, B., & Dindyal, J. (2010). A prelude to mathematical applications and modeling in Singapore schools. In B. Kaur & J. Dindyal (Eds.), *Mathematical applications and modeling: AME yearbook 2010* (pp. 3-18). Singapore: World Scientific Publishing.

Kim, M. C., & Hannafin, M. (2011). Scaffolding problem solving in technology-enhanced learning environments (TELEs): Bridging research and theory with practice. *Computers & Education*, *56*(2), 403-417.

Kwon, O. N., Park, J. S., & Park, J. H. (2006). Cultivating divergent thinking in mathematics through an open-ended approach. *Asia Pacific Education Review*, *7*(1), 51-61.

Merriam, S. B. (1988). *Case study research in education*. San Francisco: Jossey-Bass.

Ministry of Education. (2000). *Mathematics syllabus—primary* (2001). Singapore: Author.

Ministry of Education. (2006). *Mathematics syllabus—primary* (2007). Singapore: Author

Ministry of Education. (2012). *Primary mathematics teaching and learning syllabus* (2013). Singapore: Author

Polya, G. (1957). *How to solve it: A new aspect of mathematical method* (2nd ed.). Garden City: Doubleday.

Reusser, K., & Stebler, R. (1997). Every word problem has a solution - The social rationality of mathematical modellings in schools. *Learning and Instruction*, *7*(4), 309-327.

Riedesel, C. A., Schwartz, J. E., & Clements, D. H. (1996). *Teaching elementary school mathematics* (6th ed.). Boston: Allyn and Bacon.

Rogoff, B., & Lave, J. (Eds.). (1984). *Everyday cognition: Its development in social context*. Cambridge, MA: Harvard University Press.

Rule, A. C., & Hallagan, J. E. (2007). Algebra rules object boxes as an authentic assessment task of preservice elementary teacher learning in a mathematics methods course. *ERIC Online submission*.

Schiefele, U., & Csikszentmihalyi, M. (1995). Motivation and ability as factors in mathematics experience and achievement. *Journal for Research in Mathematics Education*, *26*, 163-181.

Schwartz, J. E. (2008). *Elementary mathematics pedagogical content knowledge: Powerful ideas for teachers*. Boston: Pearson/Allyn and Bacon.

Shulman, L. S. (1986). Those who understand: Knowledge growth in teaching. *Educational Researcher*, *15*(2), 4-14.

Stillman, G. (2000). Impact of prior knowledge of task context on approaches to applications tasks. *Journal of Mathematical Behavior*, *19*, 333-361.

Stylianides, A. J., & Stylianides, G. J. (2008). Studying the classroom implementation of tasks: High-level mathematical tasks embedded in 'real-life' contexts. *Teaching and Teacher Education*, *24*, 859-875.

Sullivan, P., Griffioen, M., Gray, H., & Powers, C. (2009). Exploring open-ended tasks as teacher learning. *Australian Primary Mathematics Classroom*, *14*(2), 4-9.

Trafton, P. R., Reys, B. J., & Wasman, D. G. (2001). Standards-based mathematics curriculum materials: A phrase in search of a definition. *The Phi Delta Kappan*, *83*(3), 259-264.

Turner, E. E., Gutiérrez, M. V., Simic-Muller, K., & Díez-Palomar, J. (2009). "Everything is math in the whole world": Integrating critical and community knowledge in authentic mathematical investigations with elementary Latina/o students. *Mathematical Thinking and Learning*, *11*(3), 136-157.

第三部分

问题式学习环境 >>

第五章　问题式学习：概念、实践和未来

洪伟①

摘要：问题式学习（PBL）最初是为了回应传统讲授方式为医学生临床实践做准备上的失败，最后却在教育史上留下不可抹去的印记。PBL 代替以教师为中心、以内容为中心、去情境化的教学和学习模式，运用学生主导、问题驱动、情境化的教与学模式，为学生面对真实世界的挑战做准备。在 PBL 第一次实施四十年后，它仍然是一种帮助学生发展实际问题解决、自主学习和合作技能的创新教学方法。现如今，PBL几乎在专业教育、高等教育和 K-12 教育的所有学科和专业中都得到应用。本章主要介绍了 PBL 理论框架、当前研究议题和教学实践以及未来方向。首先，我将回顾 PBL的理论概念。其次，我将研究 PBL 模型、教学设计和实践议题，如在 PBL 过程和问题/案例设计问题的各种步骤和功能中，利用教学策略或认知工具，帮助学生学习。最后，我将提供未来研究的建议。

关键词：问题式学习；PBL 模型；问题设计；教学设计

一、引言

传统教学关注学生某一领域内容知识的获得。尽管某一领域扎实知识基础的重要性

---

① W. Hung (✉)
Department of Teaching & Learning，University of North Dakota，Grand Forks，ND，USA
e-mail：woei. hung@email. und. edu
© Springer Science＋Business Media Singapore 2015
Y. H. Cho et al.（eds.），*Authentic Problem Solving and Learning in the 21st Century*，Education
Innovation Series，DOI 10. 1007/978-981-287-521-1 _ 5

永远不应该被贬低，但是知识获得本身并不能充分保证学生在解决真实世界问题时应用知识的能力。而且，现如今快速变化的环境，发现新知识与信息的数量和速度已经改变了人类生存的规则。为了保持竞争力，每个个体需要成为一个独立的问题解决者、终身学习者和有效团队协作者。因而问题解决技能、高阶思维、自主学习和团队合作是 21 世纪必备技能。

但是，就这一点而言，文献表明传统教学在教授这些技能时是无效的（Derry，1989；Larkin and Reif，1976；Neville，2009；Sweller et al.，2011）。吉尔里（Geary，2002，2005）把这些能力称之为基本生物能力，与之相对的是次级能力，如阅读和写作，通过常规教学习得。吉尔里（2002）主张基本生物能力，如母语、社交技能和一般问题解决技能等，是贯穿个体一生、通过长时间无意识获得的。这是一个缓慢积累相关知识，将其互相连接，整合到一个复杂图式中的过程（Bartlett，1932）。这些学习渗透在个体日常生活中（非正式的学习情境），因而个体并不把这些学习当作是"学习"。相反，它更容易被认为是日常生活的一部分。结果个人付出的努力未被注意（或无意识）。

基于吉尔里（Geary，2002，2005）的理论和上文有关基本生物能力学习过程的推理，可以比较稳妥地说，当主要的学习目标是培养这些高阶或内隐技能时，使用的教学方法应该具有支撑基本生物能力形成和学习过程的特征。当前实践的教学方法中，PBL 是一种具有这些功能的教学方法。关于 PBL 的定义和究竟哪个模型是真正的 PBL 存在争议。本章把 PBL 界定为一种广义上的整体教学方法，以使用问题为主要教学方法，驱动和增强学生的学习。这一定义是基于这样一个事实，PBL 已经从最初的"纯粹的 PBL"模型衍生出不同变式，这些变式在自主和问题结构化上有不同程度的变化（Barrows，1986；Hmelo-Silver，2004；Hung，2011；Harden and Davis，1998）。尽管在这些变量上存在差异，但这些 PBL 模型的精髓是一样的。PBL 在教学形式和过程中整合了问题解决、自主学习和合作（即使用这种形式使学生适应问题解决的过程、自主探究和学习）。用这种方式，这些技能的学习模仿了在日常生活中基本生物能力是如何习得的。此外，为了形成这些技能的图式，学习过程中的认知负荷（Sweller，1994）可以指向适当类型。尽管 PBL 不完美（所有教学方法在某些方面都有缺陷），但它提供了一种培养这些类型的知识和技能的环境。本章我将简要介绍 PBL 的概念、发展和特征，随后还会介绍一些成熟的 PBL 实践模型，最后讨论 PBL 未来的方向。

二、源起和发展

PBL 最初萌芽于 20 世纪 50 年代的医学教育，旨在回应医学毕业生在临床实践中不尽如人意的表现（Barrows，1996；Barrows and Tamblyn，1980）。对教学实践和学生学习倾向进行综合的调查和评估之后发现，传统健康科学教育中强调记忆碎片化生物医学知识，是导致学生不具备临床问题解决和终身自主学习技能的罪魁祸首（Albanese and Mitchell，1993；Barrows，1996）。学生在整个（医学）项目中学到的与他们在临床实践中能够有称职表现所真正需要的之间存在明显偏差。基于这一评估结果，医学教育家发现知识运用、独立解决问题、自主学习和合作技能是学生需要具备的能力，PBL 是能够实现这些教学目标的教学方法。

加拿大麦克马斯特大学被认为是 PBL 发展的先锋。在 20 世纪 70 年代，麦克马斯特的医学教育者基于学习这一新概念建立了他们的医学课程，变成了一个著名的 PBL 模型，后来为众多医学院校所采用。在 PBL 的发展史中，为了满足不同教学需求，发展了许多可供选择的 PBL 模型。例如，美国的密歇根州立大学、荷兰的马斯特里赫特大学和澳大利亚的纽卡斯尔大学也开发了他们自己的 PBL 课程（Barrows，1996）。自几十年前首次实施以来，PBL 已经成为全世界医学院及与健康科学相关的领域中主要的教育方法。据报道，现如今加拿大绝大多数医学院和美国 80% 的医学院将 PBL 作为设计整个或部分课程的主要教学方法（Karimi，2011）。

三、高等教育和 K - 12

PBL 在医学教育中的成功逐渐引起医学相关领域之外的教育者和研究者的注意，包括高等教育和 K - 12 教育在内的各学科领域。尽管非医学领域采用 PBL 比医学教育晚了 20 年，但是 PBL 在高等教育和 K - 12 中的实施迎头赶了上来，不断加速发展。PBL 在多种职业学院和大学课程中实行：商务管理（Merchand，1995）、化学工程（Woods，1996）、法学院（Pletinckx and Segers，2001）、领导力教育（Bridges and

Hallinger，1996；Cunningham and Cordeiro，2003）、化学（Barak and Dori，2005）以及其他各种大学课程（Allen et al.，1996；Savin-Baden and Wilkie，2004）。

尽管在 K-12 中采用 PBL 要晚于其他水平的教育，但 PBL 在培养年轻学生独立解决问题观念上的好处是显而易见的，并得到教育者的支持。巴罗斯和凯尔森（Barrows and Kelson，1993）是在高中生中引介和发展 PBL 课程以及进行教师培训的先驱。现如今，PBL 对 K-12 教育者来说不再是一种陌生的教学方法。在 K-12 中，各种实施 PBL 的结果已经得到广泛的报道，如数学（Cognition and Technology Group at Vanderbilt，CTGV，1993）、科学（Kolodner et al.，2003；Linn et al.，1999）、文学（Jacobsen and Spiro，1994）、历史（Wieseman and Cadwell，2005）和微观经济学（Maxwell et al.，2005）。

四、PBL 的概念、组成和特征

PBL 是在人类许多学习理论的基础上进行概念化的方法，包括信息加工过程模型、认知理论、图式理论、情景认知、元认知和建构主义理论（例如参见 Barrows and Tamblyn，1980；de Grave et al.，1996；Schmidt，1983）。具体规划设计理论的概念包括将新信息与先验知识和图式相连（Bartlett，1968）以增强记忆痕迹并使得信息可用、详细阐述和建构已学信息（Cermak and Craik，1979；Stillings，1995）、将所学知识情境化（Lave and Wenger，1991）、建构情境化的知识、合作学习（Dillenbourg et al.，1996）、社会协商和建构（Jonassen，1991，1992）、元认知学习（Kitchner，1983）。这些原理转译成了 PBL 的操作性组成部分，它们包括：（1）问题驱动学习，（2）情境化的真实问题解决，（3）问题/案例知识结构课程，（4）自主学习，（5）合作学习，（6）反思学习（Barrows，1996；Hung，2006；Norman and Schmidt，1992）。

在 PBL 中，学生的学习由解决一个真实的、结构不良的真实世界问题的需求所引发和驱动。这一教学方法的基本设计是为了增强学生学习动机（Barrows，1986）。这一方法要求学生解决他们未来职业或个人生活中的真实问题，它能帮助学生意识到与所学知识的相关，并激发学生去学（Barrows，1996）。同时，人类天生的好奇心和迎接挑战、克服困难的欲望是问题驱动教学的一个假设，在此基础上构建的问题驱动教学旨在增强学生在学习过程中的动机。此外，PBL 课程基于问题/案例来组织，这种课程组织能够帮助学生基于案例结构在记忆中建构和存取领域知识，以便日后有效提取知识（Kolodner et al.，2003）。而且，PBL 中运用的问题是真实的、结构不良的，其中包含模糊的目标、一些未知的问题元素、多样的解决方案以及解决问题所需的概念或原则也带有模糊性。在 PBL 中运用结构不良的问题，旨在帮助学生发展能力，以适应性地运用所学知识，应对现实生活场景中的复杂问题情境（Wilkerson and Gijselaers，1996）。

自主学习是 PBL 中一个关键成分。为了培养学生终身学习的技能和心态，PBL 要求学生自主学习，并对自己的学习负责。但是，这并不是把整个学习责任都推到学生头上。学生的学习过程受教师（或者称作导师）的指导，但是教师的角色不是向学生传授知识。相反，教师需要帮助学生在 PBL 学习过程中致力于科学推理和问题解决的过程，以及检验学生的学习过程。教师可以为学生建立专家式的解决问题和推理过程的模型，也可以在问题解决过程中用问题来引导学生。通过这种学习方式，学生能实践并提升自己的自主学习技能和元认知技能（Dolmans and Schmidt，1994）。因此，PBL 中的自主学习成分能够帮助学生提升进行科学问题解决的推理技能（Hmelo-Silver，2004）。此外，PBL 中的自主学习并不意味着学生孤立地学习和解决问题。在问题解决和学习过程中，除了教师的帮助之外，PBL 学生还可以合作解决问题，在小组中学习。这种协作的组成部分是为了帮助学生提升社会、人际、合作和互相支持的技能，这些技能在当今的工作场所是非常需要的。正如本文开始提及的，这类软技能的学习是一个培养过程，而不是通过知识传授的方式（如传统的讲授法）来获得这些问题解决、自主学习、合作学习和反思学习的技能。PBL 将这些预期的基本生物能力转化成课程形式、学习过程和学习文化。在这样的学习环境中，学生受（这种学习）文化熏陶，练习这些技能，最终内化为他们学习的基本倾向。

基于以上讨论的这些要素，PBL 的特征可以概括如下。

（一）PBL 的特征

• 问题驱动的教学。学生学习由问题解决需求激发。PBL 过程模拟了问题解决过程，学习过程嵌套其中。

• 问题/案例结构的课程。在 PBL 中，要学的学科知识和技能围绕问题进行组织，而不是一系列层级分明的主题列表。这种课程设计能够帮助学生基于问题/案例结构组织知识。这种知识的组织方法不仅能增强知识提取的有效性，还能将知识情境化。

• 真实的、结构不良的问题。PBL 经常使用真实生活、结构不良的问题。学生学习处理复杂、混乱、不确定的和未知的真实生活问题，而且更重要的是能培养他们评价各种解决方案可行性的能力。

• 自主学习。学生个体或合作性的小组为启动和指导自己的学习承担责任。教师是辅助者，其角色是支持或演示推理过程，促进小组学习和人际互动。

• 小组学习。在 PBL 中，学生在小组中学习，通过小组讨论和合作学习，PBL 学生通过组员对要解决问题中相关议题的多元视角丰富他们的知识。同时，小组的学习环境为锻炼学生的人际交往和团队合作技能提供机会。

• 反思学习。通过自我指导或在教师帮助下，学生参与元认知过程以提升自身学习。为了有效学习和问题解决，学生监控他们的理解并学习修正他们的策略。将这一成分融为 PBL 过程的一部分，有助于培养学生在学习过程中参与元认知活动的学习倾向（Hung，2006；Hung et al.，2008；Jonassen and Hung，2008）。

五、实践、分类和模型

在 PBL 课程首次实行的几十年后，许多 PBL 变式从最初的模型中衍生出来（Kaufman，2000；Rothman，2000；Savery，2006）。最初的 PBL 模型也被称之为"纯 PBL"，完全排除讲授或其他任何直接教学的方式。学生需要对自己的学习负全责，但是有辅导教师的指导。这一 PBL 模型假设学习者认知、心理、情感和社会成熟度已经具有一定基础，因为最初是为了教育医学生，他们在这些方面有比较高水平的成熟度。因此，事实上纯 PBL 模型要求在 PBL 中的学生有较高水平的独立解决问题、自主学习以及为自己的学习负责的能力。随着 PBL 迁移到非医学相关领域，并被不同学科和不同水平学习者采用，例如 K-12 学生，故原有的成熟认知、心理能力和技能的假设不再有效。因此，随着 PBL 在不同学科、不同水平学习者、不同国家甚至不同文化中被采用，最初的模型有了不同程度的修改（Hung and Loyens，2012）。目前存在大量的 PBL 变式，以满足多元的教学需求和适应各种限制。

（一）PBL 的分类

因为有很多不同 PBL 的实施和报道，对于什么是准确的 PBL 存在不少疑惑甚至争论。一些研究者接手这一任务，试图通过不同变量对多样的 PBL 进行界定和分类。例如，巴罗斯（Barrows，1986）提倡用两个变量将 PBL 分成六类，即自主学习水平和问题结构水平。荷梅洛-西尔沃（Hmelo-Silver，2004）讨论了三种主要的 PBL 教学方式（PBL、抛锚式教学和基于项目的教学），它们在形式和使用工具上各不相同。此外，哈登和戴维斯（Harden and Davis，1998）设计了一套十一个步骤（或水平）的 PBL 模型分类。

在研究 PBL 不同类型或方法以及文献中提及的其他类型或方法时，洪（Hung，2011）同意巴罗斯（Barrows，1986）的两个维度（即自主学习和问题结构）作为最为重要的基础变量，以此确定实施形式和学生在认知过程与投入程度方面的要求。他以自主学习和问题结构作为两个尺度，形成了一个二维的谱系，根据不同教学需求和学习者特征的合适程度对某个给定的 PBL 实施方式进行分析。洪（Hung，2011）用这个二维谱系，鉴别了 PBL 的六个代表性分类（图 5.1）。PBL 的六大代表性分类包括纯

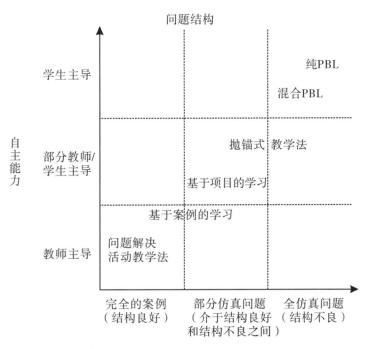

图 5.1　巴罗斯（Barrows）有关 PBL 分类的六大代表性 PBL 模型（源自 Hung，2011）

PBL、混合 PBL、抛锚式教学法、基于项目的学习、基于案例的学习、问题解决活动教学法（例如，将问题作为测验、例子或者整合器；Duffy and Cunningham，1996）。六大类代表了不同的 PBL 形式对学生认知参与能力的不同需求，以便成功满足自主学习需求、问题的复杂性和结构不良程度。

1. 纯 PBL

纯 PBL 是 PBL 的最初形式。纯 PBL 与其他形式的 PBL 相比，最显著的特征是在课程中完全没有讲授或者任何类似知识传授的形式。教学始于解决真实的、结构不良问题的需求是纯 PBL 模型另一个标志性特点。纯 PBL 模型下的学习者需要对自己的问题解决和学习过程负最大的责任。在课程设计中去掉讲授，其背后理念是为了培养学生遇到问题时，他们能够自主发现需要学什么技能和倾向什么，而不是从教学中接受这些信息。纯 PBL 中用到的问题也是非常复杂的、结构不良的，尽可能真实。在解决结构不良问题时，学生不得不面对高度的未知和不确定性的挑战。这不仅是为了培养学生科学解决问题的能力，也是为了培养学生基于环境评价可选方案并选择最可行的解决方案的能力，以及适应性应对变化和突发事件的能力。

2. 混合 PBL

这种 PBL 形式将纯 PBL 和作为补充教学的讲授相结合。高水平的自主学习、问题解决的发起、真实的和结构不良的问题解决依旧是主要的教学方法和学生学习形式。但是，学生将接受有限次数的常规授课或微型授课，以补充他们的知识获取。这些授课可以设计成课程的一部分，或在教师认为有必要更好地指导学生学习时添加，例如澄清错误概念。混合 PBL 的一个例子是生成性失败模型（Kapur，2008，2010）。在这一模型中，学生独立解决问题并可能在问题解决过程中已经经历了一些挫折后，教师提供一些结构化的讲授。这一模型给学生提供了体验真实世界问题解决情境的机会，并在结构化指导下将概念、原则与他们的问题解决经验整合成一个合理的概念框架。

3. 抛锚式教学法

抛锚式教学法最初由范德堡大学的认知和技术小组开发，使用基于视频的画面来锚定学生在真实情境中学习数学（Cognition and Technology Group at Vanderbilt，CTGV，1993）。基于情境的问题解决是将学生数学概念学习置于一个相关的情境和有意义的方式中。在完成每一个情境时，学生积极参与科学的问题解决的过程（例如收集相关研究信息、讨论和检验假设等），以便运用数学概念设计和评估解决方法。抛锚式教学通过科学的问题解决过程，培养学生的思维定式。高度情境化的学习和知识建构有助于学生发展条件性知识（Paris et al.，1983）。这是知识有效应用的重要认知成分。荷梅洛-西尔沃（Hmelo-Silver，2004）将抛锚式教学归为 PBL 模型的一种，因为它是一种问题驱动的学习方式。她解释道，在抛锚式教学中，学生利用先验知识解决问题，教师在需要时为学生提供学科知识。因此，在抛锚式教学中，教师的指导比纯 PBL 和混合 PBL 更明确和直接。

4. 基于项目的学习

这种 PBL 形式被广泛应用于各种学科领域和多种水平的学习者。学生需要完成一个项目，其中包括设计一个现实生活问题的解决方案。基于项目的学习与前文讨论的 PBL 类型的主要差别在于，基于项目学习中的问题解决过程更多的是知识的应用，而非知识的获取。在纯 PBL 和混合 PBL 中，学生需要自己鉴别所要学习的内容（哪些是要学的学科知识和技能），接着研究信息并将之应用于问题解决。另外，基于项目的学习功能更能为学生提供一个真正的机会来应用所学到的知识。学生从教师那获得不同程度的必要的学科知识和技能，随之他们运用这些知识完成一个给定的项目（Hmelo-Silver，2004）。因此，在基于项目的学习中，学习始于学科知识的掌握，之后是运用的机会。这与纯 PBL 或混合 PBL 中知识接受和运用同时发生是不同的。基于项目的学习与纯/混合 PBL 的另一个差别在于，基于项目的学习更多偏向教师指导的学习，而纯/混合 PBL 要求学生是一个高度独立的学习者。前几种 PBL 中所使用问题的结构依旧偏向结构不良这一端。

5. 基于案例的学习

这种教学方式之所以属于 PBL 的范畴，是因为其问题/案例式的课程结构以及知识的情境化。学生通过学习包含学科知识的真实生活案例，意识到抽象的概念是如何在真实世界情境中应用并表现出来的。在问题结构化尺度上，基于案例的学习靠近结构不良一端，因为这些案例通常是已解决的问题。解决过的案例不一定是结构良好的问题。但是，它在暗示有一个已知的"正确"的答案，因此降低了学生去探索这一主题以及寻求和评价各种竞争性解决方案的意愿。另外，基于案例的学习中教师对学生学习和讨论案例的影响可能更大，指导可能更多，这可能会减少学生发展自主学习技能的机会。

6. 问题解决活动教学法

当采用广义的 PBL 定义时，一些基于讲授但有大量问题解决活动以练习讲授中所学概念的教学方式也被归为 PBL 的一种（Harden and Davis，1998）。这一 PBL 类型在自主学习和问题结构的两个尺度上都处于最低端。这类 PBL 中的问题解决活动基本上属于将理论概念与解决实际问题（结构良好或半真实或半结构不良问题）和实践机会相联系。学习过程主要是由教师/教学指导者指导。

运用二维尺度（图 5.1），PBL 教育者和教学设计者能确定一个合适的 PBL 类型，达成具体的教学目标，匹配学习者的认知准备，并最终提升学生 PBL 学习效果和整体经验水平。例如，当主要的学习目标是培养自主学习技能和处理不确定性的能力时，要求学习者运用完全的自主学习，能够解决高度结构不良问题的 PBL 模型（例如纯PBL）将是实现这一目标更合适的方式。但是，如果应用知识是教学的主要学习目标，学生的认知和/或心理成熟处于中等水平，那么，部分教师指导、部分学生自主学习的PBL 模型，如基于项目的学习或者抛锚式教学，可能更能有效帮助学生达到学习目标。同样，也存在这样的教学情境，即情境化的学习是主要学习目标，学习内容的应用在本质上是非常微妙的（例如概念、原则或规则应用中存在很多灰色地带），或者因为时间、学习者特征等方面，某些结构化的学习更好。这种情况下，基于案例的学习或许是更为有效的模型，能指导学生将概念和可应用的情境联系起来，关注到概念或原则的微妙之处，解决脱离情境之后这些概念或原理有时无法解释或学习的情况。最后，对于那些同时需要概念理解和实践的学习科目（例如掌握基本的数学技能），通常使用一个冗长复杂问题的 PBL 模型，如纯 PBL 或基于项目的学习，可能不够理想。这些PBL 模型能够为概念学习提供一个大环境，但因解决每个问题的时间长度，导致给学生提供练习学习过的概念或操作技能的机会很少。在这种情况下，带有问题解决活动的讲授学习可能是满足这一教学目标的一个更好的 PBL 模型选择。

六、未来的方向

自 PBL 首次实行以来，其受欢迎程度保持着稳定的增长速度。有关 PBL 有效性或实施的各方面问题都得到了研究，并涌现出大量有价值的文献，例如有关比较 PBL 与传统教学方法、教师的角色和指导技巧以及小组自评的文章就不少。但是，随着 PBL扩展到更广泛的学科领域、国家和文化中，新增的多样性给 PBL 研究带来了新的维度，新的研究问题也随之出现了。此外，这些新维度也对当前研究主题提供了不一样的解释，并揭示了更多新的研究领域。下面，我将讨论几个需要 PBL 研究者注意的有前途的研究领域。

（一）文化迁移及适应

随着越来越多不同国家和文化的教育机构采用 PBL，对 PBL 的实施进行不同程度的修改不可避免。有时，为了满足特定的教育系统，在实施中要融合突破性的创新，例如新加坡"一天一个问题"模型。在这一模型中，学生每天关注某一学科的一个问题。正如其他 PBL 模型一样，学生在教师的指导下进行小组合作。每个 PBL 周期学生会碰 3 次面，会面期间学生进行自主学习/研究。一天结束时，小组将整合他们的研究结果并在全班分享。因为这些学生群体的成熟度和独立解决问题的能力不够，该模型简化的 PBL 周期给学生学习提供更多的结构（Rotgans et al.，2011）。

正如洪和罗茵斯（Hung and Loyens，2012）指出的，国家的教育系统和文化实践显性或隐性地影响着 PBL 在不同文化背景下的实践方式。因此，在学习者特征、教育系统或者文化实践等方面和 PBL 最初背景（即纯 PBL 模型的环境）不同的情境中实施 PBL，如果不仔细评估这些差异并做出适当的调整，可能会降低 PBL 的有效性。同样，教师的辅助方式或学生对直接从教师那获取知识的期待也可能潜在地受文化的影响。在一个传统文化实践是权威教学风格的背景之下实施 PBL，促进教师和学生过渡的计划需要成为课程设计的一部分。将 PBL 本土化对学生学习的有效性是必要的（Hallinger and Lu，2012），甚至于使该方法的落地成为可能。"一天一个问题"模型在其他文化中可能尤效，例如在美国学生看来，一个学期连续重复的循环是不能接受的学习形式（Hung et al.，2013）。

研究者可能对研究以下议题感兴趣，如 PBL 的哪些方面需要调整以适应国家教育系统或文化实践的需求，在新的文化背景之下实施 PBL 可能存在什么样的议题，学生的学习方式和学习风格可能有哪些议题。这是 PBL 研究者在一个新的文化环境中实施 PBL 需要去考虑的一些例子。

（二）课程和问题设计

将 PBL 在指定的学习者群体和指定的背景下实施时，首要考虑的是课程和问题设计（Trafton and Midgett，2001；Duch，2001；Dolmans et al.，1993；Jacobs et al.，2003；Nasr and Ramadan，2008；Wells et al.，2009）。洪（Hung，2006，2009，2011）讨论了在 PBL 环境下问题设计对学生学习的影响。问题是 PBL 的核心。在 PBL 中，所有的学习活动和过程始于并围绕学生需要解决的问题。因此，PBL 问题不仅是 PBL 课程的教学，也是课程的结构。洪（Hung，2006，2009）提出了 3C3R 模型和 PBL 问题设计过程中 9 个步骤的关键要素（例如：内容、背景、连接、调查、推理和反思）以帮助教育者和教学设计者设计 PBL 问题，这些可能影响学生的学习认知，反过来也影响他们的学习结果。此外，PBL 问题的认知和情感效果与学生对问题的主人翁意识（Hung and Holen，2011）、学生解决问题的动机间的关系已经进行过相关的观察和研究。在一个新的文化背景之下实施 PBL，为让学生能与问题相连，对 PBL 问题的心理和情感方面进行设计十分关键。海林杰和卢（Hallinger and Lu，2012）发现在学生学习时问题的本土化也能消除一些情感和文化障碍。

（三）小组学习—集体认知

在 PBL 发展的早期，小组学习已经成为一个研究主题（Albanese and Mitchell，1993；Hung et al.，2008）。与传统教学方法中把个体学习作为一种常规形式相比，PBL 采用小组学习形式，给学生提供合作学习的环境。在这种环境之下，学生以合作，有时是一种集体的方式来解决问题，学习内容知识。但是，当学习的形式从基于个体转向基于小组时，许多议题会出现。例如，个体冲突（Azer，2001），组员不均匀的贡献（Wells et al.，2009），专横或消极的参与风格。这些议题经过观察、报道、分析和分类，已经发现它们是在 PBL 过程中导致小组功能失调的主要因素。尽管这些议题经过 PBL 研究者提倡和研究的干预措施干预后并没有得到满意的解决，但是与小组学习相关的其他议题可能值得注意。洪（Hung，2013b）认为，当组员能作为一个学习系统（或认知系统）无缝学习时，小组成员（学生）获得的不仅仅是他们个人的学习和他们成员的知识，还有小组集体学习的能力。换言之，来自集体学习小组的学习力比只能个体学习的小组学习力要大得多。因此，如何帮助学生集体学习并培养他们的小组/团队认知使得他们的学习能超越到另一个水平是 PBL 研究未知的领域。此外，教师在 PBL 小组学习中扮演重要角色。但是，与典型的基于小组的问题解决学习不同，教师并没有扮演领导者的角色，而是一个建议者/咨询者的角色。因此，基于小组的问题解决和学习给教师带来了新的视角，以重新定义在基于团队的学习系统中一个有效教师必需的特征、能力、技能、任务和责任是什么。

（四）学习技术和认知工具

传统上，在 PBL 中学生学习的促进主要依赖教师（或引导者）。尽管引导者的功能很重要且不可缺少，但仅仅来自教师的促进可能不足以满足所有的学习目标。在学习过程中，在引导者的作用可能不够之处，需要给孩子一些外部的工具提供额外的认知支持。在 PBL 学习的初期，一些 PBL 的实施要运用概念地图，帮助学生在 PBL 过程中对问题概念化（例如 Eitel and Steiner，1999；Hsu，2004；Tseng et al.，2011；Zwaal and Otting，2012）。洪（Hung，2013a）也认为一些外在的认知工具能帮助学生将问题概念化并组织他们的知识。这些工具不仅是通过基于问题/案例的结构还通过潜在的机制解释每个变量如何单独或者合作起作用以让学生对于问题有更深刻的理解。这些工具包括影响图和系统建模。这些认知工具的主要功能是帮助学生将以下几方面实现外显：（1）问题最关键的变量/要素，（2）相关变量间的关系，（3）解释系统工作的潜在机制。当学生投入问题表征建构过程中时，这些工具提供了自然的非入侵性形式帮助学生认知处理过程，反过来这些工具又能增强学生的学习结果。使用外在认知工具帮助学生解决问题的过程、问题概念化和领域知识方面的前景是十分可观的。引导者的角色需要在以下几方面进行再概念化：（1）为了优化这些认知工具对学习者学习结果的增强，引导者需要哪些技能；（2）学生、引导者和认知工具在学生学习过程中的关系是什么样的。

七、结论

即使在 PBL 实践 40 年后，它依旧是创新的教学方法。PBL 是基于当代学习理论和教育心理学坚实的基础来修正（amend）学生的问题，例如知识的应用和迁移、独立解决问题的能力、终身学习的技能。大量的研究表明 PBL 在帮助学生获取基本生物能力上具有优势。但是，PBL 不是所有教学需求的"万能药"，也不是没有实施问题。在 PBL 发展的不同阶段出现新的问题，会使教学方法生动有趣。通过不断研究并寻求干预措施来缓减所出现的问题，持续提升学生学习能力是可实现的。

参考文献

Ak，S.，Hung，W.，& Holen，J. B.（under review）. The effects of authenticity, complexity, and struc-turedness of problem design on students' motivation in problem-based learning: A case study. *Teaching in Higher Education*.

Albanese，M. A.，& Mitchell，S.（1993）. Problem-based learning: A review of literature on its out-comes and implementation issues. *Academic Medicine*，*68*，52-81.

Allen，D. E.，Duch，B. J.，& Groh，S. E.（1996）. The power of problem-based learning in teaching in-troductory science course. In L. Wilkerson & W. H. Gijselaers（Eds.），*Bringing problem-based learning into higher education: Theory and practice*（pp. 43-52）. San Francisco: Jossey-Bass.

Azer，S. A.（2001）. Problem based learning: Challenges, barriers and outcome issues. *Saudi Medical Journal*，*22*(5)，389-397.

Barak，M.，& Dori，Y. J.（2005）. Enhancing undergraduate students' chemistry understanding through project-based learning in an IT environment. *Science Education*，*89*(1)，117-139.

Barrows，H. S.（1986）. A taxonomy of problem-based learning methods. *Medical Education*，*20*，481-486.

Barrows，H. S.（1996）. Problem-based learning in medicine and beyond: A brief overview. In L. Wilker-son & W. H. Gijselaers（Eds.），*Bring problem-based learning to higher education: Theory and practice*（pp. 3-12）. San Francisco: Jossey-Bass.

Barrows，H. S.，& Kelson，A.（1993）. *Problem-based learning in secondary education and the Prob-lem-Based Learning Institute*（Monograph）. Springfield: Southern Illinois University School of Medi-cine.

Barrows，H. S.，& Tamblyn，R. M.（1980）. *Problem-based learning: An approach to medical edu-cation*. New York: Springer.

Bartlett，F. C.（1932）. Remembering: *A study in experimental and social psychology*. Cambridge: Cambridge University Press.

Bartlett，F. C.（1968）. *Remembering*. London: Cambridge University Press.

Bridges，E. M.，& Hallinger，P.（1996）. Problem-based learning in leadership education. In L.

Wilkerson & W. H. Gijselaers (Eds.), *Bringing problem-based learning into higher education: Theory and practice* (pp. 53-61). San Francisco: Jossey-Bass.

Cermak, L. S., & Craik, F. I. M. (Eds.). (1979). *Levels of processing in human memory*. Hillsdale: Erlbaum.

Cognition and Technology Group at Vanderbilt. (1993). Anchored instruction and situated cognition revisited. *Educational Technology*, *33*(3), 52-70.

Cunningham, W. G., & Cordeiro, P. A. (2003). *Educational leadership: A problem-based approach*. Boston: Pearson Education.

de Grave, W. S., Boshuizen, H. P. A., & Schmidt, H. G. (1996). Problem-based learning: Cognitive and metacognitive processes during problem analysis. *Instructional Science*, *24*, 321-341.

Derry, S. J. (1989). Strategy and expertise in solving word problems. In C. B. McCormick, G. Miller, & M. Pressley (Eds.), *Cognitive strategy research: From basic research to educational applications* (pp. 269-302). New York: Springer.

Dillenbourg, P., Baker, M., Blaye, A., & O'Malley, C. (1996). The evolution of research on collaborative learning. In E. Spada & P. Reiman (Eds.), *Learning in humans and machine: Towards an interdisciplinary learning science* (pp. 189-211). Oxford: Elsevier.

Dolmans, D. H. J. M., & Schmidt, H. G. (1994). What drives the student in problem-based learning? *Medical Education*, *28*, 372-380.

Dolmans, D. H. J. M., Gijselaers, W. H., Schmidt, H. G., & van der Meer, S. B. (1993). Problem effectiveness in a course using problem-based learning. *Academic Medicine*, *68*(3), 207-213.

Duch, B. J. (2001). Writing problems for deeper understanding. In B. J. Duch, S. E. Groh, & D. E. Allen (Eds.), *The power of problem-based learning: A practical "How to" for teaching undergraduate courses in any discipline* (pp. 47-58). Sterling: Stylus.

Duffy, T. M., & Cunningham, D. J. (1996). Constructivism: Implications for the design and delivery of instruction. In D. Jonassen (Ed.), *Handbook of research for educational communications and technology* (pp. 170-198). New York: Macmillan.

Eitel, F., & Steiner, S. (1999). Evidence-based learning. *Medical Teacher*, *21*(5), 506-512.

Geary, D. C. (2002). Principles of evolutionary educational psychology. *Learning and Individual Differences*, *12*, 317-345.

Geary, D. C. (2005). *The origin of mind: Evolution of brain, cognition, and general intelligence*. Washington, DC: American Psychological Association.

Hallinger, P., & Lu, J. (2012). Overcoming the Walmart syndrome: Adapting problem-based management education in East Asia. *Interdisciplinary Journal of Problem-Based Learning*, *6*(1), 16-42.

Harden, R. M., & Davis, M. H. (1998). The continuum of problem-based learning. *Medical Teacher*, *20*(4), 317-322.

Hmelo-Silver, C. E. (2004). Problem-based learning: What and how do students learn? *Educational Psychology Review*, *16*(3), 235-266.

Hsu, L.-L. (2004). Developing concept maps from problem-based learning scenario discussions. *Journal of Advanced Nursing*, *48*(5), 510-518.

Hung, W. (2006). The 3C3R model: A conceptual framework for designing problems in PBL. *Interdisciplinary Journal of Problem-Based Learning*, *1*(1), 55-77.

Hung, W. (2009). The 9-step process for designing PBL problems: Application of the 3C3R model. *Educational Research Review*, *4*(2), 118-141.

Hung, W. (2011). Theory to reality: A few issues in implementing problem-based learning. *Educational Technology Research & Development*, *59*(4), 529-552.

Hung, W. (2013a). Conceptualizing problems in problem-based learning: Its role and cognitive tools. In J. M. Spector, B. B. Lockee, S. E. Smaldino, & M. Herring (Eds.), *Learning, problem solving, and mind tools: Essays in honor of David H. Jonassen* (pp. 174-194). New York: Routledge.

Hung, W. (2013b). Team-based complex problem solving: A collective cognition perspective. *Educational Technology Research & Development*, *61*(3), 365-384.

Hung, W., & Holen, J. B. (2011). Problem-based learning: Preparing pre-service teachers for real world classroom challenges. *ERS Spectrum*, *29*(3), 29-48.

Hung, W., & Loyens, S. M. M. (2012). Global development of problem-based learning: Adoption, adaptation, and advancement. *Interdisciplinary Journal of Problem-Based Learning*, *6*(1), 4-9.

Hung, W., Jonassen, D. H., & Liu, R. (2008). Problem-based learning. In M. Spector, D. Merrill, J. van Merrienböer, & M. Driscoll (Eds.), *Handbook of research on educational communications and technology* (3rd ed., pp. 485-506). New York: Erlbaum.

Hung, W., Mehl, K., & Holen, J. B. (2013). The relationships between problem design and learning process in problem-based learning environments: Two cases. *The Asia-Pacific Education Researcher*, *22*(4), 635-645. doi:10.1007/s40299-013-0066-0.

Jacobs, A. E. J. P., Dolmans, D. H. J. M., Wolfhagen, I. H. A. P., & Scherpbier, A. J. J. A. (2003).

Validation of a short questionnaire to assess the degree of complexity and structuredness of PBL problems. *Medical Education*, *37*(11), 1001-1007.

Jacobsen, M., & Spiro, R. (1994). A framework for the contextual analysis of technology-based learning environments. *Journal of Computing in Higher Education*, *5*(2), 2-32.

Jonassen, D. H. (1991). Objectivism versus constructivism: Do we need a new philosophical paradigm. *Educational Technology Research & Development*, *39*(3), 5-14.

Jonassen, D. H. (1992). Evaluating constructivist learning. In T. M. Duffy & D. H. Jonassen (Eds.), *Constructivism and the technology of instruction: A conversation* (pp. 137-148). Hillsdale: Erlbaum.

Jonassen, D. H. (1997). Instructional design models for well-structured and ill-structured problem-solving learning outcomes. *Educational Technology Research & Development*, *45*(1), 65-94.

Jonassen, D. H., & Hung, W. (2008). All problems are not equal: Implications for PBL. *Interdisciplinary Journal of Problem-Based Learning*, *2*(2), 6-28.

Kapur, M. (2008). *Productive failure. Cognition and Instruction*, *26*(3), 379-424.

Kapur, M. (2010). Productive failure in mathematical problem solving. *Instructional Science*, *38*, 523-550.

Karimi, R. (2011). Interface between problem-based learning and a learner-centered paradigm. *Advances in Medical Education and Practice*, *2*, 117-125.

Kaufman, D. M. (2000). Problem-based learning: Time to step back? *Medical Education*, *34*, 510-511.

Kitchner, K. S. (1983). Cognition, metacognition, and epistemic cognition: The three-level model of cognitive processing. *Human Development*, *26*, 222-232.

Kolodner, J. L., Camp, P. J., Crismond, D., Fasse, B., Gray, J., Holbrook, J., Puntambekar, S., & Ryan, M. (2003). Problem-based learning meets case-based reasoning in the middle-school science classroom: Putting learning by Design™ into practice. *The Journal of the Learning Sciences*, *12*(4), 495-547.

Larkin, J. H., & Reif, F. (1976). Analysis and teaching of a general skill for studying scientific text. *Journal of Educational Psychology*, *68*, 431-440.

Lave, J., & Wenger, E. (1991). *Situated learning: Legitimate peripheral participation*. Cambridge: Cambridge University Press.

Linn, M., Shear, L., Bell, P., & Slotta, J. D. (1999). Organizing principles for science education partnerships: Case studies of students' learning about 'rats in space' and 'deformed frogs'. *Educational*

Technology Research and Development, *47*(2), 61-84.

Maxwell, N., Mergendoller, J. R., & Bellisimo, Y. (2005). Problem-based learning and high school macroeconomics: A comparative study of instructional methods. *The Journal of Economic Education*, *36*(4), 315-331.

Merchand, J. E. (1995). Problem-based learning in the business curriculum: An alternative to traditional approaches. In W. Gijselaers, D. Tempelaar, P. Keizer, E. Bernard, & H. Kasper (Eds.), *Educational innovation in economics and business administration: The case of problem-based learning* (pp. 261-267). Dordrecht: Kluwer.

Nasr, K. J., & Ramadan, A. H. (2008). Impact assessment of problem-based learning in an engineering science course. *Journal of STEM Education*, *9*(3/4), 16-24.

Neville, A. J. (2009). Problem-based learning and medical education forth years on. *Medical Principles and Practice*, *18*, 1-9.

Norman, G., & Schmidt, H. G. (1992). The psychological basis of problem-based learning: A review of the evidence. *Academic Medicine*, *67*(9), 557-565.

Paris, S. G., Lipson, M. Y., & Wixson, K. K. (1983). Becoming a strategic reader. *Contemporary Educational Psychology*, *8*, 293-316.

Pletinckx, J., & Segers, M. (2001). Programme evaluation as an instrument for quality assurance in a student-oriented educational system. *Studies in Educational Evaluation*, *27*, 355-372.

Rothman, A. I. (2000). Problem-based learning: Time to move forward? *Medical Education*, *34*, 509-510.

Rotgans, J. I., O'Grady, G., & Alwis, W. A. M. (2011). Introduction: Studies on the learning process in the one-day, one-problem approach to problem-based learning. *Advances in Health Science Education*, *15*(4), 443-448.

Savery, R. J. (2006). Overview of problem-based learning: Definitions and distinctions. *Interdisciplinary Journal of Problem-Based Learning*, *1* (1), 9-20.

Savin-Baden, M., & Wilkie, K. (2004). *Challenging research in problem-based learning*. Maidenhead/New York: Open University.

Schmidt, H. G. (1983). Problem-based learning: Rationale and description. *Medical Education*, *17*, 11-16.

Stillings, N. A. (1995). Cognitive psychology: The architecture of the mind. In N. A. Stillings & S. E. Weisler (Eds.), *Cognitive science* (pp. 15-86). Cambridge, MA: The MIT Press.

Sweller, J. (1994). Cognitive load theory, learning difficulty, and instructional design. *Learning and Instruction*, *4*, 295-312.

Sweller, J., Clark, R. E., & Kirschner, P. A. (2011, March). Teaching general problem solving does not lead to mathematical skills or knowledge. *Newsletter of the European Mathematical Society*, pp. 41-42.

Trafton, P. R., & Midgett, C. (2001). Learning through problems: A powerful approach to teaching mathematics. *Teaching Children Mathematics*, *7*(9), 532-536.

Tseng, H.-C., Chou, F.-H., Wang, H.-H., Ko, H.-H., Jian, S.-Y., & Weng, W.-C. (2011). The effectiveness of problem-based learning and concept mapping among Taiwanese registered nursing students. *Nurse Education Today*, *31*, e41-e46.

Wells, S. H., Warelow, P. J., & Jackson, K. L. (2009). Problem based learning (PBL): A conundrum. *Contemporary Nurse*, *33*(2), 191-201.

Wieseman, K. C., & Cadwell, D. (2005). Local history and problem-based learning. *Social Studies and the Young Learner*, *18*(1), 11-14.

Wilkerson, L., & Gijselaers, W. H. (1996). Concluding comments. *New Directions for Teaching and Learning*, *68*, 101-104.

Woods, D. R. (1996). Problem-based learning for large classes in chemical engineering. In L. Wilkerson & W. H. Gijselaers (Eds.), *Bring problem-based learning to higher education: Theory and practice* (pp. 91-99). San Francisco: Jossey-Bass.

Zwaal, W., & Otting, H. (2012). The impact of concept mapping on the process of problem-based learning. *Interdisciplinary Journal of Problem-Based Learning*, *6*(1), 104-128.

第六章　高等教育中的问题式学习

卡伦·吴

瓦勒特·陈

李梅

格伦·奥格雷迪①

摘要：本章以新加坡某理工学院的一个案例研究为背景，考察了问题式学习（PBL）环境下问题和学习的关系。作者详细描述了课程如何围绕一系列预期的教育结果问题化（为不同类型的问题），并解释了问题使用如何服务于激发兴趣和投入，促进深度理解，指导课堂学习，让学生知晓学习过程中的评价。作者还分享了三个学科学习中问题有效性的实证证据，并就学习中如何使用问题能得到学术政策及学术人员专业发展的支持给出了建议。本章主要议题关注的是 PBL 如何能成为一种促进深度学习、发展生活技能的学习方式，这些技能包括工作场合中的团队合作、意义建构和问题解决能力。

关键词：PBL 课程；问题设计；情境兴趣；真实学习；工作场所学习

① K. Goh (✉)

Centre for Educational Development，Republic Polytechnic，Singapore，Singapore

e-mail：karen_goh@rp.edu.sg

V. Chan

School of Communication，Arts and Social Sciences，

Singapore Polytechnic，Singapore，Singapore

M. Lee

Centre for Enterprise and Communication，Republic Polytechnic，

Singapore Polytechnic，Singapore，Singapore

G. O' Grady

Centre for Higher Education，Learning and Teaching，Australian National University，Canberra，Australia

© Springer Science＋Business Media Singapore 2015

Y. H. Cho et al. (eds.)，*Authentic Problem Solving and Learning in the 21st Century*，Education Innovation Series，DOI 10. 1007/978-981-287-521-1 _ 6

一、引言

PBL 的实践旨在促进意义建构、团队合作和自主学习，这也成为近 40 年来高等学府一个日益突出的特征（Schmidt，1993；Schwartz et al.，2001）。作为一种教学策略，PBL 与工作场所和跨学科学习紧密相连（Bound，1985），促进了它在传统临床医学教育范围之外的流行，其中涉及的应用学科领域包括健康科学、信息科技、商业研究和工程。近年来的一个发展趋势是在技术和职业教育中采用 PBL 来组织和传授知识，这一趋势与全球化的、后工业时代的、知识驱动的社会相吻合，它有助于在新兴产业和新职业领域的毕业生成为高度复杂工作场景中的问题解决者和团队合作者（Low et al.，1991；Yip et al.，1997）。在这一经济背景下，人才市场需求从熟练的劳动力范式开始向人力资源潜能转型，使得新加坡教育改革势在必行，以便与 21 世纪职业要求的变化保持一致。

理工学院成为实施教育改革的理想场所。理工学院在新加坡教育系统中的独特地位得到了前教育部长黄永宏博士的强调。他提道，"新加坡理工教育的标志"是"对不断变化的工业需求的反应性"，并解释说，由于"颠覆性技术的发展速度"，这一特征在接下来 20 年里将会继续保持（*Polytechnic education*，理工教育，2010）。新加坡最新的理工学院——共和理工学院——已经做好准备，采用问题驱动的教育框架以支持学院基于实践的教育系统，让学习者为新技术、新知识形式和职业做准备。

本章描述了共和理工学院为了回应高等教育预期目的而实施基于问题的课程和学习系统背后的理论，并详细描述了该校致力于创建和维持问题解决组织文化的支持系统。本章还将分享来自应用科学、工程学和信息技术的问题样题，以说明如何应用有效问题设计的特征，帮助学习者联系行业背景，以更真实和更投入的方式弄懂知识。

二、新加坡理工教育的预期结果

新加坡理工教育具有关键的经济功能，旨在培养毕业生能够在日益扩展的专业型、技术型和服务型产业部门就业，以及确保其能够持续就业的进一步深造和继续教育（Chan，2008，p. 138）。理工专业不断扩展，需要超越培养娴熟的劳动力，以回应培养更多"白领"工作者的期望（Low et al.，1991，p. 108）和因科技进步而兴起的新型"职业专家"形式（Hoyle and Wallace，2005，p. 97）。理工教育越来越多地被视为一条可行的途径，通过在传统和新兴产业领域提供实践取向的广博课程，为中等水平的专业人才和技术专家打开获取有吸引力的就业机会之门。这一认识最近得到了新加坡教育部长王瑞杰的呼应（Toh，2012）。他以较高月毛收入和较高就业率——每 10 名理工毕业生中有 9 名在毕业 6 个月内找到工作（Joint-Polytechnic GES Committee，2011）——作为证据，表明理工毕业生有光明的职业前景。

强调理工大学毕业生为知识经济和终身学习型社会做好准备，意味着学生必须具备相关专业知识、技能和专业能力。这意味着需要一种与不断发展的行业实践相一致的教育经历，在学生与新型知识和创新互动时，回应"知识用于实践的不断加速"（Field，2006，p. 23）。

三、共和理工学院的案例研究

为了呼应理工教育的预期结果，共和理工学院着手实现一种教育使命，培养实践取向的、有知识的中等水平专业人士，能够响应高科技社会的需求（Alwis and O'Grady，2002）。其核心特征强调以问题作为学习的触发器，源于对如下活动价值的认可：深度学习、在新的情境中应用内容（Ramsden，2003）、激活个体和小组先验知识（Barrows and Tamblyn，1980）、通过小组讨论参与同伴学习（Barrows，1992）和包括更多的真实性评价和实践反思（Harvey and Norman，2007；Woods，1994）。这一有力的学习经历将会带来学习变革，学生"形成对自我、环境以及有效学习方式和情境的理解"（Savin-Baden，2000，p. 9）。因此，PBL 作为一种教学策略，为理工科提供了一个框架，设计协调一致的课程、教学和评价结构，能够支持新一代学习者变成探究的、自主的、团队合作的人，为未来世界的复杂现实做好准备。

作为新加坡最新的理工学院，共和理工学院成立于 2002 年，受命变革技术教育，超越实用功能（Le Vasan et al.，2006，p. 26），采用一种独特的以模块为组织结构的

PBL 实施方式，每个模块由一系列问题构成，每个问题围绕具体和跨学科的概念和目标而设计，以学生小组的形式展开，由一名教师协助者指导（Alwis and O'Grady，2002）。这一框架形成了该校所有专业、所有年级课程设计、评价实施和课堂教学的核心组织原则。该课程一个界定良好的程序是结构化的会议穿插在不同的独立学习阶段中（参见附件 A）。这一做法是为了满足学生情况而特别设计的。在不断迭代的课程结构中提供清晰的教育"路标"，通过教师指导下的小组讨论，帮助学生在自尊和学习倾向方面发生积极变化。

共和理工学院目前有 37 门全日制文凭课程，逾 14000 名学生。这样的学生规模得益于超过 600 人的全职教师和大量专业助理。学校要求所有新进专业人员完成一项内部的学术发展计划，全职人员需要获得学习指导证书和问题设计证书，这两项里程碑式的项目分别发起于 2003 年和 2006 年，其主要目的是在教学和课程设计中利用基于证据的方式系统描述、发展和评估 PBL 实践。

学校致力于一种真实的、有吸引力的和相关联的学习经历，这一使命得益于（学校）在教师专业发展框架上的投入。该框架积极促进行业关联性、教学知识和技能的提升、反思性实践和指导，旨在培养教师设计真实问题与实现有效教学的专长，从而促进学习者积极参与学习，成为批判性知识创造者和合作者。

四、支持一种 PBL 文化

向 PBL 这种以学习者为中心的教与学模式转变，意味着对待知识的角色也将不同。当学习者作为知识合作者而非知识接受者的新角色时，教师承担的是学习促进者而非知识传授者的新角色。有效的促进者引导学习者以合作的、自主的和审慎反思性的方式积极地建构知识（von Glasersfeld，1996），并通过设计学习情境来帮助新学习者适应环境。（教师设计的）学习情境有助于学习者通过互动性对话（Savin-Baden，2000）和社会协商（Savery and Duffy，1998）验证意义；他们还通过建立健康的团队动力机制提高合作学习的安全感（Bligh，2002；Lee and Tan，2004）；罗特根斯和施密特（Rotgans and Schmidt，2011a）在理工学院 PBL 研究中，也强调教师的认知协调是学生在主动学习课堂中情境兴趣的一个重要预测变量。

共和理工学院将 PBL 融入了学校的学习文化。这一案例中，教师的专业发展面临更多的挑战，不仅仅是让老师熟悉学术程序和教学技能。从将 PBL 引进课程的教师和机构的经验来看，提倡和"接受"PBL 与教师认同这一方法的优点尤其相关（Prideaux et al.，2001）。此外，必须要有强大的组织文化和领导支持 PBL 课程（Schor，2001），同时还需要一个健全的管理和部门规划、支持和配合（Blue，2001）。PBL 教师发展领域的研究者（Kolmos，2002；Savin-Baden，2003）不满足于原子式培训模式，它不能满足教师的学习需求。他们强调了对教育话题、教师关切和反思的不断对话对于引导教师形成 PBL 文化的必要性（Allen et al.，2001；Miflin and Price，2001；Taylor，2001）。

这些研究发现强化了系统的教育方式实现原理和实践之间在"教育、专业和制度上一致"的重要性（Goh，2011）。创建一种侵入式文化需要一种决心，这需要重新设计物理、社会和认知学习空间，以鼓励合作地解决问题，并将教师教育置于真实的学习模式中。如此，和基于问题的学习相关联的价值观才能稳妥而有效地得以贯彻。

为了让学生和教师投入 PBL 的文化，共和理工学院设计了独特的学习空间、框架和方案，包括个性化技能发展、PBL 证书计划、反思性实践和持续参与行业等。接下来分享关键方案和其有效性的相关实证研究结果。

五、学习基础设施

为了成功实施协作式问题解决的学习文化，物理空间是学习设计框架的一个关键要素。20 公顷的绿色校园是为无线和无纸环境特地建造的，这里信息公开交换是无缝对接的。每一间辅助教室满足 25 个学生班级规模和一个指导者，每个桌子可以容纳 5 个人以促进小组讨论。这种设计推翻了权威空间范式，并将学习所有权还给学生。

在教室之外，学习也置于各种学科驱动的实验室和训练设备场景下，从中模拟、工作坊、现场培训和专门技能发展得以进行。这些学习场所鼓励以真实和创新的方式来参与课程，因为它们再现了工作场景学习，创建了一种跨学科和跨专业的合作文化（Billett，2002；Lave and Wenger，1991）。

六、学生的学习框架

学习框架的构思和设计旨在提供一个整体的学习经历，以便培养学生的探究精神、好奇心、社会责任，并为工作和生活做专业准备。创造这样的经历需要将课程、教学和学习框架工程化，鼓励、支持且定期评估这些期望的学习结果，由此问题解决作为一种文化习惯才能产生。这一文化适应过程通过学习结构来实现，学生参与问题分析和自主学习，报告他们的回答或解决方案以供评论，并在当天接受评估（参见附录A）。

实证研究结果检验了这种学习过程的效果（Yew and Schmidt，2012）。研究表明，通过讨论反复学习概念，在自主学习阶段进行研究，在问题分析阶段口头表达内心想法和议题等方面影响学生的学习成就。尤其是在解决问题时口头表达生成意义阶段（在全班和小组层面）对学生学习结果有直接影响。因此要给学生创造机会口头表达他们的先验知识、概念理解和立场；教师在创造这些机会中必不可少地扮演了重要角色，并给学生的学习和持续的情境兴趣提供适切的帮助（Rotgans and Schmidt，2011b）。这种结构化的学习过程对于增强学生表达想法的自信与学科知识的积累有普遍效果。另外，其他的学习机会如工作坊、研讨会、实习和课题研究给结构化的常规学习提供了变化，这样的知识应用和行业参与会经常发生。

七、教师发展举措

PBL内部学术框架给教师提供了设计和实施问题驱动课程方面的支持。支持通过一系列的活动实现，如设计问题、指导学习、咨询、引导以及两个促进问题编写的证书课程等方面的工作坊。PBL教师发展领域的研究者（Kolmos，2002；Little，1991；Savin-Baden，2003）揭示了将批判性反思、角色模型和元认知融入学习活动的必要性。只有这样，知识、技能和经验才能明显增强、迁移和应用。

特别是证书课程，提供了有关有效教师和问题编写者特征和实践的重要实证数据。

这反过来影响培训和咨询方法，并形成 PBL 教师能力的标准。从认证档案袋、访谈和反馈信件中搜集的数据很重要，通过批判性反思和来自学生学习中形成的作品的证据，这些数据让良好 PBL 实践的特征、期望和案例变得明晰。另外，取得证书的员工作为同辈教练和指导者，支持他们自己的教师发展必要的能力，以便让学生学好；杰出的教师和问题编写专家被推出来做榜样，或者作为同行评议者支持证书课程。这样，PBL 参与者的共同体就建立起来并得到维系。

八、组织承诺

最后但同样重要的是，组织承诺和机构领导力是支持和维系 PBL 文化必不可少的。倡议的管理问题、利益相关者的支持、对学习和学习者质量的公众知觉等，对现在和潜在的学生、教师、行业同伴和家长传递积极信号是非常重要的。这些积极信号包括在问题中学习是可行且有效的学习方法，它为毕业生的终身学习和就业能力做好准备。虽然课程实施、评价和教学策略的一致性呈现了转化学习经验的一方面，但组织管理却呈现了系统变化的另一方面，其中长期的"再教育"策略（de Graaff and Kolmos，2007，p. 36）为成长创建条件，承认人类价值观和态度在塑造机构身份认同上的重要性。

共和理工学院在人力资源发展和机构品牌推广方面的策略就是在人员上投资，推进问题驱动文化的价值。这些是通过花大力气致力于专业发展实现的——从结构化的学术路线、合格职员的认可、专业团体的会员计划、持续不断的教育研究到行业联系的机会等。这些措施让职员不断更新并投入。由此，他们能设计相关的问题情境和项目来支持真实性学习。问题解决和创新价值也公开地融入机构的使命中，并通过机构外联方案得以交流。2012 年，共和理工学院成立 PBL 研究所，在战略上将其定位为PBL 培训和研究机构，加强它在当地的推广能力。同年，为了评估学校的 PBL 实践在学习、评估、问题设计和专业发展方面的效果，一批研究成果在一本名为《一天一个问题：问题式学习的一种方法》的书中发表（O'Grady et al.，2012）。

通过问题进行学习作为一项教育策略要想有效且推广面大，必须在组织层面得到支持。从物理环境的设计到学习框架和能力的开发，一个综合的方法能促进一致性和更广泛的认同，从而增强学生、员工和行业利益相关者的信心。

九、问题在学习中所扮演的角色

理工学院要求毕业生必须拥有知识驱动和创新驱动环境所需的相关知识、技能及专业才能。每一个学位背后广博的项目结构都是通过与行业要求和毕业生关键能力的专业实践相匹配而形成的。通过预期当前和未来专业角色和环境趋势，项目领导者负责定位学习目标和毕业生形象，创造毕业生未来就业和继续深造的独特价值命题。广泛的学位目标分解到更小的模块单元，围绕这一般的、学科的和专门的知识层级进行组织。然后建立课程间的连接，制订教与学的策略以培养必要的能力。

在这些模块中，问题驱动的课程旨在为学习者提供切入点，激活原有知识，并与新想法建立联系，从而使他们养成关于"知识和认知"决策的认知和社会习惯（Savin-Baden and Major，2004，p.36）。PBL 中的问题是真实世界背景下的问题，通常是对一系列需要解释和解决的现象或情境的描述（Schmidt，1983）。问题可能引入不同类型的知识，如程序性或解释性知识（Schmidt and Moust，2000b），也可能以多样的形式呈现，如案例描述、研究任务和文献引用（Moust et al.，2007）。合适的问题形式和背景的决定通常受行业知识及其智能和专业特征所驱动，反过来被转化为结构化课程的学习目标和活动。

理工学院问题驱动的课程是围绕一系列的具体目标进行设计的，这些目标来源于更宽泛的学习目标，旨在帮助学习者掌握相关的知识和技能，并在不同情境下锻炼问题解决的灵活性。学习者通常专注于一个模块的问题在日常学习活动中的结构，确定学习问题，从一个问题开始触发，到通过合作和独立形成所给定的现象或情境的分析及解决方案，随后在同行评议中提出他们的解决方案并为之辩护（参见附件 A）。学习者所发起的这一问题探究过程，创造了李普曼（Lipman，2003）所描述的一种我们所经历的失常或矛盾，这吸引了我们的注意力并需要我们反思和调查。当学习者在问题的情境中探索想法，将其与已有知识整合，并与队友讨论时，他们会越来越投入并对寻求解决方案感兴趣，从而激发其他行为如合作学习和自主学习（Hmelo-Silver，2004）。

撒坎林甘牧和施密特（Sockalingam and Schmidt，2010）认为，一定环境之下，在影响学生学习的各项因素中，问题的质量比学生的先验知识和教师的功能更重要。他们鉴别出了有效问题的 11 个特点（characteristics），这些特点分成"特征（features）"和"功能（functions）"：问题的"特征"是指问题设计元素，例如问题的形式、清晰性、熟悉度、难度和相关性，而"功能"是指问题中可能的结果并描述了问题激发批判性推理、促进自主学习、刺激精细化（elaboration）、促进团队合作、激发兴趣并导向预期的学习议题的程度。问题设计者利用这一框架来设计问题并在问题的结构和可解决性上吸引学习者，并确保问题的范围足够广，在结构上促进功能特性例如高阶批判性思考、社会谈判和社会参与发挥作用。

问题在驱动学习上扮演重要角色，因而仔细设计既有趣又有用的问题对学习者来说就变得十分必要（Khoo，2003）。好的问题应该足够复杂，以促进学习者灵活思考，并激发内在的学习动机（Hmelo-Silver，2004）；但是这些问题应该是学习者可以解决的，这样不至于让学习者像是在黑暗中航行。问题还能让学习者在相关信息中进行选择，为学习者在所选问题和任务上建构有力的论点。罗特根斯和施密特在 PBL 课堂上关于情境兴趣的研究中（Rotgans and Schmidt，2011b）将情境兴趣界定为由环境刺激所引发的兴趣，例如问题或教师讨论的一个有趣的现象。他们的研究发现 PBL 教室为学习者提供了一个积极学习的理想环境，这能引发学生深度处理信息和最终提高学习成绩。问题触发器也很重要，它们能影响兴趣与信息搜寻行为。如果问题设计得有趣并能吸引学习者，它就能激发学习者在学习中有更多的自主性并投入和同伴解释、分析和解决问题之中。

一个好问题的这些属性包含在"问题设计"课程的证书中。在该课程中，参与问题设计的候选者提交一系列问题样例的档案袋，并提供一份对学生评估结果的评论以及用于评价的证据。由教育专家和学科专家组成的校内专家小组将对档案袋进行同行评议，同时和候选者进行访谈，就问题设计过程、课程脚手架的优点和局限性进行深入讨论，并提供机会进行批判性反思，听取来自专家的反馈来改进实践。这一认证过程注重证据驱动，所关注的焦点至关重要。它让理工学院的问题设计者专注于考察问题的效果，并通过验证课程设置和学生在形成性和总结性评估中的表现，来检验问题在形成特定概念结果和技能方面的有效性。

十、设计真实且吸引人的问题

尽管 PBL 课程有不同的类型和形式（Dolmans and Snellen-Balendong，2000；Schmidt and Moust，2000b），但多尔曼斯等人（Dolmans et al.，1997）强调模拟真实生活场景作为问题设计的七大原则之一。他认为，这需要学习者在搜寻、解释、分析和评估资源和想法时，运用大量的批判性思维和信息处理技巧。使用真实世界情境的问题也给生成不止一个合理的解决方法或探究路径提供了机会，因为概念、资源和工具来自不同的领域，也会促进应用和跨学科学习。

为了阐明利用真实的、应用型的情境和活动吸引学习者等有效问题的特征，这部分呈现并分析了应用科学、工程和信息技术领域的三个问题样例——问题设计认证专家认为这些示例问题在激发学生学习、应用新概念、吸引并维持持久的兴趣、发展他们的批判性和合作技能等方面是有效的。这些问题的抽象性和情境化程度是学习者能够接受的，既能让学生对相关观念足够熟悉，与先验知识建立联结，也能恰到好处地引入有挑战性的新概念，深化理解和推理。

十一、材料科学模块——聚合物和复合材料科学中的一个问题

在学习材料科学时，学习者需要投入地探究材料的结构是如何影响它的性能和表现的。学习的要求之一便是培养学生陈述不同类型的材料在不同应用下如何表现。当我们分析材料在真实生活中的应用时，这一领域学习的重要性再怎么说也不过分。

引发性问题采用了案例描述的形式，以 2005 年空中客车 A310 的方向舵——一个高 8.5 米的构件——坠入海中这一个真实事件为问题。失事客机在 1 万米以上的高度飞行，载有 270 名乘客和机组人员。这一事故堪称一场大的灾难。面对这一戏剧性而又真实的场景，期望学习者调查客机方向舵在半空中坠落背后的原因。通过探究和检验与这一过程相关的资源，学习者了解到材料的性能会随着环境因素发生改变，如温度变化、湿度、暴露在紫外线下等；这些因素也会提醒学习者材料失效的潜在的可怕

后果，以及预防失效的重要性。这会激发学习者提出预防未来发生类似事故的措施。

　　问题以这种方式描述，学习者需要回顾并鉴别如"热膨胀"和"加成聚合"这些先前模块中已经学习过的概念。另外，引入了建立在这些概念之上的新概念，例如"光氧化作用"是建立在先前"加成聚合"的概念之上的。为了支撑学生调查空中客车方向舵坠落的秘密，给学生提供新闻资源作为背景信息，例如方向盘使用的材料、客机所处的环境条件类型、执行的检查类型等。另外，还有关于导致失败的因素的一些专家评论。这些为学习者开始他们的调查工作、研究以及探索提供了信息和证据，为问题找到一个合理的解决方案并为支撑他们提出的策略提供了必要的内容线索和参数。

　　在真实生活情境下学习，激励学习者超越机械地学习温度、湿度和感光氧化对复合材料的技术影响；它还培养了学生用批判性眼光检验在不同的情境下环境因素对材料的不同影响。教授这节课的老师发现，这个问题激发了学习者的兴趣，因为它有真实的背景和为学习者提供的空间，这有助于他们就安全性做出关键决定；教师还发现学习者超越了所提供的脚手架问题涉及的范围，并在寻找相关信息方面足智多谋，这些信息可以帮助他们使用诸如超声波检测等无损检测技术来解决问题。

十二、生产计划和控制模块——生产成本优化的问题

　　学习生产和控制的学生可以在玩具制造公司的真实情境下通过亲身实践的方式来解决问题。这个问题需要他们扮演工厂中专业人员的角色，管理玩具生产线，向供应商订购原材料，根据不同组件组装这些材料，最后装配成最终产品。制造工艺流程将作为结构指南提供给学生，同时包括每一步的具体信息和相应成本。问题要求学生订购 5 种产品的原材料，并进行组装，以达到订购、材料和储存成本最低的目标。这一问题要求学生描述关键的生产概念，解释某制造工厂背后所做的决定，形成总生产成本最小化的策略。

　　对理工学院的学生而言，生产是一个很不熟悉的领域。因为他们没有什么工作经验，只是读过一些资料、学习过生产操作的理论框架是有其局限性的。这一问题鼓励学生通过想象真实的生产过程，深入思考生产厂家的目标、活动和决策。为了增加情境的真实性，（该问题还）设计了一项活动，让班级中每个人都能在一个典型的生产过

程中承担一个角色。从原材料的采购计划、组装，到装配，再到质量控制，给每个团队成员一个具体角色。这样，学生将体验作为制造厂一部分的感觉，并理解每一个过程是如何连接的。它能让学生为了实现一个更流畅且利润更可观的安排做出更好的决策。这需要学生提出并评估合适的决策。在这一过程中，他们对如何管理一家制造工厂有了更新的认识，并就成功地经营一家工厂应该做什么做好了更充分的准备。

学生分享了问题的情境化和可视化是如何帮助他们进入不熟悉的制造世界的。这一反馈促使他们对课程进行回顾，并在接下来的课程中加入实地考察的经验。随着对制造工厂的制造、计划和控制活动有更广泛的理解，学生在处理这一模块中的后续问题时更自信。

十三、编程模块——编程入门的一个问题

信息通信技术产业是一个快速增长的领域，以快速变化著称。在全球化和快速科技发展的推动下，这一产业不断寻求具有前瞻性的职员，期望他们具备能完成编程的核心能力，并具备分析、问题解决、合作和交流的能力。基于学习者能在真实世界中积极创造有形物体这一理念，编程入门模块中每一个问题的设计旨在使学生的参与最大化，并清楚地将目标定位为创造有形产品，例如基于文本的游戏、画画或应用程序。

其中一个问题要求学生编制一个 Python 程序的脚本，这一程序通过使用一些简单的形状例如正方形、圆形和三角形创建绘图。问题要求学生创作与图 6.1 相似的画。要求学生用不同的颜色和尺寸但相同的形状来作画。给学生的提示是要他们将所看见的或观察到的相似模式及其差别进行分解。这一问题对概念理解，如重复和归纳，以及找到可行的解决方案同样重视。这一问题也给学生提供了机会去发现利用形状的相似性简化任务的方法（图 6.1）。

除了掌握写代码的技能，熟悉用 Python 程序语言写通用函数的语法，这一问题还有更高的认知目标，期望学生能将一个问题拆分成更小的部分，并在写代码前形成一个计划。这一问题也给学生在团队中进行合作提供了机会，这样就达成了第二级学习目标，即计划、交流和团队合作。当学生意识到问题不能通过"分而治之"（divide and conquer）的方法来解决时，他们会认可合作的价值；同时，学生需要在写代码前规划

图 6.1　用简单的图形进行画画

合理的方法，并就所有目标的维度达成一致，这样学生不会得到不成比例的维度。

　　经历过这门课程的学生分享说，他们很享受问题给他们带来的创造性和认知空间；学生能做选择和决定让他们觉得有一种被授权的感觉；他们还有切实可行的任务可以做，并能更好地实现脚本输出的可视化。在这一过程中，他们还在学习编程的技术方面获得了乐趣。

十四、设计有效问题的挑战

　　正如上文的例子所示，问题设计的过程对专家和新手之间的概念鸿沟是如何弥合的，以及在意义建构中所涉及的相互作用过程进行了详细说明（Brockbank and McGill，1998）。在将大量的学科知识和经验组织到各种场景、类比和情境时，问题设计者面临很大挑战。这些场景、类比和情境为激发学生的先前知识、确定学习问题范围、推断和抽取意义、有针对性地投入问题解决过程创造了认知空间。这一过程可以通过不同的方式来实现，例如实验、研究、模拟、实践或讨论。通常是将经过深思熟虑的一系列活动整合起来，引导探究过程从最初的认知失调（Festinger，1957）到课程预期结果。通过问题设计认证项目中给候选人的反馈信息发现，有效的问题设计者能预见学生学习可能面临的障碍（知识差距的形式，可能的错误概念，或者不熟悉的技术），为此会设计必要的资源、活动来促进学习过渡，为概念迁移和应用提供空间，并在课程安排中将分析推理和批判性反思等认知发展纳入进来。

十五、通过问题进行学习——学生说了什么

学生通过问题进行学习的经验为探讨该教学方法的有效性以及有效问题该如何设计提供了重要的信息。为了收集学生的学习经历，每学期对所有的学生进行一次网上调查。这一调查包括一个模块反馈的部分，通常包括作为课程结构的 15 个问题，提供了对模块整体感知情况的一个指标。调查工具主要测量学生对学习价值和课程质量（问题质量和学习资源）的感知。调查包括两部分：第一部分包括 14 道 5 点计分的李克特类型的问题，第二部分是两道开放式的问题（参见附件 B）。

本章将分析和报告 2012 学年第一学期的模块数据。一共评价了 209 个模块，回收率 94%，最高分 5 分，平均分 3.84 分。在这些模块中，96.7% 的模块达到或超过了学校设定的目标分数 3.5 分。为了调查学生认为对他们学习有帮助的问题设计的质量，选择了 4 项学位项目中评分最高的 4 个模块并进行进一步分析。这些项目包括酒店与健康、飞机与航空航天工程、制药和户外领导力。它们包含了理工学院提供的应用课程的学科范围，其中一些模块在实验室或模拟工作环境的空间中进行。学生反馈结果的量化总结为关注对学习价值以及这 4 个模块课程质量的感知，结果参见表 6.1。

表 6.1　学生评分最高模块的量化结果

模块类型	N	对学习价值的感知	对课程质量的感知	模块评分的平均分
酒店与健康	32	4.6[a]	4.09	4.35
飞机与航空航天工程	47	4.48	3.96	4.22
制药	89	4.38	3.97	4.17
户外领导力	49	4.42	3.89	4.15
机构/学校	15658	4.01	3.67	3.84

调查采用 5 点计分，1 表示非常不同意，5 表示非常同意

对第一道开放问题（"该模块你最喜欢的是什么"）学生回答情况的分析，发现一些反复出现的主题，这些主题编码成以下分类：实用/真实，与未来相关/有用，有趣/

增强学习，参与学习过程/环境（表 6.2）。

表 6.2　学生评分最高模块的质性结果

主题	百分比/%
实用/真实	70.3
与未来相关/有用	35.5
有趣/增强学习	45.1
参与学习过程/环境	23.7

$n=135$

这些主题与有效的问题特征产生共鸣，因为当学生能将抽象的概念、专业实践、课堂和生活联系起来时，他们能投入学习中。而且学生反映，通过这种方式，他们能更好地记住理论，如对药物管理进行数学计算，在一定情景之下践行领导力原则，在技能应用过程中得到及时的反馈等。某个学生对课程中实践机会的价值这样评价："这个模块我最喜欢的是有很多机会亲自参加活动。这些活动让我们理解，当我们将来成为一个合格的实践者时人们对我们的期望是什么。"另一个学生强调，当"问题总是不一样，并能允许我们使用我们已经学过的不同公式或方法获得答案"时，我们知晓了技术性计算如何变得更有趣。也有学生分享了在同伴的环境下进行推理的空间和概念的深度理解："从不同的视角观察能让我理解为什么和是什么，也能用所教的策略和模型来处理问题。在这一模型中，它能创建很多'灰色'区域并推理出对答案的理解。"

学生也承认当他们有机会阐述自己的想法，并以合作和独立的方式展示自己的理解时，他们对学习的评估就会更加严格。学生认为用工作单提供案例的做法，提供包括视频、工作模板和实验室工具等在内的各种丰富资源，以及教师的专业经验等，都是非常有用的脚手架，有助于培养深度理解并将新概念应用到其他模块和真实生活中。质性数据也表明，当教师们的认知一致或者能以学生理解的方式阐述想法时，学生认为课程的有用性也会增强（Schmidt and Moust，2000a），因此可以通过提供例子、解释，提供澄清、意义建构和参与的机会，帮助学生形成这些连接。

"兴趣"是衡量学生参与程度的一个重要指标。学生评价道，问题包中提供的问题情境、学习活动和任务是模块中引起他们兴趣的关键决定要素。有关情境兴趣的研究（Hidi and Renninger，2006；Schraw and Lehman，2001）表明，学习环境通过心理和社会活动起作用，对学生如何学习有重要的影响。在 PBL 教室，通常是通过呈现问题触发器刺激学习。它呈现一个令人费解的情景或挑战以引起好奇心，创造认知失调（Festinger，1957），提供了智能空间（intellectual space），从而让学生能够做出各种决定，开展研究，建构反应。罗特根斯和施密特（Rotgans and Schmidt，2011b）在一项有关理工学院课堂情境兴趣的研究中发现，问题呈现后情境兴趣得到很大提升，而且在预测学生课堂情景水平时，一个社会和教师的认知一致是重要的因素。这些研究结果与4个模型中较高的教师评分是一致的。换句话来说，学生看到了自己对课程的兴趣，与该课程是如何通过课程结构以及教授方式实施的有着直接的关系。

调查数据为PBL课程的持续改进提供了重要反馈（尤其是问题触发器、脚手架和资源设计），并为专业发展计划提供信息，以便学生拥有吸引人的、真实的和有用的学习经验。问题设计工作坊、咨询公司，以及颁发问题设计证书的制度实践，及其伴随其后的审查和质量保证过程，是确保作为问题设计者具备专业反思和磨炼技能的重要途径。同时，来自行业伙伴的反馈使问题得以定期完善。这样，问题既能确保学生能够解决，同时又具备挑战性，从而给学生提供了与时俱进的知识、标准和规范。

十六、结论

共和理工学院用问题进行学习的经验绝不是偶然的或实验性的。创建一个物理的、社会的、虚拟的和智力的空间以支持和维持一种真实问题解决文化背后的意图是由培养理工学院毕业生这一更广泛的目的驱使的，即我们希望理工学院的毕业生能在高度复杂和竞争的世界中取得成功。雇主对毕业生的反馈是积极的，许多人称赞他们敢于冒险、勇于创新、善于与他人合作——这些是21世纪的工作特点，有助于毕业生成为适应性强且有远见的团队成员。这些特征大部分是通过问题驱动的课程和教育方法形成的，它们为真实的学习、个性化的反馈以及对内容的批判性和创造性参与提供了持续不断的机会。

致谢：作者对以下问题设计专家表示感激，他们为本章提供了三个问题样例，做出了贡献：Genevieve Lin（应用科学学院），Soh Lai Seng（工程学院）和Tan Kok Cheng（信息通信技术学院）。

附录 A：给学生的 PBL 框架

下表罗列了共和理工学院给学生列出的 PBL 框架的底线。结构可能会随着模块或学科的本质变化而有略微的变化，例如课程可能在实验室或工作室中进行，技能的发展可能会贯穿一天不同的阶段。但是，将一直遵守以学生为中心的学习和整体评价的关键学习原则。

学习阶段	学习结果和行为
阶段一 （由 PBL 教师指导）	问题探索：给学生呈现模块的问题触发器。学生激活先验的知识并提出学习议题以组织和审视问题
学习期 （独立学习）	研究和讨论：学生进行进一步研究并检查资源和其他形式的脚手架以阐述学习议题并形成可能的假设
阶段二 （由 PBL 教师指导）	策略形成和元认知处理：学生分享他们最初的发现、想法、学习障碍，并帮助他们更有效地处理问题、设计策略
学习期 （独立学习）	巩固想法/论证：学生在小组内就问题方法达成一致并巩固他们的发现、论点并以适合的表达方式进行原理阐述
阶段三 （由 PBL 教师指导）	解决方法的陈述/坚守并评论论点：学生表达他们小组的对策并有机会回答问题且获得来自教师和同学的评论；教师呈现最后的评论
评价 （形成性和总结性）	反思日志、自评和同辈评：学生完成他们个人和同辈评价，并通过小测验回顾对一天的内容的理解。教师对每个学生的学习质量进行评价，提供个人和小组的反馈并基于一天对学习三个维度的观察打分：知识和技能的获得，知识和技能的投入，合作学习的参与

附录 B：学生反馈调查——模块部分

第一部分：学生反馈调查模块评价部分采用 5 点计分的设计，1 表示完全不同意，5 表示非常同意。这部分评价从对学习的价值以及问题的质量、学习任务和学习资源几方面为学生对该模块的整体印象提供指标。评价主要是通过以下调查题目获得的平均分来获得的。

建构	调查题目
对学习价值的感知	1. 模块的目标表述清晰
	2. 这一模块的话题看上去对我未来的专业实践有用
	3. 这一模块中我们处理的话题是有趣的
	4. 总的来说，我喜欢这一模块
	5. 在这一模块中我学到了很多有用的
对课程质量的感知：问题质量	6. 给我们的问题触发器/学习任务对我来说是清晰的
	7. 问题/学习任务足以引发思考和/或讨论
	8. 一般而言我们知道面对呈现给我们的问题，接下来我们要做什么
	9. 问题/学习任务激发我以一己之力找出答案
	10. 我难以将问题/学习任务与我已经知道的相联系
对课程质量的感知：学习资源的质量	11. 学习资源帮我处理问题/学习任务
	12. 为了解决问题/学习任务我需要的学习资源（如阅读材料、软件、设备、器械）是足够的
	13. 学习资源太难理解、应用或操作
	14. 同学的表达/证明和一天的第 6 个 P（评价）/学习模块帮助我更好地理解相关的概念和技能

第二部分：开放式问题

——该模块你最喜欢的是什么？

——该模块在哪些方面还可以改进？

参考文献

Allen, D. E., Duch, B. J., & Groh, S. E. (2001). Faculty development workshops: A 'challenge' of problem-based learning? In P. Schwartz, S. Mennin, & G. Webb (Eds.), *Problem-based learning: Case studies, experience and practice* (pp. 104-110). London: Kogan Page.

Alwis, W. A. M., & O'Grady, G. (2002). *One day, one problem: PBL at the Republic Polytechnic.* Paper presented at the 4th Asia-Pacific conference on PBL, Thailand.

Barrows, H. S. (1992). *The tutorial process.* Springfield: Southern Illinois University School of Medicine.

Barrows, H. S., & Tamblyn, R. M. (1980). *Problem-based learning: An approach to medical education.* New York: Springer Pub. Co.

Billett, S. (2002). Towards a workplace pedagogy: Guidance, participation and engagement. *Adult Education Quarterly, 53*(1), 27-44.

Bligh, D. A. (2002). *What's the point in discussion?* Exeter/Portland: Intellect.

Blue, A. (2001). Into the lion's den. In P. Schwartz, S. Mennin, & G. Webb (Eds.), *Problem-based learning: Case studies, experience and practice* (pp. 27-33). London: Kogan Page.

Boud, D. (1985). *Problem-based learning in education for the professions.* Paper presented at the HERSDA, Sydney.

Brockbank, A., & McGill, I. (1998). *Facilitating reflective learning in higher education.* Buckingham/Philadelphia: Society for Research into Higher Education & Open University Press.

Chan, L. M. (2008). Polytechnic education. In S.-K. Lee, C. B. Gob, B. Fredrikson, & J. P. Tan (Eds.), *Toward a better future: Education and training for economic development in Singapore since 1965* (pp. 135-148). Washington, DC/Singapore: World Bank; National Institute of Education.

de Graaff, E., & Kolmos, A. (Eds.). (2007). *Management of change: Implementation of problem-based and project-based learning in engineering.* Rotterdam: Sense Publishers.

Dolmans, D. H. J. M., & Snellen-Balendong, H. (2000). *Problem construction: problem-based medical education:* Maastricht University, Department of Educational Development and Research.

Dolmans, D. H. J. M., Snellen-Balendong, H., Wolfhagen, I. H. A. P., & Van der Vleuten, C. P. M. (1997). Seven principles of effective case design for a problem-based curriculum. *Medical Teacher,*

19，185-189.

Festinger, L. (1957). *A theory of cognitive dissonance*. Evanston: Row.

Field, J. (2006). *Lifelong learning and the new educational order* (2nd rev. ed.). Stoke-on-Trent: Trentham.

Goh, K. (2011). *From industry practitioner to educator: factors supporting the professionalisation of polytechnic educators*. Unpublished master's thesis, Institute of Education, University of London, London.

Harvey, M., & Norman, L. (2007). Beyond competencies: What higher education assessment could offer the workplace and the practitioner-researcher. *Research in Post-Compulsory Education*, *12*(3), 331-342.

Hidi, S., & Renninger, K. A. (2006). The four-phase model of interest development. *Educational Psychologist*, *41*(2), 111-127.

Hmelo-Silver, C. E. (2004). Problem-based learning: What and how do students learn? *Educational Psychology Review*, *16*(3), 235-266.

Hoyle, E., & Wallace, M. (2005). *Educational leadership: Ambiguity, professionals and managerialism*. London: Sage.

Joint-Polytechnic GES Committee. (2011). *Press release for 'Graduate Employment Survey'* 2011. Retrieved 07/01/2013, from http://www.polyges.sg/pastresults.html

Khoo, H. E. (2003). Implementation of problem-based learning in Asian medical schools and students' perceptions of their experience. *Medical Education*, *37*(5), 401-409.

Kolmos, A. (2002). Facilitating change to a problem-based model. *The International Journal for Academic Development*, *7*(1), 63-74.

Lave, J., & Wenger, E. (1991). *Situated learning: Legitimate peripheral participation*. Cambridge: Cambridge University Press.

Le Vasan, M., Venkatachary, R., & Freebody, P. (2006). Can collaboration and self direction be learned? A procedural framework for problem-based learning. *Planning & Changing*, *37*(1/2), 24-36.

Lee, M. G. C., & Tan, O. S. (2004). Collaboration, dialogue, and critical openness through PBL. In O. S. Tan (Ed.), *Enhancing thinking through problem-based learning approaches: International perspectives*. Singapore: Thomson Learning.

Lipman, M. (2003). *Thinking in education* (2nd ed.). Cambridge: Cambridge University Press.

Little,S. (1991). Preparing tertiary teachers for problem based learning. In D. Boud & G. Feletti (Eds.), *The challenge of problem based learning* (p. 118). New York: St. Martin's Press.

Low, L., Heng, T. M., & Wong, S. T. (1991). *Economics of education and manpower development: Issues and politics in Singapore*. Singapore/London: McGraw-Hill.

Miflin, B., & Price, D. (2001). Why does the department have professors if they don't teach? In P. Schwartz, S. Mennin, & G. Webb (Eds.), *Problem-based learning: Case studies, experience and practice* (pp. 98-103). London: Kogan Page.

Moust, J., Bouhujis, P., & Schmidt, H. G. (2007). *Problem-based learning: A student guide*. Groningen: Wolters-Noordhoff.

O'Grady, G., Yew, E., Goh, K., & Schmidt, H. (Eds.). (2012). *One-day, one-problem: An approach to problem-based learning*. Singapore: Springer.

Prideaux, D., Gannon, B., Farmer, E., Runciman, S., & Rolfe, I. (2001). Come and see the real thing. In P. Schwartz, S. Mennin, & G. Webb (Eds.), *Problem-based learning: Case studies, experience and practice* (pp. 13-19). London: Kogan Page.

Ramsden, P. (2003). *Learning to teach in higher education* (2nd ed.). London/New York: Routledge.

Rotgans, J. I., & Schmidt, H.G. (2011a). The role of teachers in facilitating situational interest in an active-learning classroom. Teaching and Teacher Education: An *International Journal of Research and Studies*, *27*(1), 37-42.

Rotgans, J. I., & Schmidt, H. G. (2011b). Situational interest and academic achievement in the active-learning classroom. *Learning and Instruction*, *21*(1), 58-67.

Savery, J. R., & Duffy, T. M. (1998). Problem-based learning: An instructional model and its constructivist framework. In R. Fogarty (Ed.), *Problem-based learning: A collection of articles*. Arlington Heights: Sky Light Training and Pub.

Savin-Baden, M. (2000). *Problem-based learning in higher education: Untold stories*. Buckingham/Keynes: Society for Research into Higher Education/Open University Press.

Savin-Baden, M. (2003). *Facilitating problem-based learning: Illuminating perspectives*. Maidenhead: Society for Research into Higher Education & Open University Press.

Savin-Baden, M., & Major, C. H. (2004). *Foundations of problem-based learning*. Maidenhead: Society for Research into Higher Education & Open University Press.

Schmidt, H. G. (1983). Problem-based learning: Rationale and description. *Medical Education*, *17*, 11-16.

Schmidt, H. G. (1993). Foundations of problem-based learning: Some explanatory notes. *Medical Education*, *27*(5), 422-432.

Schmidt, H. G., & Moust, J. (2000a). Factors affecting small-group tutorial learning: A review of the research. In D. H. Evensen & C. E. Hmelo-Silver (Eds.), *Problem-based learning: A research perspective on learning interactions* (pp. 19-52). Mahwah: L. Erlbaum Associates.

Schmidt, H. G., & Moust, J. (2000b). Towards a taxonomy of problems used in problem-based learning curricula. *Journal of Excellence in College Teaching*, *11* (1), 57-72.

Schor, N. F. (2001). No money where your mouth is. In P. Schwartz, S. Mennin, & G. Webb (Eds.), *Problem-based learning: Case studies, experience and practice* (pp. 20-26). London: Kogan Page.

Schraw, G., & Lehman, S. (2001). Situational interest: A review of the literature and directions for future research. *Educational Psychology Review*, *13*(1), 23-52.

Schwartz, P., Mennin, S., & Webb, G. (2001). *Problem-based learning: Case studies, experience and practice*. London: Kogan Page.

Sockalingam, N., & Schmidt, H. G. (2010). Characteristics of problems for problem-based learning: The students' perspective. *Interdisciplinary Journal of Problem-based Learning*, *5*(1), 6-33.

Taylor, D. (2001). The students did that? In P. Schwartz, S. Mennin, & G. Webb (Eds.), *Problem-based learning: Case studies, experience and practice* (pp. 111-116). London: Kogan Page.

TODAYonline. (2010). Polytechnic education increasingly relevant. *TODAY online* Retrieved November 30, 2010, from http://imcms2.mediacorp.sg/CMSFileserver/documents/006/PDF/20101009/0910 HPW008.pdf

Toh, K. (2012, May 16). Govt to keep investing in polytechnics. *The Straits Times*, B4.

von Glasersfeld, E. (1996). Introduction: Aspects of constructivism. In C. Fosnot (Ed.), *Constructivism: Theory, perspectives, and practice* (pp. 3-7). New York: Teachers College Press.

Woods, D. R. (1994). *Problem-based learning: Helping your students gain the most from PBL*. Waterdown: D.R. Woods.

Yew, E., & Schmidt, H. G. (2012). What students learn in problem-based learning: A process analysis. *Instructional Science*, *40*(2), 371-395.

Yip, S. K. J., Eng, S. P., & Yap, Y. C. J. (1997). 25 years of educational reform. In E. T. J. Tan, S. Gopinathan, & W. K. Ho (Eds.), *Education in Singapore: A book of readings* (pp. 3-32). Singapore/London: Prentice Hall.

第七章　问题式学习环境的设计

蔡美玲

刘文谢

谭允成①

摘要：基于问题的学习（PBL）是一种基于探究的学习方法，因其为学习者的认知干预提供了平台而被教育者广泛采用。嵌套在 PBL 中的是一些能促进学生认知功能发展的认知活动。根据认知结构可塑性（structural cognitive modifiability，SCM），人类有改变其认知功能结构的倾向。因此，作为教育者，我们有可能通过学习者的心理过程和学习环境来促进学生的认知功能。要发展学生的认知功能，认识在 PBL 环境之下学习者在与 PBL 环境互动时所经历的具体认知过程至关重要。本章基于 SCM 和谭（Tan，2000）的认知功能盘（cognitive function disc，CFD），提出了 PBL 各个阶段需要的认知和元认知框架。识别和定位 PBL 教学阶段中的重要认知功能有助于推进课堂教学实践，使得在 PBL 课堂中以 PBL 图式为脚手架提供更具针对性的认知辅导成为可能。

关键词：基于问题的学习；认知结构可塑性；认知功能

一、引言

在为 21 世纪的职场做准备的过程中，新加坡教育系统面临着一项挑战，那就是让

①　B. L. Chua (✉) · W. C. Liu · O. - S. Tan
National Institute of Education，Nanyang Technological University，Singapore，Singapore
e-mail：beeleng. chua@nie. edu. sg
© Springer Science＋Business Media Singapore 2015
Y. H. Cho et al. （eds.），*Authentic Problem Solving and Learning in the 21st Century*，Education Innovation Series，DOI 10. 1007/978-981-287-521-1 _ 7

学生为不可预测的经济变化做好准备。新加坡的学生必须发展成精通技术、独立的终身学习者，以便灵活应对工作需求的变化。他们终身学习的能力将建立在坚实的知识和学习技能的基础之上。瞬息万变的环境需要一个勤于钻研、纪律严明的人，他除了具备解决问题的信心外，还要有批判性和创造性思维的能力。

教育的焦点必须从知道转向思考，更加注重让学生积极地参与意义形成和知识建构的过程。学生必须具备处理新问题和获取新知识所需的认知态度和技能（Jones and Jones，1992）。作为教育者，我们必须理解学习是一个积极探索、适应、联系和整合的过程，在这一过程中与新的知识相适应的新的认知结构也将得到发展（Tan et al.，2005）。我们可以通过将学生的认知过程和学习环境考虑在内去锻炼他们的认知功能。

为了帮助学生更充分地掌控自己的学习，更好地认识自己的认知和知识建构过程，教师需要对这些实践进行建模和反思。因而职前教师教育需要向职前教师提供一种基于探究的方法，如基于问题的学习（PBL）。PBL 允许职前教师通过探究观点、质疑假设、寻求关系和综合信息来增强他们的思维过程。让职前教师浸润在这样的学习环境中，可以调动他们的认知功能，提高他们的学习能力。

这是一篇概念性的论文，试图探究在 PBL 环境之下学习者认知功能的发展。作为一个案例，我们将阐述新加坡国立教育学院（NIE）为职前教师开设的教育心理学课程在实施中所提倡的概念性原则。本章首先将讨论认知结构可塑性（SCM）的理论。该理论假定智力是可塑的，人的认知功能是可变的。其次，基于学习者的认知能力可以通过他们的学习环境得到增强的认识，将阐述 PBL 图式及其每个阶段的特征。再次，基于谭（Tan，2000）的认知功能盘（CFD）和 PBL 的概念承诺，构建了一个概念框架来识别职前教师在 PBL 每一阶段的认知功能。最后，提出了关于 PBL 学习脚手架对教学设计的影响和未来研究的建议。

二、问题式学习（PBL）和教师教育

基于问题的学习是一种创新的教学方法，现实生活中的问题（而非直接的教学）是学习的焦点（Boud and Feletti，1996）。在 PBL 中，学习者通过问题解决参与学科知识的积极学习，这种学习通常是在指导者和教师的指导下进行的。PBL 源于医学专业

的教育创新，它要求学习者通过搜集、连接和信息交流的迭代循环来解决真实问题。

在 20 世纪 50 年代，凯斯西储大学（Case Western Reserve University）和麦克马斯特大学（McMaster University）医学院以病例的形式呈现问题情境，激发医学生的学习。医学教育中 PBL 的支持者主张，PBL 的好处在于让学生早期接触病人和临床环境，应用所学的知识获得多种学习技能，增强学生自发学习的动机，这有助于医学生成为终身学习者（Barrows and Tamblyn，1980；Kaufmann，1985）。其他的积极影响包括更强的知识保留能力、自主学习技能的获得，更大的自主学习和合作学习的动机等（Albanese and Mitchell，1993；Wheeler et al.，2005）。

20 世纪 90 年代，由于该方法的实用性，以及预期学习结果的达成，导致 PBL 不只是在医学院和健康专业应用，还进入如政治科学、社会工作、教育、建筑和商业等其他专业领域（Boud and Feletti，1997；Cordeiro and Campbell，1996）。在新加坡当地，PBL 作为教学方法来使用在教育领域也很明显。如与工业有紧密联系的淡马锡理工学院（Tan，2000）和共和理工学院（O'Grady and Alwis，2002），就有着在课程中使用 PBL 的悠久历史。

考虑到医学和教师教育间的诸多相似性以及 PBL 在医学教育中的成功，PBL 被认为是职前教师教育中一个可行的教学方法（Iglesias，2002；Mcphee，2002）。在医学和教师教育中采用 PBL 能使教育者在专业教育学习阶段向学习者介绍与专业现实相似的（情景）。PBL 教育强调模仿良好的实践，鼓励反思性实践，更注重现实的考虑和实践约束（Graves，1990）。作为一种以学习者为中心的建构主义学习方法，PBL 被认为是培养批判性思维者、有效的问题解决者、自主学习者和反思性实践者的一种很有前途的方法（Albanese and Mitchell，1993）。实际上，PBL 的探究过程已被证明有助于培养职前教师的思维技能、问题解决技能、分析技能、信息处理技能和自主学习技能（Etherington，2011；Koray et al.，2008；McPhee，2002）。但是，尽管职前教师教育对 PBL 的兴趣已经有近十年，但直到现在检验 PBL 对职前教师教育影响的研究依然很有限（Chua，2013）。

在专业教师教育的背景下，PBL 被认为能引发认知、推理、动机和合作过程，这在当今教学环境中是至关重要的（Barrows and Myers，1993；Chrispeels and Martin，1998）。在 PBL 环境下，理解和识别不同阶段不同类型的认知功能对教育者十分关键，这有助于他们更好地理解如何增强职前教师的心理和思维过程，让他们成为自主学习者、积极合作者和元认知反思实践者（Shulman and Shulman，2004）。

三、认知结构可塑性（SCM）

为了提高学习者的学习能力和学习欲望，研究人员需要考虑这个基本问题："思维能教吗？"儿童心理学先驱让·皮亚杰指出，当学习者与环境积极互动时认知发展就会出现。他认为，当一个学习者在他所处的发展阶段受到适当刺激时，他的认知能力可以得到增强（Jean Piaget，1952，1959，1970）。维果斯基还认为学习者是知识的积极建构者。他认为学习者首先通过与周围人进行有意义的社交来共同建构知识，随后在个体层面将其内化（Vygotsky，1978）。换句话说，学习者的智力被概念化为一个过程实体，而不是一个受学习者所处环境影响的状态实体。因此，参与问题解决的经历是促进学习者认知发展的方法之一（Tan et al.，2005）。

在皮亚杰和维果斯基的研究基础之上，鲁文·费厄斯坦（Reuven Feuerstein，1990）是最早提出将重点放在"认知功能"障碍上的认知心理学家之一。费厄斯坦提出了认知结构可塑性（SCM）理论。该理论主张，人类具有改变其认知功能结构的倾向。他强调了理解具体的认知功能和创建学习环境对调节这些思维功能发展的重要性。这些学习环境带来的改变可能远远超过知识和技能的改变，从而直接影响认知结构的实质和持久的方式。谭的研究（Tan，2000）表明，在一项认知可塑性干预（CMI）计划之后，理工学院学生的认知能力有显著改变。他将认知功能盘作为鉴别认知功能失调的框架和思维的先决条件，以便教育者可以采用基于 SCM 的教学方法来实现认知功能的调整。学习者正是通过这些交互方式和认知活动来获得认知和元认知，从而提升他们的认知功能（Tan and Seng，2005）。这些认知功能的发展有助于学习者的思维、问题解决和自主学习技能在不同学习环境下的迁移。

与搜集、联系和信息交流有关的认知和元认知过程（Tan，2000）在 PBL 中尤其重要。沃蒙特（Vermunt，1996）区分了认知加工活动和元认知调节活动。认知加工活动是指用来处理学习内容的心理过程，如发现联系、生成并阐述想法等。另一方面，元认知调节活动参与到认知加工活动的调控，从而间接促进学习。这些活动包括监控学习过程是否按计划进行，诊断困难的原因，并在必要时对学习过程进行调节。

在 PBL 中，学习者需要：（1）利用已有知识，对他们知道什么不知道什么要有元认知意识；（2）运用认知和元认知学习策略分析问题，明确学习议题并设定学习目标；（3）掌握学习进展，运用适切的学习策略对提出的想法和事实做出判断，并获取新知识以解决提出的问题；（4）监控并评价他们的学习情况，确定他们的学习目标是否已经达成。在 PBL 中，将学习置于真实世界问题，学习者可以向自己、同伴和指导者解释他们的认知和元认知过程。这种可见性允许监控与评价学习，从而开发学习者的认知和元认知功能，并允许在新情景中有效地迁移知识和学习策略。显然，嵌套在 PBL 中的是认知和元认知活动，这些活动使学习者能够发展他们的认知功能。

PBL 是培养学习者认知功能的可行性教育方法。本章利用谭的 CFD，结合 PBL 图式，形成了一个概念框架，用以描述 PBL 每一阶段引发的认知功能。

四、PBL 模型

PBL 是一个迭代循环的学习过程，包括个体的和合作的问题解决过程。世界各国教育机构采用的 PBL 一般图式通常由最初的问题分析开始，随后是学习议题的生成和知识的整合（Barrows and Tamblyn，1980；Savin-Baden and Major，2004；Tan，2001）。PBL 的最后阶段通常包括问题解决方案的陈述和评价。PBL 的关键特征包括：（1）使用真实问题导入；（2）自主学习；（3）合作学习；（4）提供学习脚手架；（5）反思性实践。

新加坡国立教育学院使用 PBL 将"真实的学校环境"带到大学。通过反思性分析真实且复杂的学校/班级问题，职前教师能：（1）通过理论与实践的联结觉察到教学实践的多个方面，并意识到理论基础如何通过改进这些实践而跨越理论和实践的鸿沟；（2）参与思维过程，如启发深度思考，将不同的观点联系起来等，以增强他们的自主学习和问题解决能力（Vernon and Blake，1993）。通过在课程中建立这种教育方法的模型，新加坡国立教育学院的职前教师还能体验到 PBL 的可行性和潜力，让他们未来的学生参与 21 世纪的课堂。

采用 PBL 方法的其中一个核心课程是教育心理学课程"教育心理学 1：教与学的理论和应用"。这门课给职前教师提供理解学习者学习和发展的基础。具体而言，在这门课中，职前教师综合学生发展的概念和学习理论，并将这些知识应用到教学和学习体验设计中。PBL 之所以在这门课中运用，是因为以往的职前教师发现这些理论过于理论化和抽象性，很难在课堂中得到应用。运用 PBL 教学法使职前教师能够将理论知识应用到实际课堂问题中，深化对教育理论的掌握。职前教师每 3 至 5 人一组，每周有 5 次 2 个小时的对话，分别对应 PBL 循环的 5 个不同阶段。为了解决呈现的问题情境，职前教师能自主决定是否需要额外的面对面或网上的交流。

如图 7.1 所示的 PBL 过程和阶段的图式是经由不同的机构和学校采用 PBL 方法后概括的。在对 PBL 概念理解的指导之下，首先对 PBL 每个阶段的特征进行一般性的讨论，并在新加坡国立教育学院教育心理学课程背景之下进行详细阐述。PBL 循环的每个阶段都可以看作一个教学界面，它促进了源于学习者以往的知识、问题情境和用于新知识创建的其他信息资源之间的交互的思维过程。PBL 的 5 个阶段分别是：

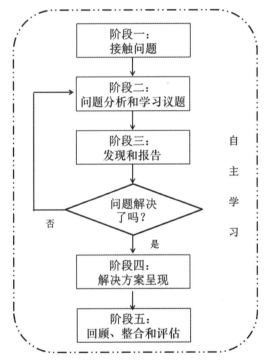

图 7.1　PBL 循环（摘自 Tan，2003）

（一）阶段一：接触问题

向学习者介绍问题情境。在 PBL 中，给学习者呈现的问题是真实的，并且具有现实相关性。PBL 中呈现的问题是非结构化的，需要通过多方的视角来考虑。随着科技的进步，视频可以融入问题情境中，这给学习者提供了更丰富的感知经验。谭和雷

（Tan and Looi，2007）认为，"多媒体能让更多情境化的问题案例以真实的和数字化的方式呈现，这意味着学习者可以在必要时反复回看问题，并在问题所处的丰富情境中仔细检查问题"（p.148）。在新加坡国立教育学院教育心理学的背景之下，问题情境是在典型的新加坡学校教室里教师可能面临的挑战。运用真实情境，增强学习者的理论与实践的联系，使他们能在未来将所学迁移到他们的专业实践中。在各自的 PBL 小组中，将给职前教师以视频或者文本的形式呈现真实的问题情境。这些真实的课堂挑战在激发职前教师的探究过程中扮演着关键角色。

（二）阶段二：问题分析和学习议题

在这一阶段，学习者所在的 PBL 小组将进行头脑风暴并分析问题情境，同时生成假设和可能的解释。小组将着手识别学习议题和学习目标，并形成问题陈述。例如，这一阶段对职前教师的关注点就是提出相关的且能促进思考的问题，这能促进他们进行问题解决的过程。

（三）阶段三：发现和报告

随着学习议题的确定，学习者开始单独准备要分享的要点和笔记，并分享给组内的其他成员。在个体层面和小组分享层面信息得以整合和巩固。在这一阶段，学习者通过相互寻求澄清、质疑和挑战其他人，不断提升小组集体的理解力。在新加坡国立教育学院，这种分享、建构和合作性地创造新知识的过程始于发现和报告阶段，发生在他们经历 PBL 的第三周。在从发现和报告阶段到问题解决方案呈现阶段的三周时间里，职前教师们将在日程安排之外的指导时间发起会议。这些会议可以是面对面的或在线的，其目的是就所要解决问题的方法达成一致前分享他们的学习经验。在这一阶段的最后，学习者会问自己一个核心的问题："问题解决了吗？"如果学习者发现他们当前的解决方案不够充分，他们将回到前一个阶段"问题分析和学习议题"。这是一个迭代的过程，直到学习者对他们的解决方案满意为止。

（四）阶段四：解决方案呈现

这一阶段的目的是让学习者通过阐述小组的问题陈述、研究假设和提出的解决方案，使他们的思维清晰可见。引导他们得出所要陈述的解决方案的思维导图、问题探究日志、理论和其他相关信息都包含在他们的陈述中。陈述的时间大约 20 分钟，随后会有 5 分钟的提问和解答（Q&A）时间。陈述的主要目的是向他们的同伴和教师解释并证明他们小组所提出的解决方案。在问答环节，他们的同学将分析和比较所提出的解决方案与他们的同龄人和专家推荐的解决方案。在教育心理学这门课中，解决方案不存在对与错，只要职前教师能用学习理论来支持他们对解决方案的论证。因为问题的情境是基于复杂的课堂议题和挑战，所以一种情境下有多种的解决方案是合理的。

（五）阶段五：回顾、整合和评估

在 PBL 之旅的最后一个阶段，学习者需要反思和整合他们个人的学习。有意识的反思行为鼓励更高阶的认知，例如分析、思维澄清（Garrison，1993）以及元认知和自我调节的学习。在这一阶段，职前教师将新的知识吸收同化到原有的知识中，同时反思 PBL 的过程是如何影响他们的动机、情感和认知结果。他们也将反思 PBL 作为一种创新的教育方法应用到他们将面对的学生中的可能性。

在 PBL 的整个阶段，职前教师可以在 PBworks① 上利用电子工具（例如思维导图、问题分析模板和问题提示）和电子平台（例如非同步讨论脉络和同步在线合作）。图 7.2 和图 7.3 展示了思维导图和问题提示的使用，以支持、促进和记录职前教师在 PBL 不同体验阶段的思维过程。

五、PBL 中的认知和元认知功能

PBL 是一项以过程为导向的主动学习形式，它强调概念的理解、批判性的思考能力、有意义的反思、与他人合作等（Ahlfeldt et al.，2005）。它侧重于加强学习者的批判性思维技能、反思技能和自主学习技能，以培养积极、自主的终身学习者为目的（Bechtel et al.，1999；Major and Palmer，2001；Sungur and Tekkaya，2006；Tiwari et al.，2006）。但是，布卢姆伯格（Blumberg，2000）认为"需要更多的研究来更好地理解 PBL 是如何、何时以及为什么能培养这种能力"（pp. 224-225）。据我们所知，

---

① 　PBworks 是一个网络 2.0 认知工具，在学习者共同体中，它能增强同伴互动，促进知识、专长的分享及分配。

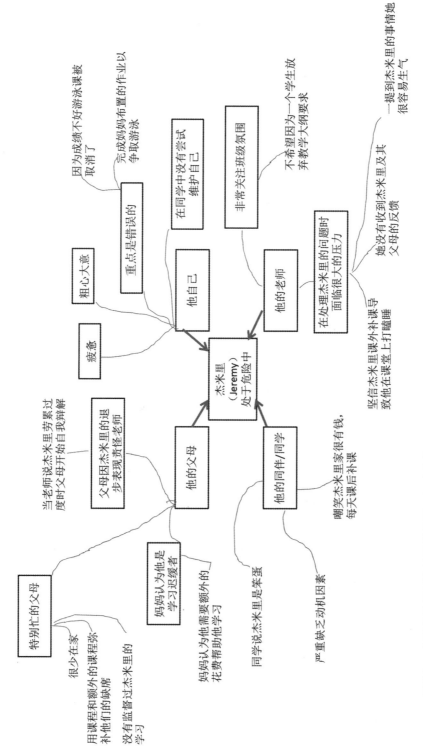

图7.2　由职前教师创作的思维导图示例（获得 Springer Science + Business Media: Chua et al. 2015，Figure 10.8的授权）

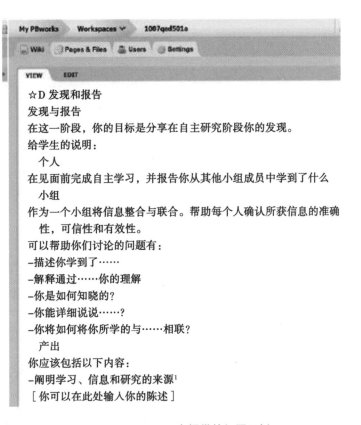

图 7.3　PBworks 平台提供的问题示例

之前还没有研究考察学习者在每一个 PBL 阶段解决问题时的思维过程。只有了解 PBL 环境下的教学界面和认知界面，教育者才能真正了解学生认知功能的发展。

　　我们用谭（Tan，2000）的 CFD 理论来识别 PBL 周期中固有的认知功能。在新加坡国立教育学院，7 名知晓 PBL 图式，并且至少有 3 年经验的 PBL 教育心理学教师，分别根据谭的 CFD 理论选出了在 PBL 环境中最靠前的 20 个认知功能。它们形成了图 7.4 所示的认知框架，用来识别职前教师在 PBL 循环过程中的认知功能。所有的这些认知功能将进行理论化，并以不同的程度呈现在 PBL 循环中的各个阶段。

　　基于识别认知功能的概念框架（图 7.4）和已有的 PBL 文献，我们运用新加坡国立教育学院的 PBL 教育心理学课作为案例，指出每一个 PBL 阶段与职前教师最相关的认知和元认知需求。这些认知和元认知需求在表 7.1 中进行了罗列，随后讨论了它们在 PBL 每个阶段的使用情况。

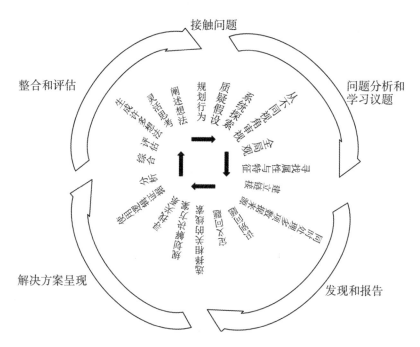

图 7.4　PBL 每个/跨阶段认知功能识别的概念框架

表 7.1　PBL 每一阶段认知与元认知需求

PBL 阶段	认知需求	元认知需求
接触问题	选择相关的线索，从不同的视角进行审视，鉴别问题，生成许多的想法	全局观，思考的灵活性
问题分析和学习议题	分析，寻找属性与特征，质疑假设，寻找关系，系统解释与定义问题	规划行为
发现和报告	同时处理多项数据源，使用逻辑证据，创造链接，阐述想法，为解决方案和综合做计划	评估
解决方案呈现	生成许多想法	规划行为
回顾、整合和评估	综合	评估

在接触问题阶段，一个非结构化的且复杂的任务需要学习者从他们的视角选择相关线索并识别问题。除了需要了解他们小组成员的不同观点，学习者还需考虑问题情境中任务的特征，同时得出自己个人的解释。这将根据学习者的视角，产生很多似是

而非的问题。面对真实的结构不良的问题，对学习者而言关注大局而不是考虑微小的议题是非常关键的。这使得学习者能展示他们思维的灵活性并在这一阶段生成尽可能多的想法，因而这一阶段的焦点不是学习者"想"学什么，而是从多元的角度处理问题时他们"需要"学什么。

在问题分析和学习议题阶段，在分析问题时，学习者需要寻找对定义问题有用的属性和特征。在小组达成问题定义后，他们可能会提出并质疑他们所理解的问题情境背后的假设。他们必须通过将情境中的事件、对话和信息线索联系起来，建立具体情境的关系，从而形成总体的理解。学习者通过系统探索的认知功能将其关注点聚焦并清晰地界定问题。这将有助于理解，以梳理适切的学习议题（Kahney，1994）。当学习者基于学习议题和他们识别出的学习目标来安排他们的研究日程时，将要用到元认知功能计划。

在发现和报告阶段，职前教师必须获得新知识并向小组成员阐述和证明这种学习是正确的。他们需要同时处理不同来源的数据并用逻辑证据来证实他们的观点。同伴教学是这一阶段典型的特征，小组成员将互相问问题并详细阐述他们各自的部分。因此，每个学习者必须能综合他们同伴的内容和自身的理解。这样，有助于培养他们发现概念、原则、先验知识、新知识和跨学科之间相互联系的能力（O'Neill and Hung，2010）。学习者能形成那些在问题情境之外的联系。这些"外部"的联系也可能会将问题情境与他们过去的经历、教育心理学理论和其他模块的内容知识联系起来。

通过对小组成员提出的概念的共同理解和综合，小组将着手计划他们的解决方案。一旦小组就最后的解决方案达成一致，学习者将评价他们所提出的解决方案的有效性。如果认为解决方案不够充分，学习者将返回到前一阶段"问题分析和学习议题"。

在解决方案呈现阶段，学习者有机会整合他们的学习并为陈述他们的解决方案做准备。小组必须在 20 分钟之内的陈述中选择合适的学习作品（例如思维导图、日志），同时方法要有吸引力且有魅力。在 PBL 过程的这个阶段，将再一次主要依赖于概念生成的认知过程，因为听过其他小组的汇报后，学习者会产生新的认知。当小组将整个过程和操作在他们的陈述中实现可视化，并且当每一个小组成员准备他们各自的部分时，元认知功能"计划行为"将得到锻炼。

最后，在回顾、整合和评估阶段，职前教师将反思自己的研究和学习过程（Liu et al.，2009）。评价的元认知功能将在个体和团体学习中进行。它包括评价他们整体的表现，识别他们遇见的挑战，在未来的学习经历中优化他们的认知功能。在这一阶段，学习者除了要进行内部认知和元认知过程外，还要对主题内容进行反思。通过有意识地研究他们的学习和过程技能，职前教师可以将其内化并应用在未来的实践和学科中，这使得他们在思考未来解决问题的过程中更加灵活。

六、结论

在 21 世纪的知识经济时代，用认知和元认知将我们的学习者武装成批判性思考者、反思性实践者和创造性问题解决者是非常重要且关键的。谭（Tan，2003）认为，教育需要让我们的学习者具备：（1）终身独立学习的能力；（2）对学习承担更大的自主权的能力；（3）学习如何从不同的资源进行学习的能力；（4）合作学习的能力；（5）学会适应和解决问题的能力。在日益复杂的世界，有意识地培养学习者的思考、意义建构和知识创建的能力将帮助他们处理 21 世纪社会不可预测的变化。

通过更好地理解学习者在 PBL 过程中的认知功能，可以使学习者在解决问题的过程中，更好地促进和发展思维过程。PBL 教师可以针对具体的认知功能设计更有效的问题提示。到目前为止，很少有研究去检验脚手架在认知过程中所扮演的“中介角色”。葛和兰德（Ge and Land，2004）实施了一项这样的研究，该研究涉及在不同的 PBL 过程中使用不同的问题作为脚手架。他们指出，在问题呈现阶段，PBL 设计者应该更多地使用“关注阐述”的问题提示，同时在支撑解决过程中更多地依赖“反思性”问题提示。理想情况下，在设计具体的脚手架以支持具体的认知功能时，这一模型可以作为 PBL 设计者的参考。同样，在设计 PBL 环境时，PBL 设计者也可以考虑一种“以认知为中心”的方法，代替围绕要包含的学科知识来设计 PBL 课程。此外，未来的 PBL 环境也可以围绕优化具体认知功能进行设计。

值得注意的是，本章仅尝试提供 PBL 每个阶段所需的认知和元认知框架，而识别出的功能是否在学习者中出现，未来的实证研究可以提供确定的答案。检查 PBL 各个阶段学生报告的认知功能对于识别教师对 PBL 的理解与学习者理解间的差别是很有用的。

通过运用谭的 CFD 以识别 PBL 每个阶段的认知和元认知需求，本文为现有的 PBL

研究提供了新的视角。以往的研究已经证实，认知工具的使用如何在解决问题的过程中不断变化（Bera and Liu，2004），且他们与具体的认知过程相关联（Liu et al.，2004）。因此，更好地理解 PBL 每个阶段的认知功能将有助于 PBL 教师设计更好的认知工具，更好地促进学习者认知功能的发展，这在 PBL 问题解决过程中很重要。未来的研究可以进一步改进 CFD，使其成为学习者了解自身认知能力的检查清单，并对其个人认知发展进行有意识的监控。

参考文献

Ahlfeldt, S., Mehta, S., & Sellnow, T. (2005). Measurement and analysis of student engagement in university classes where varying levels of PBL methods of instruction are in use. *Higher Education Research and Development*, *24*(1), 5-20.

Albanese, M. A., & Mitchell, S. (1993). *Problem-based learning*: A review of literature on its outcomes and implementation issues. *Academic Medicine*, *68*(1), 52-81.

Barrows, H. S., & Myers, A. C. (1993). *Problem-based learning in secondary schools*. Springfield: Problem-Based Learning Institute, Lanphier High School and Southern Illinois Medical School.

Barrows, H. S., & Tamblyn, R. M. (1980). *Problem-based learning*. New York: Springer.

Bechtel, G.A., Davidhizar, R., & Bradshaw, M. J. (1999). Problem-based learning in a competency-based world. *Nurse Education Today*, *19*, 182-187.

Bera, S., & Liu, M. (2004). *Cognitive tools and collaboration as mediating factors in a problem-based hypermedia lesson: The role of context*. Paper presented at the the annual conference of American Educational Research Association (AERA), San Diego.

Blumberg, P. (2000). Evaluating evidence that problem-based learners are self-directed learners: A review of the literature. In C. E. Hmelo (Ed.), *Problem-based learning: A research perspective on learning interactions* (pp. 199-226). Mahwah: Lawrence Erlbaum.

Boud, D., & Feletti, G. (1996). *The challenge of problem-based learning*. London: Kogan Page.

Boud, D., & Feletti, G. (1997). Changing problem-based learning. Introduction to the second edition. In D. Boud & G. Feletti (Eds.), *The challenge of problem-based learning* (2nd ed., pp. 1-14). London: Kogan Page.

Chrispeels, J. H., & Martin, K. J. (1998). Becoming problem solvers: The case of three future administrators. *Journal of School Leadership*, *8*(3), 303-331.

Chua, B. L. (2013). *Problem-based learning processes and technology: Impact on preservice teachers' teaching efficacies, motivational orientations and learning strategies.* Doctor of Philosophy (Ph.D.), Nanyang Technological University, Singapore.

Chua, B. L., Tan, O. S., & Liu, W. C. (2015). Using technology to scaffold problem-based learning in teacher education: Its tensions and implications for educational leaders. In C. Koh (Ed.), *Motivation, leadership and curriculum design-Engaging the net generation and 21st century learners.* Singapore: Springer.

Cordeiro, P., & Campbell, B. (1996). *Increasing the transfer of learning through problem based learning in educational administration.* Plainville: University of Connecticut.

Etherington, M. B. (2011). Investigative primary science: A problem-based learning approach. *Australian Journal of Teacher Education*, *36*(9), 36-57.

Feuerstein, R. (1990). The theory of structural cognitive modifiability. In B. Z. Presseisen (Ed.), *Learning and thinking styles: Classroom applications* (pp. 68-134). Washington, DC: National Education Association.

Garrison, D. R. (1993). An analysis of the control construct in self-directed learning. In H. B. Long (Ed.), *Emerging perspectives of self-directed learning.* Norman: Oklahoma Research Center for Continuing Professional and Higher Education of the University of Oklahoma.

Ge, X., & Land, S. M. (2004). A conceptual framework for scaffolding Ill-structured problem- solving processes using question prompts and peer interactions. *Educational Technology Research and Development*, *52*(2), 5-22.

Graves, N. J. (1990). Thinking and research on teacher education. In N. J. Graves (Ed.), *Initial teacher education* (pp. 58-73). London: Kogan Page.

Iglesias, J. L. (2002). Problem-based learning in initial teacher education. *Prospects*, *XXXII*(3), 319-332.

Jones, N., & Jones, E. B. (1992). *Learning to behave: Curriculum and whole school management approaches to discipline.* London: Kogan Page.

Kahney, H. (1994). *Problem solving: Current issues* (2nd ed.). Buckingham: Open University Press.

Kaufmann, A. (1985). *Implementing problem-based medical education: Lessons from successful innovations.* New York: Springer.

Koray, O., Presley, A., Koksal, M. S., & Ozdemir, M. (2008). Enhancing problem solving skills of preservice elementary school teachers through problem-based learning. *Asia-Pacific Forum on Science Learning and Teaching*, 9(2). Retrieved from https://www.ied.edu.hk/apfslt/v9_issue2/ koksal/index.htm on 19 May 2012.

Lipponen, L. (2002). *Exploring foundations for computer-supported collaborative learning*. Paper presented at the computer-supported collaborative learning 2002 conference, Boulder.

Liu, M., Bera, S., Corliss, S., & Svinicki, M. (2004). *The connection between cognitive tool use and cognitive processes in a problem-based hypermedia learning environment*. Paper presented at the world conference on educational multimedia & hypermedia (Ed Media), Lugano.

Liu, W. C., Liau, A. K., & Tan, O. S. (2009). E-portfolios for problem-based learning: Scaffolding thinking and learning in preservice teacher education. In T. Oon Seng (Ed.), *Problem-based learning and creativity*. Singapore: Cengage Learning.

Major, C. H., & Palmer, B. (2001). Assessing the effectiveness of problem-based learning in higher education: Lessons from literature. *Academic Exchange*, 5(1), 4-9.

McPhee, A. (2002). Problem-based learning in initial teacher education: Taking the agenda forward. *Journal of Educational Enquiry*, 3(1), 60-78.

O'Grady, G., & Alwis, W. A. M. (2002, December). *One day, one problem: PBL at the Republic Polytechnic*. Paper presented at the 4th Asia Pacific conference in PBL, Hatyai.

O'Neill, G., & Hung, W. (2010). Seeing the landscape and the forest floor: Changes made to improve the connectivity of concepts in a hybrid problem-based learning curriculum. *Teaching in Higher Education*, 15(1), 15-27.

Piaget, J. (1952). *The origin of intelligence in children*. New York: Norton and Company.

Piaget, J. (1959). *Judgment and reasoning in the child*. Paterson: Littlefield, Adams, & Co.

Piaget, J. (1970). *Genetic epistemology*. New York: Norton and Company.

Savin-Baden, M., & Major, C. H. (2004). *Foundations of problem-based learning*. Maidenhead: Open University Press.

Shulman, L., & Shulman, J. (2004). How and what teachers learn: A shifting perspective. *Journal of Curriculum Studies*, 36, 257-271.

Sungur, S., & Tekkaya, C. (2006). Effects of problem-based learning and traditional instruction on self-regulated learning. *The Journal of Educational Research*, 99(5), 307-317.

Tan, O. S. (2000). Thinking skills, creativity and problem-based learning. In O. S. Tan, P. Little, S. Y. Hee, & J. Conway (Eds.), *Problem-based learning: Educational innovation across disciplines*.

Singapore: Temasek Centre for Problem-Based Learning.

Tan, O. S. (2001). *PBL innovation: An institution-wide implementation and students' experiences.* Paper presented at the third Asia Pacific conference on problem based learning, Newcastle.

Tan, O. S. (2003). *Problem-based learning innovation: Using problems to power learning in the 21st century.* Singapore: Thomson Learning.

Tan, S. C., & Looi, C. K. (2007). Supporting collaboration in web-based problem-based learning. In O. S. Tan (Ed.), *Problem-based learning in eLearning breakthroughs* (pp. 147-168). Singapore: Thomson Learning.

Tan, O.-S., & Seng, A. S.-H. (2005). Towards a theory of enhancing cognitive functions. In O.-S. Tan, O.-S. Tan, & A. S.-H. Seng (Eds.), *Enhancing cognitive functions: Applications across contexts* (pp. 13-26).Singapore: McGraw-Hill Education (Asia).

Tan, O. S., Seng, A. S.-H., & Foong, J. W.-Y. (2005). Improving cognitive functions for secondary school students. In O. S. Tan & A. S.-H. Seng (Eds.), *Enhancing cognitive functions: Applications across contexts* (pp. 55-76). Singapore: McGraw-Hill Education (Asia).

Tiwari, A., Lai, P., So, M., & Yuen, K. (2006). A comparison of the effects of problem-based learning and lecturing on the development of students' critical thinking. *Medical Education*, *40*, 547-554.

Vermunt, J. D. (1996). Metacognitive, cognitive and affective aspects of learning styles and strategies: A phenomenographic analysis. *Higher Education*, *31*(1), 25-50.

Vernon, D. T. A., & Blake, R. L. (1993). Does problem-based learning work? A meta-analysis of evaluative research. *Academic Medicine*, *68*(7), 550-563.

Vygotsky, L. S. (1978). *Mind in society: The development of higher psychological processes.* Cambridge, MA: Harvard University Press.

Wheeler, S., Kelly, P., & Gale, K. (2005). The influence of online problem-based learning on teachers' professional practice and identity. *ALT-J, Research in Learning Technology*, *13*(2), 125-137.

第八章　协作式问题解决中的学生参与

弗利德瑞克·陶拉巴拉·塔拉

金美中

谭奕凌①

摘要：探究个体参与某项活动的共同点或基础对富有成效的合作至关重要。很多研究已经将基础（grounding）过程作为协作学习场所进行分析，并主要关注其认知方面。但是，为了增进我们对学生学习过程的理解，必须将学习这一智力活动及它所处的社会和文化背景同时加以考虑。本章我们从社会文化视角呈现了一群小学三年级学生（9 岁）参与问题解决任务的共同基础建立的描述性案例研究。任务源于情境化探究（scenario-based inquiry，SBI）课程。情境化探究方法通过视频叙述的形式展示了一个学生需要研究的、与日常情境相关的问题。伴随而来的协作探究活动试图帮助学生深入理解科学概念，培养他们整合和应用科学知识的技能。在学习 SBI 课程中关于材料特性这一主题时，学习者通过小组学习的视频和音频记录以获取数据。本研究分析某一小组的对话集中于协作完成问题和解决任务时语言和社会文化两方面。我们的研究发现，共同基础建立过程包括通过共享日常经验来解决分歧，并将这些经验整理成命题和意义的基础，在非正式的论证对话中使用修辞策略，调用以往运用过的决策模型以达成一致并在同伴中树立知识渊博和善于交际的形象。我们就这些发现讨论了关于教学支持方面的看法，以支持学生在课堂中进行问题解决背景下解决学生协作的问题。

---

① F. T. Talaue (✉) · T. Aik-Ling
National Institute of Education，Nanyang Technological University，Singapore，Singapore
e-mail：frederick. talaue@nie. edu. sg
M. Kim
Faculty of Education，University of Alberta，Edmonton，Canada
© Springer Science＋Business Media Singapore 2015
Y. H. Cho et al.（eds.），*Authentic Problem Solving and Learning in the 21st Century*，Education Innovation Series，DOI 10. 1007/978-981-287-521-1 _ 8

关键词：共同基础建立；协作式问题解决；日常论证

一、引言

情境化探究（SBI）是一种符合科学探究教学目标的教学策略（Tan et al.，2013）。它试图让学生参与一项合作活动以解决一个以科学为导向的真实世界的问题。通过这种方式，我们希望学生不仅能学习科学知识，也能适应科学界的认知实践，包括收集证据、沟通合理的论据以及达成共识。任何合作解决问题的活动都必不可少地包括建立共同基础，它是建构和维持个体参与者之间相互理解共同基础的交互过程（Clark and Wilkes-Gibbs，1986）。在基础教育研究中，大多数方法仅仅关注人际间的互动是如何展开的，却不考察学生作为共同体中文化适应的一员是如何影响互动状态的（Baker et al.，1999）。因此，基础的、更全面的研究方法不仅要注意认知层面还要关注社会文化维度（Akkerman et al.，2007）。

本章，我们探讨了小学三年级学生（9 岁）是如何在 SBI 课程中融入解决问题的活动，从而获得基础知识的。考虑到共同基础建立是语言互动的一个必要过程，我们关注的是参与者共同产生的话语。语言是达成集体思维的文化工具，有时也是集体思维的对象（Baker et al.，1999）。我们用语言来表达思想、交流观念、解决问题、解决分歧、协作、占据主动等（Gee，2005）。在仔细检查学生生成的话语时，我们的案例研究目的是描述 9 岁学生为了实现他们的任务目的建立共同基础的过程。对试图发现并支持学生通过问题解决和探究教学法学习科学的实践方式的小学教师而言，共同基础建立过程的知识是重要的（Hmelo-Silver et al.，2007）。

我们认为小学三年级的学生生成的话语是源于他们的日常生活经验和知识的，二者都是依据进行论证和小组决策的知识和策略。尽管学生把协作知识建构当作 SBI 问题解决任务的目标，但同时他们通过积极建构相关的社会身份参与形成可信观点的政治活动。首先，我们描述 SBI 和 PBL 的紧密联系并澄清我们所使用的有关共同基础建立和协作学习的社会文化概念来揭示以上的观点；其次，我们将描述使用的方法，包括我们所描述的案例研究的教学背景和分析框架。再次，我们将通过两大主题来阐述我们的发现：像做游戏一样解决问题和在问题解决任务中建立身份。最后，我们将讨论在小组学习情境下与小学科学学习的教学支持相关的一些发现。

二、情境化探究和问题解决

SBI 方法是一种为科学和日常知识提供混合空间的教学策略。它通过将熟悉的环境整合进学习活动中，为孩子们提供了一种以引人入胜的方式讨论科学的机会（Tan et al.，2013）。在典型的 SBI 课中，学生首先观看简短的视频，通过真实生活或虚构的故事呈现感兴趣的问题。视频能激发学生的想象力和讲故事的兴趣，这种形式是为了增加后续团队工作的参与度，解决结构化的问题。

在 SBI 课程的设计任务中，我们运用了基于问题的学习（PBL）的要素（Barrows，1996），以促进对科学概念和认知实践的理解。视频中探索场景包括相关的和干扰的信息，这些信息使问题复杂化并促进决策过程。SBI 课程也进行了开放式探究设计，这一设计能促进学生自主学习，从多元视角进行思考，并在学生试图达成共识时进行协作推理。有效参与协作性问题解决的学习者能识别任务的目标，并通过搜集和讨论信息，将相关知识推进到那些最终必须解决的问题，从而为团队努力做出积极贡献（Buchs et al.，2004）。有研究表明，小学小组协作能培养学生的概念理解以及学习和游戏的关系（Tolmie et al.，2010）。而且，通过交互式对话学习概念的学生能更恰当地将知识和技能应用到新的相似的情境中（Duch et al.，2001）。但是，除了这些潜在的好处，我们发现教师开始关注学生对话中日常用语和科学用语的冲突（即日常用语与科学用语不一致，前者可能阻碍学生科学用语的获得），这种冲突如何影响学习目标的达成，减少学生开展富有成效的合作时的困难（Tan et al.，2013）。

三、共同基础建立和协作式学习

本研究对建立共同基础的分析与认知和学习的社会文化视角是一致的。认知的概念是指在小组活动中个体如何参与或为活动和话语做贡献（Matusov，1996）。但是小组认知不是个体心智的组合，而是由小组作为一个统一实体而组成的。它表现为共享过程中围绕活动的目标做贡献的过程。我们也认为学习是通过参与性分配（partici-patory appropriation）发生的（Rogoff，2008）。这意味着个体对于协作活动的理解和责任感会随着他们实际参与这些活动而发生动态性的改变。因此，参与班级共同体的科学学习活动，有助于学习者通过与知识渊博的其他人协作和商讨的过程实现意义建构或知识建构来学习（Lave and Wegner，1991；Vygotsky，1978）。将学习视为融入科学学习者共同体实践的文化适应，学生必须经历自我概念的转变，这与他在共同体中不断变化的角色和关系相关（Greeno，1998）。事实上，学习不仅关乎认知的获得，也关乎个人作为社会实践中有价值参与者身份的转变。

任何协作不可或缺的组成部分是维持共同基础或建立共同基础。罗夏莉和特斯利（Roschelle & Teasly，1995）将协作活动界定为"一项协同的、同步的活动，是持续试图建构和维持某一问题的共同概念的结果"（p.70）。这一被广泛认可的概念表明建立共同基础和协作是相互依赖的。但是，考虑到参与者在群体互动的任何特定阶段都有可能对相同的对象和交际能力产生偏见，有观点认为建立共同基础和协作不一定是一致的（例如建立共同基础可能在没有协作反而是在竞争的情况下发生）（Baker et al.，1999）。建立共同基础或协作的目标包括意义、建议、权利、义务、自我形象等。交际的功能是指参与者是否愿意且能够持续进行互动（联系水平）、察觉信息（察觉水平）、理解信息（理解水平）和对信息做出适当的反应（一致水平）。这些水平形成了一个层级，只有在满足了接触、感知和理解之后，才能达成协议。

协作学习被认为是通过建立共同基础来学习的原因有以下两点：在协作中学习和在相互理解中学习（Baker et al.，1999）。在协作中学习是指参与者在联合活动中试图去理解彼此的意向性行为的共同基础水平。这一点强调了语言的运用作为信息分享、观点表达、拒绝假设等言语功能的标示作用。在相互理解中学习指向共同基础的语义或意义建构的维度。在使用语言对像科学这样的知识领域中各种特定术语和表达形成共同理解方面，这一维度是引人瞩目的。有人认为通过建立共同基础进行学习受个体视角最大水平差异的影响，且与从语用为主的关注转向以语义为主的关注有关。这些概念为分析学生参与问题解决活动时建立共同基础的过程提供了基础。

四、方法

（一）教学设置

我们在一所很有名的小学观察的 SBI 课程是在材料特性这一单元进行的学习活动。这是小学生第一次在科学课中接触这一话题并体验 SBI 方法。这种学习活动并不是为了丰富知识，而是作为一堂常规课在他们平常的教室来进行。教师希望学生通过探索不同材料的特性，并将这些特性与它们的用途联系起来，从而了解非生物的多样性。教学大纲规定，学生需要通过使用数据和信息来验证关于材料的特性和使用情况的观察和解释，以显示客观性（课程规划与发展处，curriculum planning and development division，CPDD，2007）。

课程开始时给学生播放一段名为《公主的完美鞋子》、时长 8 分钟的探究情境视频。这段视频是由一群职前大学生在研究者的指导下开发的。视频的叙述采用了民间广为流传的"灰姑娘"的故事，它能轻易抓住学生共有的想象，并让他们投入问题解决的活动中。新版本以王子替换他最初试图送给公主那双破碎的玻璃鞋的困境作为特点。鞋匠给王子十种不同的材料进行选择，王子没有做决定，转而向他的观众（例如学生）求助选择一种最适合新鞋子的材料。

为了完成这一问题解决任务，教师设计了需要小组成员共同完成的两部分补充练习表作为教学脚手架。A 部分学生对一些橡皮筋、一个塑料袋、一小块泡沫聚苯乙烯板、一把金属尺子、一块木头、纸质的姓名牌、陶瓷杯、一块蜡染布料、一块洗碗海绵、一根皮带的物品性能进行了探究。教师推动学生给物品使用的材料命名，列出它们的特性，并回答几个简短的问题，内容涉及其他可观察到的品质以及/或者其他一些由相似材料组成的常见的日常物品的例子。

B 部分学生需要处理选择的问题，即哪种材料最适合做公主完美的鞋子，这是我们分析的关注点。该部分的练习表首先需要学生列出使用每种材料的优点（好的方面）和缺点（不好的方面）（表 8.1）。接下来学生需要使用 1～10 的分值对每一个材料进行打分。值得注意的是练习表注明"1～9"，因为最初他们仅仅要处理 9 种材料。皮带是在活动当天才添加的。

练习单 B

材料的特性

小组名称：_____White_____

1. 你们的任务目标是什么？

用不同的材料制作鞋子_____

_____

2. 写出下表中各种材料的优势（好的方面）和劣势（不好的方面）。随后给这些材料评分（1～9），1 是最好的，9 是最糟糕的。

表 8.1　SBI 活动 B 部分的小组结果

序号	材料	优势	劣势	评分
1	橡胶	可伸缩	粗糙	2/9
2	塑料	携带东西	会破	3/9
3	泡沫聚苯乙烯	防水	易碎	6/9
4	金属	硬	传热	8/9
5	木头	硬	不舒服	7/9
6	纸张	？	在水中会破	9/9
7	陶瓷	你可以在上面画画	易碎	9/9
8	纤维	它可以让我们保暖	不结实	6/9
9	海绵	它可以伸缩	它可以吸水	5/9
10	皮质	它很舒服	杀害动物	1/9

（二）数据样本

老师选择了一个重点设置，让一组学生在指定的桌子上处理材料和工作表。我们选择了一组进行研究，并将他们之间的互动通过数字视频和录音进行记录。研究团队的一员成了该组的一名主持人（Mod）。从图 8.1 中可以看出 7 名学生围绕在利奥

（Leo）身边，利奥推荐自己作为小组领导者和记录者。小组其他成员包括阿什温（Ashvin）、比利（Billy）、丹尼斯（Denise）、嘉（Jia）、金（Kim）和瓦娅（Waya）。教师并没有给这些学生分配特别的角色。小组成员限定在很小规模，这样教师能更近距离地控制整个班级。

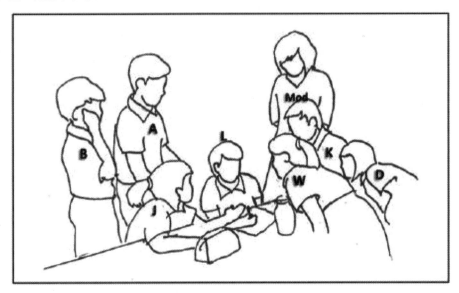

图 8.1　小组进行活动时的空间情境

（三）数据分析

我们使用话语分析，关注语言和社会文化层面以说明共同基础建立的过程。关注词汇内容（例如单词的选择）、修辞策略和语言衔接结构对于理解小组共同建构知识是必要的。我们把对话视为社交思考模式（Mercer，2004），这与将谈话看作复杂的和社会公认的方式来表达经验一致，即交流关于世界的特定观点，包括价值、信仰、取向和一定的身份（Gee，2005）。

我们将一起分析分段的视频和录音与对应的问题解决活动（B 部分的练习表）。这个活动持续了 7 分钟，我们全部进行了转录，并对其语用特征进行记录（Jefferson，2004；每一个专家看完记录之后）。每位研究者独立分析数据以识别主题和模式，并跟踪它们之间的关系。然后在小组会议上讨论和巩固个人的发现，以反映小组的结论。我们还邀请教师参与任务报告会以验证我们的发现。

五、像做游戏一样解决问题

我们观察到，当学生处理问题解决任务时，他们在探索性谈话中像做游戏一样互动，以批判和在相互贡献的基础上建构为特征（Mercer，2004）。几乎所有的学生都轮流为意义建构和决策过程做贡献。知识构建的对话反映了参与者之间不同的性格差异，且通过语义的共同基础比语用的共同基础建立的协作更普遍。

接下来，我们将阐述小组语义共同基础建立的特征：（1）学生借鉴日常经验并将其作为命题和意义的基础；（2）学生在日常论证类型的对话中使用修辞策略以消除分歧，实现知识建构的目标；（3）在成年人的鼓励下，学生利用了先前的包容性决策模式的经验。

（一）借鉴日常经验

使用 SBI 活动的教育目的之一是让学生对那些可能用来制作鞋子的材料有自己的想法。为了在后续课程中进行更有目的的教学，对教师而言，了解学生对于材料特性的概念是很重要的。我们发现，学生通过积极讨论做出贡献，并与教师的目标保持一致。除了比利，所有的学生都公开参与其中。但是看上去消极的学生并不一定未参与活动。当学生注意到讨论时，我们仍能可以假定至少有一些认知参与。

如表 8.2 所示，学生有关材料特性的描述表达得很简短，而有一些阐述则较为复杂。不管篇幅长短，我们注意到这些贡献的背后与学生日常中接触这些材料的故事有关。例如，嘉认为塑料能携带物品（63，65 行）是参考了杂货店里的塑料袋，这是所有学生非常熟悉的物品。即使他们没有机会在 A 部分活动中去检验塑料袋，但是从商店买东西是很普遍的家庭活动。在接下来的谈话中，丹尼斯进一步阐述了嘉的观点：如果你放太多的东西塑料会破（67，69 行）。当杂货铺袋子装太多东西会被撕扯或拉断是另一个不幸的例子。在随后的讨论中，利奥宣称塑料是最好的（87 行），因为塑料让它的鞋底易于弯曲（89 行）。但是另一个例子是利奥在描述他遇到泡沫聚苯乙烯在水中漂浮像一条船（108 行），这对他而言证明了泡沫聚苯乙烯是防水的。

表 8.2 学生对材料日常想法的例子

主题	说话人	行数♯	贡献
橡胶	利奥	3，6	它是可伸缩的
		16	它是粗糙的
	瓦娅	1	它很坚硬，这是一个好的特性
		10	不好的方面是它容易破碎
		13	它不舒服
		20	你橙色的鞋子就是橡胶做的
	阿什温	15	它不是很舒服
塑料	阿什温	61，75	它是易碎的
	瓦娅	62	它不是易碎的
	嘉	63，65	它可以装东西
		74	它不是牢不可破的
	丹尼斯	67，69，71，77	如果你放太多东西，它将会（will）破
	利奥	70	它将会（will）破，如果你放太多东西
		72，76，78	它可能会（can）破，如果你放太多东西
		89	它是最好的，它可以做成鞋底而且很容易弯曲
		94	我旁边的鞋子就是塑料做的
金属	利奥	156	它传热
		160	它是硬的
		165	一个人可以穿着金属的鞋子走路，但是它会有燃烧的感觉，因为是传热的
	金	159	一个人穿着金属鞋不能走路
		164	一个人不能穿着它走路，它太重了
		168	它可能会熔化

　　这些故事符合马克·特纳（Mark Turner，1996）将小空间故事（small spatial stories）当作日常经验的描述，这表明不是我们知道了什么而是我们是如何知道的。正如我们在接下来的部分中所展现的，这些小空间故事被用来提出和捍卫主张，发起辩论，阐述观点，增加幽默以及活动中的游戏感觉。我们发现，在依附于常规以支持基于真实生活遭遇提出的个人意见时，个体经验具有吸引力，那些用我们自己的眼睛看

到的，看上去比其他人的更可信（Sarangapani，2003）。

（二）进行有利于自己的对话和策略

对每一种材料是否适合制作鞋子的判断达成一致，是这一活动另一个内在的特征。我们发现虽然学生倾向于这个和解的目标（conciliatory goal），但他们没有受到阻碍，而是尽力解决分歧，使之有利于自己，并说服他人同意自己的主张（Goodwin，M. H.，and Goodwin，C.，1987）。学生会意识到自己有责任进行辩论，并运用多种修辞策略知识进行集体推理。他们表现出初步的论证能力（Nielsen，2013），其中一些在表8.3 中有罗列。

表 8.3　活动中生成的一些修辞策略

功能	行数♯	学生	例子
证实某一观点	87	利奥	塑料是最好的，因为（.）因为你看啊
	108	利奥	你知道为什么↓最后我把所有的材料倒进水里，它就像船一样漂浮
阐述一个支持性的故事	233	金	洗一洗（.）（哗哗）tsyeh tsyeh tsyeh↑（（听起来像撕纸的声音））（.）接下来所有的东西都已经碎了
强调一种观点	91	利奥	（）The cover the thing mah（口语化的表达）
	94	利奥	你知道我的鞋子就是塑料做的
	120	利奥	不↑它真的真的不好↑
	156	利奥	当然不行，它传热
表达一种态度并提出一个观点	92	阿什温	我认为这是橡胶
表达不同意	97	阿什温	但是你们看（）橡胶是好的

正如下面三段摘要所呈现的，语义的共同基础建立贯穿整个讨论，这一对话由相互对立的观点进行交互对话组成，这些对话反映了学生日常生活中不同的经验。在摘要 8.1 中，学生讨论了用橡胶材料做鞋可能感到不舒服的程度。摘要 8.2 呈现了学生是如何处理关于塑料容易破这一观点的。摘要 8.3 针对金属不适合用来做鞋是因为金属的重还是因为它传导热的能力更为重要进行了讨论。

摘要 8.1 列举了学生就橡胶的特性进行语义共同基础建立的例子。这个例子发生在小组讨论的早期，是嘉和阿什温第一次表示不同意瓦娅认为橡胶不舒服（13 行）。当瓦娅暗示橡胶非常不舒服时，嘉和阿什温进行了激烈的反对（15～16 行）。

摘要 8.1　不舒服的橡胶到底有多不舒服？

行数	说话人	
12	利奥	不好的方面是嗯
13	瓦娅	它不舒服＝
14	嘉	＝［它不是那样舒服
15	阿什温	［它非常不舒服＝
16	利奥	＝它很粗糙（（写下答案））好了
17	阿什温	我给它打（..）5
...		
20	瓦娅	想想你那橙色的鞋子是什么做的
21	嘉	橡胶↑
22	阿什温	正确↑（（W 看了看她的鞋子））
23	摩德	噢，因此你给它 5↓

注释：［，开始重复谈话；＝，插话；词，说话人强调（原文缺少符号）；↑或↓，发音语调的变化；（..），短于 0.5 秒长于 0.1 秒的停顿；（()），说话人动作的注释或者记录员对背景特征的评价

我们发现在 20 到 22 行，这三位在争论时有一种解释自己观点的责任感。瓦娅通过列举具体的实物，橙色的鞋子（20 行）唤起大家共享的知识来处理不同的观点，我们认为她是在为自己的观点搜集证据。通过陈述她发现嘉的橡胶鞋是不舒服的，瓦娅试图为她的想法寻求共鸣。但是嘉和阿什温强有力地推翻了她的这一想法。他们两的插话（21～22 行）表现出对支持反驳的自信的态度。

这一特别的对话延伸非常明显地体现语义的共同基础建立，它的目的是瓦娅的观点。这一对话达到了同意的水平，例如学生对彼此的信息进行充分的反应，嘉和阿什温拒绝了这一观点。瓦娅没有进一步争论，因而我们没有立即的证据表明她对这一反对意见是拒绝或者让步。随后，当小组要决定评分时，瓦娅似乎默默地同意嘉和阿什温两人给了很低的分数。

摘要 8.2 提供了另外一个语义基础达到一致水平的例子，但是这次的目标是某一

特定单词的意义。学生就塑料易破（breakable）的描述是否合适产生了分歧（61～62 行）。

摘要 8.2　塑料是"易破的"吗?

行数	说话人	
60	利奥	塑::::::料＝
61	阿什温	＝是易碎
62	瓦娅	不是 [易碎
63	嘉	[不↑ 不，这不是一个好的方面（（在错误的列写答案））哦↑它能装东西（...）它能装东西
64	利奥	塑料能<u>怎么样</u>
65	嘉	塑料能装东西
66	利奥	装::::东西（（继续写））
67	丹尼斯	有时（.）如果你装太多（.）东西，它将会（...）
68	利奥	Lolhhhhh
69	丹尼斯	但:是情况是有时候如果你装太 [多
70	利奥	[它将会破
71	丹尼斯	它将会破
72	利奥	它<u>可以破</u>（.）它可以破
73	丹尼斯	它可以破
74	嘉	它不是不易碎的
75	阿什温	它仍然可以破
76	利奥	可::::以
77	丹尼斯	因为太多了
78	利奥	易:::破（写）

　　注释：::::,是前音延长；＝,插话；[,开始重复谈话；词,说话人强调（原文缺少符号）；↑或↓,发音语调的变化；(..),短于0.5秒长于0.1秒的停顿；(.),短于0.1秒的停顿；(()),说话人动作的注释或者记录员对背景特征的评价

瓦娅反对阿什温认为塑料易碎的观点（61～62 行）。瓦娅没有提供理由，但是听上去很有道理的是，她认为易碎用来形容脆的、容易破碎的材料更合适，例如玻璃、陶瓷以及其他的塑料物品。丹尼斯在接下来的讨论中（67 行），利用嘉提出的塑料能装东西（65 行）这一点，并将她的观点与阿什温（61 行）的观点进行结合。她针对瓦娅的观点提出了一种例外情况（有时），陈述了塑料会破的条件，即如果你放过多物品（69行）。

学生的讨论转移到用"将会"（will）还是"可能"（can）更适合。没有进行原因的说明，利奥对丹尼斯发起了一次争辩（70～73 行），最后丹尼斯退让了。阿什温也支持了利奥的观点（75 行）。在这一对话过程中，协商的意义始终贯穿其中。丹尼斯使用的将会（will）不仅意味着未来会发生，而且还有肯定的意味。换句话说，丹尼斯重申她以前观点的条件性，也就是如果负重过多，塑料肯定会破。相反，利奥使用的可能（can）是指一种能力。因而他的提议可以听成是在有张力的情况之下塑料能破。这部分表明了一种协作互动，在互动中有一些含义仍然没有表达出来，因为它们被预先假定为常识（McDonald and Kelly，2012）。如果学生就他们说的是什么有一个阐述，他们的协作可能会有更丰富的结果。

即使在后期阶段，学生仍然继续投入语义共同基础建立的过程，如摘要 8.3 中所呈现的。正如摘要 8.1 中，这一部分有它的目标——金属不是一种好的制作鞋子的材料。小组成员一致接受这一提议，但是，交流仅仅是为了引出和澄清他们提出的理由中细微的差别。摘要 8.3 也表现出学生幽默地讲故事和自我调节以完成任务。

摘要 8.3　穿着金属鞋走路的感觉怎样？

行数	说话人	
154	利奥	［接下来是金属＝
155	金	＝接下来是金属
156	利奥	肯定不行，金属导热
157	金	而且金属不行（.）一旦你 ［（
158	利奥	［优点
159	金	你穿着不能走路 ［（.）呃呃呃（（害怕且痛苦的声音））
160	利奥	［硬（...）［硬（（写答案））

续表

行数	说话人	
161	Mod	［你
162	利奥	［缺点
163	阿什温	嗯
164	金	不是缺点（...）嘿（（喊利奥））你<u>不能</u>穿着它走（.）金属很重但是嗯啊（（做出提起一些重物的手势））
165	利奥	<u>不</u>（.）你能穿着它走路（.）但是接下来的问题是它导热（.）所以当你穿它时（.）它就像咝咝（（发咝咝声））脚就像要燃烧起来↑［哈啊啊啊（（听起来很痛苦））
166	金	［噢，我的天↑
167	嘉	好:::::的
168	金	是（.）但它会<u>熔化</u>↑不是吗↑
169	瓦娅	（）熔化
170	丹尼斯	°是:::::的（.）放弃它↑°

注释：［，开始重复谈话；＝，插话；（.），短于 0.1 秒的停顿；词，说话人强调；词:::语，延长前面的发音；↑或↓，发音语调的变化；（...），长于 0.5 秒的停顿；（（）），说话人动作的注释或者记录员对背景特征的评价；°°，比周围说话的声音明显安静很多

利奥开启了讨论，他认为金属肯定不适合做鞋材料，因为金属导热（156 行）。金根据这一观点，通过拟声词表明我们可以穿着金属鞋走路但是我们必须忍受令人痛苦的高温（159 行）。在随后的几轮对话中，他继续使用同样的策略，通过运用听觉和肢体效果向大家展示了一个可信的故事——我们为什么不能穿着金属鞋子走路。这一次他模仿某人试图举起重物的声音和姿势（164 行）。

就好像赶时髦，利奥很快也用到像金一样的拟声策略表达他的想法，如果金属鞋导热且变得难以忍受，我们会体验到像燃烧了一样的感觉（165 行）。正如瓦娅在摘要 8.2 中表述的一样，利奥把他的想法看作一个对比的观点（但是接下来），听众需要考虑这一观点（惯用的短语是"问题是……"）。看上去金已经完全卷入利奥的故事，表现出震惊和惊讶（166 行）并随着想象的故事线，金属最终可能熔化（168 行），女生会站出来说男生是时候结束他们幽默的故事表演了。嘉发出延长的... 好的...（167

行），丹尼斯的… 是的… （170 行）听上去是他们独有交流的对小组成员的一种不耐烦。

与古德温等（Goodwin，M. H.，and Goodwin，C.，1987）的研究发现相似，我们发现讲故事是小组讨论中的另一种话语。一些愉快的对话，无论是与主题相关或不相关都给活动带来了幽默。因此，当他们产生论证对话时我们感受到的是有趣，而不是一些老师认为的打架（Corsaro，2003）。我们有时在家庭餐桌上进行对话式的讲故事，包括通过仔细观察和逻辑推理，对日常的叙述内容进行挑战和修正。这种家庭活动就像科学家为了修正理论以解释反证的实践（Ochs et al.，1992）。

（三）决定最后的打分

因为意见的分歧，对每种材料最后的打分达成一致意见是一个具有挑战性的决策过程（Johnson et al.，2007）。在这部分，我们根据图 8.1 中给每个材料评分的决定继续描述上文呈现的摘要。主持人和学生以决策为目标的建立共同基础的互动改变了课程活动的特征。我们发现主持人的干预能够促进小组利用原有的经验进行决策。

在第一个例了中（摘要 8.1），这一过程就像嘈杂市场中讨价还价的过程，每个人为橡胶制品出一个心仪的价钱。学生的发言很短且互相相关。主持人不得不介入以排除学生对评分的疑惑，强调 1 分是最好的，9 分是最差的。嘉说出了她获得的启示。阿什温也是，但他花了一些时间内化这一评分规则，因为他仍建议给 7 分，直到嘉质疑他。在主持人和其他成员进一步澄清后，阿什温最终同意嘉坚持给橡胶打 2 分的要求。接下来讨论塑料时（摘要 8.2），学生再次参与"投标/竞价"。利奥将解决这一问题看成是自己的责任。为了给一个较高的分数，他提供了一个很有说服力的论点，即塑料很容易弯曲，是用来做鞋底的材料。阿什温对这一点深信不疑，也许其他人也是一样。但最后利奥没有采取其他人的建议，并在练习纸中写下 3 分。

看到利奥对泡沫塑料的另一场颠覆时，主持人介入其中，问每个学生他们想给多少分，并建议他们取平均数。在进一步的讨论和粗略估计后他们同意给 6 分。这时候，我们想他们是否会在后续的决策中采用这一有序且民主的模型。学生在给金属打分时采用了这一模式（摘要 8.3），打了 8 分。有趣的是，在没有主持人的推动下，学生讨论给木质材料打分时，利奥提议进行投票。因此我们认为学生在过去的协作活动中已经这么做过，这一观点是合理的，而主持人建议将每个成员的选择考虑在内只是起到了一种促进作用。当他们需要就纸张作为一种不好的材料究竟要写什么理由而达成一致时，新的决策模型再次出现，他们认为纸张容易着火且当它们浸透在雨中时很容易被撕烂。

六、在问题解决任务中建构身份

接下来我们讨论与社会身份相关的共同基础建立，它是学生在生成解释性话语时有意识或无意识进行互动创建的。这些共同建构的身份在说服过程中尤为突出（Johnson et al.，2007），这为每个人在任务完成中的贡献和管理提供了有力的证据。例如，在摘要 8.1 中，瓦娅的发言（想想你那橙色的鞋子是什么做的，20 行）不仅可以看作对她前面贡献的认可，也可以看作愿意参与交互对话的标志。嘉和阿什温通过理解瓦娅的观点，确认了她的自我建构。相反，瓦娅的行为表明，嘉和阿什温是聪明且通情理的参与者。

学生深思熟虑地承担起学科知识的贡献者、反思的推动者等社会认知角色，以促进团队的推理（Hogan，1999）。在论证中，他们有一种维护地位义务的意识，对观点做出合理性解释。这种意识通过主动提出观点并佐以一定的例子进行阐述和辩护得以证明。值得注意的是，学生仅在 4 个例子中提出了明确的问题：两个是在特性讨论中，两个是在打分决策中。

实际上，有着渊博学识且良好的沟通能力是学生间互动最有优势的身份（Kyratzis，2004）。利奥是乐于积极展示他的知识和修辞技巧的。但是他知识渊博和具有首创精神的身份正是瓦娅试图怀疑和阻止的，即使是在问题解决活动一开始（摘要 8.4）。

摘要 8.4　瓦娅挫了挫利奥的傲气

行数	说话人	
6	利奥	°它可以伸缩°（（在练习簿上写答案））（...）好了↑
		（）你知道的（）我是唯一一个实际上思考啊（.）点东西的
7	瓦娅	因为（.）但是他依然不够好

注释：°°，比周围说话的声音明显安静很多；（（）），说话人动作的注释或者记录员对背景特征的评价；（...），长于 0.5 秒的停顿；↑或↓，发音语调的变化；（），莫名其妙的发言；（.），短于 0.1 秒的停顿

　　在利奥看来，团队成员的努力和投入水平都不如他。但是瓦娅不同意他的说法，并直接质疑利奥对自己优势的过高估计。作为回应，她坚称他们已经分担了推进任务的责任。在她看来，事实上其他同学对早期的讨论有贡献，即使只是轮流取材料，承担记录者角色。

　　同样值得注意的是利奥的领导水平也在不断变化（Richmond and Striley，1996）。刚开始，他疏离和忽略其他人的贡献，当他对橡胶的一个不好的方面写下"粗糙"的评语时，这一概念在小组内甚至还未进行讨论。接着他表现成一个有说服力的人，花更多时间维护他的观点。在后续的决策阶段，他表现得更有包容性，通过举手表决来决定最后的分数。

　　其他互动角色对于在教师给定的时间里完成活动非常重要（Turner，1991）。小组只有 10 分钟的时间，因此按照列出的材料一个一个进行评价对小组而言十分关键。没有指定利奥为小组领导，但是在承担小组记录员角色时，他把自己打造成小组领导，并获得小组成员的认可。他告知大家完成了任务某一部分，提出要进行到下一个，也会提醒大家注意练习单上需要回答的题目。有一次他删除了一个不相关的提议，还有一次他坚决要求回到任务中。尽管利奥充满活力且全神贯注地履行他的职责，但他也接受其他人的帮助。坐在他旁边的嘉确认答案是记录在合适的列，这样利奥就不会因为要讲自己的观点而疏漏了。任务各个部分间的过渡就像是有趣的重复提醒，以保证每个人都在同一页上。

七、从案例中获取的启迪

　　我们陈述的这一案例研究旨在探索一组小学三年级（9 岁）学生在完成 SBI 课程中的问题解决任务时的共同基础建立过程。我们发现，学生在解释性对话中有很好的参与，这一对话的特征表现在语义的共同基础建立上，关注意义、提议、决策模型。这种特别丰富对话的出现主要是因为来自学生有限的讨论和实践学校科学的方式，这些学生接触科学仅仅只有 4 个月。那么，很有可能，他们达成一致的行为源于在家或在游乐场的日常社会生活中历练得更广泛的实践方式。这一点与孩子们在游戏时的对话中提到的文化知识及非正式的论证十分相似。本研究的学生清楚地展示了稚嫩的论证对话，我们相信这类对话在校内外的其他同伴群体背景下也出现过（Duch et al.，2001；Zittoun et al.，2007）。

我们的研究发现指向形成学生共同基础建立活动的两种主要张力。第一，对贡献程度开放式的、批判性审视表明，学生持续不断地询问证据的合理性以证明观点的合理性。引入日常经验作为权威认知来源看似已成为这一小组的一个标准。学生抓住机会质疑与证据相反的解释，表明了含义和假设背后暗含意义的不同，在对话中必须讨论这一隐含的认识（Hatano and Inagaki，1991）。如果不是这样，在小组的对话中我们不可能看到任何的论证和推理。理解的不同一定不能看作有问题的，实际上，这是学习必要的催化剂（Baker et al.，1999），且与学习成就有显著的相关（Tolmie et al.，2010）。

第二种张力主要与学生在同伴群体中地位的协商有关，即成为问题解决任务中知识渊博、能力突出的参与者。在我们看来，本研究中学生的身份是一种资源，不仅仅是作为一个具有值得信赖的观点的人，而且是为了管理问题解决任务的完成。这一社会过程不仅在他们发言的主题中有体现，更多的是通过语用标记和其他修辞策略在完成知识建构中有所体现。随着在团队中使用不同的说服策略，有些学生比其他人看起来更加值得信任。但是，小组聚焦于布克斯等（Buchs et al.，2004）所说的关联式问题解决（relational solutions），这是主要的潜在过程。这种解决方式与糟糕的学习和更多负面的关系有关。更为显性的是认知的解决方案（epistemic solution），指向任务完成。

本研究提供了一个例子，解释了在协作问题解决背景下，共同基础建立活动在认知和社会层面紧密的相互影响。由于我们仅关注一个小组参与 SBI 课程中的一次互动，很显然我们不能推及整个班级或者这一年龄阶段群体。但是我们所发现的模式提供了学生共同基础建立过程中可能的形式。就这一点而言，为了实现通过问题解决培养学生的学习能力并达到学习最大化，这一发现仍给预测与学生能力相匹配的教学价值提供了支持。

第一，通过叙事，教师需要重新思考协作活动如何能更加适应学生的日常知识和推理。正是通过小空间故事，学生开始弄懂周围现象的意义（Turner，1996）。同时，这将成为扩大和增强他们的理解与身份认同的基石。第二，如果学生默认日常论证的模式，教师引导他们评估和批判证据的价值就变得至关重要。对论证技巧进行显性教学在科学教育文献中能找到大量的支持，但是没有实际的方法（Kuhn，2010）。给学生创造更多机会参与以目标为导向的意义建构活动以及元认知水平的反思对于提升学生真实论证的能力有好处。第三，教师应该给学生提供清晰的、实践性的有关团队工作技巧的介绍，尤其是进行集体推理语言的使用（Mercer et al.，2004；Tolmie et al.，2010）。有人认为教师在学生参与协作学习中强加的规则可能太具限制性。相反，让学生进入一种社会契约并按照恰当的方式讨论和行动，让他们有能力识别并同意共同建立基础规则（Mercer，2004）。

最后，学生将小组决策过程迁移到一个包容性更强的科学课堂实践中存在困难，恰恰突显了以积极和建构的方式重塑不同观点的必要性（Sarangapani，2003）。教师可以引导学生欣赏其他人为集体知识所做贡献的价值，并鼓励他们阐述自己的想法。随着时间的推移，这些可能会成为问题解决的专门经验，用来培养那些在为集体学习目标做贡献中需要帮助的学生向小组成员拓展自己的开放性（Sarangapani，2003）。

与本书的关键目标一致，在本章我们呈现了一个学习科学的真实问题解决活动及其在小学课堂的实践。我们描述了学生是如何阐述、维护并支持他们的观点，这些是21世纪最核心、最关键的交流技巧。值得注意的是，这些技巧仍然很稚嫩，我们发现了培养这些技能可能的教学支持。我们也关注解释共同基础建立的过程，不是为了声称 SBI 作为一种教学创新的效果，而是为了理解在协作意义建构和问题解决中的认知和社会文化。教学效果可能需要更广泛的研究和更大样本的小组互动。之所以强调认知和社会文化，是因为它与近来科学教育中强调将探究实践带到学生课堂经历的趋势有关。这使得科学教学不再是教师单方面的灌输而是作为一个过程来理解初步的科学概念及其证据基础（Quinn et al.，2011）。随着教育者和研究者不断地将学校科学教育定位为科学社会实践活动，为了在课堂知识建构中让学生投入有益的对话，我们仍然有必要认识和培养学生在课堂上进行知识建构的生产性话语的能力。

参考文献

Akkerman，S.，Van den Bossche，P.，Admiraal，W.，Gijselaers，W.，Segers，M.，Simons，R.-J.，& Kirschner，P.（2007）. Reconsidering group cognition：From conceptual confusion to a boundary area between cognitive and socio-cultural perspectives? *Educational Research Review*, *2*(1), 39-63.

Baker, M., Hansen, T., Joiner, R., & Traum, D. (1999). The role of grounding in collaborative learning tasks. In P. Dillenbourg (Ed.), *Collaborative learning: Cognitive and computational approaches* (pp. 31-63). Oxford: Elsevier.

Barrows, H. S. (1996). Problem-based learning in medicine and beyond: A brief overview. *New Directions for Teaching and Learning*, *68*, 3-12.

Bruner, J. S. (1996). *The culture of education*. Cambridge, MA: Harvard University Press.

Buchs, C., Butera, F., Mugny, G., & Damon, C. (2004). Conflict elaboration and cognitive outcomes. *Theory Into Practice*, *43*(1), 23-30.

Clark, H. H., & Wilkes-Gibbs, D. (1986). Referring as a collaborative process. *Cognition*, *22*(1), 1-39.

Corsaro, W. A. (2003). *We're friends, right?: Inside kids'culture*. Washington, DC: Joseph Henry Press.

CPDD. (2007). *Primary science-syllabus 2008*. Singapore: Curriculum Panning and Development Division (CPDD), Ministry of Education.

Duch, B. J., Groh, S. E., & Allen, D. E. (2001). Why problem-based learning? A case study of institutional change in undergraduate education. In B. J. Duch, S. E. Groh, & D. E. Allen (Eds.), *The power of problem-based learning: A practical "how to" for teaching undergraduate courses in any discipline* (pp. 3-11). Sterling: Stylus Publishing.

Gee, J. P. (2005). *An introduction to discourse analysis: Theory and method* (2nd ed.). New York: Routledge.

Goodwin, M. H., & Goodwin, C. (1987). Children's arguing. In S. U. Philips, S. Steele, & C. Tanz (Eds.), *Language, gender, and sex in comparative perspective* (pp. 200-248). Cambridge: Cambridge University Press.

Greeno, J. G. (1998). The situativity of knowing, learning, and research. *American Psychologist*, *53*(1), 5.

Hatano, G., & Inagaki, K. (1991). Sharing cognition through collective comprehension activity. In L. B. Resnick, J. M. Levine, & S. D. Teasley (Eds.), *Perspectives on socially shared cognition* (pp. 331-348). Washington, DC: American Psychological Association.

Hmelo-Silver, C. E., Duncan, R. G., & Chinn, C. A. (2007). Scaffolding and achievement in problem-based and inquiry learning: A response to Kirschner, Sweller, and Clark (2006). *Educational Psy-*

chologist，*42*(2)，99-107.

Hogan，K. (1999). Sociocognitive roles in science group discourse. *International Journal of Science Education*，*21*(8)，855-882.

Jefferson，G. (2004). Glossary of transcript symbols with an introduction. In G. H. Lerner (Ed.)，*Conversation analysis*：*Studies from the first generation* (Vol. 125，pp. 13-34). Philadelphia：John Benjamins Pub. Co.

Johnson，D. W.，Johnson，R. T.，& Smith，K. (2007). The state of cooperative learning in postsecondary and professional settings. *Educational Psychology Review*，*19*(1)，15-29.

Kuhn，D. (2010). Teaching and learning science as argument. *Science Education*，*94*(5)，810-824.

Kyratzis，A. (2004). Talk and interaction among children and the co-construction of peer groups and peer culture. *Annual Review of Anthropology*，*33*，625-649.

Lave，J.，& Wegner，E. (1991). *Situated learning*：*Legitimate peripheral participation*. Cambridge：Cambridge University Press.

Lemke，J. L. (2001). Articulating communities：Sociocultural perspectives on science education. *Journal of Research in Science Teaching*，*38*(3)，296-316.

Matusov，E. (1996). Intersubjectivity without agreement. *Mind*，*Culture*，*and Activity*，*3*(1)，25-45.

McDonald，S.，& Kelly，G. J. (2012). Beyond argumentation：Sense-making discourse in the science classroom. In M. S. Khine (Ed.)，*Perspectives on scientific argumentation* (pp. 265-281). Dordrecht：Springer.

Mercer，N. (2004). Sociocultural discourse analysis：Analysing classroom talk as a social mode of thinking. *Journal of Applied Linguistics*，*1*(2)，137-168.

Mercer，N.，Dawes，L.，Wegerif，R.，& Sams，C. (2004). Reasoning as a scientist：Ways of helping children to use language to learn science. *British Educational Research Journal*，*30*(3)，359-377.

Nielsen，J. A. (2013). Dialectical features of students' argumentation：A critical review of argumentation studies in science education. *Research in Science Education*，*43*(1)，371-393.

Ochs，E.，Taylor，C.，Rudolph，D.，& Smith，R. (1992). Storytelling as a theory-building activity. *Discourse Processes*，*15*(1)，37-72.

Quinn，H.，Schweingruber，H.，& Keller，T. (2011). *A framework for K-12 science education*：*Practices*，*crosscutting concepts*，*and core ideas*. Washington，DC：National Academies Press.

Richmond，G.，& Striley，J. (1996). Making meaning in classrooms：Social processes in smallgroup discourse and scientific knowledge building. *Journal of Research in Science Teaching*，*33*(8)，

839-858.

Rogoff, B. (2008). Observing sociocultural activity on three planes: Participatory appropriation, guided participation, and apprenticeship. In K. Hall, P. Murphy, & J. Soler (Eds.), *Pedagogy and practice: Culture and identities* (pp. 58-74). London: SAGE Publications Ltd.

Roschelle, J., & Teasley, S. D. (1995). The construction of shared knowledge in collaborative problem solving. In C. O'Malley (Ed.), *Computer supported collaborative learning* (Vol. 128, pp. 69-97). Berlin/Heidelberg: Springer.

Sarangapani, P. M. (2003). Childhood and schooling in an Indian village. *Childhood*, *10*(4), 403-418.

Tan, A. L., Kim, M., & Talaue, F. T. (2013). Grappling with issues of learning science from everyday experiences: An illustrative case. *The Journal of Mathematics and Science: Collaborative Explorations*, *13*, 165-188.

Tolmie, A. K., Topping, K. J., Christie, D., Donaldson, C., Howe, C., Jessiman, E., & Thurston, A. (2010). Social effects of collaborative learning in primary schools. *Learning and Instruction*, *20*(3), 177-191.

Turner, J. C. (1991). *Social influence*. Belmont: Thomson Brooks/Cole Publishing Co.

Turner, M. (1996). *The literary mind: The origin of thought and language*. New York: Oxford University Press.

Vygotsky, L. (1978). *Mind in society: The development of higher psychological processes*. Cambridge, MA: Harvard University Press.

Zittoun, T., Baucal, A., Cornish, F., & Gillespie, A. (2007). Collaborative research, knowledge and emergence. *Integrative Psychological and Behavioral Science*, *41*(2), 208-217.

第四部分

学校中的真实性实践

>>

第九章　东亚文化中的再融合教育运动

肯尼斯·Y. T. 林

大卫·洪

元明德

许宏嘉①

摘要：在学生接受正规教育和获得非正式学习机会的大背景下，本文旨在介绍作为玩耍和修整活动的再融合教育（remix）概念。围绕如何平衡学校课业及游戏，本文讨论了东亚的社会文化、学校实践和家庭支持等相关议题。文章列举了在应试教育系统中如何加强玩耍和修整活动的案例。此外，本文还阐述了在学校、家庭、文化环境、给予的支持和机会、个人倾向、兴趣和性情之间的复杂关系中，玩耍和再融合教育倾向如何形成［Hung et al.，Asia Pacific Educ Rev 12（2）：161-171，2011］。我们认为再融合将是 21 世纪社会繁荣的关键需求；进而我们提出，东亚社会尤其将从这种文化和倾向发展中获益。

关键词：玩耍；修整活动；思客；再融合教育；

东亚社会；21 世纪学习；危克问题；设计思维

一、引言

在东亚社会②中，考试是教育系统和社会结构的重要特征之一。历史上，中国首创

---

①　K. Y. T. Lim（✉）· D. Hung · M. D. Yuen · H. J. Koh

National Institute of Education，Nanyang Technological University，Singapore，Singapore

e-mail：kenneth. lim@nie. edu. sg

© Springer Science＋Business Media Singapore 2015

Y. H. Cho et al.（eds.），*Authentic Problem Solving and Learning in the 21st Century*，Education Innovation Series，DOI 10. 1007/978-981-287-521-1 _ 9

②　我们所说的"东亚"是指中国以及深受中国文化影响的国家，如日本、韩国和新加坡等。我们意识到，"东亚"这一标签所涵盖的各种文化和亚文化区域彼此有明显差异。"东亚"这个词本身就是一个建构起来的、富有争议的概念。使用"东亚"这个意义宽泛的术语，并不意味着该区域的人民和文化就是完全一致的，而是为了突出强调它们在某些社会和政治文化上的相似之处。这些相似之处放在一起考虑时是有意义的。我们说"西方国家"，也是在同样情境下宽泛使用这一术语的。

公开的书面考试系统，并成为政府官员择优任命的方式。理论上，出身卑微的人可以通过自身意志和努力进入上层社会。为了追求仕途，他们往往要花费数年背诵经典。这种文化至今还在影响着东亚人对什么是良好资质的看法（Webber，1989）。如今，考试仍被当作进入著名中学和大学等精英机构的主要途径（Dawson，2010；Harman，1994）。在韩国、日本、新加坡以及中国的香港和台湾地区，家长们都深信良好的教育，比如进入大学，会给孩子的未来生活提供更好的机会。近年来，艾米·陈（Amy Chan）让"虎妈"一词流行起来，这个词专门用来描绘那些非常严厉的母亲。蔡发现，某个研究调查的 48 位中国移民母亲中，绝大多数表示"她们相信她们的孩子能够成为'最优秀的'学生"，"学业成为反映子女养育成功与否的标准"，如果孩子在学校不能出类拔萃，就是有"问题"的，家长"没有尽职尽责"（Chua，2011）。

　　家长总希望给孩子提供他们认为"最好的"，社会上由此产生了很多家庭辅导和校外补习学校 ——日本的"juku"，中国台湾的"补习班"，韩国的"补课学校"，中国香港的"个别辅导学校"……（Kennedy and Lee，2007，p. 74）。这些机构都是为高风险的国家考试做准备（Kim and Park，2010）。虽然这一系统擅长让学生在标准化测试中拿高分，但却不能够帮助学生适应高等教育和知识经济。

　　我们都希望学生能够为今天和明天的世界做好准备。但是需要什么样的准备？我们需要更多擅长背诵问题答案的人吗？本文质疑在这种理念下对什么才是对学生"最好"的看法，主张不能因对各种文凭和证书的学业追求而忽视游戏和修整（tinkering）活动。

　　西方国家通常不会那么看重资格证书。相反，渗透在西方文化中的信念认为玩耍是非常重要的——典型表现就是围绕一些作品和想法可以进行各种尝试。这种现象与美国正在兴起的"创客运动（maker movement）"是一致的。创客运动代表了对"建构主义"的一种回归和强调（Papert and Harel，1991，p. 1—11）。在美国，技术支持的"自己动手（DIY）"文化证明了这一点（Anderson，2012）。创客运动通过创客空间、工具和 3D 打印等技术，推动了人工制品的追求和兴趣，并向艺术、手工、电子、木工和金属焊接等建造性活动延伸。这项运动注重使用和学习实践技能，在练习设计思维中应用这些技能。成员之间的实践网络非常常见，他们在拙笨的修改过程中培养技能、启迪智力、形成思维倾向（"思客①"）（Dougherty，2012；Johnson，2012）。

---

　　① 英文原文为 thinkering，是指在不断修整完善某个作品过程中思考。译者注。

在修整中思考可以理解为批判性分析各种设计和系统的倾向，用新颖的——常常是意想不到的——方法分解和整合它们。这一运动的影响是深远的，反映了后工业时代对社会组织与价值观的理解。

（一）换个角度看待成功的学习者

工业革命以来，西方公民社会的发展已进入平稳增长、相对稳定的阶段。这是基于库恩的范式、干扰和共识的观点来理解的进步；这导致了长期的稳定状态，每个状态持续数十年时间。同时，稳定状态意味着技能和知识能随着时间不断发展。通过稳定的职业道路，知识和技能与个人一生发展息息相关。该阶段的教育系统是按照功能性的理念加以设计的，能够很好满足国家需要。

此外，教育体系是按工业化世界观构建的，旨在培养公民适应白领和蓝领这两类大致划分的职业类型。职业培训也是如此，让学习者掌握与工厂中大规模生产和制造有关的各种技能。大学则培养更有学术倾向的学生，以便将来从事那些通常划分为白领类的工作。

这种学术和职业的二元划分正在逐渐减弱，尤其是在 DIY 文化时代下。实际上，之所以创客运动起源于德国（而不是美国），并且已纳入正规教育体系中，其中一个重要的原因就是德国教育体系更强调职业教育。这与具身认知（embodied cognition）是相一致的。因此，在本文中，我们认为应该打破"动脑"和"动手"的二分法，构建一个更为辩证的框架。

（二）打破"动脑"和"动手"二元划分

美国创客运动建立在社交网络基础上（Anderson，2012）。该运动从德国转移到美国之后，改变了其反主流文化的定位，从最初的政治性转变为更加强调技术。因此，创客运动不管是在开源软件，还是最近的开源硬件，都得益于开源社区。

创客团体成员持续不断地改进他们的想法和作品，依赖于同样的网络。在制造、批判性评估、同伴反馈和改进之间的快速周期性循环中，清楚阐明了"动脑"和"动手"的辩证关系（Anderson，2012；Wilson，1999）。

工业革命推崇笛卡尔模型。该模型中，（脱离具身学徒方式的）去情境化的知识是合法的。学生主要通过一种"动脑"教育学开展学习，接受类似的评估。这样一种教育体系在整个 19 世纪，以及 20 世纪大多数时候都运转良好。然而今非昔比，我们必须认真反思我们的世界观，前瞻性地思考认知和情境的辩证关系。

（三）知识经济和危克问题

东亚系统中，教育标准和标准化考试通过行政手段贯彻实施，非常强调考试结果。这些对教育有严重影响。教学和学习不断衰减，变成公式、死记硬背和掌握常规操作。冯盾（Foondun，2002）报道了这样一个"个别辅导"的案例：

> 强调……具体考试技巧……［并且］……过度的填鸭式地用功，记忆冗长的动词、比较级、阳性阴性、单数复数等……但是还有更糟糕的。在一次测试中，考官发现 40 位学生的答案完全雷同。老师后来承认"他事前准备了 100 个可能的问题，并让学生把答案烂熟于心"。（p. 505）

这一体系能有效培养出胜任制造和服务型经济中常规工作的大量工人，但无法培养适应"知识性工作（knowledge work）"的员工。全球经济中最好的工作将是"知识性员工（knowledge workers）"能用不可预知的方式解决结构不良问题。问题解决是一个认识和解决当前情境和预期目标间差距的过程，而到达目标的路径存在已知或未知的障碍。纳尔逊和斯图尔特曼（Nelson and Stolterman，2003，p. 13）区分了有确定答案且能解决的问题（tame problems）和很难或无法解决的问题（wicked problems，以下译为"危克问题"）。他们认为，多数正规教育或训练都是培养学生更好地鉴别和解决问题，但解决问题的方式是被动的，解题过程是明确的。按照里特尔和韦伯的（Rittel and Webber，1973）理解，危克问题有十大特征，其中包括：

- 每一个危克问题本质上是独一无二的。
- 危克问题不能被公式化，没有明确的公式。
- 危克问题没有终止规则。因为你无法用单一的方式定义问题，所以也很难区分问题何时被解决。
- 对危克问题而言，无法当场或最终检验解决方案。

纳尔逊和斯图尔特曼（Nelson and Stolterman）认为，如果像对待有明确答案的问题一样对待危克问题，只会导致浪费能量和资源，形成的解决方案不仅无效，还会制造出更多的困难。解决有明确答案的问题和危克问题的策略是种类上的不同，而不是程度上的不同。

21 世纪的挑战是那些结构不良的危克问题，这些才是 21 世纪的工作者必须要解决的问题。"知识性员工"这个概念是由皮特·德鲁克（Peter Drucker）在其 1959 年出版的著作《明日地标》（*The Landmarks of Tomorrow*）中第一次提出的。他认为，知识性员工的生产力是 21 世纪管理上的最大挑战。知识性员工通过教育、经验和个人交流获取知识，然后在瞬息变化的环境中用这些知识整体地实现组织的目标。德鲁克（Drucker，1999，p. 142）列举了决定知识性员工生产力的 6 个因素。其中一个因素是持续创新是工作的必要构成，是知识性员工的责任。另一个因素是知识性员工需要不断学习和教学。

对于我们的社会和文化来说，能够增加有能力的"知识性员工"是重要的。他们具备所需的教育、经验和动力，能够从比传统的常规认知操作更为广泛的视角下解决问题、进行设计。

二、充分发挥教育人才资源库的多样性

从 20 世纪下半叶起，借助全球化的力量以及网络化社交和经济架构的迫切需要，新加坡和西方国家成功治国之道背后的稳定状态假设迅速失效。取而代之的是我们将 21 世纪社会描述为处在持续变动状态之中（Anderson，2012；Thomas and Brown，2011），诸如受指数级数据增长所驱动。这种不稳定性影响了包括有关儿童如何学习、学科理解的本质及权力与信任结构的社会协商等。

和让每个人都遵循严格界定的学业优秀的统一模板相反，我们认为想象和玩耍对于拓宽社会关于成功的话语体系至关重要。那些天资平平、学习缓慢学生的才能也可以被利用。这群孩子总是更善于通过非传统的学业手段表达自己，比如通过视觉和表演艺术，或通过工艺和设计思维（Oreck，2004）。尤其是后者，自荷葛尔等人（Hagel et al.，2008）在《哈佛商业评论》发表开创性论文以来，越来越多的人认识到，这些才能和专业知识对于确保 21 世纪社会的敏捷性和适应性具有至关重要的价值。这在很大程度上是因为学科领域更少被精准地描述为"知识库"，而被描述为网络学习者时代中的"流（flow）"。在这种情况下，学习者在参与知识的设计和重建以及知识的传播过程中，与更传统的领域仲裁者具有了更加平等的立场。

温伯格（Weinberger，2012）强调了现代知识表现的可塑性，以及这种可塑性如何导致知识仲裁的争议比以往人类历史上任何时候都要多。我们认为，至少从这样的框架来看，好的问题比好的答案更重要。我们可以从西方的创客运动中学习如何利用人才。

（一）皮特的例子

有必要通过一个例子来说明这种倾向于知识的可塑性是很有用的。皮特（Peter）是一个新加坡学生，现年15岁。皮特3至5岁时喜欢涂鸦。他的绘画中表现出重新排列、组合和添加新颖元素创造全新东西的特点。他的肖像和风景画均有不同创造（如动物、机器人等）并有多元变化。5至10岁时，皮特喜欢在乐高积木的各种虚构世界里玩角色扮演。他有非常强的视觉能力，能够从乐高积木和分主题中构造复杂的模型，如"星球大战"。

从10岁左右开始，皮特能够在不同分主题之间，例如"星球大战"和"生化战士"，或者在某个分主题内，通过组合创造属于自己的模型。因为他喜欢，所以父母购买了这些玩具以鼓励他培养兴趣。和兄弟姐妹相比，皮特读书相对少些，在接下来几年他投入更多时间在自己的房间里玩玩具。

在近两年中，皮特一直修习艺术课程作为自己的课外活动。这些活动要求他绘画，并从事雕刻和其他需要动手的艺术形式。在这些自我表现形式中，他不断地改进和完善自己创建的模型。

同时，皮特还对弹吉他产生了兴趣。他从在线教程上学习了技法。就像许多乐器一样，吉他易于开展各种尝试，因此符合皮特喜欢各种实验的性情。

举个例子，下面这段对话是一年前的记录，就在皮特的父母送给他一把电吉他后不久：

皮特：听听看这个作品。我把古典和电吉他混合在一起创作出来的。

记者：什么意思？

皮特：嗯，我用的是 Garageband[①]。你知道什么是 Garageband 吗？

记者：是的，我以前听说过。它是苹果首选（Mac first）上的软件吗？

皮特：是的，我在学校七年级的时候就学会如何使用 Garageband 了。

---

① 苹果的一款数码音乐创作软件，译者注。

记者：你做了什么？

皮特：我用电吉他录制歌曲。我学会了如何从互联网上录音。

记者：哦。不过我还在背景音乐中听到了古典吉他的声音。

皮特：的确如此。我戴着耳机，在录音设备播放电子吉他演奏时，同时录下了我在弹奏的古典吉他音乐。

记者：你是说你在电子吉他上又叠加了古典吉他。

皮特：是的，没错。

记者：你用 Garageband 软件将两个录音混编到一起。

皮特：是的。

记者：我明白了。

多年来我们的观察表明，再融合倾向——重新排列、组合、编辑以及加入原创——能创造出某些全新的东西。这种个性对于他进行创造来说，就像和进行实物制作所需的技能一样，都是至关重要的。从皮特的个案研究来看，他喜欢再融合的个性很小就开始了。他利用各种机会，在绘画、搭乐高积木以及尝试各种艺术和音乐方法上探索不同想法。即使他有遵守标准和规则的品质，这些经历促使他很自然地愿意尝试不太程序化和常规的方式。

我们也观察到，皮特有一个不错的家庭环境，他父母鼓励他去追求兴趣爱好，提供了基本的设施（如属于他的房间空间，网络连接）和工具（如吉他）来供他玩。这样的环境允许并鼓励他结合或编辑现有材料，创造新东西，产生衍生作品。

提供给皮特的还有一个鼓励尝试的社会环境。他目前就读的艺术学院（School of the Arts, SOTA①）是一个专门为对艺术感兴趣的学生设立的学校。和那些传统意义上主要追求学业表现上卓越的其他学校相比，开展实验、发现式学习和再融合环境在 SOTA 中体现得更明显。

总之，皮特的成长源于这样几点：（1）有再融合的机会（包括工具和基础设施）；（2）SOTA 和家庭提供的社会文化环境；（3）最初的先天性格和对蕴含再融合特点的绘画和玩乐高的兴趣。

---

① 新加坡艺术学院，译者注。

三、创客运动和游戏

近期在美国和德国兴起的创客活动是参与式学习文化不断加强的一个良好例证，其典型特征是在正式学校教育时空范围之外基于真实情境下学习。创客运动用后现代思维理解笛卡尔的"我思故我在"，认识到理解是社会性建构的，思考和实践密不可分——我们实践，故而我们存在；在真实社会情境下合法的边缘性参与活动本身让我们在自我认同的持续塑造和协商中实现对社会现实的辩证耦合（dialectic coupling）。

（一）智者：富有学问的人

我们可以将自身定义为与社会性他者（social others）相关联的社会性存在（social beings）。这种观念下衍生出来的学习（观）截然不同于将自我理解为功能自主建构观念下的学习观。后者强化了作为资源库的知识习得观念，而前者更强调作为"流（flow）"的知识协商观念。

详细来讲，学习者开展参与式操作活动，真实性由此得以形成。真实性源于学习者让自己的创造性过程接受——和寻求——社会性他者的评判；要想寻找这方面的证据，只要看看各种基于信任的在线社区就可以了——例如 Flickr、YouTube、eBay、亚马逊和维基百科等。想想看，这就像是一个转型，从准笛卡尔式的"我就是我所拥有的/我就是我能控制的"到"我就是我跟别人共同发展所能一起分享的"。

在这种情况下，学习者加入兴趣驱动的社区，参与社区活动，从中获得意义以及真实性——没人需要被提醒要坚持或者改进，取而代之的是他们按照自我和社会共同调整的标准，参与一系列复杂活动，包括目标设定、资源评估、自我及同伴评估等。在这样的表现性环境中，传统的"成功"和"失败"二元区分失去意义，因为学习者意识到，他们不仅仅是为了寻求一个不断变化的目标，而且——关键的是——还可以影响目标的性质本身。这就是说，学习者意识到，他们有能力去创设自己的环境，获取有个人意义的学习经验。

（二）游戏——玩耍的人

学习者通过有意地参加玩耍活动，创造和管理环境。在教育文献中，"玩耍"这一概念很难定义。众所周知，存在众多有关玩耍的观点，涉及生物的、历史的、社会的、教育的和发展的等。

谷鲁斯（Groos，1898）提出了一个目前广为接受的工具主义玩耍理论。该理论认为，"玩耍"产生于自然选择，是确保动物能够练习生存和繁殖所需技能的手段。年幼的动物比年长的玩耍更多（因为他们有更多需要去学习）。对本能依赖少、对学习依赖多的动物是玩得最多的。谷鲁斯（Groos，1901）最终将他的观点从动物推广到人类中。

他指出，人类需要学的东西比动物要多，是所有动物中最爱玩耍的。儿童不同于其他物种的幼仔，需要根据所处文化来学习不同的技能。玩耍提供练习技能的机会和探索各种学习方式的可能，可以让儿童为成人生活做好准备。

柯瑞恩（Craine，2010）认为儿童玩耍绝非无聊的，而是天生的和必需的。他注意到，儿童在非常有挑战性的环境下（比如在医院急救病房中等待、在大屠杀期间生活）也会不由自主地玩耍。这些儿童经常很少有东西玩，并且面临痛苦、饥饿或者不确定性，然而他们会用现有的任何东西创造性地玩耍。他提出，这种想要玩耍的欲望是人类固有的。

在这篇文章中，我们不仅关注儿童的玩耍或童年时期的发展，而且还在更广义上定义"玩耍"。在这篇文章中，当我们使用"玩耍"这一术语时，我们指向的不仅是参与者积极地参与结构化游戏或休闲活动的各种情境，也包括某种避免僵化的良好活动倾向或模式。这种方式能够让学习者自由地理解、分析、解构、重建各种系统和想法。按照这种广义理解，玩耍能够而且一定会存于各种正式游戏中，但这并不是必需的。

雕刻家理查德·塞拉（Richard Serra，2010）谈论了他的创造过程。他因把巨大的金属薄片装置弯成螺旋形、椭圆形和弧线形而出名。他说："在玩耍中，你并不能预见最后的产品，它允许你延迟判断。通常一个问题的解决方案会激发另一组问题解决的可能……在实际搭建某个东西过程中，你可以看到无法在这样一个规模上预见的练习，除非你身临其境。"（Bell，2010）

诺贝尔物理学奖获得者理查德·费曼（Richard Feynman）强调了玩耍在自己研究中的重要性："任何时刻只要我愿意，我打算把玩物理，而不用担心（这样做）是否有任何重要意义。"（Feynman，1985，p.157）费曼（Feynman，1985）继续讲道，这和他得出他所研究的量子电动力学中关键公式有重要关系。正是这项工作让他后来获得了诺贝尔奖：

我当时在自助餐厅里，几个闲得无聊的家伙向空中扔了一个盘子。当盘子在空中上升时，我看见它在摇晃。我注意到盘子里红色的康奈尔徽章在旋转。我明显看到，徽章转动速度要快于盘子……我（当时）闲着没事，就开始思考旋转盘子的运动……结果产生了一个复杂的公式！然后我想："我是否能通过观察力或者动力学，以更基础的方式得出为什么是 2 比 1？……"最终，我计算出质量粒子的运动是什么，以及所有的加速度是如何实现平衡，从而得到 2 比 1 的。(p. 157-158)

费曼向他的导师展示这些时，他的导师曾问他："费曼，很有意思，但是这有什么意义？你为什么要做这个呢？"费曼回答他："没什么意义，我做这些只是好玩。"(Feynman，1985，p. 158)

（三）失败

用玩耍倾向来界定学习很重要，因为其中蕴含了一个推论，即"失败"（传统意义上定义的）是一种选择——在一定程度上可以被理解为是一种学习机会（Schank，2001；Galarneau，2005）——（同样），整个"欺骗"（走成功的捷径）的概念也变得无效，因为学习者从欺骗中无法受益。只有在评价被理解为一种独立的输出（"库存"），例如"我赢了"/"我取得了最高分"的时候，欺骗才是值得做的策略。一旦个人价值被理解为是一个发展的过程（"流"），例如"我在这方面越来越好了"/"关于这如何运行，我理解得更好了"，欺骗便失去了它的有效性。而且，很少有人利用技术去"欺骗"，因为他们意识到这样会对他们在社区的名声造成影响——莎士比亚的《奥赛罗》中名声珍贵的观念今天依然萦绕在耳。按照这种方式，兴趣驱动的社区有助于重新定义学徒制，从社会性文化适应的根源扩展到对学习者和学习内容本质的更为现代的理解。

亨利·佩卓斯基（Henry Petroski）在他一系列书中倡导了一种哲学，主张失败是成功之母，所有设计是先前设计的演变。他认为，"功能决定形式"的常识不充分，不足以解释我们认为理所当然的许多东西——叉子、回形针、拉链等——为什么是现在的样子。相反，这些东西之所以成为现在的样子，经历了一个漫长的、通常是曲折的发展过程，是由以前设计中的缺点所驱动的，即"失败决定形式"（Petroski，1992a）。新设计所呈现的形式依赖于对物品（现在）什么样和应该什么样之间实际和觉察到的失败。设计者观察到现存物品功能和想象中功能的距离，关注这些不足，进行修改，去除不完美，生产出新的、改进的物品。为了进一步阐述他的思想，他给我们举了许多工程失败的例子——如塔科马海峡吊桥的驰振、堪萨斯市凯悦酒店走道的倒塌等，这些都是想法不错，但最终在使用中失败的著名案例，可以教我们如何建造更好的桥梁、建筑和机器（Petroski，1992b）。创新和改变背后唯一重要的驱动力就是现存设计的失败。当缺点变得明显、清晰的时候，一个新的改善的设计就将形成。

（四）以红牛人力飞行大赛为例

红牛人力飞行大赛是一项飞行比赛，参赛者使用自制的、大小和重量符合标准的、依靠人力驱动的飞行器飞行。这项赛事每年在全世界三十多个城市举行，包括东亚的城市。飞行器一般都是从码头出发飞向大海（或者大小合适的水域）。很多参赛者参加比赛就是为了娱乐，他们的飞行器基本上飞不了多远。所有人都有资格参加飞行大赛。人力、重力和想象力塑造了一架架飞行器。参加飞行大赛的团队将从三个方面接受评判：距离、创造性和表演观赏性。

飞行大赛这个例子有助于有关学习和什么叫学习成功的一般话语体系的构建。这是因为，这个例子很好地向儒家社会的亚洲人解释了如何用思客的思维方式理解"成功"和"失败"之间的二元区别。换句话说，参赛的选手知道，他们终将"失败"，因为物理学表明，比空气重的飞行器限制了飞行比赛。但是，虽然知道终将"失败"，他们还是报名参加。为什么呢？因为他们不以简单的成败来看待对活动的参与。

飞行大赛的第二个启示在于在这项活动中，参赛者在反复尝试中不断反思，能够对自身的认知知识和具身体验形成辩证认识。

在尝试思考、失败、再尝试、再思考的过程中，他们形成对系统是如何运转，如何利用社交网络，以及与当前挑战相关学科知识的直觉。根据挑战性质的不同，学科知识可能囊括从物理学原理（如飞行大赛）到烹饪设计等各个领域。

这就是飞行大赛活动的两个重要特点，它让参与者知晓，他们报名参加的是一个"不可能完成"的挑战——竞赛的目的并不是"赢"本身，而是"输"，如何输得最优雅、最有趣或者最有想象力——在"输"掉这些比赛的过程中，他们实际上学到的更多，比用传统方式设计这一挑战要多得多。这类活动有可能启动——之后培养——东亚的创客运动和思客文化。这样的挑战并不一定以制造为核心（像西方国家那样），但也可利用像新加坡这样的移民社会固有的再融合特征，如与实际的（国际流行的）俱乐部式活动有关的即兴音乐、喜剧、表演艺术、烹饪、多元化工艺品以及工业品。反过来，所形成的这种思客倾向和创客文化将拓展多元对话，促进对"成功"和"失败"更广阔的理解。

四、再融合

我们认识到认知和环境在本质上是密不可分的。实际上，托马斯和布朗（Thomas and Brown，2011）指出，今天的工具和环境能够让学习者创设新环境。新加坡政府在通过周密计划创造新的学习环境方面很有成效。例如，为了培育学生在艺术、体育、数学和科学等方面的天赋，新加坡政府建立了一系列特色学校，比如新加坡艺术学院（SOTA），体育学校和新加坡国立大学附属中学（NUS High）等。环境创设并不是资深机构的特权，对于那些在传统上被认为是局外者，以及处于社会边缘者来说也是可行的，比如来自圣升明径学校（ Assumption Pathway School）的学生。这个学校就是为了帮助新加坡处境最为不利的学生而专门建立的。

我们应该鼓励学生们玩耍和想象的倾向。学生有可能通过强有力的、有说服力的、复杂的叙事创设各种情境。这种才能的情境重构让新的互动形式得以出现。这里面包含利用一些专业实践。随着时间的推移，学生（及教师）将在同一个社区网络中和实际工作者建立更为紧密的关系。

我们承认，这些特色学校比普通学校学费要昂贵，在整个学校生态系统中，我们需要构建这样一种多样性，促进不同的天赋和人才的发展和交融。

（一）玩耍并非没有价值

决策者们需要明白，这些创意活动的价值不在于让学生直接在自己感兴趣的领域（如滑板、编织）中学习，而在于参与这些领域的社会性具身实践所养成的素养和品性。这些素养和品性可以（也应该）通过国家经费支持，提高学生在传统意义上理解的结果（如学业成绩）上的表现。

因此，国立机构应作为一种经费支持的方式出现，而不是建立创意空间本身。下面这个案例就是一个自发出现的、兴趣驱动的创客空间，获益于小额的国家经费支持。

图 9.1 中的这个学生就是一所新加坡公立学校中国家航空青年团［National Cadet Corps（Air）］的成员之一。他和他的朋友通过这样一种整合课程的活动，将他们在航空模型方面的兴趣拓展到更一般的电子和机械方面的批判性思客活动。图中显示，这个学生正拿着一个他和他的朋友一起创造的卡丁车，使用的材料和零部件都是从现成的远程遥控车中拆下来组装的（在这个例子中是一辆机动滑翔机）。资金都是他们自己节省下来的零花钱，使用了从学校的电工、木工课堂上剩下的废料和工具，这个卡丁车的制造就是一个真实情境下再融合和思客的例子。为了能够在 21 世纪维持参与性、适应性和响应性，东亚社会越来越需要这样的学生。展望未来，国家资助的项目应该更多地考虑如何通过提供一些基础设施或者共享资源、工具和专家，来鼓励这些兴趣驱动的民间社团的发展。

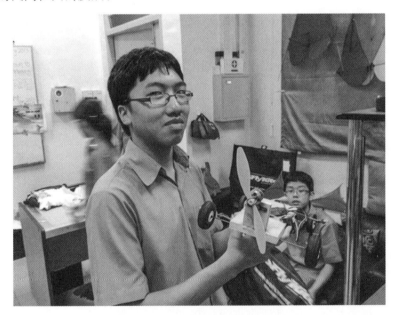

图 9.1　在航模和其他背景下的思客

（二）作为一种趋势和运动的再融合：新加坡的案例研究

在这个更为广泛且清晰的东亚蓝图框架中，需要提供更多的机会，培育一些自发的草根运动和兴趣团体。在新加坡，这类运动和组织已经开始，并继续在社会媒体支持下发展。展望未来，我们认为这种运动和组织在新加坡的社会经济和社会政治话语方面将发挥更大、更为重要的作用——因此，我们应该更缜密地去设计这种对话，引导他们走向经济产出，而不仅仅成为一种无意义的活动。

美国最近的草根运动（以及在较小的程度上，在欧洲）提供了有价值的参考模型。新加坡可以在此基础上设计自身独特的网络社区和创新社区，使之产生和发展。正如前文所述，创客运动起源于欧洲（最初是在德国，当时是一种地下亚政治文化），随后慢慢地渗透到美国很多城市。美国的创客运动——及其对社会政治话语的影响——成为从哈佛大学到斯坦福大学的研究主题。他们沿着与欧洲渊源非常不同的轨迹不断发展，带着一种浓厚的制造氛围。因此，他们常常（虽然不是完全）与极客（geeks）、游戏玩家和技术爱好者联系在一起。从这样的演变中我们可以预见未来创客运动在东亚独特文化背景下的变化。

不管他们的历史渊源、风格以及发展轨迹如何，所有创客运动都具备我们在本文前面所提到的"思客"倾向。在这方面，思客与许多即兴表演艺术有许多共同之处，有关思客的例子可以来自音乐，如爵士、舞台剧和喜剧［例如新加坡制作/艺术家，如布朗先生、霍桑·梁（Hossan Leong）和库马尔（Kumar）］以及烹饪和鸡尾酒调制艺术形式（如调酒术及其在新加坡克拉克码头沿岸的俱乐部中的影响）。

后面这些例子是重要的，因为新加坡正在这些领域迅速建立区域和国际声誉（Chang，2002）。更关键的是，这些例子重要是因为他们代表了可行且有力的领域典范。在这些领域中，当地人被一般选民所代表并认可。在这些领域——以及其他相似领域——形成了可持续的职业生涯的当地人，将有可能在新加坡未来十年的社会话语塑造中起到关键作用，决定什么是新加坡的成功。

到目前为止，我们将本文定位为一种文化变革动力，提升玩耍和思客的程度；同时，我们也认识到，再融合也同样发生在个人层面——主要体现在兴趣驱动再融合倾向，通常在与社会性他者的对话中，通过思考、制造和表演等方式来表现（Knobel & Lankshear，2008）。

五、讨论

关键问题是，在考试被视为影响社会流动手段的东亚社会中（Cheng & Wong，1996），怎样才能给学生提供投身于玩耍、思客和再融合的各种机会？

首先，过分强调将资历和文凭作为社会流动性的准绳，这一做法存在潜在问题。这会导致家长的疯狂，渴望给孩子那些他们认为对孩子是最好的东西；随着中产阶级队伍的壮大，孩子们被送去参加额外辅导。

其次，它与跟兴趣驱动的小组或群体一起"乱搞"或"闲逛"是一致的。尽管从这些活动中，孩子们并不能得到某种证书，但家长应该花时间去了解在这些活动和团体中发生了什么，而非臆断是在浪费孩子们的时间。在当今这一相互连通的社会中，我们能够在网络上发现很多兴趣团体，在这些团体中，非正式学习的机会更是不可胜数。家长的指导是必要的，可以给儿童和青少年提供一些支持。

第三，我们通常在教的范式下思考知识和技能的习得，而没有鼓励学生去试验和"乱搞"。因为工艺或贸易已经被规定好了，默认的方式就是去教这些规则。通过讲授法来教这些规则是省时的，但通常这也会导致操练和练习。传统讲授法通常与资格认证和正式证书相关联，而后者与玩耍和再融合倾向很少一致。我们并不是说传统的讲授法对社会不利。我们承认其作用，但是我们认为过于强调讲授法对孩子们发展兴趣驱动的学习是有害的，对培养玩耍和再融合倾向也不利，在家庭经济学、设计和技术等学科中，这些倾向已经在很大程度上得到认可。

第四，我们想重申之前的观点，要在创造事物（材料和其他）和工艺品——如创客运动那样——身心结合的实践视角下，重新界定传统上理解的普通教育和职业训练二元对立。学校和社会不应该认为职业技能和普通教育相比不重要或地位低。玩耍和再融合倾向对于产品创新来说非常重要，应该同等强调动手和思考能力。

第五，考虑到前文提到的创客运动，东亚社会需要形成促进再融合的文化转型。培养这些性情的再融合文化不应该只是在孩子们还小的时候培养，还应该在学龄期和学龄后一直保持（Pinkard et al. ，2008）。社会需要认识到才能不仅仅局限于以证书为特点的学业成绩，在逐渐创造市场和产品需求过程之中，通过再融合也能培养才能。

我们的第六个观点是，社会应为再融合提供机会——无论是通过政府或者私人资金（Ginsberg，2012）——以便再融合能够蓬勃发展。同技术工坊和黑客空间类似，基础设施（如开放空间）、设备和工具需要对公众开放。

六、结论

随着在正规学校教育系统中年级的提高，东亚社会的学生通常都会减少花费在自身兴趣探索方面的时间和精力，因为在国家和社会团体的言语中，这些探索代表了对时间和资源的低效利用，不如花在更直接、结果驱动的行为上（Ng，2014）。因此，我们认为，思客和玩耍式实验性倾向在整个东亚没有得到足够的重视。

在很多领域中，本土的即兴和再融合例子有助于塑造区域性理解，（这些案例中）参与者的创造性表现和创新技能在社会主流文化话语中越来越处于边缘。相反，（这些例子所体现出来的）本土特征展示了一种超越，超越以往界定的主流和边缘、学业成功和职业成功、非正式和正式学习等。

自后殖民时代以来，新加坡作为一个城市国家，独立后一直是一个缺乏自然资源的国家（Quah and Chan，1987；Lee，1998；Grover，2000；Ganesan，2005）。有一点很正确，由于新加坡的地域政治背景以及经济全球化的特点，特别容易受到国外社会政治和经济力量的影响（Quah and Chan，1987；Lee，1998；Grover，2000；Ganesan，2005）。国家和民众都需要更多的时间来更自信地协调这些边缘性互动，但这必将最终扩大对成功的理解，即在新加坡这样一个东亚社会描绘一个更有条理、更为细致的关于成功的景象。

有一点很重要，我们不应该仅仅强调重建——甚至是培育——一个完全仿造美国模型的草根创客运动。虽然这样做的确也是可行的，但是这样会有一种风险，无法形成任何能够自我可持续的、自给自足的创业式学习、适应性和革新性模型。

由此，我们建议用"再融合 SG"（SG 代表新加坡）这一提法——一种独特的新加坡式创客运动。这种创客运动不会规避美国创客运动（包括在中国和韩国大城市那些已经发展起来的创客运动）所带有的典型的制造特征，也不会像德国等一些欧洲国家一样有那么多的地下反文化因素。相反，再融合 SG 应该利用这样一个现实，即新加坡本质上已经是一个再融合的、即兴的国家，在美食、舞台剧、表演艺术和建筑风格等方面已经拥有自己可行的、能够持续发展的风格。在这种社会结构下，更为清晰的技术再融合空间（如美国模型那样）将能够与其他（再融合）空间并存。在其他（再融合）空间中，围绕着思客或者其他创造和创新为核心的兴趣团队能够涌现和成长。

参考文献

Anderson, C. (2012). *Makers：The new industrial revolution.* New York：Crown Business.

Bell, K. (2010, March). Life's work：Richard Serra. *Harvard Business Review.* Retrieved October 2, 2013, from http://hbr.org/2010/03/lifes-work-richard-serra/ar/1

Chang, T. C. (2002). Renaissance revisited：Singapore as a 'global city for the arts'. *International Journal of Urban and Regional Research*, *24*(4), 818-831.

Cheng, K. M., & Wong, K. C. (1996). School effectiveness in East Asia：Concepts, origins and implications. *Journal of Educational Administration*, *34*(5), 32-49.

Chua, A. (2011, January 8). Why chinese mothers are superior. *The Wall Street Journal.* Retrieved June 14, 2013, from：http://online. wsj. com/article/SB 10001424052748704111504576059713 528698754.html

Craine, W. (2010). Is children's play innate? *Encounter*, *23*(2), 1-3.

Dawson, W. (2010). Private tutoring and mass schooling in East Asia：Reflections of inequality in Japan, South Korea, and Cambodia. *Asia Pacific Education Review*, *11*, 14-24.

Dougherty, D. (2012). The maker movement. *Innovations：Technology, Governance, Globalization*, *7*(3), 11-14.

Drucker, P. F. (1999). *Management challenges for the 21st century.* Oxford：Butterworth-Heinemann.

Feynman, R. (1985). *"Surely you're joking, Mr. Feynman!"：Adventures of a curious character.* New York：W W Norton & Company.

Foondun, A. (2002). The issue of private tuition：An analysis of the practice in Mauritius and selected South-East Asian countries. *International Review of Education*, *48*(6), 485-515.

Galarneau, L. (2005). *Authentic learning experiences through play：Games, simulations and the construction of knowledge.* Vancouver：Digital Games Research Association (DiGRA).

Ganesan, N. (2005). *Realism and dependence in Singapore's foreign policy.* New York：Routledge.

Ginsberg, S. (2012). 3D printing and creative literacy：Why maker culture benefits libraries. In K. Fontichiaro (Ed.), *Everything you wanted to know about information literacy but were afraid to Google* (pp. 89-98). Ann Arbor：University of Michigan Library.

Groos, K. (1898) *The play of animals* (Elizabeth L. Baldwin, Trans.). New York: Appleton.

Groos, K. (1901) *The play of man* (Elizabeth L. Baldwin, Trans.). New York: Appleton.

Grover, V. (2000). *Singapore: Government and politics* (Vol. 13). Singapore: Deep and Deep Publications.

Hagel, H., Brown, S. J., & Davison, L. (2008). Shaping strategy in a world of constant disruption. Harvard *Business Review*, *86*(10), 80-89.

Harman, G. (1994). Student selection and admission to higher education: Policies and practices in the Asian region. *Higher Education*, *27*(3), 313-339.

Hung, D., Lira, S. H., & Jamaludin, A. B. (2011). Social constructivism, projective identity, and learning: Case study of Nathan. *Asia Pacific Education Review*, *12*(2), 161-171.

Itō, M. (2010). *Hanging out, messing around, and geeking out: Kids living and learning with new media*. Cambridge, MA: The MIT Press.

Jiang, X. (2010, December 8). The test Chinese schools still fail. *The Wall Street Journal*. Retrieved October 2, 2013, from http://online.wsj.com/article/SB1000142405274870376670457600869 2493038646.html

Johnson, S. (2012). *Future perfect: The case for progress in a networked age*. New York: Riverhead Books.

Kennedy, K. J., & Lee, J. C. K. (2007). *The changing role of schools in Asian societies: Schools for the knowledge society*. New York: Routledge.

Kim, J. H., & Park, D. (2010). The determinants of demand for private tutoring in South Korea. *Asia Pacific Education Review*, *11*, 411-421.

Knobel, M., & Lankshear, C. (2008). Remix: The art and craft of endless hybridization. *Journal of Adolescent & Adult Literacy*, *52*(1), 22-33.

Lee, K. Y. (1998). *The Singapore story. Memoirs of Lee Kuan Yew*. Singapore: Singapore Press Holdings.

Nelson, H. G., & Stolterman, E. (2003). *The design way: Intentional change in an unpredictable world: Foundations and fundamentals of design competence*. Englewood Cliffs: Educational Technology.

Ng, P. T. (2004). Students' perception of change in the Singapore education system. *Educational Research for Policy and Practice*, *3*(1), 77-92.

Oreck, B. A. (2004). The Artistic and professional development of teachers: A study of teachers' attitudes toward and use of the arts in teaching. *Journal of Teacher Education*, *55*(1), 55-69.

Papert, S., & Harel, I. (1991). *Constructionism*. *New York*: Ablex Publishing Corporation.

Petroski, H. (1992a). *The evolution of useful things*. New York: Vintage Books.

Petroski, H. (1992b). *To engineer is human*: *The role of failure in successful design*. New York: Vintage Books.

Pinkard, N., Barron, B., & Martin, C. (2008). Digital youth network: Fusing school and after-school contexts to develop youth's new media literacies. In *Proceedings of the 8th international conference on International conference for the learning sciences* (Vol. 3, pp. 113-114). Utrecht, the Netherlands: International Society of the Learning Sciences.

Quah, J. S., & Chan, H. C. (1987). *Government and politics of Singapore*. New York: Oxford University Press.

Rittel, H., & Webber, M. (1973). Dilemmas in a general theory of planning. *Policy Sciences*, *4*, 155-169.

Schank, R. (2001). *Designing world-class e-learning*: *How IBM*, *GE*, *Harvard Business School*, *and Columbia University are succeeding at e-learning*. New York: Mc-Graw Hill Trade.

Thomas, D., & Brown, J. S. (2011). *A new culture of learning*: *Cultivating the imagination for a world of constant change*. Lexington: CreateSpace Independent Publishing Platform.

Webber, C. (1989). The mandarin mentality: Civil service and university admissions testing in Europe and Asia. In B. Gifford (Ed.), *Test policy and the politics of opportunity allocation*: *The workplace and the law* (pp. 33-59). Dordrecht: Springer.

Weinberger, D. (2012). *Too big to know*: *Rethinking knowledge now that the facts aren't the facts*, *experts are everywhere*, *and the smartest person in the room is the room*. New York: Basic Books.

Wilson, F. R. (1999). *The hand*: *How its use shapes the brain*, *language*, *and human culture*. New York: Vintage Books.

第十章　基于论证的真实性思维

白宗浩

赵英焕

高恩静

郑大宏①

摘要：越来越多的科学教育者努力促进真实性实践的参与，例如科学实验和探究性学习。在科学教育中，将引导探究与工程技术相结合，为学习者提供将科学概念和原理应用于设计产品的机会，并为科学探究产生有意义的问题。论证在科学探究和设计活动中均有着关键性的作用。学习者需要创建、比较和评估论证，以便解释科学现象，并设计能够解决现实问题的产品。本章提供了一个概念性框架，可用于开发基于论证的真实性思维（authentic thinking with argumentation，ATA）学习环境。ATA模型是经过精心设计的，和探究性与设计性活动的实施结合，旨在提升学生的论证素养。ATA 模型包含了两个彼此之间互相影响的主要活动：POE（prediction-observation-explanation，预测—观察—解释）和 DOE（design-observation-evaluation，设计—观察—评价）。

关键词：论证；探究；设计；问题解决；真实性任务

---

① 　J. Baek・E. Koh・D. H. Jeong (✉)
Department of Chemistry Education，Seoul National University，Seoul，South Korea
e-mail：jeongdh@snu. ac. kr
Y. H. Cho
Department of Education，Seoul National University，Seoul，South Korea
© Springer Science＋Business Media Singapore 2015
Y. H. Cho et al. (eds.)，*Authentic Problem Solving and Learning in the 21st Century*，Education Innovation Series，DOI 10. 1007/978-981-287-521-1 _ 10

一、引言

学习者能够运用自己的知识解释现象并解决现实问题是非常重要的。但是，我们经常看到，学生在科学考试中取得高分，却在将学校学习到的知识应用到真实情境方面遇到很多困难（Brown et al.，1989）。为解决这个问题，科学教育者鼓励学习者在诸如科学探究的真实任务解决中创造和使用自己的知识。学习者需要探索不同的科学现象，形成自己的假设，收集证据支持自己的观点，评价不同的观点，并和其他学习者交流科学发现，而不是为了考试记忆科学概念和原理。为了提高科学探究活动的效率，科学教育者应为初学者提供合适的教学支持，比如问题提示、行动计划、例子和反馈。否则，学习者会在要求过高的任务上花费大量时间，而没有机会去建构性或反思性的思考（Kirschner et al.，2006）。通过有指导的探究活动，学习者不仅能够深度理解科学概念和原理，21世纪技能如批判性思维、问题解决、合作和自主学习也能够得到发展。

除了有指导的探究外，越来越多的科学教育者强调科学教育和工程技术教育的整合。科学理论被应用在新技术的发展上，如智能手机、治疗器械和可持续能源。新技术也有助于科学家们提出新的研究问题。科学家经常与工程师合作解决现实世界中的复杂问题。按照这个观点，科学教育者认识到，学习者必须参与科学和工程学实践以应用他们的科学知识。这意味着学习者需要形成整合的而非孤立的知识。这个主张在美国K-12科学教育框架中得到了很好的体现。该框架强调了工程、技术和自然科学的整合，源于两个重要原因："（1）反思理解人造世界的重要性和（2）认识到更好的整合科学、工程和技术的学与教的价值。"［National Research Council（NRC），2012，p.2］科学教育者需要帮助学习者不仅能够理解科学概念或原则，还能够运用知识设计和开发产品，改善自己日常生活。

本章旨在为学习环境的设计提供一个概念框架，从而使学习者能够参与科学和设计团体的真实性实践。按照这一方式，我们不仅应鼓励学习者像科学家那样进行探究活动，包括形成和检验解释科学现象的假设，还应鼓励学习者像工程师一样设计和开发各种产品，以满足现实需求或解决现实问题。为达到这个目的，科学探究需要与设计活动系统整合（Kolodner et al.，2003）。科学和设计活动的整合可以为学习者提供像科学家和工程师那样思考的机会。

由于科学探究和设计任务都包含复杂的、结构不良的问题，这些问题没有唯一正确的答案，学习者需要具备提供多样的解决问题方法，并通过论证以形成共识的解决方案。这些过程也在科学和工程实践中发生。科学家针对具体的现象创造和证明假设，工程师需要与同事商讨以决定新产品的设计，通常辅以产品样品的可用性测试、消费者调查和专家意见等方面的支持。为有效开展这些过程，论证核心素养的应用，如区分科学证据与传闻，评价相反观点（Jonassen，1997；Voss and Means，1991）至关重要。然而，许多学生的论证素养比较差，特别是在区分证据和解释、考虑相反观点方面（Kuhn，1991；Voss and Means，1991；Wolfe et al.，2009）。

尽管越来越多的人认识到需要提供更多的机会给学生以发展他们的论证素养，但只有很少的教学干预是为这个目的开发的（Kuhn and Katz，2009；Nussbaum and Schraw，2007）。也很少有研究关注论证在整合科学探究和设计活动方面所起的作用。综合现有的研究，本章提出了一个基于论证的真实性思维（ATA）概念模型，旨在促进科学探究和设计活动中的真实性思维。

二、什么是论证？

论证是一个"社会性的、智能性的和言语性的活动，服务于证明或反驳某种观点，由旨在获得观众认可的陈述构成"（van Eemeren et al.，1987，p.7）。论证的主要目的是产生一个"问题、议题和分歧的理性的解决方案"（Siegel，1995，p.162）。论点是论证的结果，相当于一个基于证据的合理论述或断言（Simon et al.，2006）。为了给出有效的论点，学习者不仅需要提出论断，还需要用演绎或归纳推理得出的证据支撑自己的论断。论证是一个复杂和迭代的过程，学习者通过创造、提出、批评和评价不同想法，直到最终对有争议的议题达成共识（Osborne et al.，2004）。

论证包含了认知和社会活动（Erduran and Jiménez Alexandre，2008；Jonassen and Kim，2010）。论证的认知方面涉及个体参与认知过程。比利格（Billig，1987，p.44）认为论证的个体方面是"一个推理的话语过程"。基于对某个给定现象的观点，个体需要将判断和数据联系起来（Sandoval and Millwood，2005；Zohar and Nemet，2002）。社会性方面，论证包括因对某一特定问题的立场相冲突而产生的分歧和争论（van Eemeren and Grootendorst，2004；Fuller，1997）。根据内尔塞西安（Nersessian，1995）的观点，论证的认知方面和社会方面不能完全割裂。像科学家那样，学习者不仅需要提出科学论点，还需要说服其他的学习者。为了支持某一看法，学习者需要精心组织论点，驳斥立场不同的其他观点。经常与其他学习者互动能够提升这些能力。反过来，这种合作的互动能够提升论证的质量，还能够促进高阶思维能力的发展（Kuhn，1993）。因此，在辩论学习和为了学习的辩论中，论证的认知方面和社会方面都应得到充分考虑。通过合作式的论证，学习者对论断和反面意见的说服力、证据的真实性和结论的有效性进行评价。学习者在论证中综合不同观点以达成一致，在这个过程中，学习者改变自己的朴素观念，建立新知识（Nussbaum，2008）。

论证在多种领域中也有着重要的作用，比如科学、工程学和经济学。在很多情况下，学习者需要说服其他人在一个争议性话题上转变观点（Cohen et al.，2000；Jin and Lu，2004；Jonassen and Cho，2011；Erduran and Mugaloglu，2013）。作为解决知识社会中开放性、真实性问题的核心素养，论证在 K - 12 教育、高等教育和职业教育中都得到重视。在科学教育中，"基于证据开展论证"（NRC，2012，p. 49）被认为是科学思维和知识建构的重要学习活动。

三、科学探究中的论证

发展心理学和科学教育领域的研究者对儿童和科学家进行了一系列的比较研究（Brewer and Samarapungavan，1991；Gopnik and Wellman，1992；Helm and Novak，1983）。这些研究揭示，儿童能够像科学家一样做出论证，只不过儿童的论证是以幼稚的形式建构起来的。作为年轻的科学家，儿童可以评价科学理论（Samarapungavan，1992），整合理论和证据（Karmiloff-Smith，1988）。然而，儿童倾向于参与社会过程的情况下自己发展知识，比如说服（Brewer，2008），因为他们很少有分享和辩论自己科学知识的机会。根据恩朵瑞安和吉梅内斯 - 亚历山大（Erduran and Jiménez-Alexandre，2008）的观点，论证有助于科学能力的发展，这对科学教育中的真实性思维是非常重要的。这些能力包括交流、批判性思维、说话和写作的科学素养、认知标准和推理。因此,为学生提供分享科学知识和参与论证的机会是非常重要的。

在科学探究中,论证扮演了重要角色,特别是在因果推理、评价假设和交流方面。在科学探究过程中,学习者需要预测科学实验的结果,解释如何或为什么科学现象会发生。例如,库恩和卡兹(Kuhn and Katz,2009)要求学生在探索了几个地震案例后,对能够预测地震的变量进行推理,并证明自己的推论是正确的。这些案例包括地震风险信息和其他变量,如土壤类型、横波速度和水质。推论的有效性由所提供的支撑推论的证据的准确性和质量来评价。在这项研究中,论证被用来促进因果推理,这在科学探究中是至关重要的。

在科学探究过程中,学习者需要根据科学文献和自身经验,提出多种假设来解释科学现象;评价不同假设时同样需要论证。当学习者探究一系列假设中哪个假设最合理时,他们需要做实验和科学研究。在这个过程中,学习者还参与了各种论证的创造,并用科学探究的标准评价它们。努斯鲍姆和施饶(Nussbaum and Schraw,2007)指出,尽管整合多样的观点会让论点更有说服力,但人们通常不会在自己的论证中考虑反诉。帮助学习者将自己的假设与其他可能的假设进行比较,以证实自身假设的合理性的教学支持是十分必要的。

论证的社会方面与科学探究中的合作活动密切相关(Driver et al.,2000;Sandoval and Reiser,2004)。和科学家一样,学习者需要用证据支撑自己的判断,并说服其他人赞同自己的判断是有效且可靠的。当学习者通过阐释或挑战其他组员的观点,共同对科学论证做出贡献时,科学探究也能带来富有成效的知识建构。除此之外,参与合作论证能够促进学习者运用科学语言交流观点的能力提升。

四、设计活动中的论证

在工程设计过程中,满足消费者需求的产品交付是一项关键环节(Jin and Geslin,2010)。需求和标准并不是预先确定的,解决设计问题的方法也没有预先确定的答案(Buchanan,1992)。因此,设计师需要发现需求并找到满足这些需求的方法。设计的质量可以通过不同标准来评价,如性能、便利性、安全性、创新性、价格竞争力和其他各种市场需求。为了满足这些需求并且提升设计的质量，工程师努力阐明消费者的需求，在有限资源下探索多种解决方案，并开发和测试样品。工程师也根据合理的证据来评价自己的设计，并以推理过程来证明自己作品的合理性。为此，沈和哈蒙德（Shum and Hammond，1994）提出了基于论证的设计原理来证明设计决策和解释设计过程。设计任务需要复杂的认知过程，包括"设计思维"（Brown，2008），这种认知过程有助于培养决策能力（Tang et al.，2010）。

克洛德纳（Kolodner）和她的同事（2003）将设计任务的要求描述如下：

理解解决方案良好运行的挑战和环境；形成（新）想法；学习解决方案所需的新概念（通过多种方法，包括向专家请教、阅读、调研等）；建构并检验模型，分析、反思、修正；然后返回之前的步骤进行改进，不断重复，直到找到解决方法（p.504）。

一个复杂的设计任务要求工程师和其他工程师合作以形成更好的解决方案。因为这样的合作需要克服资源的有限性，拓展技术的可达性，以解决多种观点间的矛盾冲突，因此，在这种合作中，收集不同专家的观点并与合作者讨论以达到目标是至关重要的。这些过程中包含的讨论和协商需要工程师具备有效的论证技能（Jin and Geslin，2010；Jonassen and Kim，2010）。协同决策和论证能够帮助工程师建立合理的原则，引导他们的设计过程（Suh，2006）。

五、促进基于论证的真实性思维的设计原则

ATA 指的是一个包括论证的教学模型，包含了论证的认知性和社会性两方面，旨在提升现实世界问题解决的真实性思考。在文献综述基础上，我们描述了 ATA 的设计原则，包括（a）ATA 过程，（b）问题和任务，（c）资源和（d）教学支持（见表10.1）。

表 10.1　促进基于论证的真实性思维的设计原则

类别	为提升论证的设计猜想	参考资料
ATA 过程	真实问题解决中论点产生过程	吉梅内斯-亚历山大和皮耶罗-穆尼奥斯（Jiménez-Alexandre and Pereiro-Munhoz，2002），凯利等（Kelly et al.，1998）
	评价和总结不同论点的过程	桑多瓦尔和瑞瑟（Sandoval and Reiser，2004），吉梅内斯-亚历山大和皮耶罗-穆尼奥斯（Jiménez-Alexandre and Pereiro-Munhoz，2002）
	学习者间合作的过程	克拉西克等（Krajcik et al.，1998），努斯鲍姆（Nussbaum，2008）
问题和任务	结构不良问题	克拉克和桑普森（Clark and Sampson，2008），克洛德纳等（Kolodner et al.，2003）
	日常生活背景下任务	吉梅内斯-亚历山大和皮耶罗-穆尼奥斯（Jiménez-Alexandre and Pereiro-Munhoz，2002），萨德勒和唐纳利（Sadler and Donnelly，2006），莫克（Mork，2005），佐哈尔和内梅特（Zohar and Nemet，2002）
资源	可视化工具	努斯鲍姆和施饶（Nussbaum and Schraw，2007），奥斯本等（Osborne et al.，2004），苏瑟斯等（Suthers et al.，2008），赵和乔纳森（Cho and Jonassen，2003）
	数据库	库恩和卡兹（Kuhn and Katz，2009），克洛德纳（Kolodner，1997）
	模拟	克拉克和桑普森（Clark and Sampson，2008），卡佛和库林（Crawford and Cullin，2004）
	档案袋（Portfolios）	兰德和赞贝尔-扫罗（Land and Zembal-Saul，2003）
	交流工具	德弗里斯等（de Vries et al.，2002），基施纳等（Kirschner et al.，2003），斯卡达马利亚和贝雷特（Scardamalia and Bereiter，2006）

续表

类别	为提升论证的设计猜想	参考资料
教学支持	认知支持	沃尔夫等（Wolfe et al.，2009），奥斯本等（Osborne et al.，2004），莫克（Mork，2005）
	元认知支持	金塔纳等（Quintana et al.，2005），戴维斯和林（Davis and Linn，2000），赵和乔纳森（Cho and Jonassen，2012），沃斯和米恩斯（Voss and Means，1991）
	社会支持	加里森和阿波弗（Garrison and Arbaugh，2007），莫克（Mork，2005），温伯格和费希尔（Weinberger and Fischer，2006），施特格曼等（Stegmann et al.，2007）
	适应性支持	格雷泽等（Graesser et al.，2005），平克瓦特等（Pinkwart et al.，2009），赵和沙恩（Cho and Schunn，2007）

（一）ATA 过程

ATA 过程包含与论证相关的认知、社会和元认知活动。论证活动以迭代的形式发生，因为学习者倾向于以复杂和非线性的方式产生、分享、评价和修正论点。为了促进这些活动，教育者需要提供真实的问题解决情境，学习者从中能够产生各种各样的产品或答案（Jiménez-Alexandre and Pereiro-Munhoz，2002；Kelly et al.，1998）。我们应鼓励学习者论证为什么这个问题是重要的，问题包含什么限制条件，什么引起了这个问题，以及为什么某个解决方案是合适的。此外，在这个问题解决的情境里，要求学习者对自己的观点和其他人的观点进行比较，并依据共同的标准对不同的观点进行评价，以便产生更有效的解决方案或整合不同观点（Siegel，1995）。这个过程使学习者能够阐明不同解决方案中隐含的假设，认识到自己论点的局限（Sandoval and Reiser，2004）。最后，学习者还需要反思结构不良问题的解决过程和自己论点的质量。通过反思论证经历，学习者能够认识到自己的论证技能和领域知识的缺陷，为进一步的论证提供了学习的机会。

除此之外，ATA 能通过合作与社会互动得到提升。在这种交互中，学习者阐释或挑战其他组员的观点（Nussbaum，2008）。所有学习者平等参与合作的论证过程是很重要的。如果学习者不经过深入讨论，只是简单地同意或不同意他人观点，同伴互动可能不会导致有效的知识建构和合作的问题解决。为了促进合作的论证，教师可以给学习者提供不同的角色，激发他们对问题或话题的各种观点进行思考。此外，学习者如能在合作活动前独自准备自己的论点，合作的论证则能得到提升。这种预习活动能提升学习者自信，减少其思考时间，从而让学习者更容易地参与合作的论证活动。

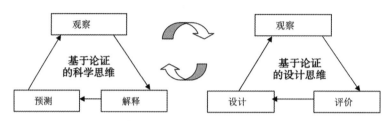

图 10.1　基于论证的真实性思维的学习过程

　　包含了科学探究和设计原则的 ATA 过程含有两个子过程：预测—观察—解释（POE）活动和设计—观察—评价（DOE）活动（见图 10.1）。通过 POE，学习者能够在已知的科学原理基础上产生自己的论点，并运用一系列问题作为指南比较这些论点。在现实世界背景下，学习者就某一议题或现象做出预测或形成判断，证明自己预测或判断的合理性，进行观察或收集信息，比较自己的预测与观察结果，运用证据评估自己初始的判断，维持或修正自己的初始想法（Osborne et al.，2004）。在 DOE 中，学习者产生自己的论点和设计，以解决一个真实的设计问题，观察人们如何使用自己设计的产品，评价自己的初始判断和产品在多大程度上符合设计目标和限制。评价之后伴随反复重新设计的过程（Jonassen，2011；Kolodner et al.，2003）。在进行科学探究和设计活动过程中，学习者需要产生、论证、比较、计划、监控、反思、分享、协商和挑战自己的论点。

（二）问题和任务

　　设计 ATA 任务或问题时，我们认为论证在解决结构不良问题中要比解决结构良好问题中扮演更关键的角色。结构不良问题可能受对立理论（competing theory）支持，且有多种解释和解决的方式。结构不良问题需要学习者比较多种观点，收集支持自己解决方案或否决其他解决方案的证据（Driver et al.，2000；Jonassen，1997）。在解决结构不良问题中论证被运用在科学教育或设计教育的研究中。例如，克拉克和桑普森（Clark and Sampson，2008）引入了一个问题情境，在同一房间中设置物体的温度感觉不同，并要求学生自己建立解释这种现象的原理。在设计教育方面，克洛德纳等人（Kolodner et al.，2003）要求初中生设计一个低摩擦力雪橇车，能够在坡道上跑得最远。

ATA 问题和任务可能包含的另一个有用元素是真实情境。设计真实情境下的问题能鼓励学习者积极参与论证活动。在真实情境中，学习者能够很好地理解论证目的，并将自己之前的经验和知识作为论证的资源加以激活。例如，类似环境污染的社会科学议题有助于促进基于伦理道德观点和科学原理的论证（Jiménez-Alexandre and Pereiro-Munhoz，2002；Sadler and Donnelly，2006）。莫克（Mork，2005）就使用过这种方法，他曾用过政治家们就挪威狼群数量这一争议性话题作为素材进行电视辩论。佐哈尔和内梅特（Zohar and Nemet，2002）也为学生提供过有关人类基因的一个真实两难情境，以鼓励学生使用生物学知识和伦理道德原则支持他们的观点。

除了使用真实情境外，论证任务也可以聚焦学习者熟悉的争议议题。有争议的议题可以为学习者提供丰富的原材料，能让其考虑问题利益相关者的不同观点，并创造自己的论点（Mork，2005）。当学习者能更加容易地产生多种观点时，论证素养就会得到发展。除此之外，学习者应该能够理解和评价不同观点或对立理论在解释某一现象上的优点（Keogh and Naylor，1999），并运用证据支持备选论断（Osborne et al.，2004）。

综上所述，ATA 模型需要创设学习者能够理解的结构不良问题，这些问题具有真实情境和有争议的情节特征。比如，在初中，泳装设计任务有助于提高学生对浮力原理的理解。教师为学生提供了一个真实问题情境，要求学生为下身麻痹患者设计泳衣。教师对学生分组后，要求他们生成泳装设计的论点，并通过考虑病人多样的需求、可获得的资源、浮力原理来支持自己的设计想法。

为了帮助学生形成预期的科学原理，教师可以提供图 10.2 所示的 POE 任务。这在泳装设计中是必要的。教师为学生播放视频片段，其中，一个研究者将干冰放在气球中，系紧气球，并将气球放在电子天平上。教师要求学生预测气球重量的变化。学生需要思考自己的预测及其原因，并与小组成员分享自己的观点。接下来，教师还可以继续播放视频，其中，干冰由固态变成气态，气球体积膨胀，而天平却显示气球重量降低了。学生需要记录他们在视频中观察到的现象，并将其与自己的预测做比较。最后，学生与组员讨论自己的预测与观察到的现象一致或不一致的原因。

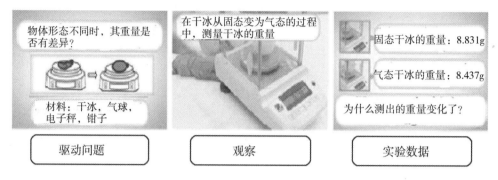

图 10.2　视频片段中给出的问题样例

　　DOE 任务紧随 POE 任务之后，要求学生开发并测试泳装样品。在设计阶段，学生独立画出泳装设计稿，并说明为什么自己的设计适合下身麻痹患者。在制作自己的设计时，学生需要确定合适的材料（例如棉布、塑料、铝箔和气泡膜外包装材料）。在小组中，学生们可以比较他们的设计想法，并讨论哪一种是最令人满意的设计方案。随后，学生运用最终确定的材料制作一套泳装样品。学生也可以运用别的材料制作其他样品。在观察阶段，学生需要检验他们的泳装在水中表现如何（见图 10.4）。最后，学生根据多种评价标准评价他们的泳装，包括功能、美观程度和用户使用的便利性。为了改善泳装，学生可以修正他们的设计思想或使用不同的材料。DOE 循环可以一直重复，直到学生对自己的泳装感到满意为止。

（三）资源

　　有各种资源可以支持论证，包括可视化工具、数据库、模拟、档案袋和交流工具。可视化工具能够帮助学习者阐明论证的组成成分之间的关系，或者论点与对立论点间的关系。努斯鲍姆和施饶（Nussbaum and Schraw，2007）发现，思维导图有助于整合论点与对立论点，以形成结论，因为思维导图清楚地表征了论点、对立论点、支持理由和最终结论间的关系。通过形象化论证，学习者可以开展反思性思考，评价论点有效性（Osborne et al.，2004；Nussbaum and Schraw，2007）。此外，可视化工具还可以通过明确表征抽象概念、不可见物体、数据和假设间的关系，来帮助学习者与其他人交流。苏瑟斯等人（Suthers et al.，2008）发现，在线知识图谱工具能有效地鼓励学习者整合分散在学习伙伴间的信息，以达成共同的结论。赵和乔纳森（Cho and Jonassen，2003）还发现，贝尔韦代雷（Belvedere）是一个同步的基于限制条件的系统，它能够让学生按照事先定义好的论证限制和联系一起将论点可视化，有助于在小组解决问题活动中产生一致论点。

对初学者来说，数据库在探索问题的可能解决方案或形成解释某一现象的假设时非常有用。数据库包括多种多样的信息文件，允许学习者以系统的方式存储、组织和检索信息，并对不同视角进行比较和对比。此外，学习者可以通过收集数据并根据关键要素或概念组织数据，建立自己的数据库，然后使用所开发的数据库支持或驳斥论点。在库恩和卡兹（Kuhn and Katz，2009）的研究中，使用了地震数据库帮助儿童比较不同地震的案例，并建构了一个关于土壤类型、横波速度、水质、蛇的活动和天然气水平等变量之间哪个变量影响地震的论点。

另一种弥补初学者在处理问题上缺乏经验的方法是提供更有经验的学习者或专家解决问题的故事（Kolodner，1997）。初学者可以将专家故事作为证据或例子，还可以作为理解有效论点产生过程的指南（Lawson，2003）。泳装设计活动中，教师可以为学生提供更有经验的学生小组问题解决的故事，看看他们是如何为下身麻痹病人提出有效的泳装设计的（见图 10.3）。

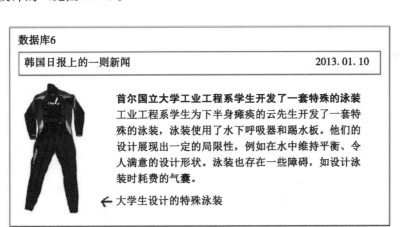

图 10.3　一个问题解决故事的例子

模拟让学习者能够检验不同论点或预测。最近，电脑经常作为开发模拟的工具，模仿现实世界现象，允许学习者控制系统的关键变量。运用模拟检验自己的论点前，学习者可以推断多个变量间的因果关系。另外，通过模拟，学习者能够收集数据，支持或拒绝备选论点。例如，克拉克和桑普森（Clark and Sampson，2008）要求学习者使用交互式模拟，通过操控热传递、热感觉和导热性等变量，收集关于物体温度的实证数据。根据模拟结果，学习者可以证明自己的判断，修正自己一开始的想法或挑战其他组员的判断（Crawford and Cullin，2004）。除了计算机模拟外，模型可以用来检验科学假设和设计想法。泳装设计活动中，教师可以提供一个玩具娃娃，代表不能移动腿的麻痹患者（见图 10.4）。学生可以使用能够影响浮力的原材料（例如棉布、塑料、铝箔和气泡膜外包装材料）为玩具娃娃构造泳装模型。检验模型时，学生可以收集数据，支持自己在材料和浮力关系方面的论点。

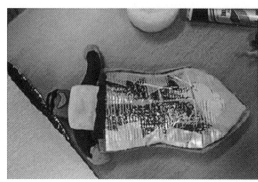

图 10.4　使用模型检验辅助游泳的产品

　　档案袋有助于提升论证时的元认知。为了监控和反思论证过程，学习者需要在进行论证任务时记录他们关于判断和证据的决定。兰德和赞贝尔-扫罗（Land and Zembal-Saul，2003）使用了进展档案袋（Progress Protfolio）。这是一款记录探究过程和管理各种判断和证据的软件。这款软件允许学生记录、再访问和监控来自多个实验的研究过程、证据、发现和判断。当学习者在科学探究或设计活动中反复地产生、监控和回访自己的论点时，这款软件能有效支持元认知活动。

　　最后，交流工具在支持论证的社会性方面是有帮助的。在网络学习环境下，学习者能够同步或不同步地相互讨论，合作提出论点。不同步的在线技术（如讨论区、电子邮件）让学习者有充足的时间建构、阐述论点和反思不同观点（de Vries et al.，2002），同步在线技术（如视频会议、聊天）则让学习者能够通过与其他组员及时回应来共同建构论点（Kirschner et al.，2003）。另外，使用知识建构技术，如知识论坛，可以让学习者群体通过创造和分享包括各种论点、信息和其他种种资源的笔记，共同发展他们的理解（Scardamalia and Bereiter，2006）。在知识论坛中，学习者可以将新笔记与现有笔记联系起来，创造笔记的思维导图。这种知识建构技术有助于合作式地整合各种各样的判断和证据。

（四）教学支持

教学支持类似于提示、线索、脚手架和反馈等，对缺乏 ATA 经验的初学者是必要的。学习者可以获得各种教学支持，包括论证的认知、元认知和社会性等方面。例如，莫克（Mork，2005）描述了一位教师通过挑战学生想法、寻求阐释、引入子话题、转变关注点、改述内容、鼓励参与和管理发言顺序等方法，帮助他的学生达到活动的学习目标。这些教学支持能够提升建构和互动的论证，防止学生在辩论中偏题和使用错误概念或信息。

为了协助有效的论证，教学支持还有必要帮助学生运用有效的证据支持判断，以及将判断与其他观点联系起来（Jonassen and Cho，2011；Nussbaum and Schraw，2007）。即使学生理解论证中证据的重要性，他们通常还是在解释复杂数据、运用证据支持判断、解释证据意义方面遇到困难（Sandoval，2003；Sandoval and Schraw，2007）。另外，很多学生不能考虑到其他不同的观点，也无法整合和自己论点相对立的各种论点（Nussaumand Schraw，2007）。作为认知支持，教师可以解释高质量论点的关键成分，并用具体例子示范如何生成论点（Wolfe et al.，2009）。在典型的论点和学生自己形成的论点之间进行比对，以解释学生应该（不应该）做什么，以及为什么这样做，这也有助于发展（学生的）论证技能（Osborne et al.，2004）。此外，教师可以提供论证的指导性提示（如"用尽可能多的理由证明你的判断或设计"，"其他人会说什么来反对你的判断或设计？"），用其他观点挑战学生的观点，评论学生的论点并建议如何修正它们（Mork，2005；Osborne et al.，2004）。在泳装设计活动中，教师可以通过图 10.5 中所示的网站提供教学支持。

学生应该积极参与元认知活动以提升辩论的质量。金塔纳等人（Quintana et al.，2005）提出了一个支持元认知活动的教学框架，包括（1）任务理解和计划，（2）监控和调节，（3）反思。例如，教师需要鼓励缺乏论证经验的学习者阐明论证的目的，监控数据收集和解释，反思论证过程和最终成果。元认知提示（Davis and Linn，2000）能够辅助这些活动，如"事先考虑：为了产生高质量论点，我需要……""检查我的论点：我没考虑的观点有……"。此外，可以通过元水平的反馈（meta-level feedback）培养学生对论证的反思，促使学习者将自己的论点与教学者提供的论点做比较（Cho

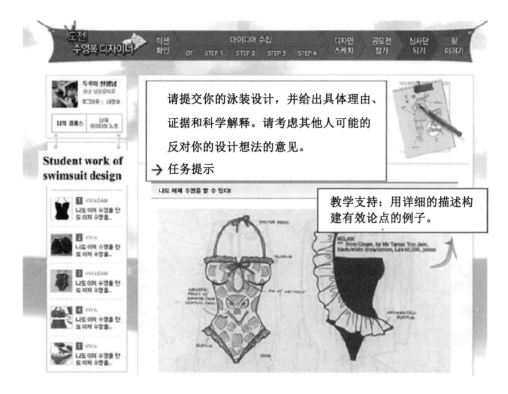

图 10.5　一个网站中的任务提示和例子

and Jonassen，2012）。元水平的反馈中，教师可以鼓励学习者关注是否所有的理由都是可接受的，理由支持判断的程度如何，对立的论点有哪些（Voss and Means，1991）。

关于论证的社会方面，少数学习者由于担心丢脸，在与他人积极分享自己的观点方面感到困难。一些社会障碍阻碍了学习者积极平等的参与论证，包括组员间缺乏社会临场感（social presence）、与其他组员意见不一致、认为反驳（counterarguments）没有什么帮助，少数组员把控了讨论等。为克服这些社会障碍，教师需要鼓励学习者发展社会联系，围绕争议性议题开放地交流，建立集体感（Garrison and Arbaugh，2007）。另外，担任小组调解人角色的教师或学生还可以鼓励消极的小组成员表达自己的观点，为所有组员提供平等的论证机会（Mork，2005）。此外，合作的论证应超越小组成员间的只是分享观点。在共同形成小组的论点中，学习者有必要经历整合取向和冲突取向的共识达成过程（Weinberger and Fischer，2006）。在整合取向的共识形成过程中，学习者通过整合自己论点与他人论点来修正自己论点。在冲突导向的共识形成过程中，学习者比较和对比备选观点，判断哪个论点更易接受和有效。为促进合作式的论证，教师可以为学习者提供合作脚本，引导论证有序开展（如论点—对立论点的整合；Stegmann et al.，2007）。将一个班级分为支持组和反对组，让学生在辩论中支持自己的立场也是有益的，这可能促进冲突取向的共识形成。

教师需要以灵活的方式提供教学支持，因为学习者的论证技能、先验知识和价值观不同，需求也会不同。然而，在真实的课堂情境中，由于时间和资源有限，教师很难为所有学生提供个性化的教学支持。为了克服这个局限，教师可以使用先进技术（如智能教学系统）与学习者互动，让学习者适应。格雷泽等人（Graesser et al.，2005）介绍了基于计算机的学习环境，该环境中有动画代理，能够通过与个体学习者对话，构建模型、训练、用支架支撑他们的认知和元认知策略。像教师一样，计算机代理能够根据学习者所说的内容提出问题、给出提示，提供反馈。平克瓦特等人（Pinkwart et al.，2009）表明，智能教学系统能够对学生及法律论据的图形表征提供适应性反馈，有助于学生论证技能的发展。除了适应性学习技术外，双向的同伴评议有助于补充促进 ATA 的教学支撑。赵和沙恩（Cho and Schunn，2007）表明，来自多个同伴的反馈比单个专家的反馈在提升写作质量方面更有效。与专家反馈相比，学生能更好地理解和使用同伴反馈的意见来批评论点。此外，在双向的同伴评议中，学生可以从解释同伴论点的优缺点中学习。

六、结论

本章，我们认为论证在促进科学探究和设计活动中的真实性思维方面扮演了关键角色。与这个提法一致，本章根据现有研究提出 ATA 的一个概念性框架，阐明其关键特征和原则，并给出了应用这些原则的多个范例。这个概念性框架有助于教育者设计21 世纪技能的学习环境，比如合作、问题解决和批判性思维等。有必要在多种多样的教育情境下，研究 ATA 模型在整合科学探究和设计活动的优缺点。ATA 原则在基于设计的未来研究中，可以得以进一步的阐释和修正。

未来的研究不仅是为了阐释 ATA 模型，也是为了调查学生从 ATA 活动中学到了什么。同样重要的是要确定 ATA 模型是否能够帮助学生形成基于证据的论点；综合不同观点；使用科学概念和原理等工具解决现实世界问题；合作式建构知识；计划、监控、调节和反思自己的学习过程。在知识和技术持续快速变化的 21 世纪，这些能力是至关重要的。

参考文献

Billig, N. (1987). *Arguing and thinking: A rhetorical approach to social psychology*. Cambridge: Cambridge University Press.

Brewer, W. F. (2008). In what sense can the child be considered to be a "little scientist"? In R. A. Duschl & R. E. Grandy (Eds.), *Teaching scientific inquiry: Recommendations for research and implementation* (pp. 38-50). Rotterdam: Sense Publishers.

Brewer, W. F., & Samarapungavan, A. (1991). Children's theories vs. scientific theories: Differences in reasoning or differences in knowledge? In R. R. Hoffman & D. S. Palermo (Eds.), *Cognition and the symbolic processes: Applied and ecological perspectives* (pp. 209-232). Hillsdale: Lawrence Erlbaum Associates Inc.

Brown, T. (2008). Design thinking. *Harvard Business Review, 86*(6), 84-92.

Brown, J. S., Collins, A., & Duguid, P. (1989). Situated cognition and the culture of learning. *Educational Researcher, 18*, 32-42.

Buchanan, R. (1992). Wicked problems in design thinking. *Design Issues, 8*(2), 5-21.

Cho, Y. H., & Cho, K. (2011). Peer reviewers learn from giving comments. *Instructional Science, 39*(5), 629-643.

Cho, K. L., & Jonassen, D. H. (2003). The effects of argumentation scaffolds on argumentation and problem solving. *Educational Technology Research and Development, 50*(3), 5-22.

Cho, Y. H., & Jonassen, D. H. (2012). Learning by self-explaining causal diagrams in high-school biology. *Asia Pacific Education Review, 13*(1), 171-184.

Cho, K., & Schunn, C. D. (2007). Scaffolded writing and rewriting in the discipline: A web-based reciprocal peer review system. *Computers & Education, 48*(3), 409-426.

Clark, D., & Sampson, V. (2008). Assessing dialogic argumentation in online environments to relate structure, grounds, and conceptual quality. *Journal of Research on Science Teaching, 45*(3), 293-321.

Cohen, L., Manion, L., & Morrison, K. (2000). *Historical research. A chapter in research methods in education* (5th ed., pp. 158-168). New York: Routledge Falmers.

Crawford, B. A., & Cullin, M. J. (2004). Supporting prospective teachers' conceptions of modelling in science. *International Journal of Science Education*, *26*(11), 1379-1401.

Davis, E. A., & Linn, M. C. (2000). Scaffolding students' knowledge integration: Prompts for reflection in KIE. *International Journal of Science Education*, *22*(8), 819-837.

de Vries, E., Lund, K., & Baker, M. (2002). Computer mediated epistemic dialogue: Explanation and argumentation as vehicles for understanding scientific notions. *Journal of the Learning Sciences*, *11*(1), 63-103.

Driver, R., Newton, P. & Osborne, J. (2000). Establishing the norms of scientific argumentation in classrooms. *Science Education*, *84*(3), 287-312.

Erduran, S., & Jiménez-Alexandre, M. P. (2008). *Argumentation in science education: Perspectives from classroom-based research*. Dordrecht: Springer.

Erduran, S., & Mugaloglu, E. Z. (2013). Interactions of economics of science and science education: Investigating the implications for science teaching and learning. *Science & Education*, *22*, 2405-2425.

Fuller, S. (1997). *Science*. Buckingham: Open University Press.

Garrison, D. R., & Arbaugh, J. B. (2007). Researching the community of inquiry framework: Review, issues, and future directions. *Internet and Higher Education*, *10*, 157-172.

Gopnik, A., & Wellman, H. (1992). Why the child's theory of mind really is a theory. *Mind & Language*, *7*(1-2), 145-151.

Graesser, A. C., McNamara, D. S., & VanLehn, K. (2005). Scaffolding deep comprehension strategies through Point & Query, AutoTutor, and iSTART. *Educational Psychologist*, *40*(4), 225-234.

Helm, H., & Novak, J. D. (1983). *Proceedings of the international seminar on misconceptions in science and mathematics*. Ithaca: Cornell University Press.

Jiménez-Alexandre, M. P. & Pereiro-Munhoz, C. (2002). Knowledge producers or knowledge consumers? Argumentation and decision making about environmental management. *International Journal of Science Education*, *24*(11), 1171-1190.

Jin, Y., & Geslin, M. (2010). A study of argumentation based negotiation in collaborative engineering design. *International Journal of Artificial Intelligence for Design, Analysis, and Manufacturing*, *24*(1), 35-48.

Jin, Y., & Lu, S. (2004). Agent-based negotiation for collaborative design decision making. *Annals of the CIRP*, *53*(1), 122-125.

Jonassen, D. H. (1997). Instructional design models for well-structured and ill-structured problem-solving learning outcomes. *Educational Technology Research and Development*, *45*(1),

65-94.

Jonassen, D. H. (2011). *Learning to solve problems: A handbook for designing problem-solving learning environments*. New York: Routledge.

Jonassen, D. H., & Cho, Y. H. (2011). Fostering argumentation while solving engineering ethics problems. *Journal of Engineering Education*, *100*(4), 680-702.

Jonassen, D. H., & Kim, B. (2010). Arguing to learn and learning to argue: Design justifications and guidelines. *Educational Technology Research & Development*, *58*(4), 439-457.

Karmiloff-Smith, A. (1988). The child is a theoretician, not an inductivist. *Mind & Language*, *3*(3), 183-195.

Kelly, G. J., Drucker, S., &Chen, K. (1998). Students' reasoning about electricity: Combining performance assessment with argumentation analysis. *International Journal of Science Education*, *20* (7), 849-871.

Keogh, B., & Naylor, S. (1999). Concept cartoons, teaching and learning in science: An evaluation. *International Journal of Science Education*, *21* (4), 431-446.

Kirschner, P.A., Buckingham-Shum, S. J., & Carr, C. S. (2003). *Visualizing argumentation: Software tools for collaborative and educational sense-making*. London: Springer.

Kirschner, P.A., Sweller, J., & Clark, R. E. (2006). Why minimal guidance during instruction does not work: An analysis of the failure of constructivist, discovery, problem-based, experiential, and inquiry-based teaching. *Educational Psychologist*, *41*(2), 75-86.

Kolodner, J. L. (1997). Educational implications of analogy: A view from case-based reasoning. *American Psychologist*, *52*(1), 57-66.

Kolodner, J. L., Camp, P. J., Crismond, D., Fasse, B., Gray, J., Holbrook, J., Puntambekar, S., & Ryan, M. (2003). Problem-based learning meets case-based reasoning in the middle-school science classroom: Putting learning by design into practice. *The Journal of the Learning Sciences*, *12*(4), 495-547.

Krajcik, J., Blumenfeld, P., Marx, R., Bass, K., Fredricks, J., & Soloway, E. (1998). Inquiry in project-based science classrooms: Initial attempts by middle school students. *Journal of the Learning Sciences*, *7*(3), 313-350.

Kuhn, D. (1991). *The skills of argument*. Cambridge: Cambridge University Press.

Kuhn, D. (1993). Science as argument: Implications for teaching and learning scientific thinking. *Science Education*, *77*(3), 319-337.

Kuhn, D., & Katz, J. (2009). Are self-explanations always beneficial? *Journal of Experimental Child Psychology*, *103*, 386-394.

Land, S. M., & Zembal-Saul, C. (2003). Scaffolding reflection and articulation of scientific explanations in a data-rich, project-based learning environment: An investigation of progress portfolio. *Educational Technology Research and Development*, *51*(4), 65-84.

Lawson, A. (2003). The nature and development of hypothetico-predictive argumentation with implications for science teaching. *International Journal of Science Education*, *25*(11), 1387-1408.

Mork, S. M. (2005). Argumentation in science lessons: Focusing on the teacher's role. *Nordic Studies in Science Education*, *1* (1), 17-30.

National Research Council. (2012). *A framework for K-12 science education: Practices, crosscutting concepts, and core ideas*. Washington, DC: National Academic Press.

Nersessian, N. (1995). Should physicists preach whet they practice? *Science and Education*, *4* (3), 203-226.

Nussbaum, E. M. (2008). Collaborative discourse, argumentation, and learning: Preface and literature review. *Contemporary Educational Psychology*, *33*(3), 345-359.

Nussbaum, E. M., & Schraw, G. (2007). Promoting argument-counterargument integration in students' writing. *The Journal of Experimental Education*, *76*(1), 59-92.

Osborne, J., Erduran, S., & Simon, S. (2004). Enhancing the quality of argument in school science. *Journal of Research in Science Teaching*, *41*(10), 994-1020.

Pinkwart, N., Ashley, K., Lynch, C., & Aleven, V. (2009). Evaluating an intelligent tutoring system for making legal arguments with hypotheticals. *International Journal of Artificial Intelligence in Education*, *19*, 401-424.

Quintana, C., Zhang, M., & Krajcik, J. (2005). A framework for supporting metacognitive aspects of online inquiry through software-based scaffolding. *Educational Psychologist*, *40*(4), 235-244.

Sadler, T. D., & Donnelly, L. A. (2006). Socioscientific argumentation: The effects of content knowledge and morality. *International Journal of Science Education*, 12(6), 1463-1488.Samarapungavan, A. (1992). Children's judgements in theory choice tasks: Scientific rationality in childhood. *Cognition*, *45*, 1-32.

Sandoval, W. A. (2003). Conceptual and epistemic aspects of students' scientific explanations. *Journal of the Learning Sciences*, *12*(1), 5-51.

Sandoval, W. A., & Millwood, K. A. (2005). The quality of students' use of evidence in written scientific explanations. *Cognition and Instruction*, *23*(1), 23-55.

Sandoval, W. A., & Reiser, B. J. (2004). Explanation-driven inquiry: Integrating conceptual and epistemic supports for scientific inquiry. *Science Education*, *88*(3), 345-372.

Scardamalia, M., & Bereiter, C. (2006). Knowledge building: Theory, pedagogy, and technology. In

R. K. Sawyer (Ed.), *The Cambridge handbook of the learning sciences* (pp. 97-119). New York: Cambridge University Press.

Shum, S. B., & Hammond, N. (1994). Argumentation-based design rationale: What use at what cost? *International Journal of Human-Computer Studies*, *40*, 603-652.

Siegel, H. (1995). Why should educators care about argumentation? *Informal Logic*, *17*(2), 159-176.

Simon, S., Erduran, S., & Osborne, J. (2006). Learning to teach argumentation: Research and development in the science classroom. *International Journal of Science Education*, *28*(2-3),235-260.

Stegmann, K., Weinberger, A., & Fischer, F. (2007). Facilitating argumentative knowledge construction with computer-supported collaboration scripts. *International Journal of Computer-Supported Collaborative Learning*, *2*, 421-447.

Suh, N. P. (2006, June) Application of axiomatic design to engineering collaboration and negotiation. In *Proceedings of 4th international conference on axiomatic design*, *ICAD06*, Florence/Italy.

Suthers, D. D., Vatrapu, R., Medina, R., Joseph, S., & Dwyer, N. (2008). Beyond threaded discussion: Representational guidance in asynchronous collaborative learning environments. *Computers & Education*, *50*, 1103-1127.

Tang, A., Aleti, A., Burge, J., & van Vliet, H. (2010). What makes software design effective? *Design Studies*, *31*(6), 614-640.

van Eemeren, F. H., & Grootendorst, R. (2004). *A systematic theory of argumentation: The pragma-dialectical approach*. Cambridge: Cambridge University Press.

van Eemeren, F. H., Grootendorst, R., & Kruiger, T. (1987). *Handbook of argumentation theory: A critical survey of classical backgrounds and modern studies*[Studies in argumentation in prag- matics and discourse analysis (PDA)]. Dordrecht/Holland: Foris Publications.

Voss, J. F., & Means, M. L. (1991). Learning to reason via instruction in argumentation. *Learning and Instruction*, *1*,337-350.

Weinberger, A., & Fischer, F. (2006). A framework to analyze argumentative knowledge construction in computer-supported collaborative learning. *Computers & Education*, *46*(1), 71-95.

Wolfe, C. R., Britt, M. A., & Butler, J. A. (2009). Argumentation schema and the myside bias in written argumentation. *Written Communication*, *26*, 183-209.

Zohar, A., & Nemet, F. (2002). Fostering students' knowledge and argumentation skills through dilemmas in human genetics. *Journal of Research in Science Teaching*, *39*(1), 35-62.

第十一章　沉浸式学习环境与地理问题解决

肯尼斯·Y. T. 林

哈比巴·伊斯梅尔[①]

摘要：在地理作为一门正式课程的学科历史轨迹中，地理教师试图通过使用多种多样的干预——从相似模型到实地调查——来调节学生的学习经验。由于许多正式教育采用操作化的方式，相比专业人士对话和实践的方式，从初学者的体验来看地理学科可能是脱离情境的。本章讨论了虚构世界和虚拟环境作为帮助地理初学者拥有地理行业专家的认知框架的手段的可能性。

通过沉浸式环境（immersive environment）的例子，本章描述了新加坡公立学校中一组地理教师实施的教学干预。在本章的开头，我们介绍了地理直觉的概念，并将其与学习地理时学生可能碰到的问题联系起来；随后，我们提出了拟真学习环境下课程设计的框架，并利用沉浸式环境蕴含的空间性和真实性，解释了如何使用这种沉浸式环境来解决这些学习上的困难。最后，我们描述了教学干预在学校中的影响。

关键词：地理；虚拟环境；课程设计

① K. Y. T. Lim (✉)
National Institute of Education，Nanyang Technological University ，Singapore，Singapore
e-mail：kenneth. lim@nie. edu. sg
Habibah Ismail
Ang Mo Kio Secondary School，Singapore，Singapore
© Springer Science＋Business Media Singapore 2015
Y. H. Cho et al. (eds.)，*Authentic Problem Solving and Learning in the 21st Century*，Education Innovation Series，DOI 10. 1007/978-981-287-521-1 _ 11

一、地理学习中的问题

许多地理探究领域蕴含空间和系统的特质。这意味着在教室有限的时空内存在这样的地理问题，即难以有意义地表征理解空间和时间的重要性、提供真实性和情境化例子及经验。这样的表征在学习中是非常重要的，因为它们形成了学习者具体体验的基底；反过来，持续的体验可以帮助学习者通过直觉的发展获得持久的学科理解（Lim，2005）。

（一）地理直觉的本质

孔（Kong，1999，2000）认为，高度城市化的新加坡儿童和青少年将自然看成有序和得到良好维护的事物。这种相当狭隘的观点来源于自然实际上是"浪费时间"。学校里所有的青少年都承认，自然在他们的意识中只占很小一部分。当感到无聊，考虑去什么地方和做什么事情时，他们通常不会想到与自然相关的活动。通常在地理课等学校课业的背景下，与自然有关的想法才浮现在脑海中，而这种自然通常是与概念有关的话题和科学过程，而不是充满潜在乐趣的日常环境（Kong，1999，p.3）。

我们认为，这种"充满潜在乐趣的日常环境"构成了地理直觉的基础，在此基础上学生们关于人地关系本质的直觉得以形成和发展。这样的直觉，反过来，塑造了地理的认知方法，因此对地理初学者（如学校里的学生）认识和理解世界的方法是至关重要的。2015 年出版的一本书中阐释了这种学科直觉的理论建构。

在本章的背景下，将透过学科直觉来理解一些课程设计实例中"缺失的一环"。正式学习环境的课程设计通常建立在（显性或隐性）对学习者携带的直觉的假设上。这些直觉，可能通过个体经验或先前知识发展到它们一开始存在的程度，通常是通过玩耍之类的非正式学习学得的。但是，这类直觉的定义是默认的，不同学习者直觉的质量是不同的。直觉的异质性和缄默特质不利于我们清晰地认识直觉在正式学习环境的课程设计中的角色，但是，直觉仍是至关重要的，至少在形成学习者拥有的前概念和错误概念方面，从而在直接正式经验基础上学习到什么的可能性方面。而且不同学科的直觉是不同的，如地理学科的直觉很可能与物理学科的直觉不同，我们需要认识、探究和解释具体学习环境和作为整体的课程设计，这样才能真的有效。

在这一点上，地理直觉包括对地球科学和人文地理中一系列原型的和/或新产生的现象的理解，如雨的类型、地形以及气候和植被之间的关系。由于地理学科将人地关系放在显著的位置，因此地理直觉受情境限制并且随生物群系变化而变化。

学科直觉与先前知识（prior knowledge）是有区别的，因为直觉通常是从非正式学习（包括玩耍）中发展得来，并且没有被学习者或重要人物正式进行编纂（更别提证实）。本章的一个主要关注领域是就直觉随传统意义上的学科变化（如从"自然科学"到社会科学）而变化的性质开展讨论，在这个意义上，我们说直觉是"学科的"。

学科直觉代表了对当下课程设计理解的一种挑战，我们认为当下课程设计理解忽视了学习者带入每个学科的隐性的感觉，并将这种隐性感觉与先前知识混为一谈。为此，我们希望所引发的辩论将在课程和学习环境的设计方面取得一些进展，而不仅仅是口头上说说而已。

（二）促进认识论形成的设计

在某种程度上，学校正式课程的目的之一是帮助学科初学者（在本章，也就是地理学科的学生）拥有该领域专家的认识论，课程实施必须解决学校教育脱离学科实践而引发的问题，也就是缺乏真实性所导致的后果。此外，地理学科课程设计者致力于解决的一个主要问题是尺度（scale）的理解——不论是在空间上还是在时间上（例如，但不仅限于地质时期的推移）。本章描述使用开放资源版本的沉浸式环境，例如第二生命（Second Life），来提供自然和人文景观的研究。通过探索两种景观及与其交互，新加坡公立学校的学生能更好地体验自己在塑造日常世界中扮演的补充角色。

1. 解决空间尺度的问题：来自河流研究的例子

将地理与其他学科区分开的一个关键元素是地理对尺度的研究——主要是在空间方面，但也有时间方面的。由于地貌过程在空间和时间中展开，许多地理学科的初学者普遍感到难以领会，这个问题在城市国家新加坡的学生里尤其严重——新加坡陆地面积只有 $710 \ km^2$（相当于大约 8 个曼哈顿大小）。

传统上，地貌特征和过程主要通过课本教授，但从认知的角度看，即使使用视频和比例模型，学习者仍会有意识地认为他在观看一个模型，一个复制本，他在与模型和复制本交互。然而，作为一个沉浸式环境中的动画人物，吉（Gee，2007）关于投射性认同（Projective Identity）的研究表明学习者脑海中动画人物与自身识别的一致性，例如，动画人物在沉浸式环境中沿着河地三角洲行走时（见图 11.1），学习者以为自己——亲自——在滩涂上。当学习者探索水文地貌时，这种极其强有力的可能性提升了学习者的体验。

图 11.1　探索真实比例的河流流域整体

2. 解决时间尺度的问题：来自环境教育的例子

地理学科不仅涉及空间尺度的探索，而且还涉及时间尺度的探索。无论是在地质时期的流逝方面，还是在诸如季节或日循环等方面，理解时间议题可能与理解空间议题一样令人烦恼。作者与新加坡教师合作，在沉浸式环境模拟中构建了描述多种形式污染的模型，包括珊瑚礁健康（见图 11.2）和酸雨。这些模拟不仅提供了探索随时间推移的退化过程，而且环境的可操作性允许"随需应变"（on-demand）性质的活动，学习者能够以现实世界中不可能的方式触发事件，操控地貌，这给予学习者更大的主人翁感觉。

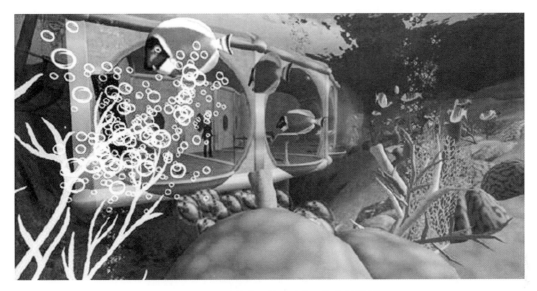

图 11.2 灵活的礁石健康/礁石危害的模拟

3. 解决真实性的问题：来自地图素养的例子

除了学科特定的尺度方面的难题，地理教师还面临着如何将相对去情境化的翻译从大量的课程材料过渡到更真实和持久的理解的问题。基于地图语言直觉发展的首要原则，沉浸式环境已被运用在地图素养的培养中（见图 11.3）。这种方法与更传统的因果颠倒的地图阅读（与地图素养相反）策略形成鲜明对比，后者要求学生记住地图的符号语言，而对这些符号为什么是这样的没有足够的关注。例如，在地理教师的帮助下，作者们共同设计了地势绘图（terrain plots）学习活动，其中，学生通过动画人物在真实比例的沉浸式环境中探索，在地图纸上动手绘制自己所在位置和海拔。通过一点点地连接自己

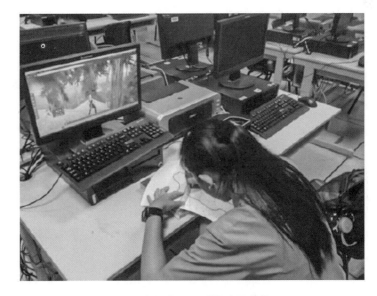

图 11.3 来自首要原则的地图素养

绘制的点，学生看见等高线（contour map）通过自己的手在自己眼前出现，描绘了自己实时探索的地形。学生尝试对自己基于纸的二维演绎与头脑中绘制的三维地形进行对比，通过这种活动，学生发展了专业地理学家认识论的理解。

4. 解决情境的问题：来自旅游研究的例子

最后一个例子说明了作者如何使用沉浸式环境解决去情境化学习的问题——地理学生依据不同野外现场旅游开发的潜力，被分配到沉浸式环境的不同区域学习（见图 11.4）。这些野外现场在既有基础设施发展水平上不同，在计划的/自然发生的现存建筑和土地使用程度方面也不同。学生们通过探索，收集"现实世界"证据支持自己的不同因素及其对旅游业影响的论点，能够更好地理解和运用自己的旅游业知识。

重要的是，通过屏幕截图或与同学合作在各自的野外现场实施重要事件，沉浸式环境允许学生清晰有力地表达和证明自己对概念的理解，如旅游业的负面影响。

图 11.4　在环境中研究旅游业

（三）在混乱和动荡不安的世界中学习地理

鉴于过去十年地理政治学的发展，现在每个地方的学校系统对组织实地考察要谨慎得多。尽管如此，实地考察是地理探究必需的重要组成部分。此外，地壳构造事件无论是区域性的还是全球性的，如 2004 年的印度洋海啸事件，即使最热心的地理教师在计划实施海外实地考察时也多了一些谨慎的理由。总的来说，这些发展意味着自然地貌的变化影响了国家的地理和地貌条件，让教师开展教学大纲中的河流和海岸研究变得更加困难。

　　在作者与地理教师的合作中，与其说将沉浸式环境作为常规实地考察的替代品，不如说将沉浸式环境作为实地考察的补充成分（之前或之后），特别强调沉浸式环境的使用让田野工作（与实地考察相反）设计和实施背后的决策过程的可见性成为可能。总的来说，我们发现沉浸式环境提供了一个合适的真实平台，基于此，我们可以设计探究活动，例如，探索天气和气候研究，而不必组织海外旅行（及其伴随的后勤服务方面、行政方面和资金方面的花费）。

　　此外，沉浸式环境超真实特质（见图 11.5）可用于开发传统意义上可能比较困难或不可能实施的地理探究，这里的困难指的是上面提到的挑战、花费和危险。例如，通过记录和分析海滨环境相关特征和过程，学生可以对河道整体进行切实可行的探索，并对河流和海床进行水下探索。

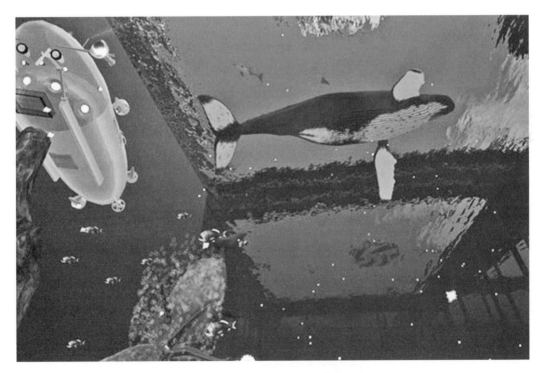

图 11.5　为田野工作加上超真实维度

二、通过六类学习课程框架发展学科直觉

基于以上考虑，作者使用沉浸式学习环境来应对挑战，特别利用沉浸式环境中蕴含的空间性作为学生设计活动的情境化手段。这种通过身临其境的环境在物理世界中进行空间中介学习的情境化，为学习者提供了更大的学习机会，也加强了学习者间接感受到具身经验的机会，通过这种机会，学习者自身地理直觉得以发展。

这样，沉浸式环境在实施萨菲尔等人（Saphier et al.，2008）提出的学习原则时提供了丰富的资源和灵活性。作者和地理教师合作，构思和设计了一系列课程，特别关注认知、动机和技术原则，以及影响力和参与度，以获得高效的学习体验。

沉浸式环境中学习活动的设计依据了林姆（Lim，2009）开发的课程设计框架——六类学习。这个框架包含了六个镜头，通过这些镜头，我们可以在早期计划阶段分析和批判性评价为沉浸式环境设计的课程干预。

简要地说，六类学习是：

- 探索（exploring）学习
- 合作（collaborating）学习
- 存在（being）学习
- 建构（building）学习
- 优胜（championing）学习
- 表达（expressing）学习

（一）通过探索学习

随着学习者在沉浸式环境的框架内找到问题的解决办法，他们可能会获得适当的信息并构建理解。例如，地理专业的学生可能会从地形构造方面真实景观的不同部分收集天气数据，随后将他们的发现绘制成图表。

（二）通过合作学习

相比竞争的姿态，大量的研究（e. g. Johnson and Johnson，1994）提倡合作学习。

"通过合作学习"意味着建构学习任务时强调合作、协商和建立共识。借助允许许多学习者潜在地分享共同空间的可能性，即使这些学习者本身可能并没有实际地共同在场，通过合作学习仍是建构沉浸式环境中学习任务有力的潜在方式。

（三）通过存在学习

身份建构是沉浸式环境另一个潜在的功能，因为这种环境通常有助于人物的角色定制和角色扮演。这也意味着"通过存在学习"，类似于布朗和杜吉德（Brown and Duguid，2000）对"学习自我实现（learning to be）"的理解。当设计成功时，"通过存在学习"可以成为学习者习得谢弗（Shaffer，2007）所描述的认知框架的有力方式。

（四）通过建构学习

当学习者构建或修改对象和/或学习并与这样的对象交互时，他们就是在经历"通过建构学习"。这样的活动潜在地包含景观的地形改造，如形成关于造山运动过程和其他地壳构造力的初步直觉。例如，当学习者建构沉浸式环境里地理真实的景观任务时，他们解决任务的方法可能会更清晰地展示他们对构成现实世界中类似景观地貌过程的发展和形成的原始认识。

（五）通过优胜学习

"通过优胜学习"象征了大规模多玩家在线角色扮演游戏（MMORPGs）中许多群体采用、支持和传播的概念在现实世界引发的主动精神。在这方面特别活跃的是与健康和环境教育有关的群体，如深海观测（*Abyss Observatory*）。

（六）通过表达学习

之前的五个学习描述了当学习者与环境交互时，沉浸式环境可能提供的学习维度。第六个学习，即"通过表达学习"，与前五种学习模式不同的是，它通过向课程设计者表达"向并不一定在现实世界的观众展示现实世界中的活动（如通过社交媒体和短片）可以作为一种有价值的学习模式，明确地为之设计"来学习。

三、将六个学习框架制订成基于学校情境的设计原则

本章剩余的内容重点关注在新加坡宏茂桥这所公立初中利用沉浸式环境支持地理学习的课程实施的具体案例。干预的灵感来自这样一种信念，即学习应该是有趣的，课本中的知识可以且应该得以深化，学习的合作精神应该得到培养，教学干预应受到这些理念的启发。

为了将这些理念转化为实施的课程，学校的地理教师小心翼翼地将复杂的任务解构成更简单的部分。教师们为课程搭建了脚手架（教学支持或教学辅助），例如，从简单地探索沉浸式环境中的河流开始，到合作建构模拟河流景观。此外，课程包括参考课本的资料和课外的研究（布置家庭作业）以确保更好地理解学习主题。教师通过例子给予学生引导，学生在合作的环境中学习以确保积极结果的产生。

（一）构架学习

在每节课的开始，教师会清晰地描绘本课的基本原理、目标、任务、过程和结果。课程中包含成果和表现成功的标准。

沉浸式环境蕴含的三维可视教具作为说明设备提供了丰富资源，当学生通过地图、图表和地形地貌向同伴解释自己的答案时，他们的思维也变得清晰可见。当被同伴、教师和/或独立评审员质疑时，他们必须提供可信的和有说服力的论据来支持自己的观点和立场。

在审查学生的作业表和成绩单时，教师能够检查学生对地理的理解，并及时提供反馈和厘清错误概念，这在地理教学中是培养学习者学科直觉的关键步骤。

（二）培养主人翁意识

通过在沉浸式环境中自己设计和创造景观，学生能够比较和联系现实世界中的例子，推断人类活动的影响，从而超越死记硬背，对环境的感知能够多元和细致入微，充实他们对真实性案例研究的补救建议。

这种方式，将沉浸式环境作为常规地理课程的一部分蕴含了主人翁意识。在河道

演变研究中，通过关键问题的衔接，学生按照教师提供的规范创造了景观。

（三）通过同理心锚定学习

沉浸式环境的本质赋予他们自然而然地适合角色扮演。通过这样的角色扮演，学生能够对自然灾害的受害者产生同理心，例如 2004 年的印度洋海啸。

此外，当学生探索沉浸式环境中不同形式的被污染的地点时，学生的环保意识得以培养。他们能够观察和分析石油泄漏和工业污染物是如何影响植物群和动物群的。

四、将六类学习框架与 21 世纪技能和素养匹配

在新加坡正式教育系统的环境内，我们鼓励教师设计和实施类似跨文化理解和批判性思维性情的课程。因此，将六类学习课程设计框架与所谓的 21 世纪技能和素养匹配是非常有帮助的。表 11.1 举例说明了课程设计框架与（新加坡教育部定义的）技能和性情的匹配性。

表 11.1　将六类学习框架与 21 世纪技能匹配

六类学习框架	21 世纪技能	学习活动
探索学习	信息和交流技能及跨文化技能	根据课堂中学习的概念，学生学习从沉浸式环境中收集信息
合作学习		学生建造一个河流景观，完成河流课程需要的合作和交流
存在学习		沉浸式环境中可以采用许多不同的教学和学习策略
		设计有背景和不同角色的合作学习课程，以帮助学生获得洞察力和不同观点。在一堂结构化学术辩论课中，学生扮演不同角色，就一个议题支持不同观点
建构学习	批判性和发明的思维	地形改造课，如建造河流景观，因为教师要求学生通过理解课堂中学习的概念去具体化、创造或建造，使得学生能够深度理解河道演变
优胜学习	全球意识	学生与外部利益相关者的分享使得他们能够更加自信、更加善于发明和创造

续表

六类学习框架	21 世纪技能	学习活动
表达学习	公民素养、全球意识和跨文化技能，交流技能	学生发展多种多样的交流技能，运用不同学习策略支持自己的观点或立场，以说服他们的听众

（一）课程干预的影响

课程干预在反复地向学生灌输对自己学习轨迹负责的主人翁意识，当课程单元专门留出时间，让学生创造表征自己对地理交互和地貌形成过程初期的直觉的景观时，尤其如此。

为了支持我们在学校的行动研究，2012 年，在 3 周有关地图素养的课程后，我们对 4 个班级的 7 年级学生（$n=160$）进行了简单的问卷调查。学生在对学科的投入、理解、兴趣以及努力合作方面都呈现出较高的水平（见附表 A）。

（二）为了学习的评价

为了成功地尝试设计的学习活动，我们鼓励学生运用课本和纸质资源。与更传统的纸笔测验设计不同，让学生创造表达自己初期直觉和发展中的理解的景观导致更加有效安全的学习环境，青少年能够更放心大胆地为了批评而与他们的同伴和教师分享自己尚不完整的工作。

当学生们讨论彼此的努力时，他们能为自己设定目标，这导致更强的学习动机和自主学习。此外，沉浸式环境开放的特质能够激发学生的信心，因为沉浸式环境能给予学生对自己学习轨迹的控制感。

这种拓展和深化学习的一个例子是前面提及的地图素养活动，其中，学生通过在沉浸式环境中进行三维景观的探索，仔细观察记录，绘制出自己的等高线，而不是通过抽象的点或坐标绘制等高线（通常情况下是这样）。

在沉浸式环境的景观中，当学生决策在哪里记录数据时，不仅培养了他们精确的学科素养，还让他们拥有了专业地理学家的认识论。这一活动使学生通过在自己早前制作的景观周围的换位制图工作，为学生从第一原理推导中学习提供了机会。

（三）在主动参与中形成更清晰的可视化

沉浸式环境为许多地理概念提供了更清晰的可视化。在沉浸式环境中，学生能够主动概念化、设计和合作创造一条现实比例上的河流，而不是被迫在脑海中想象一条河流或被动地观察一个河流比例模型或通过视频观看河流。通过自己创造的景观，学生能够更好地观看和理解河流系统对人与陆地关系的影响。这样更好的理解反过来又反映在学生传统纸笔测验绘制的更高质量的图表中。

实际上，尽管学生们一开始反馈说由于沉浸式环境中文本指示较少（实际上这是设计团队深思熟虑后的决定），他们觉得沉浸式环境对自己没有什么益处，经过一年时间，这批学生事后承认，当不断重复参与沉浸式环境中的真实性活动时，这种活动本身已经为他们提供了用以分析地理学科中多种多样主题的认识论，他们意识到附带笔记是不必要的。

（四）加强合作

作者与地理教师共同设计的课程干预包含了为学习者之间的合作而精心设计的原则，以帮助学习者发展协商和建立共同意见的技能。

例如，学生被分配到沉浸式环境中河流流域的指定区域绘制地图或绘制具体河流路线。学生要完成任务，积极的讨论和清晰的交流是必需的。比如说，负责上游的学生必须与负责中游的学生互动，以一致的和水文上真实的方式连接河流的不同部分。这样的活动为各组学生间更大的合作努力和紧密联系提供了可能。

（五）投射性认同，耐挫力和风险谈判

沉浸式环境中的动画人物有复原能力，即使在遇到挫折（如从陡坡上滑落），它也能自己爬起来，抖落灰尘，再继续走。类似的，动画人物探索沉浸式环境中的深海也不会淹死。通过吉（Gee，2007）投射性认同的提法，我们认识到，尽管学习者的人类身份可能充分认识到屏幕上描绘的深海的危险，但是通过投射性认同，动画人物身份的耐挫力帮助学生建立了自己的耐挫力和一种"能做"的态度。

五、结论

在公立学校中主动地使用沉浸式环境作为一种重要的图形信息和交流技术（ICT）构成了本章的案例研究，是学校管理团队设定的利用技术辅助教学和学习的全部方向的一个补充。迄今为止，沉浸式环境已经使用了多年，我们曾面临挑战，也找到了解决办法。

举个例子，首先，尽管利用沉浸式环境的课程需要花时间去计划和实施，教师却很愿意投入时间，因为随着学生在整体性的和真实的情境而不是在去情境化孤立的章节中学习主题，学生发展了更强的直觉和更持久的理解，教师明白这些课程的好处。其次，教师团队仔细地设计课程以便在常规教室中也能实施，只需要一台下载了沉浸式环境的电脑，不需要完全依赖于预定和使用学校的电脑实验室。

程序允许教师和学生在蕴含物理世界的真实性的沉浸式环境中理解时间和空间的关系，在这种程度上，本章开始描述的地理初学者面对的挑战得以解决。这些学习环境允许学习者和教师开发一块田野研究区域，作为对物理世界中基于田野的研究的补充经验。沉浸式环境中的田野研究能随时开展，有利于所有学生参与实践活动。

目前，这个项目的实施已经多年，从地理学科已经拓展到许多学科、年级、学术群体和新加坡其他学校中。这个项目在本地或海外各类论坛中得以呈现，经常是由学生自己来呈现。听众中的专业人士和学校川流不息的访客，都对项目中的学生印象深刻，不论性别和年龄，学生能够以自发的、自信的和不用稿子的方式真实地展现自己的学习经验。

参与六年学习/学科直觉课程项目的新加坡学校得到了来自国家教育学院和教育部的强力支持。当学校开始着手通过使用 ICT 进行合作学习和自主学习时，这对学校是有利的。尽管沉浸式环境的使用被教育同业者广泛接受，但只有当学校参与者不断发现新的方法，并利用沉浸式环境这种方法来解决不同学科中的问题时，该项目才能得到发展。

附表 A：干预后调查的结果

项目	强烈同意 /%	同意 /%	中立 /%	不同意 /%	强烈不同意 /%
（a）虚拟世界课程给予我更多分享自己观点的机会	29	46	14	4	4
（b）虚拟世界课程给予我对自己学习更深的理解	46	39	11	0	0
（c）通过虚拟世界课程，我收获更多的学科知识	25	64	7	0	0
（d）通过虚拟世界课程，我收获更多的学科理解	36	46	14	0	0
（e）理解那些常规课程没有接触过的内容变得更容易了	39	46	11	0	0
（f）虚拟世界课程中我能够与同班同学进行更多的交互（如短信，IM，分享观点，项目）	32	54	11	0	0
（g）与同班同学合作是容易的	29	57	11	0	0
（h）虚拟世界课程帮助我更积极主动地参与我的学习	43	39	14	0	0
（i）虚拟世界课程提升了我对学科的兴趣	36	43	11	7	0
（j）"河流旅程"较好地可视化了河流流域地理特征	39	46	11	0	0
（k）通过虚拟世界IT课程，我对河流的不同特征有了更好的理解	43	46	4	4	0
（l）我对人类活动与河流流域的物理地貌间关系有了更好的理解	39	43	14	0	0
（m）我享受在虚拟世界的学习时光	36	46	11	4	0
（n）我希望有更多的虚拟世界课程	46	32	14	4	0
（o）在虚拟世界中学习比常规课程学习更有趣	50	36	11	0	0
（p）在虚拟世界中学习比常规课程学习更有效	54	25	11	7	0
（q）虚拟世界课程允许通过自我探索和自我解释来学习	43	36	14	4	0

续表

项目	强烈同意 /%	同意 /%	中立 /%	不同意 /%	强烈不同意 /%
（r）虚拟世界课程提升了我对学科的兴趣	46	29	18	4	0
（s）课堂外我也会登录虚拟世界	36	36	14	7	4

参考文献

Brown, J., & Duguid, P. (2000). *The social life of information*. Boston: Harvard Business Press. Gee, J. P. (2007). *What video games have to teach us about learning and literacy*. New York: Palgrave Macmillan.

Johnson, D. W., & Johnson, R. T. (1994). *Learning together and alone: Cooperative, competitive and individualistic learning* (4th ed.). Needham Heights: Allyn and Bacon.

Kong, L. (2000). Nature's dangers, nature's pleasures: Urban children and the natural world. In S. Holloway & G. Valentine (Eds.), *Children's geographies: Living, playing, learning* (pp. 257-271). London: Routledge.

Kong, L., Yuen, B., Sodhi, N., & Briffett, C. (1999). The construction and experience of nature: Perspectives of urban youths. *Tijdschrift voor Economische en Sociale Geografie*, *90*(1), 3-16.

Lim, K. Y. T. (2009). The six learnings of Second Life: A framework for designing curricular interventions in-world. *Journal of Virtual Worlds Research*, *2*(1), 3-17.

Lim, K. Y. T. (Ed.). (2015). *Disciplinary intuitions and the design of learning environments*. Singapore: Springer.

Saphier, J., Haley-Speca, M. A., & Gower, R. (2008). *The skillful teacher: Building your teaching skills*. Acton: Research for Better Teaching.

Shaffer, D. W. (2007). *How computer games help children learn*. New York: Palgrave Macmillan.

第五部分

来自有益性失败的真实性实践

第十二章　运用有益性失败促进学习

马努·卡普尔

莱斯利·窦①

摘要：在建构有关促进学习的有效设计方法讨论的背景之下，我们描述了有关有益性失败（productive failure，PF）的研究项目。PF 学习设计为学生提供了参与真实数学实践的机会，在实践中他们从生成和探索新颖设计问题的解决方案开始，随后进行巩固和知识整合。在这一过程中，PF 为学生激活和分化自己的先前知识提供了机会，以便他们在后续学习中能够更好地注意和学习目标概念的关键概念特征。我们的研究结果显示，PF 学习设计在形成概念理解和转化方面比直接教学设计更有效。本文简要描述了在新加坡公立学校通过许多课堂研究检验有益性失败关键方面的后续研究，以及这些研究如何帮助我们质疑和理解 PF 设计中蕴含的关键机制的临界性。

关键词：有益性失败；真实实践；数学

一、引言

直接教学（direct instruction，DI）的支持者利用大量经验证据反对没有指导的或指导最小化的教学，声称后者让学习者解决指向新概念的问题没有效率。他们认为，

① M. Kapur (✉) · L. Toh
Learning Sciences Laboratory，National Institute of Education ，Nanyang Technological University，Singapore，Singapore
e-mail：manu. kapur@nie. edu. sg
© Springer Science＋Business Media Singapore 2015
Y. H. Cho et al. (eds.)，*Authentic Problem Solving and Learning in the 21st Century*，Education Innovation Series，DOI 10. 1007/978-981-287-521-1 _ 12

学习者应该在解决任何问题前接受关于概念的直接教学（Sweller，2010；Kirschner et al.，2006）。基施纳等人（Kirschner et al.，2006）辩称说"对照实验几乎一致地显示，当处理新信息时，我们应该清晰地告诉学习者做什么和如何去做"（p. 79）。常提到的与没有指导的或指导最小化的教学有关的问题包括工作记忆负荷（working memory load）增加干扰了图式的形成（Sweller，1988），错误和迷思概念的编码（Brown and Campione，1994），缺乏足够的实践和精细化（Klahr and Nigam，2004），以及沮丧和失去动力的情绪问题（Hardiman et al.，1986）。

因此，这导致了一个普遍的观念，即让学习者解决新问题是没有效率的，因为他们还没有学习目标概念。斯威勒（Sweller，2000）说的话也许是对这种观念最好的刻画："让学习者独自寻找解决方案，当寻找需要耗费大量时间，可能导致次优的解决方案，甚至什么解决方案都得不到，能得到什么令人信服的收获呢？"。这种观念的基础来自大量经验证据，基于大量指导的直接教学（如样例）与没有指导的或指导最小化的探索学习的教学之间的比较（Kirschner et al.，2006）。当然，毫不奇怪，学习者从没有指导的或指导最小化的教学中学习到的东西没有从大量指导的直接教学中学习到的多。但是，让学习者解决他们还没有学过的概念的问题——这是他们在没有指导的发现学习中必须做的事情——没有任何效率的结论不能成立。

为了确定是否存在这样一种效力，与直接教学更严格的比较应该是将其与另一种方法进行对比，即学生自己首先生成对一个新问题的表征和方法，随后进行直接教学。可以预想到，这样的生成过程很可能导向失败。这里我说的失败，只是说学生不能够自己形成或发现标准的解决方案。然而，关键的并不是没有形成规范方案本身，而是生成和探索多种表征方式及解决方案的过程。如果随后提供针对目标概念的直接教学，学习将是富有成效的（Kapur and Bielaczyc，2012；Kapur and Rummel，2009；Schwartz and Martin，2004）。

本章报告了一个研究项目，该项目旨在探索为学习者提供一个机会，让他们参与到一个为新问题生成解决方案的过程中，并展示这个过程为何总是导致次优解决方案（例如，没有生成标准的解决方案），但是如果后续提供某种形式的直接教学，那么在失败中仍然可能产生一种富有成效的解决方案（Kapur，2010，2011，2012，2014，2015）。本文提出的工作不是报告将探索式学习与直接教学进行比较的实验，而是试图探索将两种学习方式结合——在设计中学习称之为有益性失败（Kapur and Bielaczyc，

2012）——是否比单独的直接教学更有效。

首先，我们简单回顾支持有益性失败的案例研究，指明在学习者生成的解决方案基础上提供合适的直接教学形式的有效性。接下来，我们简单描述了有益性失败设计原则中蕴含的机制。在此之后，我们描述了一个设计研究项目，其中，我们在新加坡公立学校通过许多基于课堂的研究检验了有益性失败的关键方面。我们的目标不是详细地描述每一个研究，相反，我们的目标是明确有力地表达多种研究是如何帮助我们检验和理解一些 PF 的关键设计决策。

二、学习和问题解决中失败的案例

有关大学生在有指导的问题解决情境下冲击驱动学习（impasse-driven learning）（Van Lehn et al.，2003）的研究，为失败在学习中的作用提供了强有力的证据。成功学习原理（如概念，物理定律）与学生在问题解决中陷入僵局时的事件有关。反过来，如果学生没有陷入僵局，即使教师清晰地解释了所要教授的原理，学习也几乎没有发生。与在学生明确地犯错误或"被卡住"之前提供即时的或直接的教学（如以反馈、问题或解释的形式）相反，范·雷恩等人（Van Lehn et al.，2003）的发现建议，延迟这种教学到学生陷入僵局——一种失败的形式——且随后不能生成适当的前进方法的时候，可能更加富有成效。

基于此，马唐和柯爱丁葛（Mathan and Koedinger，2003）比较了老师对学生错误的两种不同反馈条件下的学习。在立即反馈条件下，教师对学生的错误给予即时的反馈。在延迟反馈条件下，教师允许学生在提供反馈前先检测自己的错误。研究发现，在延迟反馈条件下，学生在当下和所有后续问题中表现出更快的学习速度。对错误的延迟反馈似乎引发了后续问题学习更好的保持和更好的准备（Mathan and Koedinger）。

这种为未来学习准备（preparation for future learning，PFL）（Schwartz and Bransford，1998）的进一步证据可以在施瓦茨和马丁的（Schwartz and Martin，2004）《为学习做准备的发明》（*Inventing to Prepare for Learning*）一书中找到。施瓦茨和马丁（Schwartz and Martin，2004）设计了一系列实验，教授资优生学习描述统计的内容。在直接教学之前，学生们先进行一系列探究活动。实验发现，在这种情况下，尽管在探究阶段没有产生标准的概念理解和解决方案，但这些探究活动是潜在有效的。然而，直接教育的支持者对施瓦茨和马丁的研究提出了批评，认为实验设计缺乏对因果变量的足够控制，未能一次只对一个变量进行实验操纵，导致很难对实验效果做出因果归因（Kirschner et al.，2006）。

早期有益性失败研究（Kapur，2008）用随机控制实验为失败在学习和延迟结构问题中的角色提供了证据。卡普尔（Kapur，2008）检验了学生在没有外部支持结构或脚手架条件下解决复杂问题的情况。在网上聊天环境下，来自印度七所高中的十一年级学生三个一组被随机分配去解决结构不良或结构良好的物理问题。在小组问题解决后，所有学生独自解决结构良好的问题，随后解决结构不良问题。结构不良小组生成了解决结构不良问题的更加多种多样的表征和方法。然而，结构不良小组的讨论比结构良好的对照组更加复杂和发散，导致了较差的小组表现（Kapur et al.，2005，2006，2007）。即使复杂、发散的互动过程看上去会导致失败，结果仍然表明这种过程隐藏的效果。卡普尔（Kapur）辩称，学生从结构不良组（合作解决不良结构问题，随后个人解决良好结构问题的学生们）接收到的延迟结构帮助他们认识如何组织一个结构不良问题，从而协助自发的问题解决技能的转化。这项研究的结果已经被复制（Kapur and Kinzer，2009）。

这些发现与其他研究项目一致，即能让短期表现达到最大化的条件不一定能将长期表现达到最大化（Clifford，1984；Schmidt and Bjork，1992）。同样，即使这些概念和理解可能一开始并不正确，即使达到概念和理解的过程可能并不高效，由于它们的核心发现指向学习者生成的过程、概念、表征和理解，重新解释它们是合理的。以上发现虽然是初步的，但强调了延迟教学支持的含义，即在学习和解决问题的活动中，无论是解释、反馈、直接指导，还是结构良好问题，只要能让学习者对新问题产生解决方案，都可能是一种富有成效的失败练习（Kapur，2008）。

这些研究不仅表明了教学结构的延迟，还强调了解决问题中有益的困难和富有成效的学习者活动。正是这种对所呈现内容的兴趣，即对富有成效的学习活动特征（即使它导致失败）的兴趣，构成了我们工作的核心。基于文献和我们自己对 PF 的研究，我们已经开始发展一种设计理论，阐明在教学结构延后的问题解决情境中，需要向学生呈现什么。我们想通过研究问题解决经验设计的效果，来检验我们的理论猜想。虽然这些经验短期内会导致失败，但长期来看是有效的。在接下来的部分，我们简要描述了这些设计原则，以及它们所体现的理论推测（更完整的描述请见 Kapur and Bielaczyc，2012）。

三、为了有益性失败的设计

在学习新事物或解决新问题的初始阶段，直接教学至少有两个问题：第一，直接教学期间，学生往往没有必要的先前知识，缺乏足够的分化，以识别和理解目标概念背后的特定领域表征和方法的蕴含性（Kapur and Bielaczyc，2012；Schwartz and Bransford，1998；Schwartz and Martin，2004）。第二，直接教学中，当概念以组合好的、结构化的方式呈现时，学生可能不理解为什么那些概念及其表征和方法以呈现出的方式组合和结构化（Chi et al.，1988；Schwartz and Bransford，1998）。

认识到这两个问题，PF 让学生参与到蕴含四个核心的、互相依赖机制的学习设计中（更完整的设计原则的描述请见 Kapur and Bielaczyc，2012）：（a）激发和分化与目标概念有关的先前知识；（b）关注目标概念的核心概念特征；（c）阐释和细化这些特征；（d）将核心概念特征组织并组装成目标概念。这些机制蕴含在两个阶段的设计中：先是生成和探索阶段（阶段 1），随后是巩固阶段（阶段 2）。阶段 1 为学生生成和探索多样的表征和解决方法（representations and solution methods，RSMs）中的可能性及限制提供了机会。阶段 2 为学生提供了将学生生成的 RSMs 组织和组合成标准 RSMs 的机会。两个阶段的设计均根据以下蕴含上面提到的机制的核心设计原则：

1. 创造问题解决情境，其中包含解决复杂问题。这些复杂问题富有挑战但不至于令人沮丧，依赖于（学生）已有数学资源，允许多样的 RSMs（机制 a 和 b）。

2. 提供阐释和细化的机会（机制 b 和 c）。

3. 提供机会比较和对比两者 RSMs 的可能和限制条件，一种是失败的或不是最优的 RSMs，另一种是标准 RSMs 组合（机制 b～d）。

PF 设计还做出承诺，数学学习中不仅仅是学习数学事实（知识）。学习数学事实（知识）是必需的，但并不足够。学习的一部分，可能更重要的部分也许是像数学家那样参与真实的数学实践。这包含学会成为（learning to be）数学共同体的一员（Thomas and Brown，2007）。但真实的数学实践需要什么呢？发明表征形式，发展领域内一般的或具体的方法，当其他人没有工作时灵活地适应和改善或创造新表征和方法，互相批评、阐释和解释，坚持解决问题，这些定义了对真实的数学实践的全部认识（Bielaczyc and Kapur，2010；Bielaczyc，Kapur and Collins，2013；diSessa and Sherin，2000）。像数学家一样学习就是学习和做数学家做的事，包含用"数学的"方式观察世界，理解数学知识构造的本质，坚持参与数学知识的建构和完善，从而学会清晰地将真实的数学实践的认识论方面放在显著地位。不用说，学习数学知识和学会像数学家一样思考都是重要的方面，但相较于前者，后者仍在很大程度上被忽视了。PF 认识论的投入的目的是纠正这种不平衡，使学习者参与到真实的数学学习和实践中。

四、在新加坡真实的课堂生态中检验 PF 设计

在清晰地表达了 PF 设计原则中蕴含的机制后，现在我们描述一系列基于课堂的实验的实施。为给课堂实践和教学带来改变，特别是在像新加坡这样高利害测验的系统中，将一种新的学习设计（如 PF）与实践中普遍采用的设计（如 DI）做比较是重要的。因此，我们从比较 PF 中的学习与 DI 中的学习开始。

（一）比较 PF 与 DI

我们通过前后测、准实验研究（这里我们用研究 1 指代）举例说明了 PF 中的学习与 DI 中的学习的比较，实验对象是来自新加坡公立学校的 133 名九年级数学学生（14～15 岁，更完整的细节请见 Kapur，2012）。目标概念是标准差（standard deviation，SD），通常标准差在十年级学到，因此，学生在研究前没有与目标概念相关的教学经验。所有的学生，在他们原来的班级中，根据实验分配情况，参加 4 个、每个 50 分钟的关于目标概念的教学片段。在 PF 和 DI 情况下教学的是同一位教师。

在 PF 条件下，在前两个教学片段，学生三个一组面对面地独自解决一个复杂的数据分析题目（见附表 A）。数据分析题目给出了 20 年间三位足球运动员每一年进球数的分布，要求学生设计一个数字指标来决定发挥最稳定的运动员。在这个生成阶段，不提供认知指导或支持。在第三个片段，教师首先通过让学生互相比较和对比学生生成的解决方法来巩固，接着通过标准解决方法进行模式化和教学。在第四个也是最后

一个片段，学生解决 3 个数据分析题目作为练习，教师与班级讨论解决方案。

在 DI 条件下，在第一个片段，教师通过两组"样例＋问题解决"来解释方差概念的标准公式。数据分析题目要求学生比较 2～3 组给定数据集的变异程度，例如，比较一年中两个月降雨变异程度。每个样例后，学生被要求解决与样例同构的题目。在第二个片段，学生需要解决 3 个同构的数据分析题目，教师讨论解决方案。在第三个片段，学生三个一组解决 PF 学生前两个阶段解决的题目，随后教师与班级讨论解决方案。DI 学生不需要前两个片段来解决这些题目，因为他们已经学习了概念。最后一个片段，学生需要解决 3 个数据分析题目（和给 PF 学生的题目相同），学生独立解决，教师与班级讨论解决方案。

过程中的发现表明，PF 组平均生成了六个问题的解决方案。在其他文章里（Kapur，2012），我们更详细地描述了这些学生生成的解决方案。基于本文的目的，我们只简单地描述解决方案的四个类别：

（a）集中趋势（如使用平均数、中位数、众数）。

（b）量化方法（如使用点图组织数据、频数多边形、线图以检验聚集和波动模式）。

（c）频数方法（如计算运动员得分超过、低于、等于均值的频数以论证相对于偏离均值而等于均值的频数越大，稳定性越好）。

（d）偏差方法（如极差；计算与上年同期数字相比的偏差的和，并论证和越大，稳定性越小；计算偏差绝对值以避免异号相消；计算偏差的平均值而非和）。

没有一组 PF 学生能够生成 SD 的标准公式。与此形成对比，DI 学生课堂作业的分析表明，学生只采用标准公式解决数据分析题目。考虑到 DI 组已经学习了 SD 的标准公式，而且这个公式计算和运用起来很容易，这样的结果并不令人感到惊讶。在 PF 学生尝试生成解决方案的题目上，所有 DI 学生能够正确地运用 SD 的概念。

此外，PF 学生生成的解决方案不仅说明学生的先前知识被激活了（集中趋势、图形、差值等），还说明学生能够将它们组合成不同的稳定性测量方法。毕竟，PF 学生只能依赖他们的先前知识——正式的和直觉的——来生成这些解决方案。因此，学生们生成的解决方案越多，越能证明学生们能够以不同的方式将目标概念进行概念化，即生成解决方案的过程中，学生的先前知识不仅被激活还分化了。换言之，虽然是间接的，这些解决方案可以看作知识激活和分化的测量，这样的解决方案的数量越多，知识激活和分化的程度越高。

紧接着干预后的第二天，所有学生接受了包含 3 种类型题目的后测：程序流畅、概念理解和转化（具体题目请见 Kapur，2012）。对后测表现的分析表明，在不损害程序流畅方面的表现下，PF 学生在概念理解和转化方面显著优于 DI 对照组。进一步的分析揭示了 PF 学生生成的解决方案个数是预测他们从 PF 中学习到了多少的显著指标。也就是说，学生生成的解决方案个数越多，他们在后测的程序流畅、概念理解和转化题目上表现得越好。我们将这种效果称为解决方案生成效果（solution generation effect）。

五、讨论

这些发现与开创性的有益性失败的研究结果（Kapur，2008；Kapur and Kinzer，2009）是一致的，与前面提到过的其他研究（Schwartz and Bransford，1998；Schwartz and Martin，2004）也是一致的。这些发现表明，让学生先解决新问题实际上是有效用的。为解释这些发现，我们认为 PF 设计调用了学习过程，这些过程不仅激活了学生的先前知识，而且通过学生生成的解决方案数量来区分学生的先验知识。PF 学生不仅有机会用自己生成的解决方案进行学习，还有机会用在直接教学中接受的标准解决方案进行学习，而 DI 学生只能用标准解决方案进行学习。因此，DI 学生用来进行学习的解决方案数量更少，他们的知识可能没有对应的 PF 学生那样有差异。

先前知识的分化在一定程度上提供的是对不同解决方案的比较和对比——在学生生成的解决方案间，也在学生生成的解决方案与标准解决方案间。具体地说，这些对比为我们提供了机会来研究目标概念的关键特征，这些特征对深入理解概念是必需的。即使学生生成的解决方案充其量是先前知识激活和分化的最佳间接测量，但从实验设计上看，这两个条件之间存在着关键差异。重要的是，这种差异需要被放在 DI 支持者质疑让学生自己生成新问题解决方案的论据的情境中。他们辩称在学生运用标准解决方案自己解决问题前，学生需要被给予标准的解决方案（通过样例或直接教学）（Sweller，2010）。

六、检验 PF 设计的进一步研究

首先，学生生成的解决方案越多，他们平均从 PF 学得越多。这个发现——解决方案生成效果——证明了先前知识激活和分化这一 PF 设计的关键机制。其次，解决方案生成效果也提出了需要进一步探究的重要问题。这一部分我们描述了四条这样的探究路线，每条探究路线都检验了 PF 设计的一个关键方面。最后，这些研究的更完整的描述可以在我们已经发表的文章中找到，因此，这里我们的目的是简要描述和总结这些发现及其对 PF 设计的含义。

（一）数学能力的作用

PF 设计的一个关键假设是，学生在学习新概念前，有形式和直觉的资源来生成和探索。从解决方案生成效应来看，一个明显和立即的问题是考察数学能力的作用。毕竟，人们可以预期数学能力会影响学生生成什么和生成多少，从而影响学生从 PF 中学到了多少。

通过不同的数学能力检验 PF 相对 DI 的效用正是卡普尔和比莱克兹（Kapur and Bielaczyc，2012）研究的目的。他们有目的地从三所男女合校中抽取了在新加坡国家标准测试中数学能力显著不同的学生，其中 75 名高能力，114 名中等能力，113 名低能力。在每一所学校，学生在他们原有的教室被分配到 PF 或 DI 条件组，由同一教师授课。

研究证明了几个关键发现：（a）重复证明了 PF 相对 DI 的效用；（b）复制了解决方案生成效用；（c）在生成和探索阶段，数学能力显著不同的学生在生成解决方案方面没有什么差异。因此，数学能力不同的学生均能够从 PF 中学习得比 DI 中好。综上所述，这些发现为 PF 的设计原则提供了强有力的证据，并证明了假如能够根据 PF 的设计原则进行设计，PF 对一系列数学能力都是易处理的。

（二）引导生成与非引导生成的作用

PF 的一个关键设计决策是在生成和探索阶段不提供认知指导或支持。解决方案生

成效用表明，即使在不提供认知指导或支持的条件下，不同数学能力的学生实际上均能够利用他们的形式和直觉的资源生成解决方案。然而，这只是提出了一个问题：在生成和探索阶段不指导学生是否能产生更好的解决方案，从而帮助学生在 PF 中学习更多？换句话说，在生成和探索阶段为学生提供指导的边际收益是什么？

在卡普尔（Kapur，2011）的研究中，我们解决了这个问题。来自新加坡公立男女合校的 109 名七年级学生参与了此研究。学生来自同一教师教授的三个数学班级。参与的学校是一所主流学校，包含了在六年级国家标准化测验中能力一般的学生。除了 PF 和 DI 条件外，还新增了第三种条件——有指导的生成条件，其他与研究 1 相同。每种条件下各分配一个班级。有指导的生成条件除了一个重要区别外，其他与 PF 条件完全相同。与 PF 条件下学生在生成和探索阶段不接受任何形式的认知指导或支持相反，有指导的生成条件下，在整个过程中为学生提供了认知支持和协助。代表性的指导形式有教师说明，将注意力集中到重要的问题或问题参数，使学生参与到细化和解释的问题提示，以及对富有成效的解决方案步骤的提示。

研究结果表明 PF 条件下的学生在程序流畅、概念理解和转化方面的表现均优于 DI 条件和有指导的生成条件下的学生。有指导的生成与 DI 间的差异不显著，但有指导的生成条件下的学生表现略好于 DI 条件下的学生。总的来说，"PF＞有指导的生成＞LP"的描述趋势在不同类型题目间似乎是一致的。我们认为，过早或在生成阶段给予指导并不会增加代际准备的好处，部分原因是学生可能还没准备好接受和使用所提供的指导。

（三）生成、研究和评估解决方案的作用

PF 设计中蕴含的一个关键机制是解决方案的生成和探索只依赖学生形式化的和直觉的资源。然而，从解决方案生成效用来看，我们并不清楚关键的是解决方案的生成还是简单地接触这些解决方案。简单地说，让学生生成解决方案真的是必需的吗？还是我们可以把这些解决方案给予学生并让学生学习和评估它们，即从同伴失败的问题解决尝试中学习的机会？我们将从其他人失败的问题解决尝试中学习称为从替代的失败（vicarious failure，VF）中学习。如果有益性失败是一种学生有机会从自己失败的解决方案中学习的设计，那么替代的失败是一种学生有机会从同伴失败的解决方案中学习的设计。

在卡普尔（Kapur，2013）的研究中，我们比较了从 PF 中学习和从 VF 中学习的效力。参与者是来自新加坡两所男女合校的公立学校的 136 名（$N = 136$）八年级学生。64 名来自学校 A 的学生和 72 名来自学校 B 的学生参与了此研究。在各自学校中，学生均来自同一教师教授的两个完整的班级。依据 PF 设计，PF 学生经历生成和探索阶段，随后是巩固及知识组合阶段。VF 学生与 PF 学生条件的差别仅在第一个阶段：用学习和评估阶段替换了生成和探索阶段，在这个阶段，学生不是生成和探索解决方案，而是以小组形式一起学习和评估学生生成的解决方案（可从以前的作业中获取，如 Kapur，2012；解决方案的例子请见 Kapur，2013）。随后 VF 学生和 PF 学生接受相同的巩固和知识组合。在 VF 学生的学习和评估阶段，学生首先阅读复杂问题（见附表 A），接着逐个向学生展示学生生成的解决方案（顺序的影响已被消除），一起呈现的还有提示语："评估这个解决方案是否能比较好地测量稳定性。解释并给出证据支持你的评估。"呈现的解决方案的数量与 PF 组生成的解决方案数量相挂钩，即 6 个。VF 条件采用了 PF 学生生成频率最高的解决方案。

研究发现表明，在控制了先前知识、学校和能力差异后，PF 学生在概念理解和转化方面的表现明显优于 VF 学生，而不影响程序的流畅性。这些发现强调了生成相对简单接触的领先型，从而证明了 PF 设计的一个关键机制。在更近期的研究中（Kapur，2014），我们比较了 PF、VF 和 DI，研究发现的结果与卡普尔（Kapur，2013）一致。

（四）重视关键特征的作用

如前所述，学生生成的解决方案和标准解决方案之间的对比为学生提供了关注目标概念关键特征的机会。然而，如果从根本上学生需要注意这十个关键特征，那么为什么不直接告诉学生这些关键特征呢？为什么要费心让他们生成、比较和权衡这些解决方案呢？简单地说，在接触这些关键特征之前，学生们真的需要生成解决方案吗？或者不生成解决方案，直接告诉学生们这些关键特征同样起作用？解决这个问题将有助于理解 PF 的一个关键机制，即在教学过程中，与简单地告诉学生们这些关键特征相比，生成和探索解决方案能更好地帮助学生理解这些关键特征。

在卡普尔和比莱克兹（Kapur and Bielaczyc，2011）的研究中，我们解决了这个问题。参与者是来自新加坡一所公立男子学校两个完整班级的 57 名九年级学生（14～15岁）。一个班级被分配到 PF 条件，另一个班级被分配到"强 DI"条件。两个班级由同一教师教授。PF 条件和研究 1 中的完全一样。"强 DI"条件与研究 1 中的 DI 条件完全一样，除了教师在教学中强调了十个关键特征（如，为什么需要从均值中减去偏差，为什么它们必须是正数，为什么要除以 n，等等）。当解释 SD 公式和计算的每一个步骤时，教师解释了恰当的与该步骤相关的关键特征。例如，当解释"一个数与均值的偏差"的概念时，教师讨论了为什么偏差需要从一个固定数出发，为什么这个固定数是均值和为什么偏差需要是正数。在后续的问题解决和反馈期间，教师在整个教学过程重复巩固了这些关键特征。

研究发现表明，在不影响程序流畅的前提下，PF 学生在概念理解方面的表现显著优于对应的"强 DI"学生。在转化方面，两组表现无显著差异。这些发现表明，尽管告诉学生新信息是有效的，但是，生成和探索阶段在帮助学生接受这些特征方面做得更好。

七、结论

与人们普遍认为的让学习者解决针对他们尚未学习的概念的新问题几乎没有任何效用相反，我们的研究表明，即使学习者没有正式学习解决问题所需的潜在概念，解决问题一开始会导向失败，但效用是真实存在的。我们的研究还展示了让学生参与生成、探索、批评和修正解决方法是如何为他们提供参与真实实践的机会的。真实性指的并不是实际的任务或问题，而是问题解决发生的情景和文化，这样的环境不仅为学生提供机会学习数学，而且能像数学家一样（去解决问题）（Thomas and Brown，2007）。

本章中，我们追溯了 PF 从诞生到学习设计的发展轨迹。我们从描述 PF 设计蕴含的机制和引领 PF 设计的原则开始。我们在学校的初步工作是对 PF 设计与当下最流行的课堂教学设计，即与 DI 进行比较。初步比较 PF 与 DI 的结果是令人鼓舞的，然而也引发了进一步探究的路线，使更仔细检查 PF 设计的一些关键方面成为必需。这些关键方面是：（a）数学能力的作用；（b）引导生成与非引导生成的作用；（c）生成与学习和评估解决方案的作用；（d）对关键特征的关注的作用。每个探究路线都通过基于课堂的准实验研究来追踪。

到目前为止，我们的工作集中在对 PF 设计更紧密的质问上，以更系统地分析和检验 PF 设计的假设和决策。通过在真实生态中这样一种"迭代"检验，我们对 PF 学习设计的目标变得更加"生态有效和以实践为导向"(Confrey, 2006, p. 144)。更重要的是，对 PF 设计的迭代测试进一步产生理论推测，反过来，这些理论推测驱动了未来的研究。换言之，对 PF 设计持续的检验使可能的设计原则的开发成为可能，这些设计原则指导、报告、推进了教育研究和实践(Anderson and Shattuck, 2012)。因此，我们未来的研究将继续探究 PF 设计及其所有的组成机制、设计原则和设计决策，当然，同时也会反复修正和细化 PF 设计。

致谢：本章报告的研究工作由新加坡教育部基金资助。与出版协议一致，本章在修改和更新后转载了教育设计案例手册中的一章(Kapur and Toh, 2013)。

附表 A

弗格森先生、莫瑞诺先生和埃里克森先生是超级足球俱乐部的经理。他们在寻找一位新中锋，在长久的搜寻后，三位有潜力的运动员入选：迈克·阿文、戴吾·柏克汉德和伊万·莱特。所有的中锋要求的薪水相同，所以所有的经理一致同意应根据运动员在过去 20 年间在甲级联赛中的表现做出决策。表 12.1 给出了每位运动员在 1988—2007 年间的进球数。

经理们认为他们雇用的运动员应该是一位稳定的表现者。他们决定通过数学的方式达到这个目的，并且想要一个公式以计算每个运动员的稳定性。这个公式应能够运用于所有的运动员，并能帮助提供公平的比较。经理们需要你的帮助。

请提出一个稳定性的公式，并计算哪位运动员是最稳定的中锋。在提供的纸上写下所有的工作和计算过程。

表 12.1　三位中锋在甲级联赛的进球数

年份	迈克·阿文	戴吾·柏克汉德	伊万·莱特
1988	14	13	13
1989	9	9	18
1990	14	16	15
1991	10	14	10
1992	15	10	16

续表

年份	迈克·阿文	戴吾·柏克汉德	伊万·莱特
1993	11	11	10
1994	15	13	17
1995	11	14	10
1996	16	15	12
1997	12	19	14
1998	16	14	19
1999	12	12	14
2000	17	15	18
2001	13	14	9
2002	17	17	10
2003	13	13	18
2004	18	14	11
2005	14	18	10
2006	19	14	18
2007	14	15	18

参考文献

Anderson, T., & Shattuck, J. (2012). Design-based research: A decade of progress in education research? *Educational Researcher*, *41*(1), 16-25.

Brown, A., & Campione, J. (1994). Guided discovery in a community of learners. In K. McGilly (Ed.), *Classroom lessons: Integrating cognitive theory and classroom practice* (pp. 229-270). Cambridge, MA: MIT Press.

Bielaczyc, K., & Kapur, M. (2010). Playing epistemic games in science and mathematics classrooms. *Educational Technology*, *50*(5), 19-25.

Bielaczyc, K., Kapur, M., & Collins, A. (2013). Building communities of learners. In C. E. Hmelo-Silver, A. M. O'Donnell, C. Chan, & C. A. Chinn (Eds.), *International handbook of collaborative learning* (pp. 233-249). New York: Routledge.

Chi，M. T. H.，Glaser，R.，& Farr，M. J. (1988). *The nature of expertise*. Hillsdale：Erlbaum.

Clifford，M. M. (1984). Thoughts on a theory of constructive failure. *Educational Psychologist*，19(2)，108-120.

Confrey，J. (2006). The evolution of design studies as methodology. In R. K. Sawyer (Ed.)，*The Cambridge handbook of the learning sciences* (pp. 135-151). New York：Cambridge University Press.

diSessa，A. A.，& Sherin，B. L. (2000). Meta-representation：An introduction. *The Journal of Mathematical Behavior*，*19*，385-398.

Hardiman，P.，Pollatsek，A.，& Weil，A. (1986). Learning to understand the balance beam. *Cognition and Instruction*，*3*，1-30.

Kapur，M. (2008). Productive failure. *Cognition and Instruction*，*26*(3)，379-424.

Kapur，M. (2010). Productive failure in mathematical problem solving. *Instructional Science*，38(6)，523-550.

Kapur，M. (2011). A further study of productive failure in mathematical problem solving：Unpacking the design components. *Instructional Science*，*39*(4)，561-579.

Kapur，M. (2012). Productive failure in learning the concept of variance. *Instructional Science*，*40*(4)，651-672.

Kapur，M. (2013). Comparing learning from productive failure and vicarious failure. *The Journal of the Learning Sciences*，*23*(4)，651-677.

Kapur，M. (2014). Productive failure in learning math. *Cognitive Science*，*38*(5)，1008-1022.

Kapur，M. (2015). The preparatory effects of problem solving versus problem posing on learning from instruction. *Learning and Instruction*，*39*，23-31.

Kapur，M.，& Bielaczyc，K. (2011). Classroom-based experiments in productive failure. In L. Carlson，C. Hölscher，& T. Shipley (Eds.)，*Proceedings of the 33rd annual conference of the Cognitive Science Society* (pp. 2812-2817). Austin：Cognitive Science Society.

Kapur，M.，& Bielaczyc，K. (2012). Designing for productive failure. *The Journal of the Learning Sciences*，*21*(1)，45-83.

Kapur，M.，& Kinzer，C. (2009). Productive failure in CSCL groups. *International Journal of Computer-Supported Collaborative Learning* (*ijCSCL*)，4(1)，21-46.

Kapur，M.，& Rummel，N. (2009). The assistance dilemma in CSCL. In A. Dimitracopoulou，C. O'Malley，D. Suthers，& P. Reimann (Eds.)，*Computer supported collaborative learning practices-CSCL2009 community events proceedings*，*Vol* 2 (pp. 37-42). Sydney：International Society of the

Learning Sciences.

Kapur, M., & Toh, P. L. L. (2013). Productive failure: From an experimental effect to a learning design. In T. Plomp & N. Nieveen (Eds.), *Educational design research-Part B: Illustrative cases* (*pp.* 341-355). Enschede: SLO.

Kapur, M., Voiklis, J., & Kinzer, C. (2005, June). Problem solving as a complex, evolutionary activity: A methodological framework for analyzing problem-solving processes in a computer- supported collaborative environment. In *Proceedings the Computer Supported Collaborative Learning* (*CSCL*) *conference* (pp. 252-261). Mahwah: Erlbaum.

Kapur, M., Voiklis, J., Kinzer, C., & Black, J. (2006). Insights into the emergence of convergence in group discussions. In S. Barab, K. Hay, & D. Hickey (Eds.), *Proceedings of the international conference on the learning sciences* (pp. 300-306). Mahwah: Erlbaum.

Kapur, M., Hung, D., Jacobson, M., Voiklis, J., Kinzer, C., & Chen, D.-T. (2007). Emergence of learning in computer-supported, large-scale collective dynamics: A research agenda. In C. A. Clark, G. Erkens, & S. Puntambekar (Eds.), *Proceedings of the international conference of computer-supported collaborative learning* (pp. 323-332). Mahwah: Erlbaum.

Kirschner, P. A., Sweller, J., & Clark, R. E. (2006). Why minimal guidance during instruction does not work. *Educational Psychologist*, *41*(2), 75-86.

Klahr, D., & Nigam, M. (2004). The equivalence of learning paths in early science instruction: Effects of direct instruction and discovery learning. *Psychological Science*, *15*(10), 661-667.

Mathan, S., & Koedinger, K. (2003). Recasting the feedback debate: Benefits of tutoring error detection and correction skills. In U. Hoppe, F. Verdejo, & J. Kay (Eds.), *Artificial intelligence in education: Shaping the future of education through intelligent technologies* (pp. 13-20). Amsterdam: Ios Press.

Schmidt, R. A., & Bjork, R. A. (1992). New conceptualizations of practice: Common principles in three paradigms suggest new concepts for training. *Psychological Science*, *3*(4), 207-217.

Schwartz, D. L., & Bransford, J. D. (1998). A time for telling. *Cognition and Instruction*, *16*(4), 475-522.

Schwartz, D. L., & Martin, T. (2004). Inventing to prepare for future learning: The hidden efficiency of encouraging original student production in statistics instruction. *Cognition and Instruction*, *22*(2), 129-184.

Sweller, J. (1988). Cognitive load during problem solving: Effects on learning. *Cognitive Science*, *12*,

257-285.

Sweller, J. (2010). What human cognitive architecture tells us about constructivism. In S. Tobias & T. M. Duffy (Eds.), *Constructivist instruction: Success or failure* (pp. 127-143). New York: Routledge.

Thomas, D., & Brown, J. S. (2007). The play of imagination: Extending the literary mind. *Games and Culture*, 2(2), 149-172.

Van Lehn, K., Siler, S., Murray, C., Yamauchi, T., & Baggett, W. B. (2003). Why do only some events cause learning during human tutoring? *Cognition and Instruction*, 21(3), 209-249.

第十三章　即时和延迟教学条件与学生学习成效

凯瑟琳・洛伊布尔

妮可・鲁梅尔①

摘要：近来的研究表明，在教学之前解决问题对学习有很多益处（参考有益性失败）。这些发现似乎与得到公认的认知负荷理论的既定假设相矛盾。然而，两种与认知负荷理论一致的机制也许能解释这些有益的效应：一个是问题解决阶段为产生解决方案而激活的先前知识和直观想法，另一个是教学阶段将学生产生的典型解决方案与规范解决方案进行比较和对比而产生的对规范解决方案中相关成分的集中关注。研究报告的益处究竟来自激活的先前知识和直观想法的问题解决阶段，还是来自将学生解决方案与规范解决方案进行比较和对比的具体教学形式，这一点并不清晰。为探究这个问题，我们在一个准实验研究中比较了三种条件：在问题解决前进行标准教学（I-PS），在问题解决前进行包括学生典型解决方案与规范解决方案对比的教学（$I_{contrast}$-PS），和教学前进行问题解决，然后进行包括学生典型解决方案与规范解决方案对比的教学（PS-$I_{contrast}$）。结果表明 I-PS 在概念知识方面表现不如其他两种情况。这个发现意味着学生的解决方案是富有成效的学习资源。我们认为，学生解决方案与规范解决方案的比较将学生注意力集中到解决方案的相关成分上，这导致了更深层次的加工。实际上，我们对认知负荷的测量表明，在教学阶段对典型的学生解决方案进行比较和对比对学习是有意义的。

---

①　K. Loibl (✉)
　　Institute of Educational Research，Ruhr-Universität Bochum，Bochum，Germany
　　Present Affiliation：Institute of Mathematics Education Freiburg，University of Education
　　Freiburg，Freiburg im Breisgau，Germany
　　e-mail：katharina. loibl@ph-freiburg. de
　　N. Rummel
　　Institute of Educational Research，Ruhr-Universität Bochum，Bochum，Germany
　　e-mail：nikol. rummel@ruhr-uni-bochum. de
　　Springer Science＋Business Media Singapore 2015 229
　　Y. H. Cho et al. （eds.），*Authentic Problem Solving and Learning in the*
　　21st Century，Education Innovation Series，DOI 10. 1007/978-981-287-521-1 _ 13

关键词：认知负荷；直观想法；发明创造；先前知识；有益性失败

一、认知负荷理论下的有益性失败

学习能够通过提供或保留教学支持得到最好的提升吗？这种所谓的帮助困境（Kapur and Rummel，2009；Koedinger and Aleven，2007）指向了如何和何时帮助学习者才最有效的问题。认知负荷理论（Sweller，1988）表明，保留教学支持增加了施加在学习者认知容量上的要求，从而可能对学习产生负面作用。如果学习者的认知容量溢出，他们将不能够处理提供的信息，从而不能够学习新信息（Cook，2006）。因而认知负荷理论支持在学习过程的一开始进行关于解决方案步骤的教学（Kirschner et al.，2006）。这种教学的目的在于为后续问题解决活动建立相关知识（Roelle and Berthold，2012；Wittwer and Renkl，2008）。与认知负荷理论的预测相矛盾，近来的研究（Kapur，2011，2012；Roll et al.，2009，2011；Schwartz and Martin，2004）显示，在教学前进行问题解决相比直接教学（即之前没有问题解决）的益处似乎令人惊讶。这些研究表明，尝试解决要求运用尚未学习的新知识的问题，能够帮助学生理解后续教学中的概念做好准备。尽管这些发现第一眼看上去似乎与认知负荷理论相矛盾，实际上有两种与认知负荷理论一致的可能的机制也许能解释这些有益的效应：一种是问题解决阶段为产生解决方案而激活的先前知识和直观想法，另一种是教学阶段将学生产生的典型解决方案与规范解决方案进行比较和对比产生的对规范解决方案中相关成分的集中关注。下面我们将仔细讨论这两种机制，以产生具体的关于它们在认知负荷和学习方面影响的假设。最后，我们给出一个检验这些假设的准实验研究。

（一）通过延迟教学激活的先前知识和直观想法

认知负荷理论建立在有限的工作记忆和无限的长期记忆的假设基础之上（Sweller，1988）。工作记忆从长期记忆的知识中提取资源以处理信息。在长期记忆中，知识以图式的形式存储和组织（Chi et al.，1982）。知识元素联结到一起就构成了图式，从而一个图式中的所有知识元素能够在工作记忆中作为一个单元处理（Sweller et al.，1988）。根据认知负荷理论，延迟教学会增加学习者工作记忆的认知负荷，从而阻碍图式的形成（Sweller，1988）。此外，让学生在一开始发明通常不规范和不完整的解决方案并且不去改正它们，这存在表现错误概念的风险（Brown and Campione，1994）。在教学之前进行问题解决是否仍然富有成效呢？认知负荷理论认为，通过将新信息与已经存在的图式联系起来，成功的学习者能够将新概念与先前知识进行关联（Kirschner et al.，2006；Sweller，1988）。如果先前知识已在工作记忆中被激活，这个过程更有可能发生。关于认知负荷的研究通常集中于规范的、正式的已学习的先前知识（Kirschner et al.，2006），很少考虑直观想法（intuitive ideas）（Kapur and Bielaczyc，2011）。直观想法是学生在正式教学前基于自身真实生活经验而产生的想法。这些直观想法不一定符合课程规范。除正式的先前知识之外，直观想法也可能为后续学习提供资源（Kapur and Bielaczyc，2011），因为直观想法是存储在记忆中图式的一部分。当学生在教学前解决问题时，他们必须激活自己的先前知识和直观想法以尝试生成解决方案（Kapur and Bielaczyc，2012；Schoenfeld，1992）。在后续教学中，学生可以连接新信息和已激活的先前知识和直观想法，从而将新信息整合到已存在的图式中。

　　学生的先前知识和直观想法反映在问题解决阶段产生解决方案的尝试中。根据学生先前知识和直观想法的质量，这些学生的解决方案可能部分正确，也可能部分错误。换句话说，即使整体的解决方案通常是不正确或不完整的（Kapur and Bielaczyc，2012），它们可能已经包含了一些规范方法的成分。在学生的解决方案中包含的规范方法的成分越多，教学中需要用来学习和整合剩余成分的认知负荷就越小。因此，在教学前问题解决阶段中解决方案的质量应该会影响学习结果。卡普尔（Kapur，2012）发现，反映不同知识组成的解决方案的多样性与学习结果之间存在正相关（类似结果见Kapur and Bielaczyc，2012；Wiedmann et al.，2012）。尽管这个发现是发明的解决方案和学习间存在关系的第一个指标，但多样性并不一定反映解决方案的质量。多样性计算不同解决方案的数量，而不考虑它们的质量。维德曼等人（Wiedmann et al.，2012）试图对质量进行编码，将解决方案中的质量划分为两类。他们发现，高质量解决方案的数量与学习结果之间的相关性要高于低质量解决方案的数量与学习结果之间的相关性。然而，我们需要更仔细地研究学生解决方案的质量是否与学习有关，学生解决方案中所表示的规范组件的数量证明了这一点。

（二）关注教学过程

　　由于学生在解决问题阶段往往无法自己提出标准解决方案，因此教师有必要对学生们进行指导，以确保学生最终能够学习到标准解决方案。然而，关于教学前进行问题解决的大部分研究只关注问题解决阶段的设计（如有无合作，Sears，2006；有无支持，Loibl and Rummel，2014；Roll et al.，2012；Westermann and Rummel，2012），问题解决阶段后的教学环节却很少受到关注（Collins，2012）。我们更仔细地检查了卡普尔（Kapur，2011，2012）研究中的教学，发现教学形式可能是一个相关方面：在控制条件下，教学在问题解决之前进行（称为直接教学，direct instruction，DI），教师直接给出当前任务的标准答案。然而，在问题解决先于教学的条件下（称为有益性失败，productive failure，PF），学生在课堂讨论中关注问题解决结构中的相关成分，生成解决方案，教师对学生生成的典型答案和标准答案进行比较。卡普尔和比莱克兹（Kapur and Bielaczyc，2011）尝试将两种条件下的教学进行匹配：在直接教学条件下，教师对标准答案中相关的结构构成进行解释（称为强 DI）。不过强 DI 条件下，并不包括学生生成（即不标准的）的各种解决方案。尽管两种实验条件下的教学仍然存在不同，对教学进行匹配（这一做法）减少了两种实验条件下的学习差异，表明了教学确实起到关键作用。

罗尔及其同事们（Roll and colleagues，2011）声称，在问题解决阶段后的教学环节中，学生们将注意力集中在结构性的相关成分上，这是他们试图自己探索问题解决方案的时候所没有发生的。在这样的背景下，我们认为，在教学中比较不标准的学生解决方案与标准解决方案，有利于学生发现他们自己先前的想法和标准解决方案之间的差异。而且，检测这些差异可以引导学生关注与结构相关的成分（Durkin and Rittle-Johnson，2012），关注他们现有图式中需要调整以契合标准解决方案的部分。关注最重要的成分使学生能够深层加工这些成分（Renkl and Atkinson，2007），降低了加工无关方面所引起的（认知）负荷（Mayer et al.，2001）。反过来，对相关成分的深层加工促进学生将这些成分整合到他们现有的图式中。

在教学中比较不标准的学生解决方案与标准解决方案能够帮助学生关注后者中的结构相关成分。如果是这样的话，那么，在（学生）解决问题之前先开展教学的条件下，在课堂上讨论常见的不标准解决方案可能也是有益的：在这样的课堂讨论中，教师能够了解学生的知识水平和理解水平（了解学生知识水平和理解水平的重要性见Wittwer and Renkl，2008），使标准解决方案和可能的错误、直观想法间的差异明晰化（Smith et al.，1994）。据此，格罗贝和瑞克尔（Große and Renkl，2007）的两项研究表明，通过促进优等生对问题解决过程的反思，错误的样例能够提升他们在迁移方面的表现。德金和里特尔-约翰逊（Durkin and Rittle-Johnson，2012）发现，相比只比较正确的例子，将常见的数学错误与正确的例子做比较能够提高学习效率。进一步的研究证明，当学生意识到无法解决问题和解答错误时他们能更深地理解标准解决方案（van Lehn et al.，2003），在进行教学解释前，教师提示可能的错误，能够让学生更容易意识到解题可能进入了死胡同（Acuna et al.，2010；Sánchez et al.，2009）。综合这些发现，在问题解决前开展教学，研究常见的学生生成的、不标准的解决方案似乎是有益处的。

总的来说，在教学前进行问题解决能够促使学生激活先前知识和直观想法。后续教学可以建立在激活的先前知识和直观想法上，能够帮助学生将新知识和已有图式联系起来。从而能够减少学习新概念的认知负荷。另外，在教学过程中，将反映学生先前知识和直观想法的学生解决方案与标准解决方案做比较，能够让学生将注意力集中在与新概念结构相关的成分上。这种注意力集中应该能够促进更深层的加工，减少由加工无关信息造成的认知负荷。这一效应不仅适用于在问题解决阶段之后的教学中，也适用于在问题解决之前，以常见学生解决方案为基础的教学中。这两种机制（激活先前知识和注意力集中）均能够在认知负荷框架下，为教学前进行问题解决的益处提供可能的合理解释。这两种机制均能促进学生对新概念的理解。因此，这些机制与（前文）引用的研究发现是一致的，即教学前的问题解决在概念理解和转化方面是有益的，但对程序性技能（procedural skills）是没有益处的（Kapur，2011，2012；Roll et al.，2009，2011；Schwartz and Martin，2004）。程序性技能的习得需要练习将所学的程序应用于相同结构的问题（Rittle-Johnson et al.，2001）。因此，在程序性技能培养方面，教学前进行问题解决可能没有问题解决前进行教学有效，因为前者减少了可用于练习的时间（Klahr and Nigam，2004）。

二、研究问题和假设

以上引用的文献提出了两种可能的机制来解释最近研究中发现的在教学前进行问题解决的益处：一个是在教学前激活先前知识和直观想法，另一个是通过在教学中比较和对比非规范的解决方案和规范的解决方案使注意力集中。尽管第一种解释明显支持教学前进行问题解决，后者却认为，在问题解决前进行的教学，对学生生成的典型解决方案进行对比，并将它们与规范的解决方案进行比较，这样的教学应该比常规的直接教学以及在教学前进行问题解决两种情况在概念知识的掌握上表现要好。为了处理这个问题，我们在一个准实验研究中实施了三种条件：在问题解决前进行标准教学（I-PS），在问题解决前进行包括学生典型解决方案与规范解决方案对比的教学（$I_{contrast}$-PS），和包括学生典型解决方案与规范解决方案对比的教学前进行问题解决（PS-$I_{contrast}$）。与大部分引用的教学前进行问题解决的研究类似，在所有条件下，学生在问题解决阶段以三人小组的形式工作：

1. 在第一组假设中，我们关注 PS-$I_{contrast}$ 条件（即学生教学前的问题解决中激活了他们的先前知识和直观想法）与两种在问题解决前进行教学的条件（即 I-PS 和 $I_{contrast}$-PS）间的差异。

•假设 1a：与两种在问题解决前进行教学的条件（即 I-PS 和 $I_{contrast}$-PS）相比，PS-$I_{contrast}$ 条件下在教学中学习新概念施加在学生上的认知负荷较小。

•假设 1b：与两种在问题解决前进行教学的条件（即 I-PS 和 $I_{contrast}$-PS）相比，PS-$I_{contrast}$ 条件下学生在考查概念性知识的题目上的表现应较优。

•假设 1c：两种在问题解决前进行教学的条件（即 I-PS 和 $I_{contrast}$-PS）下的学生在考查程序性技能的题目上的表现应优于 PS-$I_{contrast}$ 条件。

2. 在第二组假设中，我们关注 I-PS 条件与 $I_{contrast}$-PS 条件间的差异。

•假设 2a：$I_{contrast}$-PS 条件下教学中学习新概念的认知负荷比 I-PS 条件下教学中学习新概念的认知负荷小。

•假设 2b：$I_{contrast}$-PS 条件下学生在考查概念性知识的题目上的表现应优于 I-PS 条件下的同伴。

3. 在第三组假设中，我们关注 PS-$I_{contrast}$ 条件对学生生成解决方案的质量的影响。

•假设 3a：PS-$I_{contrast}$ 条件下，学生在教学前问题解决阶段生成的解决方案中正确成分的个数应与教学中报告的认知负荷成负相关。

•假设 3b：PS-$I_{contrast}$ 条件下，学生在教学前问题解决阶段生成的解决方案中正确成分的个数应与概念性知识的获得成正相关。

三、方法

（一）参与者

参与者是 107 名十年级学生（5 个班级），招募自德国的两所初中。研究在这两所学校进行。班级作为一个整体被随机分配到三种情况之一种。只有 98 名学生参加了两种学习阶段的分析。表 13.1 给出了最终样本的描述统计。

（二）学习材料

学习材料与洛伊布尔和鲁梅尔（Loibl and Rummel，2014）描述的一样。如同其他关于教学前进行问题解决的研究（Kapur，2012；Roll et al.，2009；Schwartz and Martin，2004），本研究使用的学习材料处理了相同的数学概念，即方差的概念。这使得我们能够将本研究结果与其他人的研究发现进行比较。在德国十年级中，学生还没有学习方差的概念。这个话题包含平均绝对离差的公式（MAD＝$\sum |x_i-\bar{x}|/N$）和标准差的公式 $[SD=\sqrt{\sum (x_i-\bar{x})^2/N}\,]$。两个公式均包含了以下四个函数成分：（1）将包含所有数的离差加和以获得精确结果；（2）对离差取绝对值或平方（正值）以防止正离差和负离差互相抵消；（3）根据固定的参照值（均值）计算离差以消除顺序的影响；（4）考虑到样本大小的影响，除以数据的个数。学习任务采用卡普尔（Kapur，2012）使用的任务。所有情况下学习任务都是相同的：在第一学习阶段的开始，告知学生三位足球运动员在过去 10 年间的进球数，询问最稳定的足球运动员是哪位。为了迫使学生思考超越他们正式的先前知识的策略，三位运动员的极差和均值均相同。从而，学生不能够通过计算他们在研究前学过的描述统计量来回答问题。

表 13.1　最终样本的描述统计

人数（班级数）		样本	I-PS	$I_{contrast}$-PS	PS-$I_{contrast}$
		98（5）	19（1）	40（2）	39（2）
年龄	均值	15.80	15.63	15.78	15.90
	（标准差）	（0.48）	（0.50）	（0.53）	（0.38）
男生		43	6	14	23
女生		55	13	26	16
数学分数[a]	均值	3.04	2.87	2.97	3.22
	（标准差）	（0.92）	（0.85）	（0.84）	（1.03）

注：[a] 在德国系统中，1 是最好的分数，6 是最差的分数。4 分或更好意味着及格。经 Elsevier 同意，转载自《学习与教学》，34，Loibl，K. & Rummel，N.，《知道你所不知道的有益性失败》，74－85，版权（2014）

（三）测量和协变量

1. 学习结果

我们在第二个学习阶段后通过后测评定学习结果。后测与洛伊布尔和鲁梅尔（Loibl and Rummel，2014）描述的一样。后测包含了考查程序性技能和概念性知识的题目。

程序性技能的题目要求学生解决与教学中讨论的题目同构的题目。学生每正确计算一个平均绝对离差或标准差得 1 分。计算错误则扣去 0.5 分。当学生被要求比较两个离差时，学生可以得到额外的 1 分。学生一共能得到 4 分（即，一道题需要简单计算一个离差，另一道题需要计算两个离差并比较它们）。第二个评分者之间的重新批阅测验的 10％。评分者之间的信度很高（$ICC_{random,absolute}=0.97$）。

概念性知识的题目要求学生进行数学推理，并在图形和代数策略之间进行转换：第一类的两道题目给出了不正确的解决方法。学生必须发现错误，通过数学推导求出公式中正确的组成部分。学生正确答出一个错误得 0.5 分，正确说明每个错误的原因得 0.5 分。图 13.1 给出了一个示例。另外两道题目需要同时使用图形表征和规范的分解公式。每正确匹配一个公式成分和一个图形表征，学生就会得到 0.5 分。总分 7 分（第一类 3 分，第二类 4 分）。第二个评分者对 10％的测试进行了编码。评分者之间的信度较高（$ICC_{random,absolute}=0.97$）。

2. 处理数据

在 PS-I$_{contrast}$ 情况下，学生使用平板电脑发明他们的解决方案。学生以纸笔的形式使用平板电脑：有一块空白空间，他们可以用触笔在上面写或画。平板电脑所有其他功能均被锁起来了。使用平板电脑可以让我们在教学前收集同步的声音、视频和学生合作解决问题的屏幕记录。为检验发明的解决方案中包含越多的功能成分则获得新概念越简单的假设，我们对每一个解决方案中包含 4 个功能成分（见"学习材料"）中的几个进行编码。这种质量的编码评价了每个生成的解决方案与规范解决方案间的一致性（0 分意味着不含功能性成分，4 分表明了规范的解决方案）。我们只关注每组最好的解决方案，即包含了最多功能性成分的解决方案。这样数量和质量便不会混淆。之前的研究发现了不同解决方案的多样性（Kapur，2012）或数量（Wiedmann et al.，2012）在学习方面的效应。为解释这些发现，在不考虑解决方案质量的条件下，我们还计算了每组生成了多少种不同的解决方案（即解决方案的数量）。即使学生们数次讨论它，每种解决方案的想法只计数一次。

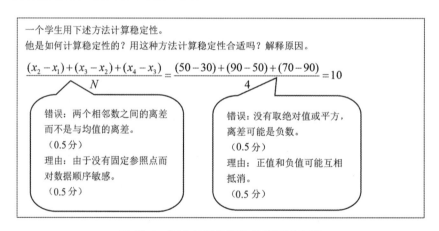

图 13.1　概念知识与解答单项测试实例

（经 Elsevier 同意，转载自《学习与教学》，34，Loibl，K. & Rummel，N.，

《知道你所不知道的有益性失败》，74—85，版权（2014））

第二个评分者编码了 20% 的数据，随机选择三组进行编码。评分者之间的信度较好，发明的解决方案数量方面一致性达到 67%，最好解决方案的质量方面一致性达到100%。解决方案数量方面的不一致是由编码中包含了实际执行和计算的解决方案想法和问题解决阶段讨论了但并没有计算的解决方案想法引起的。后者更难准确地检测到。

3. 认知负荷

为了检验更好的解决方案在教学中帮助学习新概念的假设（假设 3a），以及不同学习条件下的教学对学生施加的认知负荷量不同（假设 1a 和 2a），我们测量了认知负荷。根据帕斯（Paas，1992）的观点，认知负荷包含心智努力和心智负荷。我们将心智负荷操作化地定义为感知到的任务难度（Bratfisch et al.，1972 in Paas 1992；Moreno，2007）。我们要求学生在三种情况下，在每个学习阶段和测试结束后对他们投入的心智努力和感知到的难度在 9 分制李克特量表上进行评分。

4. 协变量

为新问题生成解决方案很可能依赖于先前知识。因此，我们将学生的先前知识作为协变量进行评估：在研究前，我们需要学生给出他们在上一学年的数学成绩。

（四）实验条件和程序

如上所述，我们实施了三种条件。在问题解决前进行教学的条件下，我们在第一个学习阶段变换了教学形式：在常规的 I-PS 条件下，学生接受关于标准解决方案的直接教学。教授班级的实验者首先给出三位足球运动员的问题，然后在班级内讨论稳定性的含义。随后，实验者给出几种标准解决方案（图形的方法、极差、平均绝对离差和标准差）。班级内的学生们讨论不同方法的利弊（如图形可能不够精确，极差对异常值敏感）。最后，实验者解释标准解决方案公式（平均绝对离差和标准差）的功能性成分。在 $I_{contrast}$-PS 条件下，在解释标准解决方案之前，实验者在教学中给出并比较典型的学生的解决方案（如足球运动员进球数等于均值的次数，取绝对值或不取绝对值的一年与下一年的进球数的偏差），并讨论每种方法是否能合适地解决问题。需要强调的是，这里的解决方案并不是本研究中问题解决阶段学生生成的解决方案，而是典型的学生生成的解决方案（取自预备实验和其他研究者在相同内容上的研究，如 Kapur，2012），以便和教学前的问题解决阶段最经常产生的解决方案相匹配。在实验者对比了学生解决方案与标准解决方案并解释标准公式中的功能性成分之后，后面的程序和 I-PS 条件相同。在两种问题解决前进行教学的条件下（即 I-PS 和 $I_{contrast}$-PS），学生在第二个学习阶段以小组形式解决实际的同构问题。

在 PS-$I_{contrast}$ 条件下，学生尝试在没有教学或支持的情况下以小组形式生成几种解决方案来解决问题。在这个过程中，学生只能收到激励性的提示语以鼓励他们坚持解决任务（如"你们一起做得很好，请继续"）。学生在概念或问题解决策略方面不接受任何指导。在后续学习阶段的教学中，实验者比较典型学生解决方案（与 $I_{contrast}$-PS 条件下解决方案相同，即不是学生自己的解决方案，而是取自预备实验和其他研究）并将其与标准解决方案做对比。教学与 $I_{contrast}$-PS 条件下的教学完全相同，只不过在第二个学习阶段发生。

所有条件下的教学均由同一个实验者进行。如上所述，学生在所有条件下的问题解决决断均以小组形式学习。为保证外部效度，学校中小组通过下述常规程序来形成：一般学生与座位附近的学生合作。大部分小组由 3 人组成。由于组织管理或缺课的原因，一些小组由 2 名或 4 名学生组成。研究在通常的数学课上发生。在开始的 5 分钟，学生填写包含上一学年数学分数的前测调查问卷。随后是各个条件下的第一个学习阶段。第一个学习阶段时长为 45 分钟。之后学生为他们在学习阶段的认知负荷打分。第二个时长为 45 分钟的学习阶段在大约两天后的下一节数学课上进行。在短暂的休息后，学生完成长度约为 30 分钟的后测。后测前学生将为他们在第二个学习阶段的认知负荷打分，测验后为他们在后测中的认知负荷打分。

四、结果

（一）学习成果

为了评估不同实验条件间的差异，我们用实验条件作为因素，先前知识（即数学分数）作为协变量，进行了多元协方差分析，以在两个尺度（程序性技能：F [2, 94] $=4.86$，$p=0.01$；概念性知识：F [2, 94] $=17.50$，$p<0.01$）上揭示实验条件间的显著差异。表 13.2 给出了后测分数的均值和标准差。

根据我们的假设，我们计算了两个先验对比：第一，我们将教学前进行问题解决的条件（PS-$I_{contrast}$）与两种问题解决前进行教学的条件做比较（假设 1b 和 1c）。第二，我们比较 I-PS 和 $I_{contrast}$-PS，即不同的教学形式（假设 2b）。

表 13.2 后测结果的均值和标准差

实验条件	N	程序性技能（满分 4 分）	概念性知识（满分 7 分）
I-PS	19	3.68（0.95）	1.05（1.21）
$I_{contrast}$-PS	40	3.56（0.62）	3.11（1.71）
PS-$I_{contrast}$	39	2.90（1.32）	3.46（2.04）

经 Elsevier 同意，转载自《学习与教学》，34，Loibl，K. & Rummel，N.，《知道你所不知道的有益性失败》，74—85，版权（2014）

在程序性技能方面，先验对比揭示了一个显著差异：问题解决前进行教学的条件（I-PS 和 $I_{contrast}$-PS）显著优于 PS-$I_{contrast}$ 条件（F [1，94] $= 9.57$，$p = 0.003$，$\eta_p^2 = 0.09$）。问题解决前的不同教学形式间（F [1，94] $= 0.13$，$p = 0.72$）没有显著效应。

对于概念性知识，先验对比以中等程度的效应量揭示了两个显著差异：第一，PS-$I_{contrast}$ 条件优于问题解决前进行教学的条件（F [1，94] $= 21.18$，$p < 0.001$，$\eta_p^2 = 0.184$）。第二，$I_{contrast}$-PS 优于 I-PS（F [1，94] $= 22.09$，$p < 0.001$，$\eta_p^2 = 0.19$）。也就是说，在测试概念性知识的题目上，接受比较典型学生方案并将其与标准解决方案进行对比教学的学生表现优于接受常规教学的同伴。

为了对两种包含比较和对比典型的学生解决方案（$I_{contrast}$-PS 和 PS-$I_{contrast}$）的实验条件进行相互比较，我们额外计算了后验比较（LSD），这一结果显示了在程序性技能上存在显著差异（$p = 0.01$），但在概念性知识上没有显著性差异（$p = 0.15$）。

（二）过程数据及其与学习成果的关系

我们检验了 PS-$I_{contrast}$ 条件下学生生成的解决方案的数量（均值：5.67 [2.13]）和质量（均值：2.53 [0.92]）是否与学习相关（假设 3b）。由于数量和质量是在小组水平上评价的，因此我们使用每组后测的平均分，在小组水平上分析相关。我们没有发现解决方案想法的数量与学习成果的显著相关（程序性技能，$r = 0.39$，$p = 0.15$；概念性知识，$r = -0.22$，$p = 0.43$）。对于概念性知识，解决方案质量与学习成果呈显著相关（$r = 0.55$，$p = 0.03$），但对程序性知识两者没有显著相关（$r = 0.26$，$p = 0.35$）。先前知识与解决方案质量间无显著相关，不论是在个体水平（$r = -0.13$，$p = 0.43$）还是在小组水平（$r = -0.25$，$p = 0.37$）上。

（三）认知负荷

学生对他们的认知负荷进行了三次评分，从而允许多重比较：我们比较了不同实验条件下后测后的心智努力和感知到的任务难度，因为后测后通常是测量认知负荷的时机。我们进一步比较了第一个学习阶段后（即 PS-I$_{contrast}$ 条件下问题解决阶段后，I-PS 和 I$_{contrast}$-PS 在教学阶段后）的心智努力和感知到的任务难度，以检验教学前进行问题解决与直接教学相比增加了认知负荷这一认知负荷理论的预测。为了检验问题解决活动激活先前知识后是否能更简单地处理教学的假设（假设 1a），以及检验通过比较、对比非标准解决方案和标准解决方案注意力是否集中在结构相关成分上的假设（假设 2a），我们比较了三种实验条件下教学后的心智努力和感知到的任务难度。需要注意的是，不同实验条件下教学中认知负荷的测量时间是不同的：I-PS 和 I$_{contrast}$-PS 条件下，我们在第一个学习阶段后测量认知负荷；PS-I$_{contrast}$ 条件下，我们在第二个学习阶段后测量认知负荷。因此，分析的焦点不同：对于第一个比较（即在后测之后），所有实验条件下测量的时间和测量前的任务都是相同的。对于第二个比较（即在第一个学习阶段后），所有实验条件下测量的时间相同，但测量前的任务不同（即教学或问题解决）。对于第三种比较（即教学后），所有实验条件下测量前的任务相同，但测量的时间不同（即在第一个学习阶段后或第二个学习阶段后）。我们以数学分数作为协变量进行了三次多元协方差分析。数学分数与心智努力（后测，$r=0.21$，$p=0.04$；学习阶段 1，$r=0.37$，$p<0.001$；教学，$r=0.40$，$p<0.001$）和感知到的任务难度（后测，$r=0.28$，$p=0.01$；学习阶段 1，$r=0.42$，$p<0.001$；教学，$r=0.43$，$p<0.001$）相关，因此我们将其作为一个协变量纳入分析中。多元协方差分析表明不同实验条件间存在显著差异，我们计算了同一个先验的对比作为学习结果。表 13.3 给出了认知负荷评分的均值和标准差。

表 13.3　心智努力和任务难度的均值和标准差

条件	学习阶段 1：I-PS 和 I$_{contrast}$-PS 的教学		学习阶段 2：PS-I$_{contrast}$ 的教学		后测	
	心智努力	任务难度	心智努力	任务难度	心智努力	任务难度
I-PS	2.53(0.70)	2.47(0.90)	2.47(0.61)	1.74(0.73)	4.05(1.27)	4.84(1.54)
I$_{contrast}$-PS	3.63(1.46)	2.95(1.48)	2.90(1.26)	2.00(1.06)	4.62(1.18)	4.44(1.33)
PS-I$_{contrast}$	4.64(1.68)	4.41(1.58)	3.41(1.80)	3.36(1.69)	4.71(1.68)	5.11(1.50)

在后测之后，多元协方差分析没有揭示实验条件间任何显著差异（心智努力，F [2，92] $=1.17$，$p=0.32$；任务难度，F [2，92] $=1.80$，$p=0.17$）。

在第一个学习阶段后，多元协方差分析揭示了实验条件间在心智努力（F [2，94] $=12.79$，$p<0.001$）和感知到的任务难度（F [2，94] $=14.14$，$p<0.001$）方面存在显著差异。PS-$I_{contrast}$ 条件下学生报告的心智努力（F [1，94] $=22.84$，$p<0.001$，$\eta_p^2=0.20$）和感知到的任务难度（F [1，94] $=28.27$，$p<0.001$，$\eta_p^2=0.23$）比两种问题解决前进行教学的条件下学生报告的显著地高。$I_{contrast}$-PS 条件下学生报告的心智努力显著高于 I-PS 条件下学生报告的心智努力（F [1，94] $=7.52$，$p=0.01$，$\eta_p^2=0.07$）。$I_{contrast}$-PS 与 I-PS 下学生报告的感知到的任务难度差异不显著（F [1，94] $=1.26$，$p=0.27$）。

在教学后，多元协方差分析揭示了实验条件间在心智努力（F [2，94] $=3.58$，$p=0.03$）方面存在显著差异，感知到的任务难度方面差异不显著（F [2，94] $=1.44$，$p=0.24$）。心智努力方面的先验对比只有一个显著差异：$I_{contrast}$-PS 条件下学生报告的心智努力显著高于 I-PS 条件下学生报告的心智努力（F [1，94] $=7.13$，$p=0.01$，$\eta_p^2=0.07$）。两种问题解决前进行教学的条件下学生的心智努力与 PS-$I_{contrast}$ 条件下学生报告的心智努力没有显著差异（F [1，94] $=2.1$，$p=0.65$）。后验比较（LSD）表明，与 I-PS 条件相比，PS-$I_{contrast}$ 条件下学生报告的心智努力略微高（$p=0.098$）；PS-$I_{contrast}$ 条件下学生评分与 $I_{contrast}$-PS 条件没有显著差异（$p=0.23$）。

为检验假设 3a，即更好的解决方案想法来降低教学中学习者的负荷，我们计算了 PS-$I_{contrast}$ 条件下解决方案质量和教学中的认知负荷间的相关。相关在两方面均是显著的：心智努力（个体水平，$r=-0.40$，$p=0.01$；小组水平，$r=-0.48$，$p=0.07$）和感知到的任务难度（个体水平，$r=-0.49$，$p=0.002$；小组水平，$r=-0.66$，$p=0.01$）。

五、讨论

之前的研究表明了在教学前进行问题解决方法的益处（Kapur，2011，2012；Roll et al.，2009，2011；Schwartz and Martin，2004）。乍看起来，这些发现似乎与认知负荷理论视角下已确立起来的发现相矛盾，后者通常支持在问题解决前进行教学的方法（Kirschner et al.，2006）。然而，两种与认知负荷理论一致的可能的机制也许能解释这些益处：激活先前知识和集中注意力到结构相关成分上。尽管第一个机制明显支持教学前进行问题解决的方法，第二个机制通过在问题解决前进行教学的情境下比较和对比典型学生解决方案达到。为检验这些假设，我们在一个准实验研究中实施了三种条件：在问题解决前进行标准教学（I-PS），在问题解决前进行包括学生典型解决方案与规范解决方案对比的教学（I$_{contrast}$-PS），以及包括学生典型解决方案与规范解决方案对比的教学前进行问题解决（PS-I$_{contrast}$）。

在概念性知识方面，先验对比将 PS-I$_{contrast}$ 条件与两种在问题解决前进行教学的条件（I-PS 和 I$_{contrast}$-PS）做了比较（假设 1b），重复了其他研究者（Kapur，2011，2012；Roll et al.，2011；Schwartz and Martin，2004）发现的教学前进行问题解决的正效应。然而，进一步检查表明，只有 I-PS 条件在概念性知识的题目上表现不佳，导致了 I-PS 和 I$_{contrast}$-PS 间的显著差异（假设 2b）。I$_{contrast}$-PS 和 PS-I$_{contrast}$ 间支持问题解决优于教学条件的描述差异是相当小的。实际上，后验比较表明，I$_{contrast}$-PS 和 PS-I$_{contrast}$ 间在概念性知识结果方面的差异没有达到统计显著性。相对于我们的发现，卡普尔（Kapur，2014）发现，在概念性知识和转化的题目上两种条件存在显著差异，其中第二个学习阶段的教学中对比了典型学生解决方案和标准解决方案：一个教学前进行问题解决的条件（即有益性失败）和一个所谓的替代的失败条件（其中在第一个学习阶段学生以小组形式评价典型的学生解决方案）。比较两个发现，似乎学生并没有从自己评价典型学生解决方案中获益，但当教学中的这种评价由教师主导时学生从中获益了。在教学阶段，我们的发现与卡普尔和比克莱兹（Kapur and Bielaczyc，2011）的发现一致：他们实施了一种问题解决前进行教学的条件，其中教师解释了标准解决方案的结构相关成分（称为强 DI 条件）。将问题解决先于教学的条件与强 DI 条件进行比较，问题解决先于教学条件下的学习结果与教学先于问题解决条件下的学习结果之间的差异减小了。相对于我们的研究，卡普尔和比克莱兹仍然在后测的具体概念性题目上发现了两种条件间的显著差异。这可能是由于（不同于教学前进行问题解决条件中的教学）强 DI 条件下的教学没有建立在非标准的学生解决方案的基础上。在我们研究中的 I$_{contrast}$-PS 条件和 PS-I$_{contrast}$ 条件下，教学确实是比较了典型学生解决方案并将其与标准解决方案做对比。与表现不佳的 I-PS 条件相比，我们的结果表明这种比较和对比解决方案的过程培养了概念性知识。这种教学中的比较和对比是怎样支持学习的呢？最有可能的是，教学过程中，对典型的学生解决方案进行比较和对比，触发了对概念及其结构相关成分的积极和集中处理（Renkl and Atkinson，2007；Durkin and Rittle-Johnson，2012）。我们对教学阶段的心智努力结果支持这种说法：$I_{contrast}$-PS 条件下学生和 PS-$I_{contrast}$ 条件下学生比 I-PS 条件下学生报告了更高的心智努力，表明教学中比较和对比解决方案的条件下教学过程被更深层地加工了。需要注意的是，我们假设了 I-PS 条件下认知负荷是最高的，因为这种条件下学生没有激活他们的先前知识和直观想法（假设 1a），在通过将注意力聚焦在表现突出的成分上并将新概念连接到先前知识和直观想法方面也没有获得支持（假设 2a）。这种认知负荷的概念是对感知任务难度的衡量。然而，感知任务难度作为认知负荷的指标在不同条件下没有差异。比较起来，心智努力的测量可以反映出相关的负荷。实际上，在报告中处理指令的心智努力较高的条件在概念学习的项目测试中表现得越好，这意味着投入的努力与学习越密切相关（Paas and van Gog，2006）。卡普尔（Kapur 2014）在后测结果和心智努力方面发现了类似的模式。在他的研究中，相比所谓的替代的失败条件（其中在第一个学习阶段学生以小组形式评价典型的学生解决方案），学生在教学前进行问题解决条件下（即有益性失败）显示了更高的心智努力并取得了更好的后测结果。

另外，我们还比较了第一学习阶段后（即 I-PS 和 $I_{contrast}$-PS 下教学阶段后，PS-$I_{contrast}$ 下问题解决阶段后）的认知负荷。认知负荷理论预测，由于延迟了教学，PS-$I_{contrast}$ 条件增加了学习者工作记忆的认知负荷（Sweller，1988）。的确，我们的评分表明 PS-$I_{contrast}$ 条件下认知负荷（心智努力和感受到的任务难度）是最高的。然而，认知负荷的差异并不适用于后测（通常测量认知负荷的时间）的负荷。更重要的是，对于概念性知识，负荷对后测结果没有负影响。因此，我们认为，尽管教学前的问题解决活动一开始增加了认知负荷，但这种影响在测试中并不持续，对学习结果也没有负影响。

如引言所示，如果学生的先前知识和直观想法与标准概念更接近，学习新概念的认知负荷应该会更小，这可能会使学习更容易。实际上，我们发现解决方案质量与认知负荷（心智努力和感受到的任务难度）之间存在负相关关系，这表明学生发明的解决方案越接近标准解决方案，学习标准解决方案的认知负荷越小（假设 3a）。此外，解决方案质量与概念性知识相关（假设 3b）。在这个背景下，有趣的是，我们没有发现解决方案质量与先前知识之间的相关性，这意味着也许所有能力水平的学生都能从教学前进行问题解决的方法中获益（Kapur and Bielaczyc，2012）。与其他研究者（Kapur，2012；Kapur and Bielaczyc，2012）相反，我们发现发明的解决方案的数量与学习之间没有相关性。这种研究发现的分歧可能是由不同的操作化引起的：卡普尔（Kapur）及其同事对多样性的编码可能包括了质量方面的内容（解决方案想法实质上不同时才计数），而我们的编码严格参照数量。例如，平均数和中位数在多样性中被认为是同一个想法（两者均衡量了集中趋势），但在数量中作为两个想法。

综合考虑概念性知识和认知负荷的发现，先前知识和直观想法是有价值的学习资源：先前知识与直观想法与尚未学习的概念越相似，教学中获得新概念的认知负荷就越小，因为需要修正或整合到现存图式中的成分越少。建立在学生先前知识和直观想法基础上的教学能够促进学生将他们的注意力聚焦在标准解决方案最相关的成分上，也就是说，他们关注与自己现存图式不同的成分。我们研究中的心智努力评分支持以下想法，即学习者将注意力聚焦在他们的图式（先前知识和直观想法）和标准解决方案之间的差异上，这对学习来说是密切相关的，因为这导致了更深层的加工。反过来，深层次的加工培养了概念性知识的获得。然而，要将学习构建在学生的先前知识和直觉观念上，需要先识别学生的先前知识和直觉观念。通过在教学前生成解决方案，延迟教学似乎是激发学生具体化他们先前知识和直观想法的有效方法。在后续教学中，教师可以在这些学生解决方案的基础上，将其与标准解决方案做对比。只有事先知道学生的先前知识和直观想法，才有可能在没有进行预先问题解决的条件下，通过比较典型学生解决方案和标准解决方案而实施建立在学生先前知识和直观想法基础上的教学。

两种问题解决前进行教学的条件（$I_{contrast}$-PS 和 I-PS）在测试程序性技能题目上的表现优于 PS-$I_{contrast}$ 条件的发现并不令人惊讶：两种问题解决前进行教学条件下，学生在后续教学阶段最多能解决 8 道练习题。练习题数量这样高是因为将已学过的程序运用到同结构的问题上比较简单，并且需要的时间比寻求指向未知概念的问题的解决方案所需时间更少。相比之下，PS-$I_{contrast}$ 条件下学生在教学前的问题解决阶段只致力于解决一个问题，因为他们为这个问题发明了不同（非标准）的解决方法。在不允许太多时间去学习新概念的条件下，PS-$I_{contrast}$ 条件中这种练习的缺乏对保证各个实验条件时间相同是必需的。我们进一步的目的在于尽可能地在问题解决条件出现之前，限制过度练习的危险。研究发现在测试程序性技能的题目上，问题解决前进行教学的条件与教学前进行问题解决条件间没有差异，通常在教学前进行问题解决条件允许学生在学习标准解决方案后进行额外的问题解决练习（Kapur，2011，2012；Roll et al.，2009）。因此，我们的研究证实了学习标准解决方法后，学生仍需要时间练习他们的程序性技能。

　　尽管我们的研究取得了有趣的结果，但我们必须承认一些局限和有待进一步研究之处。首先，我们需要承认我们的研究中不同实验条件下的样本量不同，I-PS 条件下学生较少。这种样本量的差异可能会影响方差齐性。实际上，对于程序性技能，列文检验是显著的（$p < 0.01$），但对于概念性知识列文检验并不显著（$p = 0.06$）。因此，尽管样本量不同，我们的结果在概念性知识方面似乎是可靠的，但就程序性知识而言，结果的解释需要谨慎。受到匹兹堡学习科学中心提倡的体内研究范式的激励（Koedinger，2012），我们运用真实的学习者和真实的学习内容开展了实地研究，这提升了研究的外部效度。然而，这也产生了一些局限：在学校中实施迫使我们进行了一个准实验研究。由于将班级作为整体随机分配，实验条件间的先前差异不可能被完全消除。此外，还应该注意到，$I_{contrast}$-PS 和 PS-$I_{contrast}$ 中教学阶段使用的解决方案是典型的学生生成的解决方案（来自预实验和以前的研究）。这些解决方案与 PS-$I_{contrast}$ 条件中最常产生的解决方案相匹配。PS-$I_{contrast}$ 条件中所有小组产生的解决方案个数为 85（几个小组生成的相同的想法，每个小组计数一次），只有 11 个解决方案想法与教学中讨论的解决方案不匹配。因此，讨论的解决方案确实是典型的学生解决方案。使用学生自己生成的解决方案以成功地建立他们的（典型的）先前知识和直观想法看起来似乎没有必要。但是，直到现在，使用学生自己的解决方案与使用典型的学生生成的解决方案相比是否会增加效用并没有被系统地研究过。使用学生自己的解决方案能够支持学生将预先提出的解决方案映射到自己的先前知识和直观想法中。另外，采用学生自己的解决方案可能会培养学生在问题解决阶段的动机（diSessa et al.，1991），尤其是在定期延迟教学的情况下。

　　综上所述，我们根据认知负荷理论提出了两种机制，这两种机制也许能解释教学前进行问题解决方法的有益效应：在教学前进行问题解决的过程中，学生激活了体现在其解决方案中的先前知识和直观想法。尽管这种激活可能一开始增加了认知负荷，但增加的负荷并不持续。更重要的是，这种激活也许会增加学生在教学过程中将新知识整合到现有模式中的可能性。我们的研究表明，现有模式的质量越高，学生在教学过程中学习标准解决方案的认知负荷就越小。在教学过程中，可以将学生的解决方案与标准解决方案进行比较并做对比。这种比较将学生的注意力聚焦在与自己的解决方案不同的新概念的相关成分上。注意力聚焦与学习密切相关，因为它导致了更深层的加工，从而促进了概念知识的掌握。即使没有先前的问题解决活动，比较非标准与标准解决方案也能增加概念性知识。未来的研究需要明确两种机制是否互相独立。

　　致谢：按照美国心理学协会出版手册的指导纲领，我们想要告知读者一篇发表在《学习与教学》杂志的文章［Loibl，K. & Rummel，N.（2014）. Knowing what you don't know makes failure productive，*Learning and Instruction*，34，74-85.］包含了本章中给出的部分数据的分析。感谢 Manu Kapur 为我们提供了他的研究材料和他自己研究的大量背景信息。感激参与的实验学校。谢谢我们的学生研究助理 Katja Goepel 和 Christian Hartmann 在收集和编码数据方面的帮助。

参考文献

Acuña，S. R.，García-Rodicio，H.，& Sánchez，E.（2010）. Fostering active processing of instructional explanations of learners with high and low prior knowledge. *European Journal of Psychology of Education*，26(4)，435-452.

Brown，A.，& Campione，J.（1994）. Guided discovery in a community of learners. In K. McGilly (Ed.)，*Classroom lessons: Integrating cognitive theory and classroom practice*（pp. 229-270）. Cambridge，MA: MIT Press.

Chi，M. T. H.，Glaser，R.，& Rees，E.（1982）. Expertise in problem-solving. In R. Sternberg (Ed.)，*Advances in the psychology of human intelligence*（pp. 7-75）. Hillsdale: Erlbaum.

Collins，A.（2012）. What is the most effective way to teach problem-solving? A commentary on productive failure as a method of teaching. *Instructional Science*，40(4)，731-735.

Cook，M. P.（2006）. Visual representations in science education: The influence of prior knowledge and cognitive load theory on instructional design principles. *Science Education*，90(6)，1073-1091.

diSessa，A. A.，Hammer，D.，Sherin，B. L.，& Kolpakowski，T.（1991）. Inventing graphing: Meta-representational expertise in children. *Journal of Mathematical Behavior*，10(2)，117-160.

Durkin，K.，& Rittle-Johnson，B.（2012）. The effectiveness of using incorrect examples to support learning about decimal magnitude. *Learning and Instruction*，22(3)，206-214.

Große, C. S., & Renkl, A. (2007). Finding and fixing errors in worked examples: Can this foster learning outcomes? *Learning and Instruction*, 17(6), 612-634.

Kapur, M. (2011). A further study of productive failure in mathematical problem-solving: Unpacking the design components. *Instructional Science*, 39(4), 561-579.

Kapur, M. (2012). Productive failure in learning the concept of variance. *Instructional Science*, 40(4), 651-672.

Kapur, M. (2014). Comparing learning from productive failure and vicarious failure. *The Journal of the Learning Sciences*, 23(4), 651-677.

Kapur, M., & Bielaczyc, K. (2011). Classroom-based experiments in productive failure. In L. Carlson, C. Hoelscher, & T. F. Shipley (Eds.), *Proceedings of the 33rd annual conference of the Cognitive Science Society* (pp. 2812-2817). Austin: Cognitive Science Society.

Kapur, M., & Bielaczyc, K. (2012). Designing for productive failure. *The Journal of the Learning Sciences*, 21(1), 45-83.

Kapur, M., & Rummel, N. (2009). The assistance dilemma in CSCL. In A. Dimitracopoulou, C. O'Malley, D. Suthers, & P. Reimann (Eds.), *Computer supported collaborative learning practices-CSCL2009 community events proceedings* (Vol. 2, pp. 37-42). Berlin: International Society of the Learning Sciences.

Kirschner, P. A., Sweller, J., & Clark, R. E. (2006). Why minimal guidance during instruction does not work. *Educational Psychologist*, 41(2), 75-86.

Klahr, D., & Nigam, M. (2004). The equivalence of learning paths in early science instruction: Effects of direct instruction and discovery learning. *Psychological Science*, 15(10), 661-667.

Koedinger, K. R., & Aleven, V. (2007). Exploring the assistance dilemma in experiments with cognitive tutors. *Educational Psychology Review*, 19(3), 239-264.

Koedinger, K. R., Corbett, A. T., & Perfetti, C. (2012). The knowledge-learning-instruction framework: Bridging the science-practice chasm to enhance robust student learning. *Cognitive Science*, 36(5), 757-798.

Loibl, K., & Rummel, N. (2014). The impact of guidance during problem-solving prior to instruction on students' inventions and learning outcomes. *Instructional Science*, 42(3), 305-326.

Mayer, R. E., Heiser, J., & Lonn, S. (2001). Cognitive constraints on multimedia learning: When presenting more material results in less understanding. *Journal of Educational Psychology*, 93(1), 187-198.

Moreno, R. (2007). Optimising learning from animations by minimising cognitive load: Cognitive and affective consequences of signalling and segmentation methods. *Applied Cognitive Psychology*, *21* (6), 765-781.

Paas, F. (1992). Training strategies for attaining transfer of problem-solving skill in statistics: A cognitive-load approach. *Journal of Educational Psychology*, *84*(4), 429-434.

Paas, F., & van Gog, T. (2006). Optimising worked example instruction: Different ways to increase germane cognitive load. *Learning and Instruction*, *16*(2), 87-91.

Renkl, A., & Atkinson, R. K. (2007). Interactive learning environments: Contemporary issues and trends. An introduction to the special issue. *Educational Psychology Review*, *19*, 235-238.

Rittle-Johnson, B., Siegler, R., & Alibali, M. (2001). Developing conceptual understanding and procedural skill in mathematics: An iterative process. *Journal of Educational Psychology*, *93* (2), 346-362.

Roelle, J., & Berthold, K. (2012). The expertise reversal effect in prompting focused processing of instructional explanations. *Instructional Science*. doi: 10.1007/s 11251-012-9247-0.

Roll, I., Aleven, V., & Koedinger, K. R. (2009). Helping students know 'further'-Increasing the flexibility of students' knowledge using symbolic invention tasks. In N. A. Taatgen & H. van Rijn (Eds.), *Proceedings of the 31st annual conference of the Cognitive Science Society* (pp. 1169-1174). Austin: Cognitive Science Society.

Roll, I., Aleven, V., & Koedinger, K. R. (2011). Outcomes and mechanisms of transfer in invention activities. In L. Carlson, C. Hoelscher, & T. F. Shipley (Eds.), *Proceedings of the 33rd annual meeting of the Cognitive Science Society* (pp. 2824-2829). Boston: Cognitive Science Society.

Roll, I., Holmes, N., Day, J., & Bonn, D. (2012). Evaluating metacognitive scaffolding in guided invention activities. *Instructional Science*, *40*(4), 691-710.

Sánchez, E., García Rodicio, H., & Acuña, S. R. (2009). Are instructional explanations more effective in the context of an impasse? *Instructional Science*, *37*(6), 537-563.

Schoenfeld, A. H. (1992). Learning to think mathematically: Problem-solving, metacognition, and sense-making in mathematics. In D. Grouws (Ed.), *Handbook for research on mathematics teaching and learning* (pp. 334-370). New York: MacMillan.

Schwartz, D. L., & Martin, T. (2004). Inventing to prepare for future learning: The hidden efficiency of encouraging original student production in statistics instruction. *Cognition and Instruction*, *22*(2), 129-184.

Sears, D. A. (2006). *Effects of innovation versus efficiency tasks on collaboration and learning*. Doctoral dissertation, Stanford University, Stanford, CA. Retrieved from http://www.stat. auckland.ac. nz/~iase/publications/dissertations/06.Sears.Dissertation.pdf

Smith, J. P., diSessa, A. A., & Roschelle, J. (1994). Misconceptions reconceived: A constructivist analysis of knowledge in transition. *Journal of the Learning Sciences*, *3*(2), 115-163.

Sweller, J. (1988). Cognitive load during problem-solving: Effects on learning. *Cognitive Science*, *12*(2), 257-285.

Sweller, J., van Merrienboer, J., & Paas, F. (1998). Cognitive architecture and instructional design. *Educational Psychology Review*, *10*(3), 251-296.

van Lehn, K., Siler, S., Murray, C., Yamauchi, T., & Baggett, W. B. (2003). Why do only some events cause learning during human tutoring? *Cognition and Instruction*, *21*(3), 209-249.

Westermann, K., & Rummel, N. (2012). Delaying instruction: Evidence from a study in a university relearning setting. *Instructional Science*, *40*(4), 673-689.

Wiedmann, M., Leach, R. C., Rummel, N., & Wiley, J. (2012). Does group composition affect learning by invention? *Instructional Science*, *40*(4), 711-730.

Wittwer, J., & Renkl, A. (2008). Why instructional explanations often do not work: A framework for understanding the effectiveness of instructional explanations. *Educational Psychologist*, *43*, 49-64.

第十四章　小组发明学习与数学技能水平

迈克尔·韦德曼

瑞安·C. 利奇

妮可·鲁梅尔

詹妮弗·威利①

摘要：本研究的目的是就调查小组成员的数学技能而言，发明学习活动的有效性是如何被参与其中的小组构成所影响的。大学生参与了一个"发明标准差"的活动。在活动中，包含了高能力和低能力成员的小组在更大范围内尝试了解决方案，解决方案尝试的质量也更高。产生的解决方案尝试的范围和质量均与后续课程中对标准差公式更好的领会相关。这些结果表明一起协作的小组构成可能会对发明学习活动的有效性产生影响。

关键词：协作学习；协作问题解决；发明学习；小组构成；数学技能

一、小组学习数学技能和发明创造

一种教授新的数学程序的方式是通过引入新的问题解决方法的课程来提供直接的指导（Anderson et al.，1995；Rosenshine and Stevens，1986）。课后，鼓励学生运用新公式进行练习。这种方法保证了学生有运用新公式解决问题所需的先前知识。但是一

① M. Wiedmann · N. Rummel
　Institute of Educational Research，Ruhr-Universität Bochum，Bochum，Germany
　R. C. Leach · J. Wiley (✉)
　Department of Psychology，University of Illinois，Chicago，USA
　e-mail：jwiley@uic.edu
　© Springer Science＋Business Media Singapore 2015
　Y. H. Cho et al. (eds.)，*Authentic Problem Solving and Learning in the 21st Century*，Education Innovation Series，DOI 10. 1007/978-981-287-521-1 _ 14

开始就进行教学对理解公式是最好的吗？或者学生能否提出自己解决新问题的有用尝试？在另一种数学教学方法——发明学习①中，学生（一般以小组协作的形式）在被教授标准公式前尝试发明自己的解决方案。现在，通过发明学习已经被反复证明与先教授标准解决方案的教学一样有效（Belenky and Nokes-Malach，2012；DeCaro and Rittle-Johnson，2012；Kapur，2009，2012；Kapur and Bielacyzc，2011；Loibl and Rummel，2013；Roll et al.，2009；Schwartz and Martin，2004；Westermann and Rummel，2012）。本章进一步研究了小组成员数学技能的多样性是否在发明学习中发挥作用。

以发明学习在统计学教学中的有效性为例，施瓦茨和马丁（Schwartz and Martin 2004）比较了两种教学条件。在实验条件中，学生参与发明学习。他们的发明任务是比较不同分布下的分数，以形成标准分（standardized scores）。在发明活动后，学生会收到一个教授他们标准分概念的工作样例（worked example）。因此，发明学习的条件包含发明阶段和教学阶段。在作为比较的控制条件中，学生在实践标准化程序前首先被教授如何将分数标准化，然后才开始练习这个程序。要求在新背景下运用标准化分数的转化测验中，发明学习条件下的学生表现优于控制条件下的学生。施瓦茨和马丁认为，发明阶段起到了为未来从工作样例中学习做准备的作用。发明过程则激活了有利于在后续直接教学中学习的先前知识。在发明阶段中对解决方案尝试的创造性和仔细考虑可能是这种效应的中介。

卡普尔（Kapur，2009，2012）也表明了发明学习在概念性和程序性学习方面的益处。在他的研究中，卡普尔（Kapur）提出发明可能导致有益性失败（productive failure）；也就是说，学生可能在生成公式方面失败，但是，这种失败可能对未来学习是有益处的。这与施瓦茨和马丁（Schwartz and Martin，2004）的发现是类似的。卡普尔（Kapur）的教学方法将发明阶段与课堂授课和讨论结合起来，在课堂授课和讨论中，对学生的解决方案尝试进行互相比较并与标准解决方案做对比。这可能帮助学生识别这些解决方案中关键的局限和启示。卡普尔（Kapur，2012）的研究表明，学生在发明

---

① 在现有研究中，有几种类似的方法探索学生在接受教学之前就参与解决问题可能带来的学习机会。范·雷恩将其称为"困境驱动学习"（van Lehn，1988）。施瓦茨和马丁（Schwartz & Martin，2004）认为，一开始的发明阶段可以为"未来的学习做准备"。卡普尔构建了生成和探索阶段（Kapur，2012），或启发阶段（Kapur & Bielaczyc，2011），作为鼓励有益性失败的方法。在本文中，我们采用了施瓦茨和马丁（Schwartz & Martin，2004）的术语和教学序列，发明阶段后以工作样例的形式教学支持。

条件下生成的一组解决方案比教授标准解决方案的控制条件下生成的解决方案更加多样化，这一结果并不令人惊讶。然而，发明条件下学生在概念理解题目上的表现也优于控制条件下的学生，在程序流畅题目上两种条件下学生的表现一样好。此外，卡普尔和比克莱兹（Kapur and Bielacyzc，2011）也发现发明阶段生成的解决方案的多样性预测了后测表现。这种发明过程和学习的实证的联系表明在发明阶段考虑多种解决方案可能是学生为未来学习做准备的一个关键。

二、目前研究

已有研究结果表明，发明学习对提升公式概念的理解和如何运用公式的程序性知识可能是一种有效的教学方法（遵循 Mayer and Greeno，1972）。目前研究的主要问题是在哪种条件下这种方法是最有效的。特别是，我们正在研究如何最好地组织参与发明活动的小组，以最优化地支持学生个体学习。由于问题解决任务是数学方面的，因此小组成员个体的数学技能似乎会对小组互动产生影响。罗尔（Roll，2009）只显示了参加大学水平课程（大学预修课）的高中生从发明活动中获得的益处，而对更一般的学生则没有发现益处。卡普尔和比克莱兹（Kapur and Bielacyzc，2011）在三所学生数学技能水平不同的学校中研究了有益性失败的益处。数学技能更高的学校中，有益性失败活动的益处更强。因此，一个预测是也许发明学习只对数学技能较高的学生有效。

然而，每组至少有一个数学技能较高的组员可能也是足够的（Wiley et al.，2009）。许多研究者（Paulus，2000；Strobe and Diehl，1994；Wiley and Jensen，2006；Wiley and Jolly，2003）都建议小组成员背景的多样化，这可能对问题解决有益。邓巴（Dunbar，1995）发现，在由来自不同学科科学家组成的实验室中，没有预料到的发现带来了更多的备择假设和类推，反过来带来了更多的科学突破。基尔斯和德容（Gijlers and de Jong，2005）发现，参与发现学习的两个人在先前知识方面异质比同质能生成更多的假设。坎汉等人（Canham et al.，2012）发现，接受不同解决概率问题方式训练的两个成员在解决迁移问题时，其表现要优于那些接受相同训练的成员。

在小组成员的数学技能方面异质的构成也可能影响小组的交互。例如韦伯（Webb，1980）发现，当高技能和低技能的学生一起工作时，他们通常会形成教师—学生关系。这种同伴辅导不仅对被教导者有益，还对高技能的教导者有益。韦伯（Webb）发现，在小组讨论中以混合小组工作似乎能够促进更多解释的产生。考虑到这些异质小组构成的优点，在发明活动中，混合小组的讨论似乎也是最富有成效的。然而，与同质的高技能组员一起协作相比，高技能组员与低技能学生一起协作时也有可能展现出较差的学习结果（Fuchs et al.，1998）。因此，每个小组成员的数学技能以及小组成员数学技能的构成对发明学习有多大的影响，是个很有趣的问题。

为了检验小组成员数学技能构成对发明学习的影响程度，本研究探索了三种类型小组的表现在发明学习中学习效果的差异：成员技能水平均低的小组，成员技能水平均高的小组，混合小组。目标内容是标准差公式，数学技能是通过标准化大学入学考试（数学ACT）分数来衡量的。在两种背景下收集数据。作为本科课程的一部分，一些小组参加了心理学研究方法课程学习。对于这些学生，因变量测量包括发明阶段学生的文本作品和为了评估学习的在线小测试。第二个样本是从心理学导论专业的本科生中收集的。这些学生参与了使用相同程序的实验研究，但收集了额外的录音，以便更完整地记录小组讨论。

需要检验的主要假设是：（1）小组是否至少需要一名高数学能力的组员才能利用发明学习；（2）异质小组构成（即参与混合小组）是否对发明活动中生成的解决方案的多样性和质量有积极影响，从而反过来影响学习。因此，我们感兴趣的主要分析是ANOVAs测试，检验小组构成对解决方案多样性和小测验表现的主要影响，并计划对三个不同的小组类型进行比较。后续分析检验解决方案的多样性和质量是否能预测小测验的分数，从而起到调节小组组成对成绩的影响的作用。

三、方法

（一）参与者

1. 研究方法示例

在芝加哥的伊利诺伊大学，报名参加心理学方面本科研究方法课程的学生作为课堂活动参与了实验。这个课程通常在大学第二年开设。参加这个课程的学生一般倾向于将心理学作为自己的专业。

原始样本包含 149 名学生，教学内容分为 6 个章节，根据学生的数学 ACT 分数将他们分配到三组，从而每个小组类型里都会有自己的小组。学生并没有意识到 ACT 分数是被用来将他们分配到小组中的依据。将学生分配到不同的小组中也会阻碍已建立的小组的合作，使本研究更接近于从被试样本集中随机分配小组。由于下列几种原因，学生必须被剔除出样本：由于我们不能获得所有学生的数学 SAT 成绩，在小组水平和个体水平的数据分析中，有 66 名数学 ACT 成绩未知的学生被排除在外。另外 15 名学生没有完成最终的小测验。这些学生，而不是他们所在小组的其他成员，从学习结果分析中被剔除，最终导致了个体水平分析包含 68 名学生。小组水平的分析数据来自 25 组学生。

参与者因参与活动和完成家庭作业而获得学分，就像他们在班级完成所有的背诵活动和家庭作业那样。参与者并没有意识到小测验对他们的课程分数没有影响。课程作业，包括小测验，都是在发明活动后布置。

2. 心理学入门样本

作为被试集的一部分，我们招募了芝加哥伊利诺伊大学学习心理学入门课程的 60 名本科生参与实验。心理学入门这门课通常在大学的第一个学期或第二个学期开设。学生在相同时间段被单独分配到小组中。数据收集后查明了小组的技能情况。进一步的分析中剔除了朋友被分配到一起的小组。个体分析中包含有完整数据的 59 名学生，小组水平的分析数据来自 20 个小组。

3. 数学技能水平

对于两个样本，数学技能水平划定以学生群体历史数据的中位数为分类依据。数学 ACT 分数在 24 分及以下的学生被认为数学技能低，数学 ACT 分数在 25 分及以上的学生被认为数学技能高。数学 ACT25 分在国家常模里的百分位为第 80 位。在可用于个体分析的 127 名被试中，64 名被划为低数学技能，63 名被划为高数学技能。高数学技能组与低水平组在数学 ACT 成绩方面有显著差异，$t(122) = 14.46$，$p < 0.001$。在 45 个小组中，11 个小组的所有成员均被认为是低数学技能的，9 个小组所有成员均被认为是高数学技能的，25 个小组成员既有低数学技能的也有高数学技能的。

（二）实验材料

1. 发明活动

本研究使用的发明活动包含在维德曼等人（Wiedmann et al., 2012）著作的附录 A 中。这个活动建立在卡普尔（Kapur, 2012）及施瓦茨和马丁（Schwartz and Martin, 2004）开发的发明活动的基础上，活动要求学生比较三组数据。在本研究中，发明活动使用了一个来自三位茶农的茶叶中抗氧化剂含量的封面故事。学生被告知"一家公司想从每年抗氧化剂含量最稳定的茶农处购买茶叶，公司寻求学生们的帮助"，要求学生提出计算每位茶农抗氧化剂水平稳定性的公式。

2. 小测验

小测验包含三道题目：两道题目，学生需要将标准差公式运用到关于天气的新问题，一道题目，学生需要发明标准分以比较不同测验中两名学生的测验表现，并解释他们答案背后的数学推理过程。我们使用这个测验作为活动学习结果的评价，小测验以卡普尔（Kapur, 2012）使用的题目为基础。

（三）实验步骤

1. 研究方法样本

作为研究方法课程的一部分，研究在每周的复习课上进行。在课程的一开始，助教以一个研究问题样例和两个数据集做了简短介绍（10 分钟）。对每个数据集，助教展示了如何绘制直方图，给出了均值和中位数的定义并计算它们。尽管两个数据集的均值相同，但中位数并不相同。为了帮助学生们注意到分数的方差，助教要求学生描述他们发现的两个数据集间的其他重要差异。

随后，学生们以小组形式工作了 30 分钟，目的是发明描述三组数据集"稳定性"的公式。

实验设计中给学生们提供了包含三组数据的小组工作单。工作单要求学生们在三组数据中生成尽可能多的描述稳定性的公式，同时为学生尝试解决方案提供了额外的空白处。讨论结束后，回收小组工作单。

课后，学生通过大学 e－学习（黑板）系统完成布置的在线家庭作业。和往常一样，学生们在下次课开始前自己选择时间独自完成家庭作业。这个作业包含了关于标准差公式的一节短课，在小测验前让学生从工作样例中计算标准差（Schwartz and Martin，2004）。

2. 心理学入门样本

除了小组是在实验室逐一进行并录音之外，程序大体上相同。实验者给予的简介是类似的，除了没有提及中位数。因为有时候学生被创造公式的要求压倒了（Roll et al.，2009），在这个样本中，实验者解释：可以不用公式，学生可以逐步说明他们是如何计算稳定性。

剩余的步骤是类似的。在一起协作进行发明活动 30 分钟后，将小组成员分开，让他们独自完成剩余的部分。在小测验前，给予每个学生标准差公式的概述和工作样例。

（四）编码方案

1. 解决方案尝试的编码

我们对发明活动中小组学习单解决方案的种类和质量进行编码。编码方案是根据事后实际得到的解决方案的范围建立起来的，这样每个不同解决方案类型有其自己的子类别。维德曼等人（Wiedmann et al.，2012）在其著作附录 B 中给出了 22 个最终的编码。编码者将每个解决方案尝试分到 22 个子类别中的一个。每个小组不同的解决方案个数的计算方法是将工作单上至少有一个实例的子类别个数相加（即编码 0、1 在 22 个编码中的总数）。

为了对尝试的解决方案质量间的差异进行编码，我们对标准差公式的理解进行了任务分析，确定了几个学生在讨论中可能达到的关键见解。第一个见解是类似绘制直方图或条形图的方法，注意到个别高或低的分数，或者将分数进行加和或求平均，对量化稳定性没有帮助。或者，注意到数据集值的差异是理解方差重要的第一步。第二个关键的见解是，必须以某种方式处理数值间正向或负向的差异以便它们不会互相抵消。第三个关键的见解是，计算方差需要以某个参考点（例如均值）为依据。基于这种分析，包括识别极差、与均值的离差和需要考虑绝对值的解决方案尝试均被分为高质量的解决方案尝试，除了整体的解决方案种类外，还计算了高质量解决方案的个数的和。

研究方法样本的编码依赖于工作单。当讨论的文字记录可获得时，心理学入门样本的编码也是基于讨论中提及的想法。两个独立的评分者对解决方案在每个子类别中的出现与否进行了编码（克里彭多夫系数为 0.81）。分歧由第三名评分者解决。

2. 测验答案编码

三个问题的评分均使用相同的基本概念和分值，给学生分配的分数值是每个解释中提及的最先进的概念：

集中趋势、总数或最大值（1分）

例如：2月的平均数高于1月，因此他们应选择1月。Alicia与满分只差了1分。Alicia分数更高。

极差和离差：分数间的差值，从最高分中减去最低分，与均值间的差值（2分）

例如：每月与2月份温度差值是2，2，1，3，4，这很稳定。1月份极差更小。化学有更广泛的传播。Alicia距离均值更远。

SD的公式或推理模糊或不正确（3分）

例如：更高的离差意味着课程难度更大，使得Alicia更值得。

正确使用SD（4分）

例如：1月份标准差更低。Kelvin应得到奖赏，因为他的分数比平均水平高出更多的标准差。

两个独立的评分者对后测的所有题目进行了评分。学生在三道题目上可能得到的最高分为12分。最终解释的质量等于得到的分数与12分的比值。三道小测验题目的Cronbach α（系数）为0.80。克里彭多夫系数表明三道题目上评分者间信度较好（题目1＝0.84，题目2＝0.81，题目3＝0.77）。

四、结果

（一）学习成果

在检验主要研究问题前，由于个体数据是在小组背景下获得的，我们探索了个体学习数据间的独立性。肯尼等人（Kenny et al.，1998）建议计算组间相关以检验间接的不独立。因为研究方法样本（ICC＝0.08，$p＝0.55$，CI＝95％）和心理学入门样本（ICC＝0.12，$p＝0.36$，CI＝95％）中小组成员的测验分数的组间相关不显著，在个体水平上分析学习成果是合适的。

　　下一步，我们探索了两个样本间的差异。来自研究方法样本的被试，在他们的研究中表现更优，在小测验上的表现优于心理学入门样本 $[F(1, 125)=5.90, p<0.02, \eta^2=0.05]$。重要的是，这与小组构成因素并没有交互作用 $(F<1.07)$，这意味着两个样本可以合并以提升实验的效能，但在接下来的报告的综合分析中仍保留样本变量作为协变量（本研究数据更完整的分析，包括描述统计量和各自样本的分析，请见 Wiedmann et al., 2012）。

　　将平均测验表现作为随小组构成（作为名义变量）和数学技能变化而变化的因素，可以得到如图 14.1 中的上图。以样本作为协变量，协方差分析表明小组构成对测验表现有显著效应 $[F(2, 123)=12.41, p<0.01, \eta^2=0.17]$。比较表明，全部组员数学技能水平均低的小组中的学生在小测验中分数低于混合小组或高水平小组，混合小组和高水平小组在测验表现方面没有显著差异。

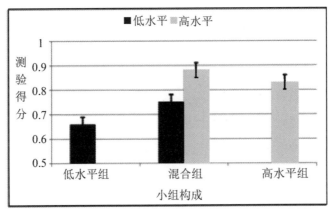

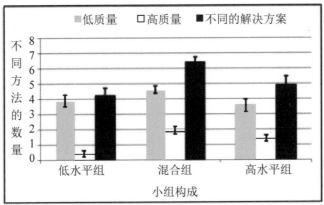

图 14.1　不同小组构成下的测验分数的调整均分（上）和解决方案多样性（下）

后续分析检验了小组异质性是否对低水平学生和高水平学生有不同效应。如图 14.1 中上图所示，似乎高水平和低水平学生均从参与混合小组中获益。以样本为协变量，2×2 的协方差分析（数学水平×小组异质性）揭示了两个主要的显著效应。同预期的一样，高水平学生表现优于低水平学生［$F(2,122)=28.44$，$p<0.01$，$\eta^2=0.19$］。另外，小组异质性的主效应［$F(2,122)=6.29$，$p=0.01$，$\eta^2=0.05$］和无显著的交互作用（$F<1$）表明了高水平和低水平学生均从参与异质（混合）小组中获益。

（二）解决方案的种类

将不同解决方案的平均总数作为随小组构成（作为名义变量）和数学技能水平变化而变化的因素，可以得到图 14.1 中的下图。以样本作为协变量，对同解决方案的总数进行协方差分析，分析表明小组构成的显著效应［$F(2,41)=8.55$，$p=0.001$，$\eta^2=0.29$］。比较表明，混合小组生成的不同解决方案个数显著多于低水平小组（$p<0.001$）和高水平小组（$p=0.02$），组员间数学技能无差异（$p=0.33$）。

当只考虑高质量解决方案时，一个不同的模式出现了。对小组工作单上包含的高质量表征数量进行协方差分析，分析表明小组构成有显著效应［$F(2,41)=9.47$，$p<0.001$，$\eta^2=0.32$］。比较表明，低水平小组生成的高质量解决方案个数显著少于高水平小组（$p=0.02$）和混合小组（$p<0.001$），组员间数学技能无差异（$p=0.23$）。尽管混合小组倾向于产生更多的低质量解决方案，这个检验并没有达到显著性［$F(2,41)=2.76$，$p<0.08$，$\eta^2=0.12$］。

（三）解决方案种类与学习成果的关系

表 14.1 给出了不同解决方案总数、高质量解决方案总数、低质量解决方案总数和学生测验分数间的偏相关（控制样本）。

表 14.1　解决方案数量与测验表现的相关

项目	低质量	高质量	不同的解决方案
测验分数	0.15	0.34 **	0.31 **
低质量	/	0.14	0.81 **
高质量	/	/	0.70 **

注意：$N=127$，$df=124$，** $p<0.01$

最后两个分析检验了讨论种类更广泛的表征是否是更好的表现的原因，这里表现是作为随小组异质性而变化的观察到的因素。为了研究这种中介的假设，检验非直接效应的程序和所采用的相应的宏（corresponding macro）（Preacher and Hayes，2008）使用了 5000 次重新取样。自举检验（bootstrapping tests）一般倾向于更传统的 Sobel 检验，因为它们通常不需要假设正态分布，只有大样本通常才会呈现正态分布（Preacher and Hayes，2004，2008；Shrout and Bolger，2002）。这个分析中，混合小组编码为"1"，表示异质性，其余小组编码为"0"。结果表明异质性预测了表征的种类 $[B=1.83$（$SE=0.27$），$t(126)=6.61$，$p<0.05]$，表征的种类预测了测验表现 $[B=0.02$（$SE=0.01$），$t(126)=2.47$，$p<0.05]$。异质性测验表现的总影响也是显著的 $[B=0.09$（$SE=0.03$），$t(126)=2.84$，$p<0.05]$。然而，如果将表征种类的中介影响纳入分析中，这种关系降为不显著 $[B=0.04$（$SE=0.04$），$t(126)=1.23$，$p=0.22]$（见图 14.2）。

总模型：$R^2=0.15$，$F(3，123)=7.00$，$p=0.0002$

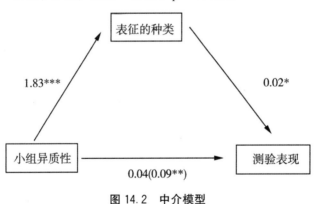

图 14.2　中介模型

（注意：括号内的值表明了解释中介前的总体效应。

$^*p<0.05，^{**}p<0.01，^{***}p<0.001$）

此外，异质性通过表征多样性对测验表现的间接效应（中介效应）是 0.05（$SE=0.02$），间接效应量的 95% 校正置信区间不包括 0 $[(0.01，0.08)]$，这表明间接效应在 $p=0.05$ 水平上是显著的（Preacher and Hayes，2004，2008；Shrout and Bolger，2002）。总的来说，这些发现为完全中介效果提供了证据。本文中的分析表明小组的异质性导致了更好的测验表现，因为小组的异质性影响了发明学习活动中讨论的解决方案的多样性。

当然，本研究中定义小组构成的另一个关键方面是基于数学技能（全部低，混合，全部高）。明显地，对任何个人，数学技能对数学方面的学习有直接效应。因此，令人感兴趣的问题是，在不同小组构成引起的教学技能差异对学生表现的影响之外，在"发明学习"的活动中，对各种表征的讨论是否对学生的表现产生显著的影响？

为了解决这个问题，我们使用表征多样性和数学 ACT 分数作为中介，进行了第二次回归分析。分析表明，小组构成显著预测了小组生成的表征的多样性 $[B=0.56$ $(SE=0.23)$，$t(123)=2.45$，$p<0.05]$，数学 ACT 分数，定义小组构成的基础，与小组构成显著相关 $[B=3.72$ $(SE=0.54)$，$t(123)=6.89$，$p<0.05]$。表征多样性 $[B=0.02$ $(SE=0.01)$，$t(123)=2.72$，$p<0.05]$ 和数学 ACT 分数 $[B=0.02$ $(SE=0.00)$，$t(123)=4.76$，$p<0.05]$ 均显著预测了测验表现。小组构成对测验表现的总效应也是显著的 $[B=0.10$ $(SE=0.02)$，$t(123)=4.33$，$p<0.05]$，但考虑了表征多样性和数学技能的中介效应后，小组构成对测验表现的总效应降为不显著 $[B=0.03$ $(SE=0.02)$，$t(123)=1.04$，$p=0.30]$。通过表征多样性的间接效应值为 0.01 $(SE=0.01)$，重要的是，间接效应量的 95% 修正偏倚的置信区间不包括 0 $[(0.003,0.03)]$。总的来说，这个结果说明，即使在分析中包括了数学技能的效应，完全中介效应也可以通过表征的多样性实现。

当使用高质量解决方案个数代替全部不同解决方案个数进行相同的两个中介分析时，我们发现了相同的结果模式。对高质量解决方案的讨论是小组同质性和构成效应的中介，在数学 ACT 分数之外，对学生的表现产生影响。

综上所述，这些中介分析表明在发明学习活动中讨论广泛的解决方案（包括一些高质量解决方案尝试）对小组构成的效应起到中介作用。更异质的小组能够生成更广泛的解决方案，而当更广泛的解决方案生成时，就可以在后续测验中提升表现。此外，即使考虑学生的数学技能，小组讨论中解决方案多样性的好处仍被证明促进了更好的测验表现。

五、讨论

本研究的结果表明，从数学技能的角度来看，小组构成会影响学生是否能从借助发明的数学活动中获益。在活动后的测验中，在混合小组中学习的学生比在同质小组中学习的学生能够更好地解释他们对标准差的理解。小组构成的显著效应在解决方案的多样性和质量方面均有体现。有趣的是，混合小组生成的解决方案尝试范围最广，这表明他们似乎处在一个特别好的位置来充分利用发明练习。这个结果与其他几个研究结果一致，表明小组成员之间专门技能的多样化对更强适应性、灵活性和创造性的问题解决有贡献（Canham et al.，2012；Gijlers and De Jong，2005；Goldenberg and Wiley，2011）。此外，在发明阶段考虑更广泛的解决方案，包括一些高质量解决方案，预测了关于标准差公式的课程的采用，并介绍了小组构成和多样性对学习的效应。

这些结果表明，在混合小组中学习对发明学习活动有显著益处。然而，需要更多的研究来充分地理解这种教学环境的启示。在更长久的发明活动中可能会发现更多的稳健的效应，在未来的研究中可以探究这种推测。本研究中使用的发明活动只持续了相当短的时间，在时间用完的时候，一些小组似乎正在接近一些关键的见解（Wiedmann et al.，2012）。在以前的研究中，学生通常在他们的发明讨论上花费超过一节课的时间（Kapur，2012；Schwartz and Martin，2004）。

本研究的另一个局限是缺乏测试前和测试后的设计，以证明更好的测验分数反映活动提升了学习。此外，由于本研究不包括直接教学的对照组，这些结果不能说明低技能学生从混合小组发明学习中获益比从直接教学中更多。

未来研究的一个建议是考虑使用完全不提示公式的教学。在一些小组中，讨论中任意公式都有所贡献。这些公式并不尝试将讨论的质性的具体解决方案量化。相反，学生只是提出他们知道的简单公式，如距离＝速度×时间。我们怀疑这种问题行为可能是在这些研究中给予"创造一个公式"的教学的结果。最好是指导学生给出如何计算稳定性的逐步的描述（Roll et al.，2009）或者提示学生生成一种方法（Schwartz and Martin，2004）。对心理学入门样本，我们在任务指导中包括了公式和逐步描述两种要求，然而，许多学生似乎仍旧将注意力放在公式目标上。

因为对于低技能学生，发明学习相对直接教学的益处可能不那么稳健（Kapur and Bielaczyc，2011；Kroesbergen et al.，2004；Roll，2009），以上观点代表了未来研究的重要议题。此外，尽管这些结果是第一次证明低技能学生发明学习，重要的一点是，之前的研究使用的样本比本研究使用的样本年轻得多。我们怀疑所有的大学生都有参与到这种发明学习任务的能力，即使低技能学生在数学测验上没那么精通。考虑到这点，本研究的发现可能不会拓展到更年轻的样本上，在这些样本中，通过发明来学习活动的要求对低技能学习者来说可能是一个很大的挑战。对于未来的研究来说，在混合小组中学习的益处是否也能在更年轻的样本中被发现是个有趣的问题，这将与其他表明不同能力水平的学生一起学习有益的研究（Webb，1980）相一致。

这个研究路线的另一个方向是进一步探究协作讨论中发生了什么，这对从发明中有效学习是关键的。目前的分析考虑了讨论更广泛种类的表征和更多高质量解决方案尝试，但这些是怎样进入对话中的呢？交互的谈话和混合小组的动态性使如何辅助从发明中学习这个真正有趣的问题至今没有答案。

我们刚刚开始分析小组讨论的记录，从心理学入门样本中三个最成功的混合小组开始（Wiedmann et al.，2012）。一些初始印象表明，小组参与发明活动的方式多种多样。在初步分析中（在 Wiedmann et al.，2012 报告中），我们发现第一小组相较于其他两组讨论的解决方案较少，但他们似乎在更加概念化的水平上参与讨论。他们似乎还对提议进行了更多的评价，并对他们的进展进行了更多的反思。另一方面，另外两个小组生成了更多的解决方案，但这种活动似乎伴随着较少的讨论。一个非常初步的推测是，为这个问题提供各种各样的解决方案可能是一个重要因素。此外，像在第一组中看到的那样，围绕更少的选择进行更丰富的讨论也能导致成功的发明学习活动，特别是在讨论导致关键见解的情况下。另外，这三组中有两组似乎从线形图的视觉启示中获益。一些具体的解决方案尝试类型可能对未来学习特别有帮助（如更可视化的或更抽象的解决方案；Ainsworth，2006；Schwartz，1995）。尽管更成功的小组没有通用的模式，探索最不成功小组的交互模式的未来研究能够揭示更多导致无效协作的行为的一致性。未来研究的其他问题包括：类似提问－回答、回应、评价提议、连接不同表征、生成或听取解释的行为在小组成功中扮演什么样的角色？高质量解决方案是如何进行讨论或发现的？高水平小组成员与低水平小组成员对讨论做出什么贡献？谁扮演小组长的角色以及他们是如何领导小组的？对讨论的其他初步分析表明，与高水平的领导者在一个小组是至关重要的（Wiley et al.，2013）。

尽管我们通过聚焦高技能组员数学知识的贡献来激励我们的研究，但他们可能通过其他机制来影响小组。例如，对许多学生来说，发明可能是一个崭新的练习类型。高技能学生可能更熟悉这些任务，或者他们可能更愿意参与新任务，或者他们可能在数学方面拥有更高的自我效能感，使得他们面对这些任务时更积极。另外，高技能学生可能拥有更好的元认知能力，他们可以帮助小组去监控和反思他们的进展，或者调解他们的学习和研究活动。这两种解释都说明，高技能组员可能不一定向混合小组贡献特定知识，但可能会通过通常与某个领域的专门技能相关的其他属性帮助小组。对心理学入门样本讨论记录的全面分析目前正在进行中，这将有助于解决这些问题。

这种对讨论记录的分析也将是一个很好的资源，以了解当学生从事发明学习任务时，他们希望获得哪些特定行为的支持。本研究中，我们没有为组员间的交互编写剧本，没有分配角色，没有为学生如何一起参与任务指明任何方向。其他研究者已经开始检验（Kapur and Bielaczyc，2011；Roll et al.，2012，2009；Westermann and Rummel，2012）学生是否能够得到支持，以最大限度地发挥参与发明任务的益处，而不使之被直接教学抵消。实际上，韦伯之前的大多数研究谨慎地为同伴交互提供了脚手架，这可能让混合小组表现得更稳定且都能受益。我们仔细分析讨论记录的目的是决定这些候选行为是否能辅助发明学习，或者是否会浮现其他成功交互的特征。本研究证明在混合小组中学习时，学生从发明学习活动中获益最多。未来研究需要进一步探究提供这些益处的原因和方式，重要的是，为这些启示提供支持是否能保障所有小组都能受益。

致谢：本研究和协作由德国国家学术基金会对迈克尔·维德曼的资助及洪堡研究奖学金对詹妮弗·威利的资助支持。报告的数据收集是迈克尔·维德曼为获得弗莱堡大学心理学文凭所提交的论文项目的一部分。作者们感谢凯利·柯里尔（Kelly Currier）、帕特·卡申（Pat Cushen）、奥尔加·戈登伯格（Olga Goldenberg）、托马斯·格里芬（Thomas Griffin）、罗伯特·希克森（Robert Hickson）、艾利森·耶格（Allison Jaeger）和安迪·雅罗什（Andy Jarosz）在项目编码、数据收集和讨论方面的帮助。

参考文献

Ainsworth，S.（2006）. DeFT：A conceptual framework for considering learning with multiple representations. *Learning and Instruction*，*16*，183-198. doi：10.1016/j.learninstruc.2006.03.001.

Anderson，J. R.，Corbett，A. T.，Koedinger，K.，& Pelletier，R.（1995）. Cognitive tutors：Lessons learned. *Journal of the Learning Sciences*, *4*, 167-207. doi: 10.1207/s15327809jls0402_2.

Belenky, D. M., & Nokes-Malach, T. J. (2012). Motivation and transfer: The role of masteryapproach goals in preparation for future learning. *Journal of the Learning Sciences*, *21*, 399-432. doi: 10.1080/10508406.2011.651232.

Canham, M., Wiley, J., & Mayer, R. (2012). When diversity in training improves dyadic problem solving. *Applied Cognitive Psychology*, *26*, 421-430. doi: 10.1002/acp.1844.

DeCaro, M. S., & Rittle-Johnson, B. (2012). Exploring mathematics problems prepares children to learn from instruction. *Journal of Experimental Child Psychology*, *113*, 552-568. doi: 10.1016/j.jecp.2012.06.009.

Dunbar, K. (1995). How scientists really reason: Scientific reasoning in real-world laboratories. In R. J. Sternberg & J. E. Davidson (Eds.), *The nature of insight* (pp. 365-395). Cambridge, MA: MIT Press.

Fuchs, L. S., Fuchs, D., Hamlett, C. L., & Karns, K. (1998). High-achieving students' interactions and performance on complex mathematical tasks as a function of homogeneous and heterogeneous pairings. *American Educational Research Journal*, *35*, 227-267. doi: 10.3102/00028312035002227.

Gijlers, H., & De Jong, T. (2005). The relation between prior knowledge and students' collaborative discovery learning processes. *Journal of Research in Science Teaching*, *42*, 264-282. doi: 10.1002/tea.20056.

Goldenberg, O., & Wiley, J. (2011). Quality, conformity, and conflict: Questioning the assumptions of Osborn's Brainstorming technique. *Journal of Problem Solving*, *3*. Retrieved from http://docs.lib.purdue.edu/jps/vol3/iss2/5

Kapur, M. (2009). Productive failure in mathematical problem solving. *Instructional Science*, *38*, 523-550. doi: 10.1007/s11251-009-9093-x.

Kapur, M. (2012). Productive failure in learning the concept of variance. *Instructional Science*, *40*, 651-672. doi: 10.1007/s11251-012-9209-6.

Kapur, M., & Bielaczyc, K. (2011). Designing for productive failure. *The Journal of the Learning Sciences*, *41*, 45-83. doi: 10.1080/10508406.2011.591717.

Kenny, D. A., Kashy, D. A., & Bolger, N. (1998). Data analysis in social psychology. In D. T. Gilbert, S. T. Fiske, & G. Lindzey (Eds.), *The handbook of social psychology* (Vol. 1, pp. 233-265). New York: Oxford Press.

Kroesbergen, E. H., Van Luit, J. E. H., & Maas, C. J. (2004). Effectiveness of explicit and constructivist mathematics instruction for low-achieving students in the Netherlands. *The Elementary School Journal*, *104*, 233-251. doi:10.1086/499751.

Loibl, K., & Rummel, N. (2013). The impact of guidance during problem-solving prior to instruction on students' inventions and learning outcomes. *Instructional Science*, *42*, 305-326. doi: 10.1007/s 11251-013-9282-5.

Mayer, R. E., & Greeno, J. G. (1972). Structural differences between learning outcomes produced by different instructional methods. *Journal of Educational Psychology*, *63*, 165-173. doi: 10.1037/h0032654.

Paulus, P. (2000). Groups, teams and creativity: The creative potential of idea generating groups. *International Journal of Applied Psychology*, *49*, 237-262. doi:10.1111/1464-0597.00013.

Preacher, K. J., & Hayes, A. F. (2004). SPSS and SAS procedures for estimating indirect effects in simple mediation models. *Behavior Research Methods*, *Instruments*, *and Computers*, *36*, 717- 731. doi: 10.3758/BF03206553.

Preacher, K. J., & Hayes, A. F. (2008). Asymptotic and resampling strategies for assessing and comparing indirect effects in multiple mediator models. *Behavior Research Methods*, *40*, 879-891. doi: 10.3758/BRM.40.3.879.

Roll, I. (2009). *Structured invention activities to prepare students for future learning: Means*, *mechanisms*, *and cognitive processes*. Unpublished doctoral dissertation, Carnegie Mellon University, Pittsburgh.

Roll, I., Aleven, V., & Koedinger, K. R. (2009). Helping students know 'further'-Increasing the flexibility of students' knowledge using symbolic invention tasks. In N. A. Taatgen & H. van Rijn (Eds.), *Proceedings of the 31st annual conference of the cognitive science society* (pp. 1169-1174). Austin: Cognitive Science Society.

Roll, I., Holmes, N. G., Day, J., & Bonn, D. (2012). Evaluating metacognitive scaffolding in guided invention activities. *Instructional Science*, *40*, 691-710. doi:10.1007/s11251-012-9208-7.

Rosenshine, B., & Stevens, R. (1986). Teaching functions. In M. C. Wittrock (Ed.), *Handbook of research on teaching*. New York: Macmillan.

Schwartz, D. L. (1995). The emergence of abstract representations in dyad problem solving. *Journal of the Learning Sciences*, *1*,321-354. doi:10.1207/s15327809jls0403_3.

Schwartz, D. L., & Martin, T. (2004). Inventing to prepare for future learning: The hidden efficiency of encouraging original student production in statistics instruction. *Cognition and Instruction*, *22*,

129-184. doi:10.1207/s1532690xci2202_l.

Shrout, P. E., & Bolger, N. (2002). Mediation in experimental and nonexperimental studies: New procedures and recommendations. *Psychological Methods*, *7*, 422-445. doi: 10.1037/1082-989X.7.4.422.

Stroebe, W., & Diehl, M. (1994). Why groups are less effective than their members: On productivity losses in idea-generating groups. *European Review of Social Psychology*, *5*, 271-303. doi: 10.1080/14792779543000084.

VanLehn, K. (1988). Toward a theory of impasse-driven learning. In H. Mandl & A. Lesgold (Eds.), Learning issues for intelligent tutoring systems (pp. 19-41). New York: Springer.

Webb, N. M. (1980). A process-outcome analysis of learning in group and individual settings. *Educational Psychologist*, *15*, 69-83. doi: 10.1080/00461528009529217.

Westermann, K., & Rummel, N. (2012). Delaying instruction: Evidence from a study in a university relearning setting. *Instructional Science*, *40*, 673-689. doi: 10.1007/s 11251-012-9207-8.

Wiedmann, M., Leach, R., Rummel, N., & Wiley, J. (2012). Does group composition affect learning by invention? *Instructional Science*, *40*, 711-740. doi:10.1007/s 11251-012-9204-y.

Wiley, J., & Jensen, M. (2006). When three heads are better than two. *Proceedings of the twenty-eighth annual conference of the cognitive science society*, Mahwah: Lawrence Erlbaum.

Wiley, J., & Jolly, C. (2003). When two heads are better than one expert. *Proceedings of the twenty-fifth annual conference of the cognitive science society*, Mahwah: Lawrence Erlbaum.

Wiley, J., Goldenberg, O., Jarosz, A. F., Wiedmann, M., & Rummel, N. (2013). Diversity, collaboration, and learning by invention. *Proceedings of the 35th annual meeting of the cognitive science society*, Austin: Cognitive Science Society.

Wiley, J., Jarosz, A., Cushen, P., Jensen, M., & Griffin, T. D. (2009, November). The power of three: Why the third person matters. *Paper presented at the annual meeting of the psychonomic society*, Boston, MA.

第六部分

在现实世界的共同体中的真实性参与

>>

第十五章　促进主动学习的零售体验（REAL）项目

许诺景[①]

摘要：促进主动学习的零售体验（Retail Experience for Active Learning，REAL）是一项创新项目，旨在探究当学生能够在学校课程和真实工作环境中的学习经验间建立联系时他们是否能学得更好。REAL 是在新加坡当地零售商的支持下实施的，旨在为学生提供真实的学习环境，让他们体验真实的客户服务环境。96 名学习商务技能要素（elements of business skills，EBS）的九年级学生参与了 REAL，完成两个阶段的工作实习。其中，学生有机会将学校中学到的商业知识和技能运用到真实的工作环境中。我们发现，REAL 实习与个人对商业主题的相关性、自信心和更好的问题解决技能有关。

关键词：经验学习；学生实习；合作教育；学习环境；商业技能

① N.-K. Koh (✉)
National Institute of Education，Nanyang Technological University，Singapore，Singapore
e-mail：noikeng.koh@nie.edu.sg
© Springer Science＋Business Media Singapore 2015
Y. H. Cho et al.（eds.），*Authentic Problem Solving and Learning in the 21st Century*，Education Innovation
Series，DOI 10.1007/978-981-287-521-1_15

一、引言

商务技能要素（EBS）是一种新的通用教育证书 N 水平学科，由新加坡教育部在 2008 年引入，修订版课程大纲于 2014 年开始实施。EBS 课程大纲的设计意图是为学术倾向较低的学生提供基础知识和技能，并为他们从事服务业做好准备。学生的学习机会包含在课程中，以加强他们对商业环境的概念性理解，以及在零售业、旅游业和酒店业中对类似市场营销和客户服务技能的运用。

为了探究拓展 EBS 班级学生的学习活动而设计的使用短期工作实习的效果，我们将"促进主动学习的零售体验项目"（REAL）进行概念化，并在新加坡九年级的学生中实施。学习实习的目的是提供教室与工作场所间有计划的接触和桥梁。我们希望通过让学生沉浸在真实工作环境中，能够激励他们在工作中投入学习，并将课堂中学习到的知识技能运用到工作情境中，反之亦然（Koh，2010）。

在工作场所解决真实问题的过程中，学生还学会实现和激活一系列认知过程和心理活动。它模拟了解决现实世界挑战所需的问题解决的认知。

二、文献综述

（一）工作场所中的经验学习

21 世纪信息时代，教育面临的一个挑战是工作性质的变化（Watkins，2005）。想要在工作场所中取得成功，只凭传统的纸质文凭不再足够。琼森（Johnson，2000）报告，学生相信他们在工作场所中取得成功的能力是"拥有职业特定知识的直接功能"。然而学生对自己所学的专业知识与未来的关系缺乏理解，对学校和工作场所之间的联系也知之甚少。

经验学习理论在教育实践的发展中发挥了重要作用。科尔布和弗莱（Kolb and Fry，1975）提出的经验学习模型包含四个元素：实际经验、观察、反思和抽象概念的形成。这个模型假定学习是一个持续的循环，并且学习过程可以在任何一个指明的阶段开始。然而，如果没有经历所有的阶段，则学习不能完成。这个论点被许多教育家所认可。P. R. 麦卡锡和 H. M. 麦卡锡讨论的（McCarthy and McCarthy，2006）理论认为"对于通过经验学习活动的学习是不可替代的，这为学生提供了直接的个人经历"。他们建议把经验性学习课程作为商业课程的必修课。同样，明茨伯格（Mintzberg，2004）提倡更加基于从经验中学习的管理教育方法。

对许多学生来说，新的商业概念和技能的形成不能仅从课堂教学获得。沃特金斯等人（Watkins et al.，2002）认为，当学生经历积极的学习和共同探究时，他们发展了亲社会的技能和对主题的积极情绪。虽然一个活跃的学习共同体没法用工程学方法在课堂上形成，但这种学习共同体可以通过工程式的学教教育在课堂外形成（Watkins et al.，2002）。

工作实习通过为学生提供实践经验补足学生的学术学习。学生可以通过在工作场所中的实验来充分检验在教室中学习的抽象概念。这个过程为学生提供了具体的学习经验并能够帮助他们在工作和学校间建立情感联系。学生对这些实际经验的观察和反思以及来自工作场所导师对他们的反馈将会促进新抽象概念的形成。这些新概念随后可在另一个情境中进行实验，为学生创造新经验（Kolb，1984）。当学生置身于真实世界情境中，并以一种结构化的、受监控的和可以接近的方式自主探索时，学生在他们的最近发展区中（Zone of Proximal Development，ZPD；Vygotsky，1978）工作。在ZPD中，他们可以在指导教师和工作场所导师的指导下，通过自主解决现实世界问题，或通过与更有能力的同伴（如他们的同事）合作，努力提高自己的认知水平（Vygotsky，1978）。

完成与工作场所的接触与学术表现的提高、职业成功和职业自我意识成正相关。在香港，蒋和吕（Kwong and Lui，1991）发现，实习经验对实习后的学术表现有积极的效应。完成实习的美国商业大学生报告称在寻找第一份工作时所花的求职时间更少了，并更可能体验职业生涯早期的成功（Gault et al.，2000）。此外，先前的实习经验与找到职业取向的工作（Callanan and Benzing，2004）、更高的薪水和更高的工作满意度相关，后两者可归因于更好的自我理解和职业选择（Gault et al.，2000）。

实习还能为企业带来好处，可以让企业越过选拔面试，用实习来评估未来雇员的表现（Coco，2000）。在实习期间，企业应为实习生提供极有价值的工作培训，有经验的实习生可以继续在公司工作，从而减少招聘和培训的费用。此外，来自实习生的反馈能够帮助企业在大体上提升他们的项目和企业文化（Rothman，2007）。随着实习生回到学习中并与他们的同伴和朋友分享公司的故事，好的实习经历也有助于建立公司声誉，并在未来为公司吸引优质应聘者（Turban and Cable，2013）。

在新加坡，一项关于实习生在实习期间所感知学习结果的探索性研究发现，实习生不仅能够获得技术技能，还在人际交往能力和个人能力方面得以发展（John and Hendrik，2008）。实习的这种内在价值补充了感知工具价值（Reid，1998）。学生们相信他们的实习经验会支持他们的未来专业发展和志向（John and Hendrik，2008）。这将对学生的学习动机和学习参与产生正面效应。

世界各地已经成功实施了许多长期实习项目。一个好的并且完善的例子是美国的"学校到工作项目"。1994 年的《学校到工作机会法案》为州、地方的商业、政府、教育和社区组织的合作伙伴提供联邦拨款，用来建立不同模式的"学校到工作项目"，以适应地方特点的教育需求（Hershey et al.，1997；Joyce，2001）。在新加坡，实习生项目，通常持续几个月，在大专学生中作为学习要求普遍存在。然而，对于中专生，目前没有类似的经验学习安排。

（二）体验式学习实现模型

在本研究项目中，我们的研究使用了短期真实的零售商店经验学习，以提升 EBS 学生在商业知识和技能方面的学习。学习环境和真实工作场景的实践社区被认为是影响知识和技能获得过程的关键因素（Lave and Wenger，1991；Cole，1995；Wenger，1998；Guile and Young，1999）。

工作场所的学习有多种形式。在本项目中，我们在阶段 1 和阶段 2 分别采用工作观察和实习。在工作观察中，学生通过直接观察能干的工作人员如何完成日常工作活动来了解一种工作（Lozada，2001；Reese，2005）。工作观察为学生提供了可以模仿的工作行为模型。当学生们观察并反思比他们能力更优的同事是如何完成他们的日常任务时，学生们将能够建立工作所需的新概念。工作场所为学生提供检验一些学习到的新概念的真实环境，而这些新概念仅通过课堂教学是很难学到的。

此外，学生可以将如何运用学术知识与工作联系起来，并向其工作场所的导师——提供指导的专家提出进一步的问题。当工作观察得到很好实施时，可以对学生的知识水平和工作态度产生积极影响。与此同时，实习为学生提供了将课堂中所学知识和技能在现实世界情境中付诸实践的机会。在实习期间，学生可以运用体验不同工作任务所得的新概念。

此外，相比传统说教的课堂教学，工作场所中发生的学习不那么程序化。随着学生对自己的发展负责，他们产生了学习的动力。同样地，随着学生将学校所学到的运用到工作场所中，以及将从工作场所的同事身上学习到的运用到学校中，学校和工作间建立起持续不断的联系（Watkins et al.，2002）。总的来说，工作观察和实习反映了一个牢固的经验学习模型。

本研究的目的是弄清真实学习环境中的经验学习在以下方面是否有效：（1）提升 EBS 教室的学习环境（定量）；（2）提升 REAL 学生在教室与工作场所间知识和技能转化的参与度（定性）。

三、REAL 项目

（一）参与者

345 名来自 25 个中等职业学校的三年级（九年级）商业技能要素（EBS）学生参与了本研究。其中的 96 名学生自愿参加了主动学习的零售体验（REAL）项目。他们经历了选择性面试，由零售商和作者组成的面试专家组仔细选择了"普通或者非常害羞和不自信"的学生。较好的那些学生被视为能够照料自己，从而实验中不包括他们。剩余的学生形成了两个对照组——REAL 参与者的同学们（$n=145$）和没有 REAL 参与者的 EBS 班级的学生们（$n=104$）；将前者纳入实验是为了评估 REAL 参与者对其同学是否有影响，在后者的情况下，没有人接触到 REAL 项目。

（二）研究设计

在学习环境影响学习者如何学习（Ramsden，1992）的观念下，研究主要聚焦于中职三年级 EBS 学生对学习环境的解释这一点（Bednar et al.，1991；Cunningham，1991；Salomon，1998）。当操控教育实践时，我们测量了学生对 EBS 学习环境的认识

（实际的与首选的）和学生对 EBS 的态度。因此，参与者被分为三组：REAL 参与者，REAL 参与者的同学和没有参加 REAL 同学的 EBS 学生。我们收集了定量数据并采用定性的方法对这些数据进行三角验证，定性方法包括与学生的焦点小组访谈，以鉴别出学生是如何使用学校中获得的知识和技能，以及他们如何看待在学校学习到的知识技能与在工作场所发展的知识技能间的联系。

（三）调查工具：修正的建构学习环境问卷

我们使用建构学习环境问卷（Constructivist Learning Environment Survey，CLES）的修正版来评估学生对 EBS 学习环境的看法。我们选择 CLES 的原因是它能刻画建构学习环境的关键要素，即个人相关性、不确定性、批评意见、共享控制和学生谈判（Taylor et al.，1997）。此外，CLES 在课堂学习环境的社会文化框架中融入了批判理论的视角（Grundy，1987；Habermas，1972，1984；Taylor et al.，1995，1997）。

修正版 CLES 总共有 20 道题目，在五个分量表上各有四道题目。为避免重复、保障简洁性，将原来 30 道题目的 CLES 问卷减少到现在的 20 道题目（Koh，2009）。CLES 五个分量表上每道题目的选项为：几乎总是、经常、很少、几乎从不（见表 15.1）。

表 15.1　修正版 CLES 问卷的量表描述和样题

量表	量表描述	样题
个人相关性	在多大程度上，EBS 被视为与学生校外经验相关	在 EBS 课堂中我了解到外面的世界
不确定性	在多大程度上，EBS 被视为处于不断变化中	我了解到 EBS 受人们的价值观和看法影响
批评意见	在多大程度上，EBS 课堂中学生可以自由表达对学习的关心	在 EBS 课堂中，我可以询问教师"为什么我要学这个"
共享控制	在多大程度上，EBS 课堂上学生与教师共享对他们学习的控制	在 EBS 课堂中，我可以和教师讨论我即将要学习的内容
学生谈判	在多大程度上，EBS 课堂上学生能相互交流以提升学习	在 EBS 课堂讨论中，我给出我的观点

学科态度问卷

为检测学生对 EBS 的态度，学生们还回答了一个含有 16 道问题的问卷。问卷开发在科学态度测试（Test of Science-Related Attitudes，TOSRA；Fraser，1981）指导下完成，其效度和实用性已经被验证（Fraser and Fisher，1982；McRobbie and Fraser，1993）。我们修改了题目使其更适合新加坡学生和 EBS 项目。表 15.2 给出了量表描述和样题。

表 15.2　学科态度问卷量表描述和样题

量表	量表描述	题目数	样题
EBS 课程的乐趣	学生在 EBS 课程中感受到的乐趣	8 道题目	我期待 EBS 课程
自我效能感	学生对自己在 EBS 课堂上表现的信念	4 道题目	在 EBS 课堂上，我能达到绝大多数自己设定的目标
动机	学生在 EBS 课堂上的动机	4 道题目	在 EBS 课堂上，我享受学习新事物

（四）程序

在接触工作项目的之前、中间和之后，整个研究分为四个阶段。每个阶段均对研究过程做出贡献。

在阶段 1（3 月），简明扼要地向学生、教师和零售业导师们说明 REAL 项目的学习目标与相关活动和任务的选择。这样做的目的是确保参与 REAL 的学生和搭档从一开始就了解自己的角色。

在阶段 2（3 月～6 月），我们向参与 REAL 的学生简要介绍了项目和对他们适应工作场所道德标准和所要求行为的期待。作为介绍的入门，我们概括了 EBS 关键学习要点，以提醒学生去运用和反思他们接触零售业时在 EBS 学习到了什么。在 6 月，学生们在两周的时间里跟随工作场所的导师，在接触实际工作后，学生们投入到小组专题讨论，以便从工作经验中发现更多。

在阶段 3（11 月～12 月），参与 REAL 的学生在分配的零售商店里完成他们为期四周的实习。学生们作为销售员工作。工作导师、教师和研究团队密切关注这些学生，并鼓励他们使用脸书（Facebook）分享他们的经验以促进合作学习。与商业技能相关的有用的链接和视频也通过脸书来下载和分享，以促进自我导向的学习。研究小组通过在工作场所拜访学生获得来自工作场所导师对学生进展的形成性反馈，以监控学生进展并与学生分享他们的进展。

在阶段 4（1 月～3 月），研究小组对参与 REAL 的学生和对照组学生进行问卷调查。在参与 REAL 的学生内进行小组专题讨论，以探索学生们在以下方面的观点：（1）学生们总体的 REAL 经验；（2）学生们对作为 EBS 学习活动拓展的经验学习的态度和观点；（3）课堂和工作场所间知识和技能的转化。

四、结果

我们使用 3×2 重复测量的 MANOVA 比较 3 组学生来评估 REAL 的效力：REAL 参与者，REAL 参与者的同学和没有参加 REAL 同学的 EBS 学生。因变量包含实际使用的五个修正 CLES 量表（个人相关性、不确定性、批评意见、共享控制和学生谈判）和学生态度量表（EBS 课程的乐趣）。因为将因变量集合视为整体，MANOVA 揭示了教学组间显著的差异（$p < 0.001$），对每个单独的因变量，可以用单变量 ANOVA 结果解释。

表 15.3 给出了三个教学组（REAL，REAL 同学和非 REAL）在每个学习环境和态度量表下平均题目的均值和标准差。表 15.3 中给出的 ANOVA 结果表明，每个学习环境量表下教学组间均存在统计意义上显著的差异（$p < 0.001$），但在学生愉悦度的态度量表下，教学组间的差异并不显著。图 15.1 给出了学生对他们实际的（A）和倾向的（P）学习环境感知间的比较。

表 15.3　三个教学组（基于 ANOVA 结果）在学习环境和态度分量表上的题目均值和标准差及组间差异

量表	组别	均值	标准差	F 值
学习环境				
个人相关性	REAL	3.19	0.60	16.94***
	REAL 同学	2.97	0.62	
	非 REAL	2.63	0.66	
不确定性	REAL	3.22	0.52	8.82***
	REAL 同学	3.05	0.63	
	非 REAL	2.82	0.65	
批评意见	REAL	3.00	0.59	7.56***
	REAL 同学	2.84	0.64	
	非 REAL	2.62	0.71	
共享控制	REAL	3.01	0.67	12.21***
	REAL 同学	2.78	0.73	
	非 REAL	2.46	0.78	
学生谈判	REAL	2.92	0.70	10.49***
	REAL 同学	2.75	0.71	
	非 REAL	2.46	0.70	
对 EBS 的态度				
课程的乐趣	REAL	3.27	0.49	0.97
	REAL 同学	3.25	0.57	
	非 REAL	3.17	0.56	

***$p < 0.001$

　　为了解释表 15.3 中 ANOVA 显示的学习环境分数方面有统计意义上显著的组间差异，我们运用 Tukey 的 HSD 多重比较程序以查明三对（REAL vs REAL 同学，REAL vs 非 REAL，REAL 同学 vs 非 REAL）组间差异的统计显著性。Tukey 的检验表明，对于每个学习环境量表，三对组间比较均存在统计意义上的显著差异（$p < 0.05$）。

　　根据这些后验比较，图 15.1 描绘了每种学习环境和态度量表下三个教学组间统计意义上显著的成对比较。因为三个教学组在愉悦度上的差异不显著，图 15.1 中每个教学组用了相同的总体量表均值 3.23。

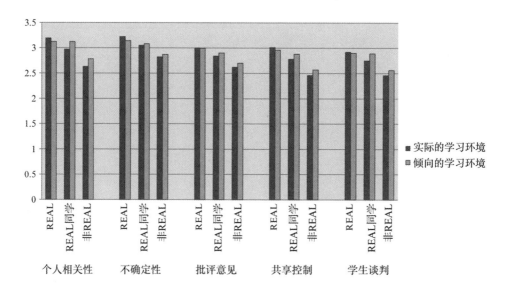

个人相关性   不确定性   批评意见   共享控制   学生谈判

图 15.1　每个修订的 CLES 量表下，实际 vs 倾向学习环境的均值

　　我们对 EBS 态度问卷的三个量表均进行了单因素 ANOVA 实验，结果显示三个态度量表上没有显著的组间差异。表 15.4 给出了 F 值。

表 15.4　三个教学组在 EBS 态度量表上的平均题目均值、标准差和单因素 ANOVA 结果

态度量表	组别	均值（标准差）	F	p
EBS 课程的乐趣	REAL	3.27（0.49）	0.973	0.379
	REAL 同学	3.25（0.57）		
	非 REAL	3.17（0.56）		
自我效能感	REAL	3.20（0.48）	2.143	0.119
	REAL 同学	3.11（0.54）		
	非 REAL	3.05（0.54）		
动机	REAL	3.35（0.49）	1.946	0.144
	REAL 同学	3.31（0.54）		
	非 REAL	3.21（0.59）		

五、讨论

在 REAL 参与者进行的焦点小组讨论研究中，定性研究结果启发了我们如何用定量结果来解释学生们的 REAL 经验，以及如何将其作为 EBS 学习活动的延伸，在教室和工作场所之间架起了知识和技能的桥梁。

（一）经验学习对学生就 EBS 学习环境看法的影响

在修正版 CLES 的五个量表上，相较于他们的同伴，REAL 学生倾向于非常积极地看待他们的 EBS 学习环境。在焦点小组讨论中，REAL 学生一致认为，与只有课堂教学相比，工作场所是 EBS 理想的学习环境。这是由 REAL 学生报告的持续更积极和更一致的实际和感知的 EBS 学习环境所支持的。这也说明了经验学习能有效提升 EBS 学习环境。工作场所中动手实践的方法意味着学生能够在真实环境中检验教室里所学的商业知识和技能，因此这样的实际经验为学生们在教室中所学的知识和技能提供了关联和意义。一个受访学生评论道，"在 EBS，教师一直在课堂中谈论推销，装饰商店……在我的实习中，课本中的一切都活跃起来"。

（二）经验学习在交叉转化知识和技能方面的影响

在两个对照组中，与他们偏爱的学习环境相比，学生们倾向于没那么喜欢实际的学习环境。这与 REAL 学生的观点形成了鲜明对比，REAL 学生认为实际学习环境比对照组偏爱的学习环境在三个量表上更具建构性：个人相关性、共享控制和学生谈判。这种负向的偏爱实际的差异在统计意义上显著，说明了 REAL 学生在课堂与工作场所之间的商业知识和技能转化方面相当成功，反之亦然，因此他们能够在自己日常工作任务与学习经验间建构有意义的连接。

工作场所的实际实践使课本中描述的场景具体化，为学生回顾和运用课堂中学习的概念和技能提供了合适的背景。这能够帮助学生更好地联系所学的概念，让他们能够在工作场所不断重复实践的时候创造新的经验（Kolb，1984）。例如，一个学生列举了她在书店是如何学会有策略地摆放书籍以帮助顾客方便地购物的例子，而另一个学生则列举了他是如何使用电子数据库为顾客提供更加精准和及时服务的例子。

学校与工作场所间建立的联系不局限于学生们的认知领域，还拓展到情感领域。REAL 学生反映他们观察到自己自信水平的提升。尽管在他们的实习期开始，这些学生都感到害羞，但随着他们逐渐熟悉如何与顾客接触和交流，他们发现自己获得了自信。一些学生还能清晰明确地说出他们实习机构的顾客服务原则。

学生还学会了如何控制自己的情绪。学生们反映说，当他们不得不处理来自顾客的很难满足的要求时，他们必须控制自己的愤怒、沮丧和不耐烦。在工作场所导师的引导和示范下，学生们学会了自我控制的方法以更好地控制自己的情绪。一个发现是，两个对照组中，相比偏爱的学习环境，学生们倾向于没那么喜欢实际的学习环境，而REAL 学生在个人相关性、共享控制和学生谈判量表上更喜欢他们实际的学习环境。在这三个量表上显著的交互效应说明 REAL 学生感知的实际 EBS 学习环境与他们的校外经验更相关。这超越了我们的期待，我们原先期待的是，对于 REAL 学生，偏爱的学习环境与实际学习环境的差距缩小，而不是实际学习环境比偏爱的学习环境更好。这说明了 REAL 项目在提升学生对 EBS 课堂学习环境的认识方面非常成功。

负面的偏爱实际的差距说明 REAL 学生能成功地在工作场所与课堂间转化知识和技能，例如他们能在日常经验和学习经验间建立有意义的联系。这些连接不局限于学生们的认知领域，还拓展到情感领域。许多学生反映，在 REAL 体验后的焦点小组讨论中，他们在不得不处理来自顾客的很难满足的要求时更能意识到自己的情绪，这种情绪通常是愤怒。他们提到他们学到了如何自我控制以管理自己的愤怒和情绪，而不是将情绪发泄到其他人身上。一位学生分享道，他"学会更加耐心并不向顾客表露愤怒，即使顾客不是那么有耐心"。许多学生还说，在零售体验后，他们在接近陌生人并与其交流时感到更加自信。

工作场所提供了要求 REAL 学生敏捷地与顾客交流这一动态的现实世界的挑战。学生们需要思考解决方案，做出决策，分享控制工作场所中发生问题的核心。此外，在培养学生工作中迈向卓越的自信和动机时，学生的导师为他们提供的引导和学生们与同事们的交流为学生们提供了极其有价值的在职培训和即时学习。

通过在工作场所中解决实际问题，学生们还学会认识和激活一系列认知过程和智力活动。这模拟了解决现实世界挑战所需的解决问题的认知。由于与工作场所中的人员进行交流通常是动态的，学生们还需要学会快速反应，从而发展他们的思维技能和人际交往能力。在职（on-the-job，OJT）培训和即时（just-in-time，JIT）学习为 REAL 学生学习相关技能和知识提供了极有价值的适合教学的契机。与学生的焦点访谈发现学生了解他们实习经验在学习和个人成长方面的意义。

（三）来自工作场所导师和教师的反馈

导师们观察到，学生非常善于接受建设性的反馈，能够在引导下处理作为销售助理的工作负荷。但是学生们一开始并没有为零售店长时间且独立的工作环境做好准备。尽管如此，到了实习结束的时候，许多导师注意到学生们的顾客服务和销售技能有显著的提高。导师们还表达了在学生们毕业寻找工作时雇佣他们做学徒的意向。实际上，一些实习生告知学校他们最终在实习的销售商处找到了全职工作。

因为发现了学生们回到课堂后认知、情绪和行为方面的变化，教师们全力支持 REAL 项目。REAL 项目鼓励学生们更有自信地认同他们的经验，向同学说明时，学生们能够在课堂中引用真实案例，清晰有力地表达作为销售助理有怎样的要求和期待。然而，一个家长通过教师反馈学生们在零售店花费的时间和努力与给予学生的象征性津贴不相称。虽然教师们和研究者团队试图解释这个实习是为了个人成长和有意义的学习 EBS 课程，这些家长仍然认为学生们也可以通过在假期做兼职获得经验学习的体验并且得到更好的金钱报酬。虽然经验教育项目并不是为了提供有吸引力的薪酬待遇而设计的，组织机构可以运用非金钱的额外待遇展现自己的吸引力，如交通福利和爱心包裹（Gold，2002）。另一方面，出现在作者组织的证书颁发典礼暨感谢会的父母对在自己孩子身上看到的"改变命运的体验"非常感激，并督促教育部继续这个项目。

（四）影响

鉴于当前经验学习实习模型成功实施，我们也可以探索并比较其他真实学习环境下学生实习的模型。举例来说，EBS 学生可以在零售店定期工作，比如一周一天，以训练他们的 EBS 内容、技能和价值观，如交流能力和人际交往技能。这样的近期经验可以被带入课堂以做进一步的分析和讨论，教师可以为这些真实生活经验提供支持并将它们与 EBS 课程联系起来。

一些家长建议我们还可以鼓励 EBS 学生在真实工作场所中进行学习实习，以体验真实工作情境并从自己学习的商业知识中获益。实习的经验会帮助 EBS 学生建立相关联系以在学术追求方面帮助他们并提升他们对 EBS 的自我效能感。从而，教师的角色是在工作场所学习和课堂学习间建立联系，而不是承担在工作场所中监督学生出勤率的管理任务。

最后，除了在零售业中学习实习，学生们还可以在服务业实习以获得经验，比较不同行业的相似和差异以发展商业知识和技能。对于 21 世纪能力技能集，学习者需要成为自主学习的学习者，有交流的能力和有自信。同时，通过 6 周的经验学习，学生们对自我和自己的职业偏好有了更好的理解。

六、结论

我们设计本研究来评估使用在真实零售商店实习的经验学习对 EBS 学生提升他们学习商业知识和技能的影响。研究发现报告了实际和倾向学习环境间的差距和 REAL 参与者持续表现出的强证据，例如相比对照组，REAL 参与者在学习环境方面有最高的分数和更加一致。REAL 学生倾向于更积极地认识 EBS 课堂，他们将 EBS 课堂作为建构的学习环境看待。这表明真实学习环境下的经验学习在提升 EBS 课堂学习环境方面是有效的。本研究证实了 REAL 的效用，因为 REAL 参与者和他们的同学感知的学习环境与学生倾向的学习环境更加一致，干预对课堂内 EBS 学习有帮助。

对于教育者和政策制定者，他们需要探索这种真实学习环境对学生的有效性，以便在工作场所中解决实际问题能持续驱动学生对知识和技能的追求。本研究表明了在职（OJT）培训和即时（JIT）学习为提升问题解决技能提供了极有价值的适合教学的契机。工作实习参与式和交互式的特质使其成为辅助经验学习的理想的教学工具，反过来，这为教师吸取经验教训提供了丰富的参考点。

参考文献

Bednar, A. K., Cunningham, D., Duffy, T. M., & Perry, J. D. (1991). Theory into practice: How do we link? In G. L. Anglin (Ed.), *Instructional technology: Past, present, and future* (pp. 88-101).

Englewood：Libraries Unlimited.

Callanan, G., & Benzing, C. (2004). Assessing the role of internships in the career-oriented employment of graduating college students. *Education & Training*, *46*(2), 82-89.

Coco, M. (2000). Internships：A try before you buy arrangement. *SAM Advanced Management Journal*, *65*(2), 41-44.

Cole, M. (1995). The supra-individual envelope of development：Activity and practice, situation and context. In J. J. Goodnow, P. Miller, & F. Kessel (Eds.), *Cultural practices as contexts for development* (pp. 88-101). San Francisco：Jossey-Bass.

Cunningham, J. D. (1991). Assessing constructions and constructing assessments：A dialogue. *Educational Technology*, *5*, 13-17.

Fraser, B. J. (1981). *Test of Science Related Attitudes* (*TOSRA*). Melbourne：Australian Council for Educational Research.

Fraser, B. J., & Fisher, D. L. (1982). Predicting students' outcomes from their perceptions of classroom psychosocial environment. *American Educational Research Journal*, *19*, 498-518.

Gault, J., Redington, J., & Schlager, T. (2000). Undergraduate business internships and career success：Are they related? *Journal of Marketing Education*, *22*(1), 45-53.

Gold, M. (2002). The elements of effective experiential education programs. *Journal of Career Planning and Employment*, *62*(2), 20-24.

Grundy, S. (1987). *Curriculum：Product or praxis*. New York：The Falmer Press.

Guile, D., & Young, M. (1999). Beyond the institution of apprenticeship：Towards a social theory of learning as the production of knowledge. In P. Ainley & H. Rainbird (Eds.), *Apprenticeship：Towards a new paradigm of learning* (pp. 111-128). London：Kogan Page.

Habermas, J. (Ed.). (1972). *Knowledge and human interests* (2nd ed.). London：Heinemann.

Habermas, J. (Ed.). (1984). *A theory of communicative action* (Vol. 1). Boston：Beacon Press.

Hershey, A. M., Hudis, P., Silverberg, M., & Haimson, J. (1997). *Partners in progress：Early steps in creating school-to-work programs*. Princeton：Mathematica Policy Research, Inc.

John, E. B., & Hendrik, H. (2008). Undergraduate internships in accounting：What and how do Singapore interns learn from experience? *Accounting Education*, *17*(2), 151-172.

Johnson, L. S. (2000). The relevance of school to career：A study in student awareness. *Journal of Career Development*, *26*(4), 263-276.

Joyce, M. (2001). School-to-work programs：Information from two surveys. *Monthly Labor Review*, *124*, 38-50.

Koh, N. K. (2009). *Engaging pedagogies for infusing life skills：An empirical study*. Paper presented at 33rd annual pacific circle consortium conference, Taipei.

Koh，N. K. (2010). Harnessing ICT to support the mixed-mode delivery framework. *The Educational Dialogue Journal*，*10*(31)，615-629.

Kolb，D. A. (1984). *Experiential learning：Experience as the source of learning and development*. Upper Saddle River，NJ：Prentice-Hall.

Kolb，D. A.，& Fry，R. (1975). Toward an applied theory of experiential learning. In C. Cooper (Ed.)，*Theories of group process*. London：Wiley.

Kwong，K. S.，& Lui，G. (1991). Effects of accountancy internship on subsequent academic performance. *CUHK Education Journal*，*19*(1)，111-116.

Lave，J.，& Wenger，E. (1991). *Situated learning：Legitimate peripheral participation*. Cambridge：Cambridge University Press.

Lozada，M. (2001). Job shadowing-Career exploration at work. *Techniques-Association for Career and Technical Education*，*76*(8)，30-33.

McCarthy，P. R.，& McCarthy，H. M. (2006). When case studies are not enough：Integrating experiential learning into business curricula. *Journal of Education for Business*，*81*(4)，201-204.

McRobbie，C. J.，& Fraser，B. J. (1993). Associations between student outcomes and psychosocial science environment. *Journal of Educational Research*，*87*，78-85.

Mintzberg，H. (2004). *Managers not MBAs：A hard look at the soft practice of managing and management development*. London：Prentice-Hall.

Ramsden，P. (1992). *Learning to teach in higher education*. London：Routledge.

Reese，S. (2005). Exploring the world of work through job shadowing. *Techniques Making Education and Career Connections*，*80*(2)，18-23.

Reid，A. (1998). The value of education. *Journal of Philosophy of Education*，*32*(3)，319-331.

Rothman，M. (2007). Lessons learned：Advice to employers from interns. *Journal of Education for Business*，*82*(3)，140-144.

Salomon，G. (1998). Novel constructivist learning environments and novel technologies：Some issues to be concerned with. *Research Dialogue in Learning and Instruction*，*1*，3-12.

Taylor，P. C.，Dawson，V.，& Fraser，B. J. (1995). *Classroom learning environments under transformation：A constructivist perspective*. Paper presented at the annual meeting of the American Educational Research Association，San Francisco，CA.

Taylor，P. C.，Fraser，B. J.，& Fisher，D. L. (1997). Monitoring constructivist classroom learning environments. *International Journal of Educational Research*，*27*，293-302.

Turban，D. B.，& Cable，D. M. (2003). Firm reputation and applicant pool characteristics. *Journal of Organizational Behavior*，*24*(6)，733-751.

Vygotsky，L. S. (1978). *Mind and society：The development of higher mental processes*. Cambridge，

MA：Harvard University Press.

Watkins，C. (2005). *Classrooms as learning communities*. Oxon：Routledge.

Watkins，C.，Carnell，E.，Lodge，C.，Wagner，P.，&. Whalley，C. (2002). *Effective learning*. Retrieved from http：//eprints.ioe.ac.uk/2819/1/Watkins2002Effective.pdf

Wenger，E. (1998). *Communities of practice：Learning，meaning，and identity*. Cambridge：Cambridge University Press.

第十六章　非正式科学学习中的真实性学习经验

金米宋

叶晓璇①

摘要：这项为期一年的研究检验了新加坡未来教师（prospective teachers，PTs）非正式学习的影响。这些未来教师基于"尺寸与距离"的大概念，合作建立了一个非正式天文学工作坊。本项定性研究以设计为基础，收集了 PTs 的教学计划、学习和教学活动的音频视频、建模作品、调查、访谈、研究人员的现场笔记和反思日志。通过对参与多模态建模活动的五个 PTs 的深入分析，他们的教学实践反映了其学习经历带来的影响，这种影响受工作坊设计原则和其专家型指导老师的教学策略的调节。这一结果暗示了教师真实性学习经验对于建设这种参与式学习环境的重要性。

关键词：真实性任务；非正式学习；多模式建模；数字叙事

一、引言

本研究旨在开发一种参与式学习环境，鼓励参与者参与并合作设计多模式建模活动（也称为"具身建模活动"，Embodied Modeling-Mediated Activity，EMMA）。

---

①　M. S. Kim (✉)
Curriculum Studies ，University of Western Ontario ，London ，ON ，Canada
e-mail：misong. kim@gmail. com
X. Ye
National Institute of Education，Nanyang Technological University ，Singapore，Singapore
© Springer Science＋Business Media Singapore 2015
Y. H. Cho et al. （eds.），*Authentic Problem Solving and Learning in the 21st Century*，Education Innovation Series，DOI 10. 1007/978-981-287-521-1 _ 16

这种参与式学习环境不仅寻求辅助构建科学模型，还寻求参与真实性探究而不是教师的指导（Kim et al.，2012）。以建模为中介的学习已经被证明是建构主义的继承者，并且可以解释学生概念的改变（Clement，2000；Lehrer and Schauble，2000；Lesh and Doerr，2003）。尽管多模式建模过程有这样的可用性，但许多教师在基于建模的教学中仍然感到困难。这是由于缺乏建模经验、元建模知识和建模教学方面的教学法知识而导致的（Kim et al.，2011，2012；Schwarz et al.，2009）。

多模式建模还意味着观察的重要性。它可以为学习者提供机会识别观察到的经验和自己模型之间的不一致，从而促进探究，特别是在天文学领域。在早期，天文学只包括对肉眼可见的物体运动的观察和预测。从这些观察中，形成了关于行星运动的早期思想，并对宇宙中太阳、月亮和地球的性质进行了哲学上的探索，即所谓的宇宙地心说模型。因此，天文学习不应该排除对真实世界的观测。

例如，为了理解月相（Moon phases），学习者必须观察至少一个完整的月相周期以获得数据，尝试找到模式，并根据特定环境中自己的具身参与来生成问题。无论是在现实环境中（Sherrod and Wilhelm，2009；Trundle et al.，2010），还是设计出的虚拟环境中（Bakas and Mikropoulos，2003），观察都为学习者提供了真实学习环境下的具身经验。这不仅促进了学习者的概念学习，而且增强了他们的学习动机和兴趣（Kucukozer et al.，2009）。

尽管学生对学习天文学概念表现出极大的兴趣，但在正式学习环境中，新加坡并未教给青少年天文学。因此，通过建立由大学天文专家、科学教师、科学教育研究者和业余天文爱好者组成的学习共同体，我们不仅希望在非正式学习环境中为天文学的教学和学习合作设计出真实的和具身的学习经验，还希望探究开发多模式建模活动的有效方式，促进参与者对天文学的概念理解。在这个意义上，我们学习共同体的参与者不仅仅是带着兴趣学习天文学概念的学习者，还是一个更广泛意义上新加坡天文学社团的潜在领导者。他们有机会合作设计 EMMA 活动，并作为辅助者在由研究团队和新加坡青年俱乐部组织的非正式课程中展示自己。在这方面，我们认为我们的参与者是"未来教师"，尽管他们没在正式场合接受教育课程。

PTs 自愿加入我们的学习共同体，生成兴趣驱动的话题，探索多模式建模活动，并通过有意义的参与培养理解力。这种学习反映了一种社会文化观点，即将学习者视为主动参与者，而不只是一个被动的知识接受者（Hay and Barab，2001；Kim，2012，

2013）。追随这些社会文化观点，我们的研究团队旨在挖掘非正式科学学习的益处。其中，学习被刻画为自我激励的和自愿的，不仅由学习者的需求和兴趣引导（Dierking et al.，2003），还由学习者之间、学习者和促进者之间的协作和沟通引导。这些被认为是 21 世纪学习的核心技能。

最重要的是，在我们创建的这种非正式学习环境中，我们能够将 PTs 引导他人（例如，工作坊参与者）的技能概念化，从而使之成为重要证据，证明他们对聚焦的天文概念的理解力有所提升，进而加深了对这一现象的理解（Boyer and Roth，2006）。因此，如上所述，我们还为 PTs 提供了教学的机会。在这方面，本研究特别寻求这种通过教学的学习方法（learning-through-teaching approach）在 EMMA 工作坊中的影响。

二、文献综述

（一）具身建模活动（EMMA）

基于社会文化视角，我们采用具身认知，把"学习不仅存在于大脑中，还存在于身体中（例如，产生手势、使用工具、局部环境中的移动性、与他人的互动）"概念化（Hall and Nemirovsky，2012）。因此，EMMA 通过把工作坊参与者融入真实性的观察和相关的后续建模活动中，为他们提供具身学习体验。我们特别提倡建模活动中的多模式。参与者需要创造不同类型的模型，如图形模型、使用各种材料制作的 3D 物理模型或 3D 计算机模型。多模式建模活动为学生与具体模型的交互提供了丰富的机会，从而增强了对具体模型的认知。

例如，学生通过操纵模型来推断不同季节是怎样产生的，同时使用手势来补充他们的解释。通过构建模型和与模型交互，要求学生积极应用他们的先验知识并理解新的概念。此外，它还鼓励互动，有时超越限制，只是口头交流。例如，一些以前的工作坊参与者不能科学地区分"公转"（revolve）和"自转"（rotate）的含义。他们通常混淆使用这些单词。然而，当使用他们的身体运动时，他们就能够准确、清晰有力地表达和区分两者的差异。例如，用他们的手来表示地球如何围绕太阳公转，旋转他们的手指来展示地球绕地轴的自转。EMMA 被证明可以促进学习者理解天文学概念，如太阳系（Kim et al.，2011）、月球天平动（lunar libration）（Kim and Lee，2013）和月相（Kim et al.，2012）。

先前的研究也表明，不同的建模活动能够为学习者提供不同的学习经验，并触发不同类型的技能和感官模式（Blown and Bryce，2010）。根据申和康复瑞（Shen and Confrey，2007）的研究，当学习者尝试表达更好的理解时，他们倾向于从一个模型切换到另一个模型，以更好地展示他们的想法。在这个变化的建模过程中，学习者可以在概念开发方面取得进展。

（二）建模中尺寸和距离的大概念

在最近的文献综述中，莱雷奥特和洛尔尼克（Lelliott and Rollnick，2009）认为，与诸如地球的形状、重力（Vosniadou and Brewer，1992）和太阳—地球—月球系统（Barnett and Morran，2002；Baxter，1989）等其他天文学概念相比，尺寸和距离概念一直处于研究不足和教授不足的状态。不足为奇的是，许多学生在理解尺寸和距离概念上遇到困难，例如太阳和最接近的行星（Sadler，1998）之间的距离、地球和太阳的规模、地球和太阳的实际尺寸、地球与太阳的相对距离、行星的相对尺寸以及行星之间的相对距离（Sharp and Kuerbis，2006）。一些研究表明，学生在理解广阔天体距离和尺寸方面的困难在于：首先，他们缺乏与广阔距离有关的生活经验；其次，对观察的错误解释（Bakas and Mikropoulos，2003）。因此，莱雷奥特和洛尔尼克（Lelliott and Rollnick，2009）认为，重要的是为学生提供与尺寸和距离相关的各种经验，提高学生对天文学所涉及的空间尺度的了解，发展他们对尺寸和距离概念更深入的理解。在这个意义上，我们的研究采用了莱雷奥特和洛尔尼克的"大概念"术语，旨在强调尺寸和距离两个核心概念的一致性，而不是"主题"或"课题"。

许多研究采用了建模策略以改善学生的概念变化和概念形成。库恩等人（Kuhn et al.，2006）指出，"建模因而不仅是复制：整个过程是一个反思性转化，学生从中积极地组织自己的学习。'主题'决定背景下哪些属性和联系将被接受、强调或忽视，以及如何将结果应用到现实世界"。由于强调了尺寸和距离大概念的发展，因此本研究专注于建模过程。这个过程包括描述、解释、表征、修改、发展学习者的概念理解和展示他们的学习进展（Shen and Confrey，2007）。

（三）通过教而学

以往研究已经做了一些尝试，为学生提供包括同伴教学、互相教学或同伴辅导等方面的教学经验。埃尔门多夫（Elmendorf，2006）指出，真实教学经验不仅促进了她所在学院学生对科学的概念性的深度学习，而且促进了与科学的有意义的、个人的联系。在她的研究中，为大学生提供了机会，让他们利用在大学学到的知识设计一门小学课程。她注意到，当学习者成为教师这一角色时，大学生的学习发生了变化。例如，他们在自己的学习中变得更负责任，意识到自己的知识水平，并希望更深入地了解目标主题。她的学生也巩固了自己的理解，以便能够以不同的方法传递知识，从而让他们自己的学生提升学习经验。因此，他们最终获得了对学习过程的欣赏，成为主动学习者。

一些理论家试图从认知、社会、情绪和动机等方面解释体验教学的角色是怎样有益于学习的。在解释这种益处时，目标导向的信息加工是一种可能的认知方面，因为学习过程中设定个人目标被认为对学习是重要的（Cate and Durning，2007）。当准备教学时，学生决定自己的目标和优先级，而不是尝试知道他们老师的优先级是什么；因此，他们将不同的认知策略应用到教材中。教学过程中，学生经历语言表达的过程，在新概念与其先前知识之间建立认知连接。这能够增强记忆和学习，导致斯莱文（Slavin，1996）所说的"认知精加工"（cognitive elaboration）。体验教学角色时，学生还需要生成问题，形成高质量的解释和与学生有意义的互动（King et al.，1998；Slavin，1996）。同时，体验教师的角色也给学生们带来了社会、情绪和动机等方面的益处（Puchner，2003）。科恩（Cohen，1986）的角色理论（role theory）尤其能解释体验教学角色对动机的益处。当学生承担教师角色时，他们也呈现教师的特点、自我感知和态度，从而使得他们不仅参与到围绕复杂问题富有挑战性的对话，还发展了内在动机。

然而，关于学生教学经验的许多研究似乎被提高学生学业成绩的兴趣所影响（Roscoe and Chi，2007；Streitwieser and Light，2010；Tessier，2006）。与这种以结果为导向的方式来检验学生教学经验的效果不同，罗斯科和迟（Roscoe and Chi，2007）强调了一种基于过程的方法。研究人员需要检验学生教师的学习和教学经验的过程，以解释他们在学习与教学中的成功和失败。他们的结论是，同伴辅导不仅可以强化领域知识，还可以提升合作技能。利用这种通过教而学的好处，我们的目的在于为我们的 PTs 提供非正式学习环境下设计和实施多模式建模活动教授天文学的机会。

三、方法

（一）本研究

本研究运用定性方法论来探索 PTs 的学习和教学经验，这是以非正式学习环境中多模式建模活动为中介的。我们在新加坡的预研究显示，学生和教师对于各种天文现象的真实天文观察和建模活动几乎没有经验（Kim et al., 2011）。因此，在 EMMA 活动设计中，我们采用了基于设计的研究方法，与我们的研究参与者共同设计、实施、分析和完善 EMMA 活动。我们的参与者包括一个专家科学教师和 14 名有兴趣在非正式学习环境中学习和教授天文学的大三学生。特别是，我们尝试调查借助教而学方法受多模式建模活动调节的各种方式，这些建模活动指向 PTs 在天文学中的深度学习。换句话说，如图 16.1 所示，我们旨在围绕 EMMA 活动整合建模、教学和学习，在讨论部分将给出进一步的细节描述。

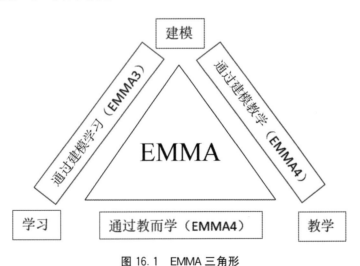

图 16.1　EMMA 三角形

如图 16.2 所示，在实际进入真正的教学实践之前，为三组 PTs 准备了四个 EMMA 工作坊，包括他们自己选定的课题方面的多模式建模活动和课程设计活动，如太阳系（两位男 PTs）、尺寸和距离（两位女 PTs）、季节（两位男 PTs）。在 EMMA1 中，三组 PTs 在 5 周的时间里参加了为期 4 天的工作坊，以探讨他们的主题并设计课

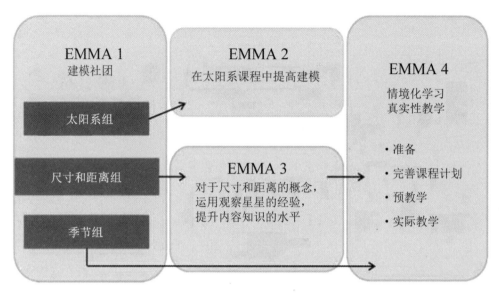

图 16.2　EMMA 工作坊的进程

程。对 EMMA 2 来说，最初为太阳系设计的课程由研究团队、指导者和 PTs 共同完善，目的是与一组新的 PTs（一位男性，三位女学生）合作。本文中，我们的讨论将集中于 EMMA 3 和 EMMA 4（见图 16.2），它们将在以下部分介绍。

　　基于 PTs 在 EMMA 工作坊 1 和 2 中的表现，形成了 EMMA 工作坊 3 中的四个目标：（1）提升模型的准确性，使用恰当的测量和尺寸单位；（2）理解天体之间的距离会由于天体运动而改变；（3）理解测量天体距离和尺寸的不同方法；（4）知道使用合适的天体来解释尺寸与距离的概念。为了实现这些目标，研究团队围绕真实的、具体的天空观测体验，多模式建模和户外活动设计了 EMMA 工作坊 3，该工作坊位于马来西亚的一个为期两晚的实地考察之旅中。PTs 参与了对行星排列和星座的观察；利用行星属性、各种建模材料（如泡沫塑料球、各种型号的大理石、橡皮泥）和天空模拟程序（如 Stellarium 软件）；测量远处的海洋物体距离。表 16.1 描述了 EMMA 工作坊 3 的活动和目标。

　　基于 EMMA 3 中的这种多模式建模经验，PTs 在 3 个月内重新思考了他们之前在 EMMA 1 中设计的课程计划，以便为在 EMMA 4 中实施课程而修改课程计划，其中，他们会辅助由非营利社区中心组织的天文学营中的 30 名中学生。除了面对面会议，还通过 Facebook、电话和电子邮件进行在线交流，让 PTs 能在 EMMA 内外修改他们的课程计划。

　　本研究考察了以下问题：（1）PTs 如何在 EMMA 工作坊发展他们对尺寸和距离的

天文学概念的理解？（2）通过教学学习的机会为参与 EMMA 工作坊的 PTs 带来什么样的益处？

表 16.1　EMMA 工作坊 3 的活动和目标

主要活动	小活动	目标
太阳系建模	1. 工作坊开始前的网上讨论：要求 PTs 对行星联珠的模拟生成图发表评论和提出问题	1. 识别天空中的不同行星
	2. 在 2011 年 5 月 28 日和 29 日早晨观察天空	2. 构建更准确的模型以生成论据和解释现象
	3. 通过模拟软件（Stellarium）探索天空	3. 理解太阳系中不同行星之间的相对距离和尺寸
	4. 行星排列现象（planetary alignment），并建立出现这一现象时的太阳系模型，以解释为什么导师提出的地心说是不正确的	
天蝎座的建模	1. 观察天空	1. 欣赏天空中广阔的天体的距离
	2. 画出观测到的星座的草图	2. 欣赏不同地区星座的文化差异
	3. 就星座的文化差异与导师分享讨论	3. 理解组成星座的恒星的距离和尺寸是变化的
	4. 考虑恒星尺寸与距离的情况下对天蝎座建模	
测量实际遥远物体间距离	1. 问题解决任务：不去实地，运用罗盘和测量仪的条件下如何测量遥远物体的距离	1. 理解并欣赏测量远距离物体的视差法
	2. 现场实践：测量海中物体的距离	2. 使用跨学科方法提升问题解决技能
	3. 与导师讨论什么样的方法可以应用于测量远距离天体	

（二）参与者

EMMA 工作坊刚开始只有七个年轻人（17~18 岁），后来又加入了七个人。他们对天文学很感兴趣，并邀请他们的朋友来到我们的社区，自愿成为协助者（所谓的未来教师）来实施天文学工作坊。因此，这些协助者在天文知识、学术背景、天空观测和建模经验方面有多样化的背景。他们致力于为工作坊参与者提供便利，并借由研究小组成员及对天文学有浓厚兴趣和丰富知识的物理学专家洪健（Hong Jian，以下简称"HJ"）的协助，使参加者具备天文学知识和教学知识。本文中使用的所有名称都是假名（见表 16.2）。如前所述，本文聚焦于 5 个从事"尺寸和距离"概念研究的 PTs 组成的团体，即冯美（Mei Fong）、薇薇安（Vivian）、撒博提赛（Saabtisai）、艾玛（Emma）、菲斯（Faith），他们致力于研究"尺寸和距离"的概念。冯美和薇薇安参与 EMMA 1、3 和 4，其余三人参与 EMMA 3 和 4。表 16.2 给出了五名 PTs 的简要信息。

所有的 PTs 在新加坡长大并接受教育，我们在 EMMA 4 之前的调查揭示了 PTs 对学习和教学有各种各样的看法。所有 PTs 均认为 EMMA 工作坊对他们理解天文学知识有益。他们经常提到 EMMA 工作坊与他们之前在学校的学习经验不同，如"超越常规的东西""更多的动手活动"和"大量的建模，必须自己找到答案"（来自 EMMA 4 预调查）。

表 16.2　五位 PTs 的资料

姓名	民族	年龄[a]	最喜爱的学科	当前状态[b]
冯美（MF）	华人	19	化学	大学，材料工程
薇薇安	华人	19	英文、艺术、体育	大学，社会学
撒博提赛	印度人	19	数学	大学，生物工程
艾玛	华人	17	化学、物理、中文	高中二年级（相当于美国 11 年级）
菲斯	华人	17	——	高中二年级

注：a. 他们参加 EMMA 3 的年龄；b. 2012 年

（三）数据收集和分析

如表 16.3 所述，本定性研究收集了多种互相关联的数据源。特别是在 EMMA 3 视频数据方面，我们选择了诸如行星排列的建模活动，因为它们与 PTs 在 EMMA 4 中设计和实施的那些活动类似。通过检验学习和教学活动的过程数据，我们试图探讨 PTs 如何将他们的学习与教学经验联系起来。

我们运用常数比较方法（constant comparison method）（Boeije，2002；Strauss and Corbin，1990）分析已收集的数据。在 EMMA 3 和 EMMA 4 中以及这两个工作坊之间反复进行比较，以生成主题。有趣的是，两个工作坊中有类似的主题，如 EMMA 3 中的"PTs 的太阳系建模过程""HJ 的指导和提问"及"HJ 提出的论据"，EMMA 4 中的"PTs 的建模教学过程""对他们学生的指导""PTs 提出的论据"。这些来自开放编码的主题随后与 EMMA 3 和 EMMA 4 中的主题进行比较，以发现 PTs 学习和教学经验间的关系。一旦识别了两者间的关系，我们就会进行详细的语篇分析。其他数据来源，如研究者的现场记录、人工制品（如模型）和调研数据，同样运用常数比较方法进行分析，以便三角验证主要以视频数据形式生成的主题。

数据分析包括三个主要步骤。首先，根据建模过程如建构、修改和使用模型来确定工作坊的每个部分。其次，根据天文学相关主题确定片段以不仅识别 PTs 的学习时刻，而且识别协助者的帮助。每当一个新的讨论话题产生时，我们将其定义为一个新的片段，EMMA 3 有 20 个片段，EMMA 4 有 7 个片段。最后，对选定的片段进行详细的语篇分析以理解 PTs 的学习和教学经验。对于 EMMA 3，我们聚焦于 PTs 的学习困难，以及 HJ 如何帮助他们解决这些问题；对于 EMMA 4，我们聚焦于 PTs 的教学和他们与学生的互动。我们一共选择 9 个片段进行详细编码。

根据秦（Chin，2006）在新加坡进行的研究，本文中的分析单元是交流的一个变动（即开始、回应、跟进），我们还考虑了语篇的类型和目的。陈（Chan）的研究背景中，学生主要回答他们教师的问题，与其相比，我们研究的参与者扮演了主动的角色，并在非正式多模式建模活动中变得更加灵活。因此，我们强调学习过程的维度，不仅包括参与者的认知学习过程（Anderson and Krathwohl，2001），还包括他们的学习被传递的方式。

表 16.3　EMMA 3 和 EMMA 4 中数据来源和目的

工作坊	数据来源	目的
EMMA 3	录制的 EMMA 3 整个过程的视频	太阳系建模中 PTs 的学习困难
	多模式建模人工制品（2D 图纸和 3D 实体模型）	导师指导下 PTs 的学习过程
	关于内容的事前调查和事后调查	
EMMA 4	自 EMMA 1 起课程计划的版本	PTs 在他们的课程设计上的发展和发展过程
	教学预演日研究者的现场记录	
	关于学习和教学的感知的预调研，通过建模教学和建模经验	
	录制的 EMMA 4 课程实施的视频	包括全班教学和与每个小组的互动的 PTs 的表现
	实际教学日研究者的现场记录	PTs 对以建模为中介的教学的看法和他们由教而学的经验
	与 PTs 的事后采访	

四、结果

(一) 将学习困难转变成教学时刻

尽管 EMMA 4 是 PTs 的第一个教学实践，但他们的导师（HJ）对 EMMA 3 的专业知识的协助促进了学习经验的积累，因此他们能够通过设计建模任务和基于真实观察基础上的论证让工作坊参与者参与学习。他们还可以通过制订特定的标准来评估参与者的成就。具体来说，在尺寸和距离的概念方面，PTs 通过三种方式有效地将建模方法集成到课程计划中。首先，他们从授课导向转变为基于建模的以学生为中心的课程设计模式。在 PTs 的第一节课程设计中，他们努力让学生参与到建立联系的活动中。然而，大多数学习目标，例如距离与尺寸之间的关系，都是通过强调内容传递的讲座来实现。随后，在 EMMA 3 中拥有了多模式建模经验之后，他们的学习目标和模型活动更加清晰。其次，他们修订后的课程计划表明，工作坊参与者可以通过探索而不是"被动接受"来提升学习效果。在他们的第一个课程计划中，他们打算涵盖尽可能多的 YouTube 视频。同样，动手任务主要是为了好玩而设计的。然而，他们修订课程计划的目的旨在强调促进工作坊参与者积极参与的方法。例如，PTs 没有向研讨会参与者播放关于距离与尺寸的视频，而是致力于设计多模式建模活动，以使他们参与构建一个按比例缩小的太阳系模型。这让他们能计算变化的距离和尺寸，并帮助他们懂得广阔的距离和理解相对距离与尺寸的概念。最后，他们的学习活动更多地嵌入伴随隐含问题的现实世界和真实背景。在课程计划的最终版本中，PTs 在具有太阳系观测和天空观测经验的真实背景下纳入"尺寸和距离"的事实性知识，以便工作坊参与者更容易理解。

总结这些变化，为了理解 EMMA 工作坊在支持通过教学的学习方法方面的影响，我们确定了一个主张：在 EMMA 工作坊中通过教学学习，导致 PTs 的学习困难转化为教学时刻，进而导致 PTs 的深度学习。EMMA 3 为 PTs 提供了天空观测的经验，使他们能够把建模的学习经验用于他们的观察（见图 16.1）。在 EMMA 3 实地考察前，HJ 展示了一张来自 Facebook 中天空模拟软件的行星排列图片（图 16.3），不仅是为了支持 PTs 的探究，也是为了促进他们真正的学习。这个行星排列被预期出现在实地考察的那几天。

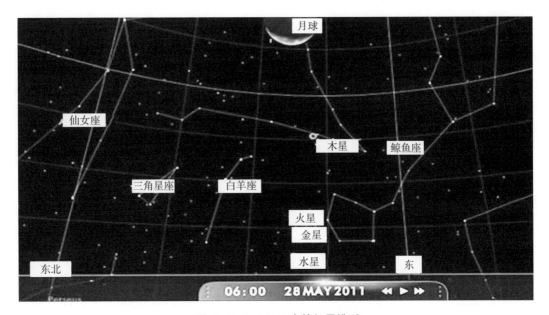

图 16.3　EMMA 3 中的行星排列

在 EMMA 3 实地考察期间，HJ 有意创造了一个在观测上可能但在科学上不可能的论点——它是基于一个以地心为中心的太阳系建模。他使用了在天空中移动的恒星观察（如从裸眼、望远镜和模拟软件中看到的）和行星排列（图 16.3）支持他的论点，HJ 要求 PTs 建立模型来反驳他的论点。根据 EMMA 3 中 PTs 行星建模活动及其在 EMMA 4 中的教学实践，我们确定了 PTs 的两个具体的学习困难，这两个困难随后被转化为有效的教学时刻：（1）使距离和尺寸处于相同比例尺；（2）使用模型从不同角度检验天文学现象。

（二）使距离和尺寸在相同的比例尺上

就 PTs 在 EMMA 工作坊 3 期间自己构建的太阳系模型和观察行星排列的经验这两方面来说，PTs 的初始模型［参见图 16.4（a）］在距离和尺寸方面都没有科学地缩放。例如，木星没有被表征为比地球大 11 倍。即使他们被给予了行星在距离和尺寸方面的资料单，PTs 也没有注意到模型的比例尺。

因此，HJ 的反馈集中在向 PTs 提出问题，让 PTs 思考他们在自己模型中使用的比例尺。HJ 对 PTs 关于当前模型的解释提出疑问，并且对他们的回答进行评论、反馈或追问。在这个过程中，HJ 总是提到他们的模型，这反过来导致 PTs 对模型的修正。HJ 介导的建构、评估和修改自身模型的迭代过程，促进了 PTs 参与认知加工，例如识别物体、从先前的经验中检索相关信息、从已知事实中推断，以及比较不同的想法和资源。

  具体来说，HJ 有意挑战 PTs 对行星的距离和尺寸使用相同的比例尺，因为他们正在努力感知广阔的天体尺度。HJ 还建议他们充分利用开放空间来表示行星之间的适当距离，而不是将他们的模型限制在给定空间内。在收到 HJ 的反馈之后，PTs 修改了他们的初始模型以提高缩放精度，如图 16.4(b) 所示。

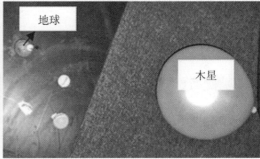

（a）PTs 的初始模型   （b）PTs 的修订模型

图 16.4　PTs 在 EMMA 3 中的初始和修订模型

  PTs 总共花费了 3 个小时来计算，根据尺寸和距离选择适当的比例尺，并找到合适的对象。最后，他们应用淘汰法去掉了模型中相对过大或较远的物体（例如太阳），以构建他们自己的按比例缩小的太阳系模型。关于 EMMA 3 中的这种学习经验，菲斯认为行星排列建模活动比其他活动更具挑战性，因为"很难找到合适的对象来表示大小"（2011 年 5 月 30 日，就 EMMA3 采访菲斯）。

  借鉴他们自己包括 EMMA 3 模型在内的学习经验，PTs 改变了他们在 EMMA 4 中实际教学的课程设计。改变包括指导工作坊参与者通过缩放行星的尺寸和距离来构建他们自己的 3D 实体模型。换句话说，通过反思他们在 EMMA 3 中的学习困难，即对行星的距离和尺寸使用相同的比例尺，PTs 旨在避免工作坊参与者的困惑或困难。此外，与 PTs 在 EMMA 3 之前设计的初始课程计划相比，他们在 EMMA 4 中修订的课程计划和教学更明确地强调距离和尺寸的准确性。例如，他们消除了建立联系活动的初步想法，其中，工作坊参与者应粗略选择不同尺寸的珠子来表示行星的相对大小，而在创制活动中人们很少关注比例尺的准确性。根据在 EMMA 3 的学习经验，PTs 意识到在构建模型和解释行星排列等现象时缩放精度的重要性。

除了课程设计的这些变化之外，PTs 还积极地采用了他们在 EMMA 3 中所学到的知识，以满足（或避免）工作坊参与者在 EMMA 4 中的需求（或困难）。在下面的摘录中，撒博提赛为太阳系建模活动提出建议，例如排除太阳或使用橡皮泥有效地制作更小尺寸的行星。她说：

［对整个班级］通过观看这个视频，你们会知道，获得一个按比例缩小的太阳现在是不可能的，天王星可能会在教室外，所以我建议你们排除太阳，也许可以留下那九个行星，哦，八个行星。

［对一个小组］尝试充分利用你们的材料……使用橡皮泥来制作非常小的尺寸。（2011 年 8 月 20 日在 EMMA 4）

　（a）学生的初始模型　　　　　　　　　　（b）学生的修订模型

图 16.5　工作坊学生的初始和修订模型

PTs 还使用提问策略来吸引工作坊参与者注意他们模型的准确性，例如，菲斯提出了关于太阳系比例模型准确性的问题，而不是立即纠正错误的比例尺："这是地球吗？这是火星吗？你认为这个［地球］是这个［火星］的两倍吗？"这个问题引起他们对选择恰当尺寸的泡沫聚苯乙烯球以代表行星的注意。PTs 的指导让工作坊参与者提高了缩放的准确性。与初始的行星排列模型［见图 16.5(a)］相比，修订的模型对行星之间的相对距离进行了仔细的计算。如图 16.5(b) 所示，更靠近太阳的行星位置相对较近，而木星和土星的位置相对较远。在演示过程中，工作坊参与者明确表达了模型的缺陷，如使用不同的尺寸来表示大小和距离。

（三）使用模型从不同角度检验天文现象

在 EMMA 3 中，PTs 获得了一个机会，通过从地球之外的不同角度来研究天体和事件，来发展对 3D 空间中天体之间复杂关系和动力学的理解（Parker and Heywood，1998）。从这个意义上说，HJ 要求 PTs 建立一个模型来反驳他的太阳系以地球为中心的观点，这个观点解释了行星排列现象（见图 16.3）。HJ 说："你说我的模型毫无意义，对不对？但我的模型让我看到天空中这一点（指的是在天空中所有五个行星成一条直线的照片）。"换句话说，他有意通过提出一个论点来挑战 PTs，这个论点不仅反对 PTs 的先前知识，还与他们的天空观察经验相对应。

PTs 成员的一组（菲斯、艾玛和薇薇安）开始建构并展示了他们的模型，其中水星、金星、火星、地球和木星排列在一条直线上［见图 16.6(a)］。由于木板上没有足够的空间，他们也没有考虑合适的比例，就把土星随意地放在木板上。因此，PTs 主要运用他们的模型来简单说明行星排列现象，而不是反对 HJ 的地心主张。就 PTs 面临的这些困难，HJ 使用了一个排队的隐喻，如下面摘录所示：

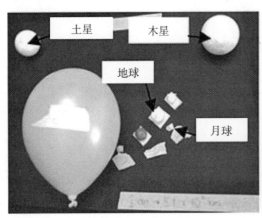
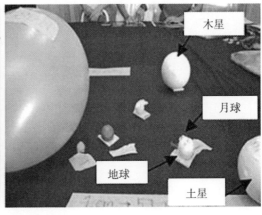

（a）修订前的模型   （b）修订后的模型

图 16.6   修订前后的行星排列模型

HJ：早上，你看到木星和金星，对不对？还有月亮，对吧？这意味着你像站在队外一样，对吧？

艾玛：站在队外？

HJ：你懂我什么意思吗？有一排排队等候食物的人，你看到你所有的朋友在那里排队等待食物，那么你在队中吗？

菲斯：不。

HJ：不，对不对？你不在队列中，对吧？但是你看看你的图表（HJ 指着模型）。地球在队列中，对吗？你懂我的意思吗？因为你可以看到队列。所以我的问题是，你在队列中吗？如果你可以看到队列，想象你正在从食堂购买食物，然后你可以看到所有的朋友排队等待食物。我的问题是，你在和朋友一起排队吗？

菲斯：不见得。

菲斯：不。

薇薇安：不。

HJ：不，但你告诉我你在队列中！

艾玛：那个［指向代表地球的球］，应该要跳出来。它有一点错误。

艾玛：地球的位置应该移动到某个地方。（2011 年 5 月 29 日在 EMMA 3）

他的排队隐喻让 PTs 能够运用他们的日常经验来理解他们的天空观测经验。

关于他们的天空观测经验，HJ 生成了另一个论点，即所谓的穴居人论点。该论点认为月亮必须比木星大得多，并且月亮离地球更远。其次，PTs 需要使用模型来证明 HJ 的论点是错误的。对 PTs 来说，要解释为什么月亮看上去比木星更大并不难（即月球比木星更接近地球），他们遇到的困难是理解和解释为什么月球看上去比木星高。HJ 不断地提出追根究底的问题，并指导他们运用他们的模型来解释观测到的行星排列现象，如下面摘录所示：

HJ：首先，看看你的针。日出期间你应该在哪里？把你的针放在更准确的位置：日出期间。因为现在我觉得你像在午夜。［艾玛和薇薇安指着地球上另一处。菲斯改变了红针的位置。］

菲斯：这里？

HJ：好的，你现在是在日出位置吗？好。所以你可以看到最接近太阳的将是水星，随后是金星，随后是火星，随后是木星。然后你只是将你的月亮放在正确的位置。所以问题是，再次，你是在队列中还是在队列外？

艾玛和菲斯：外面。

HJ：队外。如果你在队列外，你今天早上能清楚看到队列中的所有人吗？今天早上。

菲斯：可以看到。

HJ：是的，你可以清楚地看到每个人，对吧？所以，如果你能清楚地看到队列中的每个人，你是非常接近队列，还是离队列很远？

艾玛和菲斯：远。

HJ：你应该远离队列才能看到每个人，对吧？那么地球的位置在哪里呢？

菲斯：更远。［菲斯指向更远的地方，艾玛移走了地球并贴在了那个点上，见图 16.6（b）。］

……

HJ：好。其实你看这个，你假装你是针。所以你看到太阳，你看到水星，你看见金星，你看到火星，你看见木星，对吧？然后你看到月亮，对吧？啊，所以你需要做的是将月亮移动一点。（2011 年 5 月 29 日在 EMMA 3）

HJ 建议他们使用红针来表示观察者在清晨观察天空中的行星排列现象时在地球上的位置，以便 PTs 可以想象模型中他们来自地球的视角。这个指示物帮助他们从多个角度研究行星，PTs 最终修改并改良了他们的模型，并因此能够使用他们的模型来解释为什么月亮看上去比木星更高更大。此外，他们开始从不同角度认识行星的位置和运动。PTs 还将土星的位置从太阳的一侧［见图 16.6（a）］移到另一侧［见图 16.6（b）］以解释为什么他们在前一天晚上可以观察到土星。

基于他们在 EMMA 3 中的学习经验，PTs 进一步进行模拟观察（见图 16.7），运用软件创造了一个观察上可能的而科学上不支持的论点。PTs 要求工作坊参与者运用模型来反驳该论点，如下面摘录所示：

艾玛：看图片，你可以看到，月球更远离地球，因为像图片中一样，月亮比木星更高。所以我可以推断，月球比木星更远离地球，是真的吗？这是真的吗？（2011 年 8 月 13 日在 EMMA 4）

然而，这个初始的介绍并没有像前面所描述的 HJ 在 EMMA 3 中的论证一样有效。许多 EMMA 4 的工作坊参与者质疑为什么他们要反驳一些明显不合理的东西。一个参加者甚至问：“如果我们已经知道从木星和月亮到地球的距离，那么这个论点的意义是什么？”

面对来自参与者的这一挑战，撒博提赛强调使用模型来解释这一现象。她说：

我们有一个假设，即月亮更远离地平线，正如你从图中看到那样（图 16.7），我们

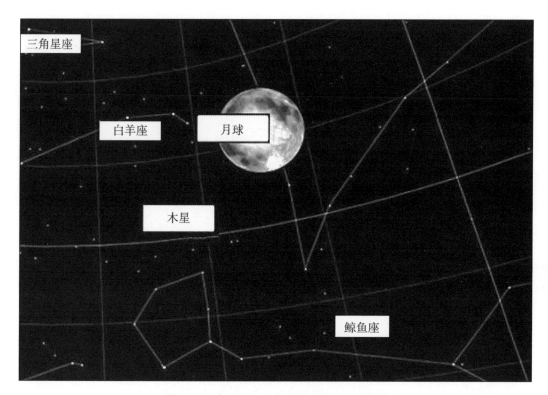

图 16.7 在 EMMA 4 中使用的模拟观察图片

说月亮比木星更远，所以除了使用你的模型以外，你还必须用正确的解释证明我们是错误的。（2011 年 8 月 3 日在 EMMA 4）

工作坊参与者操纵并修改了他们的模型，如调整行星的位置以反驳 PTs 的假设。一个小组在他们的解释中依赖他们的日常经验，例如，当一个大石头被扔得越来越远，它会显得越来越小。另一组应用了三角函数理论，不仅解释了如何计算月球与地球的距离，而且还证明了月球离地球更近。这些方法表明，尽管 PTs 指导他们运用他们的模型来解释观测到的天文现象背后的原因，但工作坊参与者往往更注重展示事实信息，而没有明确地与他们的模型建立联系。

五、讨论

如图 16.1 所示，为了探索借助 EMMA 工作坊"通过教学学习"的影响，我们还考虑"通过建模学习"（主要发生在 EMMA 3）和"通过建模教学"（主要发生在

EMMA 4)，旨在帮助五个 PTs 通过两种方式更深入地理解尺寸和距离的大概念：（1）提供真实性天空观察经验，以提高 PTs 的空间知识；（2）提供使用多模式建模经验教学的机会以反思他们的教学和学习经验。

虽然集中关注尺寸和距离概念的研究相当少（Lelliott and Rollnick，2009），但研究表明缺乏观测经验的学生在试图理解尺寸和距离概念方面遇到了挑战。因此，我们研究设计了 EMMA 3 活动（例如，参见表 16.1），为我们的 PTs 提供在户外环境中的具体体验，其目的在于促进"通过建模学习"，如图 16.1 所示。例如，户外天空观测活动为他们提供了一个现实世界的真实学习环境，反过来又鼓励 PTs 体验和欣赏宇宙的浩瀚。行星的大小及其与地球的距离，不仅仅是 PTs 使用资料单来记忆的数字，而且是用来理解他们真实性的天空观察和相关天文现象的工具。具体来说，"通过建模学习"的目的是让他们通过建立自己的模型来反思他们的天空观察经验，从而提高解释能力。

PTs 也受他们导师 HJ 有意创造的论点激励，这一论点挑战了他们的先前知识（即太阳系的日心模型），并且不能简单地通过他们在 EMMA 3 的真实性天空观察经验来解释。为了反驳他的观察上可能但科学上不被支持的没有道理的论点，PTs 需要通过理解天体的距离、大小和位置之间复杂的相互关系来建构并使用他们的模型用来证明 HJ 的想法是错误的。这为课程设计提供了一些启示，特别是在非正式的学习环境中，考虑将观察整合到具身建模活动中，为 PTs 将不同的视角可视化，从而为理解 3D 天体的大小和距离提升空间感知能力。

基于这种"通过建模学习"的经验，PTs 有效地将他们在 EMMA 3 中面临的学习困难或挑战转变为 EMMA 4 中工作坊参与者有价值的教学时刻。这可以被称为"通过建模教学"，如图 16.1 所示。透过反思自己的"通过建模学习"经验，PTs 努力设计和修改工作坊活动，以使工作坊参与者面临与他们在 EMMA 3 中类似的学习困难。PTs 还鼓励工作坊参与者不仅通过反思他们的先前知识和经验（例如，数学知识），而且通过与他人合作来建构、使用和修改他们的模型。

通过这种"通过建模教学"的过程，PTs 也强调了理解天体大小与距离的重要性，而不是仅专注于记住事实信息。因此，虽然 EMMA 4 是 PTs 的第一次教学实践，但是 PTs 根据尺寸和距离的概念，以三种方式有效地将建模方法整合到他们的课程设计中。第一，他们从授课导向转变为基于建模和探究导向的课程设计。第二，他们修改的课程计划意味着工作坊参与者的学习可以通过探索而不是传授得以提升。第三，学习活动的情境更加具体。这些变化表明，PTs 试图积极采用他们的导师所做的工作，特别是在多模态建模任务中，但值得注意的是，PTs 在他们的教学中明确阐述了建模的解释力，如前面结果所述。PTs 课程教学设计的发展，意味着"通过建模教学"的潜力，将新教师的教学方向从传统方式转变为更具建构性和基于探究的教学方式。从这个意义上说，本研究有助于科学教育的专业发展，未来的研究可以致力于将以模型为中心的教学纳入科学教师教育，特别是天文学教育。

因此，EMMA 4 期间，PTs 将基于大小和距离概念的学习经验转变为教学实践，将大小和距离置于相同的比例尺，运用模型从不同角度考察天文现象。他们通过多模式建模活动让工作坊参与者参与其中，以确保参与者使用多种模型进行学习，并对产生的问题和假设进行解释。与我们的主张类似，一些其他研究（Elmendorf，2006）也认为学生的教学经验可以通过重新思考他们的知识、反思他们的错误并最大限度地发挥他们的潜力来促进他们自己的学习过程。波伊尔和罗斯（Boyer and Roth，2006）还假设，学习是一种参与形式的变化，其中参与者是环境的组成部分，他们对可获得的资源做出反应并将其转化。从这个意义上说，通过"寓教于学"的经验，PTs 不仅改变了社会和物质资源，使工作坊参与者的学习朝着更深入地理解行星的尺寸和距离的方向发展，而且还提升了他们自己的元建模、教学知识和内容知识。因此，通过教学学习也被证明是非正式环境中学习的有效方式。

参考文献

Anderson, L. W., & Krathwohl, D. R. (2001). *A taxonomy for learning, teaching, and assessing: A revision of Bloom's taxonomy of educational objectives*. New York: Addison Wesley Longman.

Barnett, M., & Morran, J. (2002). Addressing children's alternative frameworks of the Moon's phases and eclipses. *International Journal of Science Education*, 24(8), 859-879.

Baxter, J. (1989). Children's understanding of familiar astronomical events. *International Journal of Science Education*, 11(5), 502-513.

Bakas, C., & Mikropoulos, T. (2003). Design of virtual environments for the comprehension of planetary phenomena based on students' ideas. *International Journal of Science Education*, 25(8),

949-967.

Boeije, H. (2002). A purposeful approach to the constant comparative method in the analysis of qualitative interviews. *Quality & Quantity*, *36*(4), 391-409.

Boyer, L., & Roth, W.-M. (2006). Learning and teaching as emergent features of informal settings: An ethnographic study in an environmental action group. *Science Education*, *90*(6), 1028-1049.

Blown, E., & Bryce, T. G. K. (2010). Conceptual coherence revealed in multi-modal representations of astronomy knowledge. *International Journal of Science Education*, *32*(1), 31-67.

Cate, O. T., & Durning, S. (2007). Dimensions and psychology of peer teaching in medical education. *Medical Teacher*, *29*(6), 546-552. doi:10.1080/01421590701583816.

Chin, C. (2006). Classroom interaction in science: Teacher questioning and feedback to students' responses. *International Journal of Science Education*, *28*(11), 1315-1346.

Clement, J. (2000). Model based learning as a key research area for science education. *International Journal of Science Education*, 22(9), 1041-1053.

Cohen, J. (1986). Theoretical considerations of peer tutoring. *Psychology in the Schools*, *23*(2), 175-186.

Dierking, L. D., Falk, J. H., Rennie, L., Anderson, D., & Ellenbogen, K. (2003). Policy statement of the "informal science education" ad hoc committee. *Journal of Research in Science Teaching*, *40*(2), 108-111. doi:10.1002/tea.10066.

Elmendorf, H. (2006). Learning through teaching: A new perspective on entering a discipline. *Change*, *38*, 36-41.

Hall, R., & Nemirovsky, R. (2012). Introduction to the special issue: Modalities of body engagement in mathematical activity and learning. *Journal of the Learning Sciences*, *21*(2), 207-215. doi: 10.1080/10508406.2011.611447.

Hay, K. E., & Barab, S. A. (2001). Constructivism in practice: A comparison and contrast of apprenticeship and constructionist learning environments. *The Journal of the Learning Sciences*, *10*(3), 281-322.

Kim, M. S. (2012). CHAT perspectives on the construction of ICT-mediated teaching metaphors. *European Journal of Teacher Education*, *35*(4), 435-448.

Kim, M. S. (2013). Technology-mediated collaborative learning environments for young CLD children and their families: Vygotsky revisited. *British Journal of Educational Studies*, *61*(2), 221-246.

Kim, M. S., & Lee, W. C. (2013). Computer-enhanced multimodal modeling for supporting a learner generated topic. *The Journal Research and Practice in Technology Enhanced Learning*, 8(3), 363-384.

Kim, M., Lee, W. C., & Kim, B. (2011). *Modeling the night sky: A case study of Singaporean youth*. Paper presented at the global learn Asia Pacific 2011 global conference on learning and technology, Melbourne, Australia.

Kim, M. S., Lee, W. C., & Ye, X. (2012). *Teacher's instructional strategies in multimodal modelingbased learning for understanding the moon phases*. Paper presented at the AERA, Vancouver, BC, Canada.

Kim, M. S., & Lee, W. C. (2013). Computer enhanced multimodal modeling for supporting a learner generated topic. *The Journal Research and Practice in Technology Enhanced Learning*, 8(3), 363-384.

King, A., Staffieri, A., & Adelgais, A. (1998). Mutual peer tutoring: Effects of structuring tutorial interaction to scaffold peer learning. *Journal of Educational Psychology*, 80(1), 134-152.

Kuhn, M., Hoppe, U., Lingnau, A., & Wichmann, A. (2006). Computational modelling and simulation fostering new approaches in learning probability. *Innovations in Education & Teaching International*, 43(2), 183-194.

Kucukozer, H., Korkusuz, M. E., Kucukozer, H. A., & Yurumezoglu, K. (2009). The effect of 3D computer modeling and observation-based instruction on the conceptual change regarding basic concepts of astronomy in elementary school students. *Astronomy Education Review*, 8(1), 010104.

Lehrer, R., & Schauble, L. (2000). The development of model-based reasoning. *Journal of Applied Developmental Psychology*, 21(1), 39-48.

Lesh, R., & Doerr, H. M. (2003). *Beyond constructivism: Models and modeling perspectives on mathematics problem solving, learning, and teaching*. Mahwah: Erlbaum.

Lelliott, A., & Rollnick, M. (2009). Big ideas: A review of astronomy education research 1974- 2008. *International Journal of Science Education*, 32, 1771-1799.

Parker, J., & Heywood, D. (1998). The earth and beyond: Developing primary teachers' understanding of basic astronomical concepts. *International Journal of Science Education*, 20(5), 503-520.

Puchner, L. (2003). *Children teaching for learning: What happens when children teach others in the classroom?* A paper presented at the meeting of the American Educational Research Association, April 2003, Chicago, IL.

Roscoe, R. D., & Chi, M. T. H. (2007). Understanding tutor learning: Knowledge-building and knowledge-telling in peer tutors' explanations and questions. *Review of Educational Research*, *77* (4), 534-574.

Sadler, P. M. (1998). Psychometric models of student conceptions in science: Reconciling qualitative studies and distractor-driven assessment instruments. *Journal of Research in Science Teaching*, *35* (3), 265-296.

Sharp, J. G., & Kuerbis, P. (2006). Children's ideas about the solar system and the chaos in learning science. *Science Education*, *90*(1), 124-147.

Schwarz, C., Reiser, B. J., Davis, E. A., Kenyon, L., Acher, A., Fortus, D., et al. (2009). Developing a learning progression for scientific modeling: Making scientific modeling accessible and meaningful for learners. *Journal of Research in Science Teaching*, *46*(6), 632-654.

Sherrod, S. E., & Wilhelm, J. (2009). A study of how classroom dialogue facilitates the development of geometric spatial concepts related to understanding the cause of moon phases. *International Journal of Science Education*, *31*(7), 873-894.

Shen, J., & Confrey, J. (2007). From conceptual change to transformative modeling: A case study of an elementary teacher in learning astronomy. *Science Education*, *91*(6), 948-966.

Slavin, R. E. (1996). Research on cooperative learning and achievement: What we know, what we need to know. *Contemporary Educational Psychology*, *21*, 43-69.

Strauss, A., & Corbin, J. (1990). *Basics of qualitative research: Grounded theory procedures and techniques*. Newbury Park: Sage.

Streitwieser, B., & Light, G. (2010). When undergraduates teach undergraduates: Conceptions of and approaches to teaching in a peer led team learning intervention in the STEM disciplines: Results of a two year study. *International Journal of Teaching and Learning in Higher Education*, *22*(3), 346-356.

Tessier, J. (2006). Using peer teaching to promote learning in biology. *Journal of College Science Teaching*, *33*(6).

Trundle, K. C., Atwood, R. K., Christopher, J. E., & Sackes, M. (2010). The effect of guided inquiry-based instruction on middle school students' understanding of lunar concepts. *Research in Science Education*, *40*(3), 451-478.

Vosniadou, S., & Brewer, W. F. (1992). Mental models of the earth: A study of conceptual change in childhood. *Cognitive Psychology*, *24*, 535-585.

第十七章　专业学习共同体中的问题发现过程

陈婉诗

阿曼达·S. 卡雷恩①

摘要：专业学习共同体（professional learning communities，PLC）在 20 年的时间里作为教师专业学习的关键驱动力建立了自己的地位。通常，以反思性探究形式呈现的协作式问题解决被认为是成功的 PLC 的关键特征之一。在 PLC 中实施协作式问题解决（collaborative problem solving，CPS）的方法之一是学习研究。使用 CPS 的学习研究方法包括两个关键过程——问题发现和决定解决方案程序。注意到现有研究大多关注后者，本文试图探究问题发现的过程是如何在由生物学教师形成的 PLC 和随后的学习研究模型中发生的。我们关注的是 PLC 的成员如何通过协商确定学生的学习目标，并在这个过程中找到团队要解决的问题。本文提出的发现和见解来自多种数据（例如数十分钟的会议、现场记录、教师日志和教师访谈），它们详细描述了在一所新加坡学校中 PLC 的四个连续会议中教师的互动。基于我们的研究结果和相关文献，我们提出了通过学习研究促进 PLC 问题发现的建议。

关键词：专业学习共同体；协作式问题解决；学习研究；问题发现

---

① This chapter is derived in part from an article published in the *Scandinavian Journal of Educational Research* on 3 February 2015（copyright Taylor & Francis）available online：http：//www. tandfonline. com/10. 1080/00313831. 2014. 996596.

Y. S. M. Tan（✉）

Department of Curriculum and Pedagogy，University of British Columbia，Vancouver，Canada

e-mail：michelle. tan@ubc. ca

I. S. Caleon

Centre for Research in Pedagogy and Practice，National Institute of Education ，Nanyang Technological University ，Singapore，Singapore

e-mail：imelda. caleon@nie. edu. sg

© Springer Science+Business Media Singapore 2015

Y. H. Cho et al.（eds.），*Authentic Problem Solving and Learning in the 21st Century*，Education Innovation Series，DOI 10. 1007/978-981-287-521-1 _ 17

一、引言

随着教师专业发展（professional development，PD）需求的不断变化，如为满足发展学习者素养以适应 21 世纪教育系统中工作的挑战，回应这些需求的当代教育场景通常具有协作式社会结构的特征，如专业学习共同体。PLC 这一术语通常指的是一种以实践为基础的 PD 计划，它能帮助教师以及学校提升学习能力和效率，改善学生学习（Sigurðardóttir，2010）。一个 PLC 由一组专业人士构成，他们致力于协作式学习活动，以实施学生为中心的教学的共同愿景作为指导纲领（Stoll et al.，2006；Wood，2007）。作为教师可以共同构建和分享新知识的社会领域（McLaughlin and Talbert，2001；Wood，2007），教师们在实践中参与协作式探究的过程。有效的 PLC 还鼓励教师对自己 PD 的内容和路径进行协调和控制（Nelson et al.，2008；Scribner et al.，2007）。通过这些活动，PLC 不仅可以支持教师成长，还可以支持知识、信念和行为的转化（Nelson et al.，2008；Pella，2011；Sigurðardóttir，2010）。

PLC 的有效性在很大程度上有赖于几个支持性条件的支撑，这些条件有利于促进可持续的协作式活动发生，协作式活动的重点是学生的学习。对研究人员、教育者和政策制定者来说，合理理解这些协作式活动的本质，包括这些活动发生发展的环境至关重要。只有这样，才能开发出能够构建和提高 PLC 获得预期结果的可能性的方式和方法。在新加坡，PLC 作为解决课堂和校本问题、改进教学实践的手段日益普及。探究 PLC 活动发生的过程是非常有价值的，因为这有助于识别做得好的地方和需要改进的地方。通过一个新加坡学习研究的案例，本研究通过侧重参与协作式问题解决的四个新加坡教师，旨在为 PLC 的现有知识基础做出贡献。考虑到问题发现过程是 CPS 的一个关键方面，但现有研究中对其关注很少，尤其是在群体层面，我们因而对问题发现过程特别感兴趣。我们注意到，问题发现过程对问题解决过程的结果有强烈的影响（Lee and Cho，2007），以及这种影响随着问题结构化程度的降低而增加（Mumford et al.，1994）。因此，在不良结构和现实世界任务的背景中理解问题发现过程，如教师作为一个共同体共同解决日常的课堂问题所经历的那样，将会产生独特认识，有可能在真实性环境中提高 CPS 的效率。

在学习研究的背景下，本研究旨在回答以下研究问题：

1. 由新加坡生物教师组成的 PLC 如何通过制订学习目标协作式地确定问题（例如，培养学生未开发的潜能）？

2. 哪些方面的教师经验有助于问题发现？

二、PLC 中的 CPS

我们将 CPS 等同于协作探究，它一直以来被认为是成功 PLC 的一个独特的组成部分（Hipp et al.，2008；Nelson et al.，2008）。根据乔纳森（Jonassen，1997）的概念模型，CPS 中的问题可以被定义为任何情境中引发的一种未知，某个群体"觉得有必要"弄明白它，从而实现某个特定目标。学校 PLC 进行的 CPS 过程包含一个结构不良的问题情境（Slavit and Nelson，2010）。在这些情境中，问题通常是自然发生的，没有明确的目标、限制条件、概念、规则和原则；有多个解决方案（Jonassen，1997；Voss，2005）；依赖于情境；过程参数不那么可操控；并且需要构建多重问题空间（Jonassen，1997）。问题空间是指初始状态和目标状态之间的差距，连同从初始状态移动到目标状态所需的可能的一系列行动（Newell and Simon，1972）。

与乔纳森（Jonassen，1997）对解决不良结构问题所涉及的不同阶段的描述相一致，CPS 过程始于探寻和识别问题或疑问——"探究的焦点"（Nelson et al.，2008）。在不良结构问题情境中，问题的提出或形成，或者说"问题发现"是必要的。因为问题隐含在现有的信息中（Lee and Cho，2007）。当 CPS 参与者参与选择他们所处环境中存在的问题时（Nelson et al.，2008；Slavit and Nelson，2010），他们同时也在协商并质疑个体的和集体的各种假设（Slavit and Nelson，2010）。还需要强调的是，问题发现或聚焦阶段通常发生在过程的初始阶段，但不限于这一个阶段。

CPS 过程的后续阶段包括解决程序的规划、实施和评估（Slavit and Nelson，2010），旨在减少或消除问题空间中初始状态和目标状态间的分歧（Newell and Simon，2010）。评估阶段可以发生在 CPS 过程的所有环节，并可能导致待解决问题的修改。（结果）发布阶段在评估结果令人满意之后进行（Slavit and Nelson，2010）。参与者在 PLC 的背景下参与 CPS，他们很可能会对教学目标和问题形成共同的理解（Roschelle and Teasley，1995），采纳探究的立场（Nelson et al.，2008），并形成包容性的工作文化。为了提高通过 CPS 产生积极结果的可能性，参与者需要一个"共同基础"（common ground），并让他们能够据此调和各种观点，这是至关重要的（Schwartz，1995）。

虽然现有的关于问题解决的文献涉及了大量聚焦于 CPS 后阶段的研究，但很少有关于问题发现过程的文章发表（Lee and Cho，2007）。当分析单位是群体而不是个体时，与问题发现相关且可用信息的缺乏更加明显，例如与 PLC 的关系（Reiter-Palmon and Robinson，2009）。我们找到了几个这样的研究，但它们只对问题发现阶段进行了粗略描述。斯拉维特和尼尔森的研究报告就是一个恰当的例子（Slavit and Nelson，2010），该报告对 CPS 的实施和评估进行了深入的讨论，但只简要描述了参与者如何参与多轮识别研究问题。在另一项研究中，派德沃德和迪克西特（Padwad and Dixit，2008）探究了教师如何感知课堂问题，以及他们对 PLC 的参与如何改善他们对这些问题的感知。布雷（Bray，2002）聚焦于问题发现过程，强调了在 CPS 中选择关注的问题需要的一些标准。布雷强调，所选问题必须是参与者感兴趣的，不应有现成的解决方案，并且要为参与者开展学习提供丰富机会。诺克斯-迈莱克等人（Nokes-Malach et al.，2012）对此进行了补充，问题应既不太容易也不太难。虽然侧重于 PLC 会议期间分布式领导的出现，但斯克里布纳等人（Scribner et al.，2007）收集的经验证据表明，当 PLC 群体形成对其目标的集体理解，并且成员具有了与目标相适应的自主水平时，可以促进有效问题发现和问题解决。

通过 PLC 实施 CPS 时，参与者通常采用课例研究和学习研究的方法。这些方法特别关注当前研究课例的规划、实施和评估（Chong and Kong，2012），为教师提供了一个共同空间，让他们有机会集体应对课堂上的各种困难（Pang and Marton，2003，2005），并通过参与这一过程进行学习。

三、学习研究和 CPS

学习研究是一种全球关注的教师 PD 方法（Holmqvist，2011；Runesson et al.，2011）。它类似于课例研究方法（Lewis et al.，2009；Stigler and Hiebert，1999），这两

种方法都利用教师自己的课堂环境作为教师研究的场所（Borko and Putnam，1996），尝试（教师们）协作决定的各种教学安排（Pang and Marton，2003，2005）。在促进教师合作（Runesson et al.，2011）方面，鼓励教师共享资源和知识，联合处理课程和教学挑战；在这种观点下，学习研究为教师提供了机会，以解决与自己教学和学习有关的真实性问题。

学习研究区别于课例研究的一个关键特征是，（前者）应用某个理论框架塑造教师学习研究经验（Holmqvist，2011；Pang and Lo，2012），同时促进学生学习（Lo et al.，2006）。根据庞和马顿（Pang and Marton，2003）的研究，学习研究通过借鉴设计专家的经验，弥补了课例研究缺乏理论框架的不足，采用实验设计（Collins，1992，1999）的想法，整合（教师课堂）研究中的工具性和理论性。在学习研究中，研究者或学校顾问通常作为资源，帮助教师理解和使用相关学习理论，设计他们的课例（Holmqvist et al.，2007）。

学习研究一个完整周期可被划分为五个关键阶段，对应于一般性的 CPS 如下阶段：

（一）问题发现阶段（聚焦阶段）

在学习研究的这一阶段，教师制订具体目标，考虑课程和标准，并确定一个感兴趣的主题（Lo et al.，2006）。问题发现的过程主要包括确定学习目标的步骤，这个步骤引导教师讨论和决定什么是值得解决的，哪些是值得学生学习的。除了帮助学生掌握学科知识外，专注于学习目标还能激励教师通过研究课例确定学生的能力（Marton and Booth，1997）；其前提是以学习研究如何促进学生的能力发展为优先考虑（这可能促进更多的"持久的"理解），而不是仅仅掌握内容。与后者（掌握内容）相对，前者（促进学生能力发展）提倡学习的本质是更加有意义和可以转化的（Erickson，2008）。在学习研究的背景下，学生学习的目标可能经常源于教师在教授各种主题时所预期的困难，或者源于学生面临的学习困难。

学习对象可以通过识别其关键特征来进一步理解学习目标（Lim et al.，2011）——通常被称为关键方面（critical aspects）。例如，在庞和马顿的研究中（Pang and Marton，2005），为了确定商品市场价格的变化（即学习目标），16～18 岁的学生可以加深了解需求和供应关系以及这两者之间变化的相对幅度是如何决定价格的。所有这些形成了（学习目标的）关键方面。

（二）计划解决程序

在计划阶段，教师使用理论作为框架，协作计划研究课例，也可以对学生进行预考，测试结果可以用于引导课例设计。在该阶段，学习研究方法假定一定程度的结构化，并且部分偏离了解决不良结构问题的通常方法。

（三）实施解决程序

CPS 的这个阶段通常与学习研究的阶段同时发生。当前研究的课例在这个阶段实施，其中一名教师教学，而团队的其他人收集数据。课堂观察可能聚焦于教师教学方式下学生学到了什么。

（四）评估解决程序

在此阶段，可以对学生进行后测，还可以进行课后讨论，讨论所研究的课例和解决程序，也可讨论反馈，以改善后续课例的教学。

（五）宣传阶段

最后一个阶段包括宣传研究结果、问题发现和解决程序的理论化。

值得一提的是，以前学习研究很少注意明确学习目标过程的详细描述。霍尔姆韦斯特（Holmqvist，2011）的研究可能是一个例外。她研究了瑞典的教师如何通过学习研究的反复循环提高分析学习目标关键特征的能力。然而，作为问题发现过程的一部分，明确学习目标的过程在学习研究文献中仍然存在空白。同样地，我们认为协作问题发现的过程值得更多关注。此外，以前的研究强调了清晰的目标——如学习目标——对教师积极能力的发展至关重要（Seidel et al.，2005）。

四、方法

（一）新加坡的学习研究案例

新加坡的学习研究案例是在四名九、十年级生物教师合作规划和教授课程中新的遗传学内容的背景下进行的；学习研究由研究者—协助者（本章第一作者）支持完成。教师在一个私立学校教学，该校学生能力很高。学校和教师是根据他们是否有时间参与该研究进行选择的。作为改善教学实践的一种方式，学校有一个持续的 PD 计划，教师每周有一个小时进行协作式的计划、教学和评估课例。因此，作为一种潜在的 PD 方式，教师很欢迎这种学习研究。在学校领导的支持下，他们可以在指定的一小时内参与这项学习研究。教师的教学经验各不相同：艾美和潘姆教生物 3 年（教龄 3 年），而克瑞斯教生物 5.5 年（教龄 14 年），凯特教生物 7 年（教龄为 15 年）。（名字都是假名。）这四名教师属于学校领导组织的同一 PD 组，这是根据学科和教学年级划分的。虽然这是教师们第一次参加学习研究，但教师们作为生物部门的一个团队经常一起工作。然而，有意识的协作促进教师 PD 的机会主要限于所分配的个人 PD 时间。

教师们想解决新遗传学课程所面临的挑战，由中央权威机构制定、实施和评估的新的生物课程构成了一个 6 年周期。鉴于遗传学对日常生活和科学素养的重要性，这一新课程包含对教师来说可能不熟悉的遗传学的新方面。

在学习研究的背景下，教师参与解决问题过程的详细描述在上一节中，即问题发现（明确学习目标）、解决方案以及程序的计划、实施、评估和宣传，本文仅关注问题发现阶段。

与以前的学习研究一致（Pang and Marton，2003，2005），我们采用了一个包含介绍变异理论（theory of variation）的学习研究模型。引入该理论是为了在问题发现阶段和学习研究过程的后续阶段提供一个学习的视角。通过这个理论，学习可以被理解为提升一个人的能力，使之能够用比以前更先进或复杂的方式体验学习目标（Marton and Booth，1997），展示能够鉴别学习目标中的关键点。同时，强调该理论如何能够作为教学理论和工具（Elliott，2012；Pang and Lo，2012）。其中，该理论是支持变异和不变模式设计的基础（Pang and Marton，2005）。在设计这些模式时，变化的方面可以引起学生的注意，而其余方面因保持不变被归到背景中去。

（二）数据收集和分析

以解释性案例研究（Merriam，1998）作为探究方法，对研究的分析包括对会议的叙事性描述和数据分析的专题方法（Creswell，1998；Miles and Huberman，1994）。为了对教师如何在学习研究中经历问题发现的过程这一现象进行探索和理论化

(Fernández，2010)，我们收集并同时分析了一系列数据（Merriam，1998；Miles and Huberman，1994）。数据来源的多样化成为三角验证的资源（Lincoln and Guba，1985），以建立研究发现的可靠性。我们试图防止偏见，并确保结果的可信度，包括定期参与主题分析和深入讨论：这种方法允许我们对当前数据进行整体的和一致的解释（Corbin and Strauss，1990；Stake，1995）。除了借鉴研究者—协助者自己的笔记，这些解释也经常受到论文第二作者的质疑，他是一位诤友（Lincoln and Guba，1985）。

本章的结果来自一个更大的研究，旨在检验参与学习研究的教师个人的学习经验（Tan，2014；Tan and Nashon，2013）。该学习研究持续了 22 周，包括 11 次会议（共 12 小时）、4 次课后讨论（共 4 小时）和 8 节课的课堂观察（共 10.5 小时）。在本章中，我们分析了所收集数据的一部分。我们所使用的数据包括 4 次会议音频—视频记录，问题发现阶段在其中；12 份与个别教师半结构化访谈的文字记录（每个大约 1 小时），详细介绍他们在学习研究前后的经验；教师的反思性日志、会议纪要、现场记录和研究者—协助者自己的笔记。

在此基础上，我们建构了叙事性描述。首先，在阅读研究者—协助者的现场记录的同时，两位作者一起观察了视频录像。这促进了回忆，并使按时间顺序对会议中发生的事件进行解释成为可能。其次，详尽阅读访谈记录和日志（教师的和研究者—协助者的）；这指导了研究者—协助者对发生的事件的解释，并使她能依据参与教师的解释检查自己的解释。换句话说，数据集被三角验证以建构叙事性描述。在必要时，会给出访谈记录稿和日志中相关摘录，以巩固和丰富我们对会议期间重要事件的描述和解释。

随后的主题分析（Miles and Huberman，1994；Tan and Nashon，2013）包括以下内容：

数据的选择和简化。反复阅读已建构的描述和数据集，标注描述教师问题发现经验的相关部分。

通过搜寻数据的标记部分中规律性重复出现的词、短语、含义、关系和模式来建构主题。

通过将主题与其他数据源核对以验证主题，并在必要时进行调整。

五、结果和讨论

本研究以连续四次会议的形式给出了叙述性描述，以提供教师经历的问题发现过程的细节。其中包括教师在寻找问题中面临的挑战，为克服挑战的探索策略（通过应用变异理论和确定课程流程），以及随后的问题识别。主题分析还揭示了教师经历的两个方面，支持了问题发现过程，即有意义地参与课程以及教师的权利赋予和自主性。前者强调教师需要为课程合作开发一种更全面的课程方法，以便产生共享意义。后者强调教师对自己的问题发现过程的自主权的重要性。

（一）通过学习研究体验问题发现过程

1. 会议 1：问题发现中的挑战

在会议开始时，研究人员向教师介绍了学习目标的概念，并展示了来自不同研究的学习目标案例（Pang and Marton，2003，2005）。为了帮助教师反思遗传学的教学，我们让教师填写了一份简短的问卷。问卷调查的目的是帮助教师探索他们对学生学习遗传学的看法和他们的教学主题。例如，问卷探究了教师认为教学和学习遗传学的重要结果是什么——"教授遗传学的结果表现为学生学习更多还是学习不同的内容呢？"问卷中的这些问题是根据克博拉等人（Koballa et al.，2005）、萨米尔洛维奇和贝恩（Samuelowicz and Bain，1992）、特瑞格威尔和普罗塞（Trigwell and Prosser，2004）的研究改编和修改的。为了进一步调动教师参与的积极性，我们为他们提供了以往研究的简要笔记，这些研究突出了教学和学习遗传学的挑战（Duncan and Reiser，2007）。

虽然我们为教师提供了遗传学问卷和研究文献，以指导他们探索遗传学教学中的挑战，并因此促进问题发现过程，但教师们似乎很难决定他们想要解决什么问题。在访谈中，教师将这个困难描述为挫折（凯特的访谈记录），他们觉得"在圈子里打转"（潘姆的访谈记录）。在访谈和反思日志中，教师表示他们在试图确定学习目标时面临两个挑战。首先，教师们强调了在梳理遗传学单元内隐含的教学和课程问题方面的困难：教师指出，"遗传学是一个庞大的主题"——在他们的教科书中"跨越六个章节"（潘姆的访谈记录）。我们也认为遗传学的教学和学习充满了其他挑战（Duncan and

Reiser，2007 ），如学生的困惑以及在不同水平上研究遗传学的需要［宏观和微观水平；染色体（chromosomal），DNA 和基因水平］，以及教授不同遗传学子主题的时间间隔。我们认为这些都加剧了明确问题时清晰度的缺乏。

学习研究中的新经验构成了第二个挑战。在访谈中，教师们不断提到他们是如何不确定细节的范围和深度的（艾美的访谈），特别是由于他们是第一次或第二次教授新的遗传学内容。此外，明确学习目标的想法与"我们经常关注课程内容"的做法背道而驰（凯特的访谈记录）。换句话说，教师将发现问题的挑战归因于对他们有什么能力的不熟悉。正如潘姆在访谈中所描述的："我知道我们在一开始时陷入僵局……第一次会议结束时或类似会议结束时，我依然不太清楚我们将要关注什么。"类似地，凯特将这种经历描述为"我认为坐在那里有点僵持，不知道发生了什么"，导致他们感到"令人沮丧得多"（凯特的访谈）。

2. 会议 2：克服挑战的战略——引入变异理论

为了鼓励学生思考教学实践和学习新的思维方式，我们在这次会议上引入了变异理论（Pang and Marton，2003，2005）。根据变异理论的学习观，我们向教师强调，学习可以理解成提升一个人用比以前更先进或复杂的方式体验学习目标的能力（Marton and Booth，1997）。复杂性的增加可以视为学习者比以前在学习目标或研究现象更多关键的方面进行辨别并同时控制其注意力；这些关键方面被认为是对掌握学习目标或理解现象至关重要的方面，并且可以由学习者关注的内容或属于经历学习目标的具体方式的意义构成。我们还向教师强调了变异理论作为一种教学理论和工具（Elliott，2012；Pang and Lo，2012）将如何支持问题解决过程。变化的关键方面将得到学习者的注意，而其他方面保持不变，在这一观点下，可以进行变异和不变模式的设计。这些模式使学习者关注他们以前没有意识到的方面，结果是对这些方面的洞察力可能会促进学习。我们提供了不同学习研究中采用的变异和不变模式的示例，例如聚焦于经济学（Pang and Marton，2003，2005）和物理学（Linder et al.，2006）的促进学生学习的研究。值得注意的是，由于没有遗传学的例子向教师提供，不得不向教师提供了其他的例子。

变异理论的引入旨在帮助探索可能的关键方面，并帮助教师澄清心中可能存在但还不能完全清楚阐述和描述的学习目标。在这种情况下，教师不应只关注变化，而是在这些方面如何变异之前，我们希望教师能够理解哪些关键方面与他们构建学习目标有关。一个小时的会议仅为介绍和讨论变异理论提供了足够的时间。因此，没有对学习目标进行深入讨论。相反，我们为教师提供了阅读材料（Pang and Marton，2003，2005），这可以帮助他们进一步澄清关键方面和学习目标之间的关系。

3. 会议 3：克服挑战的策略——课程流程的确定

为了向教师提供额外的资源并促进问题的发现过程，我们为教师提供了如何利用他们自己的教学经验和知识的例子，加上研究文献和变异理论的使用，来帮助教师明确学习目标的关键方面。我们用一个案例向教师展示了如何运用现有条件探索一个问题的"部分"（关键方面）来构建"整体"（学习对象）。尽管会议 2 和 3 之间的时间间隔很短（一周），但会议中这一活动的设计意图是给予教师更多的时间来探索变异理论。然而，研究者—协助者对教师的期望并不是在此时完全掌握这一理论，他们希望教师开始从关键方面和学习目标角度思考遗传学教学中的挑战。

随后，我们鼓励教师采用这种使用关键方面来帮助明确学习目标的"新策略"。与研究者—协助者的意图相反，试图让教师探索可能的关键方面也许会使他们进一步困惑，而不是帮助澄清问题；通过音频—视频录像观察到，研究人员的笔记中记录了教师在"关键方面"的讨论中似乎遇到了问题。这可能部分归因于"用关键方面思考的新颖性"（凯特的访谈记录），教师的访谈记录还表明，困难在于他们如何面对困难穿越"部分"，从而找到正确的前进方向，因为他们没有把握"整体"。换句话说，教师面临的挑战是理解要解决的问题中隐含的整体与部分之间的关系。这一点也得到了以下事件的支持。

从"挫败感"（凯特的访谈记录）中脱颖而出，是教师提出的另一个用以尝试的策略。在放弃了明确学习目标的意图之后，教师转而建议探索整个遗传学单元。教师开始在便利贴上记录下六个遗传学章节中的不同关键主题，然后把它们粘在一张大纸上。教师开始将教科书中不同的子主题联系起来，例如将遗传主题与突变主题连接，将基因工程作为独立章节，并将有丝分裂和减数分裂与细胞分裂连接起来，这些连接是口头表达出的（能在音频—视频记录中捕捉到）。通过移动便利贴，教师开始将新的遗传学内容置于他们的地图上，并提出将遗传实体（染色体、DNA 和基因）的结构与转录和翻译的过程（新的遗传学内容）连接起来。映射过程（Åhlberg et al.，2005）作为确定子主题序列的一种方式，从而似乎引导了教师的对话指向不同子主题间的关系。正如克瑞斯在访谈中描述的那样，他认为这个活动促进了子主题流的确定，并且子主题流的确定是基于这些关系而不是课本中给出的顺序。

通过映射过程，教师对不同子主题间教学和学习的挑战有了预期。当教师探索对子主题进行排序的不同可能性时，他们还讨论了不同的课程问题，例如在理解方面可能存在的差距或重新安排预先决定好的工作规划存在的困难。在将遗传学子主题重新安排和排列得与规定课程材料不同的过程中，映射过程还给予教师讨论和为自己的建议做辩护的机会。当中浮现的似乎是教师接近问题发现过程的一种新方式，他们称之为"课程流程的确定"。教师汇集了他们的资源和教学经验（表现为他们如何根据这些经验预测挑战并建立子主题之间的联系），迅速建立共识，而对于他们在学习目标方面暂时应该关注的内容没有很大的冲突。如视频中观察到的那样，所有的教师都参与了讨论，没有任何一个团队成员给出明确指导。事实上，教师们对分享关于确定课程流程的经验表示认可，认为这一过程构成一个良好的"新的"体验（凯特的访谈记录）以帮助组织学生的学习经验——在帮助探索"其他可能性"方面"映射过程是好的"（克瑞斯的访谈记录）。同样，教师们都对有机会以这种方式合作和"看到其他人的观点"表示认可（潘姆的访谈记录）。

4. 会议 4：问题发现

教师们打算进一步讨论课程流程，而不是继续定义学习目标；与研究者—协助者的建议不同，这被记录为"关键事件"。这里，研究者—协助者认为教师想在分配的时间做什么开始取得更大的自主权。教师们共同发现学生在理解遗传实体（例如基因、DNA 和染色体）之间的结构关系以及这些实体结构和功能方面间关系的潜在困难，这些随后呈现在会议记录中。教师们还讨论了学生努力将基因结构与转录和翻译的遗传过程及现实生活的遗传现象（例如突变）联系起来会如何进一步放大这些困难。

经过长时间的包括所有团队成员积极贡献观点的讨论后，教师决定学习遗传学的一个基本方面，换句话说，"基本能力"的发展，最终将有助于学生更好地理解不同的遗传学子主题（凯特的访谈记录）。教师将基因表达过程（包括转录和翻译过程）确定为感兴趣的主题，并开始围绕这一主题构建学习目标。他们认为，学习的目标是培养学生理解及应用转录和翻译（新课程内容）、遗传过程（如突变）的原则的能力。值得一提的是，通过应用变异理论，建立了遗传过程和突变之间新发现的联系。正如教师们分享变异理论的有用性时所强调的那样，教师们提到了理论如何帮助他们将转录和转译、遗传过程与突变联系起来，即他们可能不会注意到的"缺失的联系"（凯特的访谈记录），因为这两个子主题在不同的年级教授。根据变异理论，改变遗传过程会导致传递信息变化（变化的基因结构，从而改变这些过程的产物），最终可能导致突变。随着这种变异模式的形成，教师（初步）将学习目标的关键方面确定为基因、DNA 和染色体之间结构和功能的联系。

在这种背景下，教师运用变异理论来帮助组织课程内容，而不是将之作为学习理论或教学工具（正如前面介绍的）。此外，识别这种教师随后聚焦的"缺失的联系"导致了学习目标的明确：想要帮助学生形成遗传过程与突变之间的联系，他们阐明了学生运用遗传过程的原则以帮助他们理解遗传现象（如突变）的重要性。同样值得注意的是，对这一缺失环节的集体识别，教师也将此称为一种"基本能力"，使他们就学习目标应该是什么达成一致。在音频—视频录像中观察到了这一点，访谈记录也证实了这一点，所有的教师都提到了这种能力对帮助学生学习遗传学的重要性。教师用"基石"和"基础"表达这个观点对学生填补遗传学上的空缺是必要的（凯特的访谈记录）。会议期间，教师们开始讨论课程可能的建构方式时，也表示对继续下一阶段的学习研究做好了准备。因此，其他教师可能遇到的问题没有得到进一步的探索。

使用 CPS 术语，教师在参与学习研究时确定问题的方面可以描述如下：初始状态相当于学生经历转录和翻译、遗传过程有关概念困难时的状态，其中特别关注于它们的本质和现实生活应用。目标状态（学习目标）指的是学生对所描述的遗传过程的理解及其实际应用能力的发展。突出强调的问题空间的元素包括课程主题之间的联系和排序、学生的困难知识、学生理解上的差距、遗传学文献和变异理论。

（二）促进问题发现

从上述叙述性描述中可以发现，作者分析中浮现的两个主题进一步解释了问题发现过程，并强调了促进教师问题发现可能的行动模式：作为澄清问题的策略有意义地参与课程以及教师掌握自己的问题发现过程。

在问题发现过程中有意义地参与课程。教师在问题发现过程中的经验表明，确定课程流程的机会与教师能够澄清他们想要解决的问题是直接相关的。正如在教师访谈和反思日记中展现的那样，教师确定了三种课程流程有助于确定学习对象的方式：

1. 这些讨论让教师们对遗传学课程和相关挑战有了一个"更全面的认识"（艾美的反思性日记）。

2. 教师们很重视找出关键主题及其之间的联系的机会，因此清晰地表达往往是隐性的联系——"看到大景象并寻找子主题之间的联系是重要的"（凯特的反思日记）。此外，教师们还赞赏讨论如何能够确定他们自己没有建立的连接。

3. 教师们很高兴有机会讨论学生的学习困难和遗传学各方面的教学困难，如帮助学生将遗传学结构和功能方面联系起来。

从以上可以看出，有意义地参与课程的机会（Clandinin and Connelly，1992）似乎是通过让教师更好地理解这个问题来支持问题发现过程。举个例子，课程流程的确定鼓励教师仔细学习遗传学课程。此外，教学方面的挑战，如学生在学习遗传学方面的困难，都是置于整个遗传学单元大框架的背景中绘制的。换句话说，教师明确学生现有的知识、能力与教师试图去培养学生在具体概念和能力间可能存在的差距；造成这种差距的原因，或这种"导致正常运作失衡的原因"（Ramirez，2002），是学生在处理遗传概念的结构和功能方面存在困难。

另外，对课程的映射可以作为教师在随后讨论这个问题时的"共同基础"（Schwartz，1995）。子主题之间连接的构建体现了施瓦茨描述的"共享标准"（Schwartz，1995），它充当了一个弹射器，让问题发现过程得以启动。通过关注子主题间的联系，并参与要求他们探索、建议和捍卫其关于如何排序主题的建议的讨论，教师也开始根据课程中指定的主题安排，针对学生的学习困难进行情境化设置。例如，教师强调，结合遗传主题教授突变可能导致学生缺乏根据突变过程理解突变现象的能力。因而在重新排列教科书中规定好的顺序时，他们决定将突变与基因表达连接起来。拉米雷斯（Ramirez，2002）也强调，检查主题之间的互相关联是教师团队问题发现过程中的一个重要步骤。本研究观察到，但拉米雷斯没有详细说明的是，超越教科书中常见的已知联系，识别"不存在"但重要的联系的重要性。

因此，教师经常提到的"更全面的景象"可以理解为将教学和课程挑战置于：(1) 特定主题教学环境中的机会；(2) 更大环境中遗传学课程的机会；(3) 他们自己的课堂环境，其中他们的先前经验和关于学生的知识有助于进一步澄清教学中的挑战。从这个角度看，教师的经验表现为他们如何有意义地参与遗传学课程。换句话说，我们的建议是，问题发现的过程不仅仅是识别问题，还需要一个创造意义的过程，以便能够弄清楚其中蕴含的教学和课程问题，并将其置于多种影响的复杂学习过程的背景中（Clarke and Hollingsworth，2002）。因此，这种协作创造意义的过程促进了共同知识库的建立，这种知识库可能从协作问题发现过程中增强"协同效益"（Nemeth and Chiles，1988），这是一个位于教师自己的课堂环境中的知识库。

虽然叙述性描述是以线性形式呈现的，但是教师需要在两个会议中重新审视课程流程——包括反复审视各种讨论以获得"更全面的景象"，这显示了问题发现过程的复杂性。此外，如前所示，在参与问题发现时，教师需要同时处理接近他们集中关注的课程途径的多个方面：包括建立显性连接（在规定的课程材料中建议的那样）和隐性（新的和通常没有说出来的）连接，将不同的子主题置于更大的课程单元，识别学生在主题内的学习挑战以及在讨论中探讨的不同观点。关于后者，学习研究谈话允许对教师的不同观点进行讨论和协商——如瑞特-潘尔莫和罗宾逊（Reiter-Palmon and Robinson，2009）所指出的那样——这促进了团队间进一步分享观点（Nemeth and Chiles，1988 也指出了这一点），以及形成对可能要解决的问题的深入理解（Chiu，2008）。例如，参与教师对什么是值得处理的问题有不同的意见。一些教师想从事基因表达，而其他人想从事新引入的细胞分裂（包括有丝分裂和减数分裂的过程）的主题；教师对学生在学习遗传学方面所遇到的困难有不同的看法。当教师绘制课程流程并继续参与谈话时，对可能问题的各种概念化的整合"为我们提供了对问题的整体认识"（凯特的反思日记）。如前所述，教师努力在他们对团队要解决的问题的不同想法中创造一个趋同点，这扩大了团队成员之间的共同基础，这是协作过程成功的一个关键方面（Nokes-Malach et al.，2012；Roschelle and Teasley，1995）。上述观点也与乔纳森（Jonassen，1997）的观点产生共鸣，即在不清晰的现实世界情境中识别问题需要考虑备择观点和分析问题中广泛的知识。

值得注意的是教师如何克服了定义学习目标的挑战，并掌控问题发现过程，即通过建议将遗传学课程作为一个整体来处理的替代策略。在本研究中，教师在问题发现过程中展现的自主性和赋权（demonstration）与金奇洛和斯坦伯格（Kincheloe and Steinberg，1998）对教师参与自身知识发展的重要性的主张产生共鸣。我们已经看到了教师如何通过有意义地接近课程来发展自己的知识（上面讨论过）。类似地，教师赋权也体现在如何有意义地接近课程同时使教师免于"作为信息传递者、其他地方生产的知识和课程的服务者的角色中失去重要性"（Kincheloe and Steinberg，1998）。在发展他们自己的知识的过程中，教师对课程及其伴随的挑战的共同解释使课程内在化成为可能。这表现在随后教师如何解释选择学习目标和最后的遗传学主题的合理性。换句话说，教师能够更好地捍卫自己的决定，而不是基于别人的决定做决策。

六、结论和启示

本研究的结果为教师在真实环境中如何参与协作性问题发现（这是 CPS 过程的关键部分）提供了范例。我们发现，通过 PLC 计划和学习研究方法实施的问题发现是一个具有挑战性的过程，可以通过有意义地参与课程和开发有利于教师赋权意识的条件使其简化。

教师对课程的有意义地参与可能是 PLC 有效的问题发现过程的一个相关方面。通过梳理与特定单元相关的教学和课程挑战，然后将这些发展目标能力的关键障碍重新置于更大的课程背景中，以及置于教师自己的课堂背景中，教师可以发展自己协商意义和学习目标的能力。课程流程的映射还提供了通过协商和融合各种假设之间的差异来构建通用知识库的功能。这个通用知识库通过研究者—协助者对变异理论的介绍来扩充。注意到理论框架的使用是学习研究的一个标志，从本研究的结果可以推测，学习研究的要素可以与 CPS 结构相结合，以促进有效的问题发现，也许还能促进整个 CPS 过程。这个主张与劳克林等人（Laughlin et al.，2003）强调的共同知识资源对执行 CPS 时提高团队良好表现的重要性一致。

为了在问题发现的背景下促进更大的教师自主权和赋权（Carr and Kemmis，1996；Kincheloe and Steinberg，1998），围绕课程进行有意义的讨论可能是一个教师探索待解决的问题的有效方式。与教师必须相信教学新方法（例如，解决问题的策略）对日常教学实践的重要性，以便他们对获得知识或技能感兴趣（Abd-El-Khalick and Akerson，2004；Martín-Díaz，2006；Schwartz and Lederman，2002）这一观点一致，我们提出主张，教师应通过如下方面来获得理解问题的机会：（1）他们自己的假设；（2）他们共同的理解；（3）他们从研究文献中得到的知识；（4）他们关于自己的学生和课堂环境的情境知识；（5）他们对学习目标相关的教学和课程挑战的理解。这可能会成为教师以更加赋权的方式参与 CPS 的必要动机。

本文给出的结果为在真实环境中寻找协作问题的过程提供了微观层面的见解。然而，我们承认，这些结果基于单个案例研究，在一般性和适用性方面十分有限。注意到作为学习研究的一部分，教师团队在发现问题时所面临的复杂性和挑战，并考虑到现有文献缺乏对这方面的阐释，更多详细描述教师如何制订学习目标和应对面临的挑战的研究是值得追求的。同样，还需要进行更多的实证研究，以进一步了解如何促进协作团队中艰难的问题发现过程，以及这一过程的不同方面如何影响 CPS 中产生的解决方案的质量。另一个潜在的富有成效的作为本研究良好后续的研究方向是确定方式和创造环境以促进教师赋权，通过这种方式，教师能够为掌握自己的 PD 轨道做更好的准备，并使其回应 21 世纪学习者的需求。

参考文献

Abd-El-Khalick, E., & Akerson, V. L. (2004). Learning as a conceptual change: Factors mediating the development of preservice elementary teachers' views of nature of science. *Science Education*, *88*(5), 755-810.

Åhlberg, M., Äänismaa, P., & Dillon, P. (2005). Education for sustainable living: Integrating theory, practice, design, and development. *Scandinavian Journal of Educational Research*, *49*(2), 167-185.

Borko, H., & Putnam, R. T. (1996). Learning to teach. In R. C. Calfee & D. Berliner (Eds.), *Handbook on educational psychology* (pp. 673-708). New York: Macmillan.

Bray, J. N. (2002). Uniting teacher learning: Collaborative inquiry for professional development. *New Directions for Adult and Continuing Education*, *2002*(94), 83-92.

Carr, W., & Kemmis, S. (1996). *Becoming critical: Education, knowledge and action research*. Lewes: Farmer Press.

Chiu, M. M. (2008). Effects of argumentation on group micro-creativity: Statistical discourse analyses of algebra students' collaborative problem solving. *Contemporary Educational Psychology*, *33*(3), 382-402.

Chong, W. H., & Kong, C. A. (2012). Teacher collaborative learning and teacher self-efficacy: The case of lesson study. *Journal of Experimental Education*, *80*(3), 263-283.

Clandinin, D. J., & Connelly, F. M. (1992). Teacher as curriculum maker. In E W. Jackson (Ed.), *Handbook of research on curriculum* (pp. 363-401). New York: Macmillan.

Clarke, D., & Hollingsworth, H. (2002). Elaborating a model of teacher professional growth. *Teaching and Teacher Education*, 18, 947-967.

Collins, A. (1992). Toward a design science of education. In E. Scanlon & T. O'Shea (Eds.), *New directions in educational technology* (pp. 15-22). Berlin: Springer.

Collins, A. (1999). The changing infrastructure of educational research. In E. C. Lagemann & L. S. Shulman (Eds.), *Issues in educational research: Problems and possibilities* (pp. 289-298). San Francisco: Jossey-Bass.

Corbin, J., & Strauss, A. (1990). Grounded theory research: Procedures, canons, and evaluative criteria. *Qualitative Sociology*, *13*(1), 3-21.

Creswell, J. (1998). *Qualitative inquiry and research design*. London: Sage.

Duncan, R. G., & Reiser, B. J. (2007). Reasoning across ontologically distinct levels: Students' understandings of molecular genetics. *Journal of Research in Science Teaching*, *44*(7), 938-959.

Elliott, J. (2012). Developing a science of teaching through lesson study. *International Journal for Lesson and Learning Studies*, *1*(2), 108-125.

Erickson, H. L. (2008). *Stirring the head, heart and soul: Redefining curriculum and instruction* (3rd ed.). Thousand Oaks: Corwin Press.

Fernández, M. L. (2010). Investigating how and what prospective teachers learn through microte- aching lesson study. *Teaching and Teacher Education*, *26*, 351-362.

Hipp, K. K., Huffman, J. B., Pankake, A. M., & Olivier, D. F. (2008). Sustaining professional learning communities: Case studies. *Journal of Educational Change*, *9*, 173-195.

Holmqvist, M. (2011). Teachers' learning in a learning study. *Instructional Science*, *39*(4), 497-511.

Holmqvist, M., Gustavsson, L., & Wernberg, A. (2007). Generative learning: Learning beyond the learning situation. *Educational Action Research*, *15*(2), 181-208.

Jonassen, D. H. (1997). Instructional design models for well-structured and ill-structured problem-solving learning outcomes. [Article]. *Educational Technology Research and Development*, *45*(1), 65.

Kincheloe, J. L., & Steinberg, S. R. (1998). Lesson plans from the outer limits: Unauthorized methods. In J. L. Kincheloe & S. R. Steinberg (Eds.), *Unauthorized methods: Strategies for critical teaching* (pp. 1-23). New York: Routledge.

Koballa, T. R., Glynn, S. M., Upson, L., & Coleman, D. C. (2005). Conceptions of teaching science held by novice teachers in an alternative certification program. *Journal of Science Teacher Education*, *16*, 287-308.

Laughlin, P. R., Zander, M. L., Knievel, E. M., & Tan, T. K. (2003). Groups perform better than the best individuals on letters-to-numbers problems: Informative equations and effective strategies.

Journal of Personality and Social Psychology，*85*（4），684-694.

Lee，H.，& Cho，H.（2007）. Factors affecting problem finding depending on degree of structure of problem situation. *Journal of Educational Research*，*101*（2），113-123.

Lewis，C.，Perry，R. R.，& Hurd，J.（2009）. Improving mathematics instruction through lesson study： A theoretical model and North American case. *Journal of Mathematics Teacher Education*，*12*，285-304.

Lim，C.，Lee，C.，Saito，E.，& Syed Haron，S.（2011）. Taking stock of lesson study as a platform for teacher development in Singapore. ［Article］. *Asia-Pacific Journal of Teacher Education*，*39*（4），353-365.

Lincoln，Y. S.，& Guba，E. G.（1985）. *Naturalistic inquiry*. Beverly Hills：Sage.

Linder，C.，Fraser，D.，& Pang，M. F.（2006）. Using a variation approach to enhance physics learning in a college classroom. *The Physics Teacher*，*44*（9），589-592.

Lo，M. L.，Chik，P.，& Pang，M. F.（2006）. Patterns of variation in teaching the colour of light to Primary 3 students. *Instructional Science*，*34*，1-19.

Martín-Díaz，M. J.（2006）. Educational background，teaching experience and teachers' views on the inclusion of nature of science in the science curriculum. *International Journal of Science Education*，*28*（10），1161-1180.

Marton，F.，& Booth，S.（1997）. *Learning and awareness*. Mahwah：Lawrence Erlbaum Associates.

McLaughlin，M. W.，& Talbert，J. E.（2001）. *Professional communities and the world of high school teaching*. Chicago：University of Chicago Press.

Merriam，S. B.（1998）. *Qualitative research and case study applications in education*. San Francisco：Jossey-Bass.

Miles，M. B.，& Huberman，A. M.（1994）. *Qualitative data analysis*（2nd ed.）. Thousand Oaks：Sage.

Mumford，M. D.，Reiter-Palmon，R.，& Redmond，M. R.（Eds.）.（1994）. *Problem construction and cognition：Applying problem representations in ill-defined domains*. Norwood：Ablex Publishing Corporation.

Nelson，T. H.，Slavit，D.，Perkins，M.，& Hathorn，T.（2008）. A culture of collaborative inquiry： Learning to develop and support professional learning communities. *Teachers College Record*，*110*（6），1269-1303.

Nemeth，C.，& Chiles，C.（1988）. Modelling courage：The role of dissent in fostering independence.

European Journal of Social Psychology, *18*(3), 275-280.

Newell, A., & Simon, H. A. (1972). *Human problem solving*. Englewood Cliffs: Prentice-Hall.

Nokes-Malach, T. J., Meade, M. L., & Morrow, D. G. (2012). The effect of expertise on collaborative problem solving. *Thinking and Reasoning*, *18*(1), 32-58.

Padwad, A., & Dixit, K. K. (2008). Impact of professional learning community participation on teachers' thinking about classroom problems. *TESL-EJ*, *12*(3), 1-11.

Pang, M. F., & Lo, M. L. (2012). Learning study: Helping teachers to use theory, develop professionally, and produce new knowledge to be shared. *Instructional Science*, *40*(3), 589-606.

Pang, M. F., & Marton, F. (2003). Beyond "lesson study": Comparing two ways of facilitating the grasp of some economic concepts. *Instructional Science*, *31*, 175-194.

Pang, M. F., & Marton, F. (2005). Learning theory as teaching resource: Enhancing students' understanding of economic concepts. *Instructional Science*, *33*, 159-191.

Pella, S. (2011). A situative perspective on developing writing pedagogy in a teacher professional learning community. *Teacher Education Quarterly*, *38*(1), 107-125.

Ramirez, V. E. (2002). Finding the right problem. *Asia Pacific Education Review*, *3*(1), 18-23.

Reiter-Palmon, R., & Robinson, E. J. (2009). Problem identification and construction: What do we know, what is the future? *Psychology of Aesthetics, Creativity, and the Arts*, *3*(1), 43-47.

Roschelle, J., & Teasley, S. D. (1995). The construction of shared knowledge in collaborative problem solving. In C. E. O'Malley (Ed.), *Computer-supported collaborative learning* (pp. 69-197). Berlin: Springer.

Runesson, U., Kullberg, A., & Maunula, T. (2011). Sensitivity to student learning: A possible way to enhance teachers' and students' learning? *Constructing Knowledge for Teaching Secondary Mathematics, Mathematics Teacher Education*, *6*(4), 263-278.

Samuelowicz, K., & Bain, J. D. (1992). Conceptions of teaching held by academic teachers. *Higher Education*, *24*, 93-111.

Schwartz, D. L. (1995). The emergence of abstract representations in dyad problem solving. *Journal of the Learning Sciences*, *4*(3), 321-354.

Schwartz, R. S., & Lederman, N. G. (2002). "It's the nature of the beast": The influence of knowledge and intentions on learning and teaching nature of science. *Journal of Research in Science Teaching*, *39*(3), 205-236.

Scribner, J. P., Sawyer, R. K., Watson, S. T., & Myers, V. L. (2007). Teacher teams and distributed leadership: A study of group discourse and collaboration. *Educational Administration Quarterly*, *43*(1), 67-100.

Seidel, T., Rimmele, R., & Prenzel, M. (2005). Clarity and coherence of lesson goals as a scaffold for student learning. *Learning and Instruction*, *15*, 539-556.

Sigurðardóttir, A. K. (2010). Professional learning community in relation to school effectiveness. *Scandinavian Journal of Educational Research*, *54*(5), 395-412.

Slavit, D., & Nelson, T. H. (2010). Collaborative teacher inquiry as a tool for building theory on the development and use of rich mathematical tasks. *Journal of Mathematics Teacher Education*, *13*(3), 201-221.

Stake, R. E. (1995). *The art of case study research*. Thousand Oaks: Sage.

Stigler, J. W., & Hiebert, J. (1999). *The teaching gap*. New York: The Free Press.

Stoll, L., Bolam, R., McMahon, A., Wallace, M., & Thomas, S. (2006). Professional learning communities: A review of the literature. *Journal of Educational Change*, *7*, 221-258.

Tan, Y. S. M. (2014a). Enriching a collaborative teacher inquiry discourse-Exploring teachers' experiences of a theory-framed discourse in a Singapore case of lesson study. *Educational Action Research*, *22*(3), 411-427.

Tan, Y. S. M. (2014b). A researcher-facilitator's reflection: Implementing a Singapore case of learning study. *Teaching and Teacher Education*, *37*, 44-54.

Tan, Y. S. M., & Nashon, S. M. (2013). Promoting teacher learning through learning study discourse: The case of science teachers in Singapore. *Journal of Science Teacher Education*, *24*(5), 859-877.

Trigwell, K., & Prosser, M. (2004). Development and use of the approaches to teaching inventory. *Educational Psychology Review*, *16*(4), 409-424.

Voss, J. F. (2005). Toulmin's model and the solving of ill-structured problems. [Article]. *Argumentation*, *19*(3), 321-329. doi:10.1007/s10503-005-4419-6.

Wood, D. R. (2007). Teachers' learning communities: Catalyst for change or a new infrastructure for the status quo? *Teachers College Record*, *109*(3), 699-739.

第十八章　维基百科环境下的同伴影响与教师课堂管理

郭俊郎

王其云①

　　摘要：本研究报告了在一个学习活动管理系统（Learning Activity Management System，LAMS）支持下，24 名学习者——新入职教师（beginning teachers，BTs）基于维基百科环境与同伴讨论解决课堂管理案例的个案研究结果。具体来说，本研究调查同伴如何帮助这些学习者解决课堂管理案例的问题。使用维基中设计的问题提示为来自 10 所中学的学习者案例讨论提供脚手架，涉及问题识别、提出策略和为自己的案例解决方案做决策。通过定性和定量分析这些学习者的在线讨论，探讨了同伴对学习者基于案例学习的影响。我们给出了学习者和同伴问题解决行为的总结。为了确认同伴对学习者基于案例学习的影响，我们运用 t 检验和分层回归分析进一步分析了学习者及其同伴识别问题的频率、提出的策略以及接受的策略。基于分析结果，我们提出了设计基于维基的合作式学习环境的未来研究的启示和建议。

　　关键词：新入职教师；案例；课堂管理；同伴影响；

　　　　　　问题解决；基于维基百科的环境

---

①　C. L. Quek (✉) · Q. Wang

National Institute of Education，Nanyang Technological University，Singapore，Singapore

e-mail：choonlang. quek@nie. edu. sg；qiyun. wang@nie. edu. sg

© Springer Science＋Business Media Singapore 2015

Y. H. Cho et al. (eds.)，*Authentic Problem Solving and Learning in the 21st Century*，Education Innovation Series，DOI 10. 1007/978-981-287-521-1 _ 18

一、引言

21 世纪快速变化的全球形势迫切需要培养学习者的批判性思维和解决问题的能力，以应对日益模糊和复杂的现实世界问题。作为回应，世界各地的教育系统越来越强调发展学习者的 21 世纪素养。在新加坡学校，"21 世纪素养"的定义涵盖三个领域（Ministry of Education，MOE，2010），即认知素养（批判和创造性思维），个人素养（公民素养、全球意识和跨文化技能）和人际素养（信息和沟通技能）。目前的教学实践往往缺乏解决现实生活中结构不良问题的真实学习情境和以学生为中心的教学。为了培养学习者的 21 世纪素养，重新设计现有的讲授式教学课堂实践是必要的，以便能更多地强调学习者自我调节的学习过程以及与同伴合作建构知识（Hogan and Gopinathan，2008）。在这方面，作为真实性学习方法的一种变式，案例学习越来越多地被推荐为能有效地促进学习者的 21 世纪素养的发展。真实性学习是指无缝嵌入现实生活环境的学习类型（Jonassen et al.，2008）。通过与同伴解决真实的现实生活案例，学习者更有可能从事批判性和反思性思维、合作式知识建立和自我调节，从而发展可迁移的 21 世纪素养（Brown et al.，1989；Hmelo-Silver and Barrows，2008）。

设计在技术支持下的学习环境中参与同伴学习以解决现实生活问题的真实性学习活动，是教师教育的有效途径之一。通过参与同伴学习，学习者可以接受来自同伴的反馈，通过相互讨论来重构思想，促进更高水平的思考，与同伴共同构建知识（Black，2005；Brown and Duguid，1993；Vygotsky，1978）。因此，在新加坡教师学习背景下，本文着手研究基于维基百科环境中同伴学习如何影响学习者对课堂管理案例的问题解决。

教学经验少于三年的新入职教师面临的挑战之一是解决日常遇到的课堂管理问题（Doyle，1986；Evans and Tribble，1986；Evertson and Weinstein，2006；Jones and Jones，1998；LePage et al.，2005）。课堂管理问题范围很广，不仅包括那些不再被认为是学科问题的问题，还包括如何最好地支持教学和处理师生关系的问题（Piwowar et al.，2013）。以前的研究一致地强调，BTs 面对课堂管理的不可预测性时通常缺乏准备。为成功解决课堂管理问题，BTs 至少应具备问题解决技能和课堂管理的情景知识（Choi and Lee，2008；Harrington et al.，1996）。简单地向 BTs 教授教科书中列出的去情境化的策略是无效的。因为 BTs 会感到困惑，在将他们的所学应用到真实课堂情境时会遇到困难（Choi and Lee，2008，2009；Lee and Choi，2008）。为支持 BTs 在这方面的成长，基于案例的教学法作为真实性学习的一个变式被认为是有效的，因为它可以弥合理论和实践之间的差距（Flynn and Klein，2001），能够帮助 BTs 将知识应用到现实课堂情境中（Choi and Lee，2009），并建立使用讲述教学法难以实现的高级隐性知识和专业知识（Wang，2002）。

通过解决教师生成的课堂管理案例，学习课堂管理为 BTs 提供了更加真实有效的学习路径（Choi and Lee，2008；Silverman et al.，1994）。教师生成的课堂管理案例常常源自教师遇到和报告的真实课堂事件。通过这些案例，BTs 能够了解同伴对问题的解释、解决方案的头脑风暴，以及决策过程。这种情景化和探究导向的学习经验将加快 BTs 在短期内向教学和专业发展的转变，否则可能需要几年教学经验才能形成（Harrington et al.，1996；Kim and Hannafin，2009）。

技术支持下基于案例的学习环境设计的发展为案例教学法创造了新的可能，因为它支持交互的同伴学习过程（Heitzmann，2007）。同伴学习是指学生在没有教师直接干预的情况下，与同伴一起学习和向同伴学习的教学策略（Boud et al.，1999）。虽然一些研究报告了研究人员开发的基于案例的在线学习环境在协助教师学习方面的益处（Choi and Lee，2008，2009；Kim and Hannafin，2008，2009；Lee and Choi，2008），但很少有研究（即使有的话）专门检验同伴学习在基于维基百科的环境中对基于案例学习质量的影响。此外，大多数现有技术支持下基于案例的真实学习设计研究是在西方背景下进行的；在亚洲背景下，如新加坡，几乎没有类似研究。由于不同文化中技术支持下基于案例的学习活动的设计、实施和接受可能存在差异（Barab et al.，2000；Chen et al.，1999），因此在本研究中，我们打算研究基于维基百科的环境下同伴学习如何影响新加坡 BTs 学习者课堂管理案例的问题解决。

二、文献综述

(一) 课堂管理和技术支持下基于案例的学习

课堂管理是一个多层面的建构。它指的是教师的行为，旨在管理学生的行为，以促进学生课堂内的学术、社会和情感性学习（Evertson and Weinstein，2006）。具体来说，课堂管理包括各种行为，如建立和保持秩序、提供有效的教学、处理不当行为、留意学生的情感和认知方面的需求，以及管理团队过程等（Emmer，2001）。课堂管理是教师专业知识的一个重要领域，有助于有效的教学和学生学习（Brophy and Good，1986）。许多研究表明，成功的课堂管理可以通过积极地影响学生的注意力、参与和动机来促进学生的学习（Wang et al.，1993）。尽管课堂管理十分重要，但在现实中，课堂管理被不断地评为 BTs 最困难的方面。课堂管理技能并不是一些教师的天赋。相反，它是适应性的专业技术，需要教师通过长期的反思和实践来发展。

课堂管理问题本质上是结构不良的（Doyle，1990；Lee and Choi，2008），它们是复杂和异质的，无法从书中找到直接的解决方案（Choi and Lee，2008）。为了提高 BTs 在这方面的能力，技术支持下基于案例的教学法被认为是一种有效的教学方法，它可以帮助 BTs 看到他们所学的意义和相关性，通过在真实情境下将知识情景化从而促进知识迁移，并帮助他们发展使用传统讲述教学法难以传达的现实生活问题解决技能（Choi and Lee，2009；Flynn and Klein，2001；Wang，2002）。此外，技术支持下基于案例的学习环境可以提供丰富而有意义的学习平台，BTs 可以间接体验其他教师在管理课堂时所面临的现实困境。通过将相关的教育理论与实践联系起来，BTs 在为改善他们的案例而提出的理由中得到提升。他们有机会思考和表达自己的想法、寻求同伴的反馈并为实际教学计划。通过参与这样活跃的探究，BTs 可以构建有效知识，发展成批判性的思考者和问题解决者。

(二) 同伴影响和基于维基百科的学习

"在线学习中同伴的影响"这一主题在已有研究中已有很好的讨论（Allen，1973；

Black，2005；Greene and Land，2000；Harasim，1990），本研究中的同伴影响被概念化为两个学生个体之间发生的学习，发生于我们设计的技术支持下基于案例的学习环境中的同伴学习。同伴学习是我们基于案例的学习活动设计中使用的教学策略，如学生与学生之间的学习伙伴关系和同伴反馈，学生可以在没有教师直接干预的情况下与同伴学习和向同伴学习（Boud et al.，1999）。

与传统的教学方法相比，同伴学习被认为在促进一些可迁移的和终身学习技能方面更有效，如团队合作、批判性探究、反思技能和人际关系技能（Johnson et al.，1991；Slavin，1990）。它可以帮助学习者更积极地构建知识（Harasim，1990）。它让学习者能够获得多种观点，通过讨论重新建构他们的想法，并从同伴那里获得新技能（Black，2005）。通过允许初学者和同伴提供建议、商议想法和分享经验，它可以促进学习者的问题的解决和更高层次思维能力的发展（Greene and Land，2000）。

尽管同伴学习对学习者成就的影响已经在计算机支持的合作学习（computer-supported collaborative learning，CSCL）研究中得到证明，但我们对它在基于案例的在线学习环境中所扮演的角色了解很少。大多数现有研究仅仅关心基于案例的在线学习环境如何作为一个整体帮助发展学生在特定领域的技能，而对同伴在这种学习过程中的贡献了解得很少。即使有的话，也很少有研究专门检验同伴学习对塑造学习者在线案例学习能力的影响。这个探索性研究的目的是检验基于维基百科的环境下课堂管理案例的问题解决过程中的同伴学习是如何有助于学习者学习的，从而填补空缺。

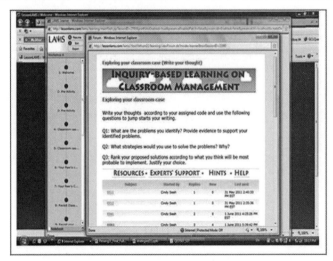

图 18.1 LAMS 支持下基于维基百科环境的屏幕截图

维基百科是一种网络技术，允许一个网站或文档进行合作建构和编辑。维基百科作为同伴间合作构建知识工具的潜力得到了文献的充分支持（Brown，2012；Coutinho Bottentuit，2007；Hew and Cheung，2010；Voorn and Kommers，2013）。考虑到维基百科的各种功能，许多研究者和教育者将其视为支持学习者在线合作学习的理想工具（e. g.，Wheeler et al.，2008）。本研究中，我们探索使用维基百科设计一个结构化同伴学习方法，通过三个阶段的问题解决（第一阶段，问题识别；第二阶段，提出解决策略；第三阶段，决策）支持学习者课堂管理的学习（维基页面见图 18.1）。特别值得关注的是，它旨在解决以下三个研究问题：

1. 在基于维基百科的环境中，学习者和他们的同伴对案例讨论的两个学习阶段分别有什么样的回复？

2. 学习者和他们同伴所识别的问题的一致性如何？

3. 学习者对自己案例解决方案的最终决策如何受到同伴做出的回答的影响（问题识别和策略提出）？

三、方法

（一）研究设计

本章报告了一个混合方法研究的一部分，是关于 BTs 学习者基于案例的课堂管理学习的。表 18.1 给出了每个学习序列的学习模式和持续时间。时间安排是我们给参与相应在线任务的学习者的建议。学习者还为他们的活动设置了在线闹钟。他们将发布与同伴进行在线交流的评论。所有这些活动都在维基百科支持的基于案例的环境中分三个阶段进行。第一阶段，参与者阅读自己的案例，识别问题，然后在维基百科的评论区中发布他们的分析。第二阶段，他们为解决自己案例中发现的问题提出策略。随后，他们与研究人员在工作坊开始之前使用数字代码（不透露身份）分配的同伴交换他们的分析。第三阶段，他们对自己的案例解决方案做出决策。

表 18.1　在 LAMS 中设计的学习序列——基于维基的环境支持下

学习任务	学习模式	学习阶段	时长/分
1. 问题识别 A. 阅读和识别来自自己课堂案例的问题	个人	1	20
2. 提出策略，随后做出评估 B. 从自己的案例中提出策略，随后在维基百科中发布回复	个人	1	40
C. 与同伴交流案例分析和策略，评估和发布他们的回复	两人	2	80
D. 回到自己的案例，必要时修改案例分析	个人	2	20
3. 案例解决方案的决策 E. 与同伴讨论案例分析和提出的策略	小组	3	20
F. 反思自己案例所提出的解决方案并做出决策	个人	3	40

（二）样本和背景

样本包括 24 名学习者（其中 12 名学习者被分配到同一个计算机实验室），他们是从 10 所新加坡中学中随机选择的 BTs。他们都不到 35 岁，并且都在新加坡完成了职前教育。为帮助教师做好基于案例的真实性学习的准备，研究者拜访了这些教师，并邀请他们记录自己关键的课堂遭遇和反思。基于这些教师自己关键的课堂遭遇，研究人员与教师一起撰写了案例。这些基于文本的案例发布在维基百科上。作为研究参与者，他们还被邀请参加在新加坡国立教育学院（NIE）举办的为期两天的"基于探究的课堂管理学习"工作坊，以解决教师生成的课堂管理案例问题。这些学习者在其职前教育期间具有 ICT 和课堂管理方面的先前学习经验。在工作坊开始时，向他们简要介绍了基于维基百科的学习环境和基于案例的同伴学习序列。例如，为了解决案例问题，每个案例被随机分配给两个学习者阅读、分析提出策略和后续反思。在 NIE 的两个独立的计算机实验室中，完整的同步在线学习花费了大约 12 个小时，历时 2 天。在工作坊结束后，教师还利用学校假期对他们在线提出的解决方案进行了修改和反思。

（三）数据收集和分析

数据包括 24 名学习者的在线学习记录。具体来说，根据 24 个课堂管理案例，我们将在线学习阶段一、二和三的学习者回复进行汇编。另外，每个学员在工作坊开始前在维基百科上发布了一个课堂案例。在学习阶段一，学习者需要在阅读自己的案例之后识别问题。在学习阶段二，学习者提出自己的策略，然后与同伴交换案例。遵循扎根理论（grounded theory）方法的既定过程（Strauss and Corbin，1998，具体编码工作流程见图18.2），使用语意作为分析单元，学习者对学习活动1至3的回复由编码者进行分类和总结。编码包括学习者及其同伴识别的课堂管理问题，学习者及其同伴提出的课堂管理策略，以及学习者及其同伴所提出的被接受的课堂管理策略（见表18.2和表18.3）。为确保编码结果的可靠性，学习者对活动的回复由同一个编码者在5天后进行重新排序和编码。两个编码结果随后进行比较，得出100％内部编码者一致性，这支持了分析结果的可靠性。

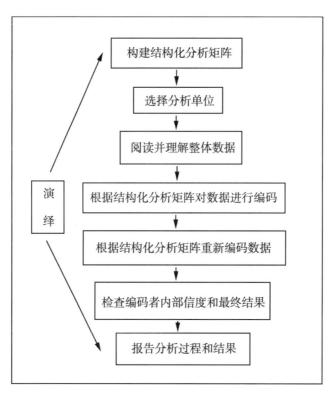

图 18.2　编码流程

此后，我们进行了定量内容分析，以确定所识别问题、提出的策略以及学习者和同伴分别接受策略的频率。两位研究者合作对数据进行编码，协商差异直到100％达成一致。结果汇总如表18.4（见第349页）所示。考虑到学习者和同伴即使识别问题的频率相同，但识别的问题可能不同，在表 18.5（见第 351 页）中还计算了与同伴识别的问题一致的频率。为了进一步探索同伴对学习者在自己案例解决方案的最终决策是否做出了贡献，我们使用配对样本 t 检验和分层回归分析（IBM SPSS Statistics 20）来比较学习者和同伴识别问题、提出策略和接受策略的频率。配对样本 t 检验是在学习者识别问题的频率和同伴识别问题的频率之间进行的。另一个配对样本 t 检验是在学习者提出策略的频率和同伴提出策略的频率之间进行的。分层回归分析用于研究同伴的问题识别和策略提出在多大程度上影响了学习者对策略的接受。

表 18.2　一个案例的内容分析结果（自己）

案例编号	内容分析结果
学习阶段一：自己—问题	
C4	1. 学生之间的学术能力不同
	2. 学生吵闹，注意力分散，需要一段时间使他们安静下来
	3. 另一个经常缺课的学生面临人际关系问题，她的父母用医疗证明和家长的信件支持她的缺席。她有时被发现在厕所里哭泣。结果，她的成绩变差
学习阶段二：自己—策略	
C4	1. 清晰的课堂期望，实施严格的规则，并提供后果
	2. 正强化以奖励表现更好的学生
	3. 找到时间与那些引发问题和缺课很多、目前面临关系问题的学生谈话
	4. 与父母谈话以表达关心，与他们一起计划以最好地帮助孩子，如果需要，让孩子去咨询
	5. 对于超过三次晚交/不交作业的学生，联系父母
	6. 为持续的小改善商谈条件
	7. 对于吵闹和没有准备好上课的学生，私下与学生谈话，利用逻辑后果使他们对自己的行为负责
	8. 让高缺勤率和有关系问题的特定孩子去咨询专家和父母
学习阶段三：自己—接受的策略	

续表

案例编号	内容分析结果
C4	1. 设立清晰的课堂期望，实施非常严格的规则
	2. 如果学生超过三次不交作业，联系他们的父母
	3. 正强化以奖励表现更好的学生
	4. 与"问题"学生谈话，并要求小进步
	5. 对于那些没有准备好上课的吵闹的学生，使用批评性的说教、私下谈话或是充分利用逻辑后果
	6. 在父母的帮助下约束他们
	7. 将学生交给学校中"你"的上级处理

四、结果和讨论

研究问题1：学习者和同伴对基于维基百科的环境中两个案例讨论的学习阶段的回复是怎样的？

为了回答第一个研究问题，我们分别计算了学习者和同伴识别问题的频率和提出策略的频率（参见表18.4，标题为"自己—问题"，"同伴—问题"，"自己—策略"和"同伴—策略"）。此外，我们还计算了学习者接受提出策略的频率和同伴接受提出策略的频率（参见表18.4，标题为"自己—接受的策略"和"同伴—接受的策略"）。

在学习阶段一，学习者从24个案例中识别了87个问题，而他们的同伴在同伴活动中识别了83个问题。为了探究同伴对学习者在这一阶段问题解决的贡献程度，我们对学习者和同伴对每个案例的回复的编码内容进行了检查和对比。为了进行编码内容的比较，学习者和同伴对每个案例回复的编码由两个编码者合作地以自己—问题和同伴—问题并排列出（参见表18.2作为数据处理格式的示例）。首先，两个编码者独立地阅读了学习者和同伴回复的编码至少3次，之后，他们聚到一起，使用4个预先定好的评判等级（基本不理解、理解部分、大部分理解、完全理解）评估同伴是否理解学习者的课堂问题。我们发现，在除了4个案例（C9，C10，C11和C19）以外的大部分案例中，同伴似乎理解学习者面临的问题。例如，在C4（参见表18.2）中，尽管学习者在他自己的案例中只识别了3个问题，但他的同伴在学习者的案例中却识别了6

个问题。显然，同伴在识别问题的数量上超过了学习者。从内容编码来看，我们还观察到同伴不仅完全理解了学习者所面临的问题（由同伴识别的问题 1、2、3 和 4 与学习者识别的问题一致），还识别了学习者可能忽略了的新问题（同伴识别的问题 5、6）。除了 4 个案例（C9、C10、C11 和 C19），其余的案例中也观察到这一点。因此，我们似乎有理由认为同伴对学习者在阶段一的问题识别做出了贡献。这表明同伴在学习者的课堂问题方面提供了更广阔的视野。

表 18.3　一个案例的内容分析结果（同伴）

案例编号	内容分析结果
同伴—问题	
C4	1. 教不同能力学生的困难性
	2. 爱好聊天的特殊男孩
	3. 经常缺课的女孩
	4. 一些学生的破坏性行为（在课堂上走来走去、与同学聊天）
	5. 晚交作业
	6. 一两个挑衅老师的学生
同伴—策略	
C4	1. 鼓励学生
	2. 把教学与日常生活联系起来
	3. 对于作业迟交/不交，采用延迟策略。监控学生作业提交情况，如果超过三次不交，让父母知道他们的参与度会有帮助
	4. 让那个女生去咨询
	5. 将讽刺性的评价给那些你认为可以接受它的人，或是让他在黑板上解题，用幽默来转变局面
	6. 用各种各样的作业和有趣的动手活动吸引学生
	7. 在学生中间进行更多的讨论和分享。与胆大的学生或他们的父母谈话以更好地了解他们
	8. 设置清晰的课堂规则和期望
	9. 首先是警告那个男孩，随后向他解释。使用逻辑后果

续表

案例编号	内容分析结果
同伴—接受的策略	
C4	1. 我同意那个女孩需要进行咨询
	2. 我也觉得我应该严格遵守课堂规则
	3. 我同意让学生到讲台前面展示他们自己是难堪的
	4. 通过鼓励和谈话激励他们
	5. 为晚交作业强化后退方案，通知家长前监督作业提交情况三次
	6. 讽刺性的评价可能对大多数学生是有用的，同伴压力似乎是有效的

在学习阶段二，学习者为自己案例的解决方案提出了 98 个策略。相比之下，他们的同伴为学习者案例的解决方案提出了 130 个策略。因此，同伴们比学习者提出了更多的策略。为进一步探索同伴在此阶段对学习者解决问题的贡献程度，我们对学习者和同伴提出的策略编码内容进行了检查和对比。采用了相同的内容比较程序，只是稍微修改了四个评判等级（几乎不相似、中等相似、大多相似、完全相似）。我们观察到，学习者和同伴的策略主张表现为两个方面。第一个是解决他们之前识别的问题。第二个是解决他们识别的问题的根本原因。尽管在学习者和同伴提出的策略之间存在一定的一致性，同伴为 24 个案例提出的策略似乎比学习者自己的更多样化。例如，在 C4（参见表 18.3）中，同伴分别为解决所识别的问题（第 5、第 3 和第 2 个问题）提供了具体的策略（第 3、第 4 和第 9 个策略）。同伴还生成了其他策略（第 2 和第 6 个策略）供学习者考虑。总而言之，同伴通过提供更广泛的策略为第二阶段中学习者的问题解决做出贡献。

表 18.4　学习者和同伴问题识别、策略提出和策略接受度的频数

案例编号	学习阶段一		学习阶段二		学习阶段三	
	自己—问题	同伴—问题	自己—策略	同伴—策略	自己—接受的策略	同伴—接受的策略
C1	3	3	3	7	0	3
C2	7	4	4	3	1	3
C3	3	6	3	8	3	4

续表

案例编号	学习阶段一		学习阶段二		学习阶段三	
	自己—问题	同伴—问题	自己—策略	同伴—策略	自己—接受的策略	同伴—接受的策略
C4	3	6	8	9	7	6
C5	4	6	3	7	1	3
C6	3	4	1	10	1	4
C7	3	3	2	6	2	4
C8	2	3	3	5	1	1
C9	8	1	9	4	1	3
C10	8	2	10	4	3	4
C11	2	3	2	2	0	2
C12	4	5	6	8	3	1
C13	3	3	3	4	1	4
C14	2	3	4	9	3	7
C15	3	4	2	4	1	4
C16	6	3	5	5	4	5
C17	3	4	3	6	2	1
C18	3	2	5	3	4	2
C19	3	3	3	2	3	3
C20	3	5	6	10	5	5
C21	2	2	4	3	0	2
C22	3	3	1	6	1	1
C23	3	2	3	2	3	3
C24	3	3	5	3	3	1
总计	87	83	98	130	53	76

注：学习阶段一——问题识别，学习者在与同伴进行案例讨论之前识别自己的问题。

学习阶段二——提出策略，学习者与同伴交换案例，提出解决策略。

学习阶段三——为自己的案例制定策略，学习者重新审视自己的案例，根据同伴的意见，反思并做出案例解决方案的决策。

研究问题 2：学习者及其同伴识别的问题的一致性如何？

为了回答这个研究问题，将学习者的问题识别作为参考点；根据表 18.5 中学习者提供的问题识别列表，对同伴识别的问题频率进行检查，并对其进行编码和汇总。例如，C1 中，同伴一致识别的问题的频数为 3 意味着同伴和学习者一致地识别出 3 个问题，而在 C8 中，同伴一致识别的问题的频数为 0 意味着由同伴识别的问题和学习者识别的问题没有一致的。学习者识别的 87 个问题中，同伴也识别了 50 个问题。这一比例上升到 57%（50/87），说明学习者和他们的同伴一致识别了这些问题。这个结果表明，同伴和学习者对学习者识别的问题的确有一些共同的理解。

为了计算一致率，我们还计算了学习者的问题识别（y）和同伴的问题识别（x）的一致率（公式：一致率＝x/y ×100%）。举例来说，如果学习者识别 4 个问题（$y_1 = 4$），其中没有一个与同伴识别的问题（$x_1 = 0$）一致，那么一致率将是 0（0 除以 4）。然而，如果学习者识别出 4 个问题（$y_2 = 4$），并且同伴识别出 4 个类似问题（$x_2 = 4$），则一致率将是 100%（4 除以 4）。在 24 个案例中，7 个案例问题识别的一致率是 100%，17 个案例的一致率达到 50% 及以上，相比之下，只有 7 个案例一致率低于 50%。这一结果进一步证实，学习者和同伴的问题识别大致是一致的。换句话说，大多数同伴理解学习者的问题。

表 18.5　被同伴一致识别的问题频数

案例代码	学习者识别的问题	同伴一致识别的问题
C1	3	3
C2	7	4
C3	3	3
C4	3	3
C5	4	1
C6	3	1
C7	3	2
C8	2	0
C9	8	1

续表

案例代码	学习者识别的问题	同伴一致识别的问题
C10	8	2
C11	2	0
C12	4	3
C13	3	2
C14	2	1
C15	3	3
C16	6	4
C17	3	2
C18	3	2
C19	3	1
C20	3	3
C21	2	2
C22	3	3
C23	3	2
C24	3	2
合计	87	50

　　为了进一步检验学习者和同伴之间问题识别的一致性，使用配对样本 t 检验比较 24 个案例中学习者识别问题的频率（$M = 3.6$；$SD = 1.8$）和同伴一致识别的问题的频率（$M = 2.1$；$SD = 1.0$）。结果表明差异显著，$t(23) = 4.4$，$p < 0.001$。换句话说，同伴可能理解学习者的问题；然而，他们可能低估了识别的问题的数量。

　　研究问题 3：学习者在自己的案例解决方案的最终决策中如何受到同伴的影响（问题识别和策略命题）？

　　为了解决这个研究问题，我们编码并计算了学习阶段三中接受同伴提出的策略的频率（参见表 18.4）。总体而言，学习者提出了 98 个策略，其中他们为自己的案例解决方案只接受了 53 个策略。将接受自己提出的策略的频数与自己提出的策略的频数做比较时（53/98），我们发现学习者提出的策略中有 54％在学习阶段三被其接受。在另一方面，同伴提出 130 个策略，其中学习者为自己的案例解决方案接受了 76 个策略。将接受同伴提出的策略的频数与同伴提出的策略的频数做比较时（76/130），我们注意到 58％的同伴提出的策略在学习阶段三被学习者接受。因此，结果表明同伴提出的策略（58％）比学习者提出的策略（54％）在学习者的最终案例解决方案方面影响更大。换句话说，学习阶段三中，同伴比学习者在最终决策时贡献稍微大一点。

我们对比了学习阶段三中学习者和同伴的编码内容，以进一步检验同伴对学习阶段三中学习者问题解决的贡献。我们采用了相同的内容比较过程，除了稍微修改四个评判等级（几乎不被接受、适度接受、基本接受和完全接受）。我们观察到，学习者倾向于适度接受同伴提出的策略。以 C4 为例（参见表 18.3），在同伴提出的 9 个策略中，学习者接受了 5 个。因此，在 C4 中，同伴提出的策略被学习者适度接受。我们还观察到，同伴提出的策略越多，学习者在学习阶段三接受同伴提出的策略就越多。同伴通过识别学习者的潜在问题并提出多种策略，促使学习者主动评估自己和同伴提出的策略对自己的教学环境的适用性。这种交互过程反过来促进了学习者的最终决策。总的来说，在学习阶段三，同伴对学习者最终决策有实质的影响。

我们运用分层回归分析研究同伴问题识别和策略提出对学习者策略接受的影响程度。考虑到有三个学习阶段，我们认为同伴提供的初始输入应作为可能影响学习者在阶段三决策结果的自变量。具体来说，第一步，学习阶段一的同伴因素一（同伴识别的问题频率）进入方程，$\beta = 0.46$，$p < 0.05$。第二步，学习阶段二的同伴因素二（同伴提出的策略频率）进入方程，$\beta = 0.53$，$p < 0.01$。结果概括如表 18.6 所示。

为进一步研究同伴对学习者最终关于自身案例解决方案决策的贡献程度，我们进行了分层回归分析，结果如表 18.6 所示。首先，共线性统计量表明学习阶段一和二中同伴因素并不高度相关（容忍度＝0.98，VIF＝1.02）。因此，模型没有共线性问题。其次，学习阶段一的预测解释了方差的 20.8％ $[\Delta R^2 = 0.21, F(1, 22) = 5.77, p < 0.05]$，而学习阶段二的预测解释了方差的 27.4％ $[\Delta R^2 = 0.27, F(1, 21) = 11.13, p < 0.01]$。最后，这些结果表明，同伴识别问题和提出策略的频率共同影响学习者对同伴提出的策略的最终接受度。

表 18.6 同伴提出的策略被接受的频率的分层回归分析结果

模型	β	t	p	ΔR^2	对 ΔR^2 的 F	相关性统计	
						容忍度	VIF
第一步：阶段一同伴因素							
同伴识别的问题数量	0.46*	2.4	0.025	0.21*	5.77		
第二步：阶段二同伴因素						0.98	1.02
同伴识别的问题数量	0.38*	2.4	0.025				
同伴提出的策略数量	0.53**	3.3	0.003	0.27**	11.13		

注：$N=24$. *$p<0.05$；**$p<0.01$

此外，学习阶段二同伴因素的预测效果（27.4%）大于学习阶段一同伴因素的预测效果（20.8%）。换句话说，同伴识别的问题越多，同伴提出的策略越多，学习者所接受的策略就越多。因此，得出的结论是同伴的问题识别和策略提出对学习阶段三中学习者决定采用什么样的策略是至关重要的。

总而言之，学习者对自己的案例解决方案的决策在问题识别和策略提出方面受到同伴的显著影响。这个结果意味着同伴学习（问题识别和策略提出）在基于维基百科的学习环境中促进了学习者三个阶段的问题解决过程，也增强了学习者最终的学习成果。

五、结论

本研究旨在探究同伴对学习者在 LAMS 支持下基于维基百科环境中的自己课堂管理案例问题解决的影响。研究结果表明，在学习者问题解决过程的每个学习阶段（问题识别、策略提出和自己案例解决方案的决策），同伴的贡献是显而易见的。同伴不仅确认学习者面临的问题，他们还发现了学习者可能忽略的其他问题。同时他们还为学习者提供了参考策略。此外，通过同伴学习促使学习者评估自己和同伴的问题识别和策略主张的有效性，同伴对学习者最终案例解决方案做出了实质性的贡献。现有研究很少专门关注同伴学习对基于维基百科环境下学习者学习课堂管理技能的影响。本研究的结果有助于我们更好地理解如何优化基于网络的合作活动设计以更好地促进教师的学习。可以得出的一个可能的结果是确保学习者及其同伴之间有效的讨论和互动对基于案例的在线学习是至关重要的，因为这可能会对学习者的学习效果产生积极的影响。因为本研究的样本量很小，因此本研究的结果需要谨慎解释，不能超出本研究的样本和设置进行推广。我们需要在不同的环境和国家进行更多且有更大样本量的研究来确定我们的研究结果。

此外，虽然大量研究在西方环境中记录和评估了技术支持下基于案例的真实性学习环境模型，但很少有研究是在亚洲环境中进行的。例如，韩国研究人员主要设计教学策略、开发模型和在线系统来促进学习者的学习和反思（Choi，2009；Choi and Lee，2009；Choi et al.，2009；Han and Kinzer，2007；Kim and Hannafin，2008）。在新加坡和土耳其没有多少研究。在这方面，本研究通过检验一个新加坡高等教育背景下技术支持的案例学习的创新设计，为现有技术支持的真实性学习研究做出贡献。它还将为未来的研究人员、教师和学校领导提供有用信息，这些信息可用于他们自己的研究、学校和课堂，并就如何改进在线合作教学实践和创新学校课程提供新的见解。

致谢：本文涉及的数据来自研究项目"使用教师生成的案例研究 BTs 的课堂管理实践"（OER27/09GQ），由新加坡（南洋理工大学）国立教育学院（NIE）教育研究项目所资助。文中观点仅代表作者个人，并不代表 NIE 的观点。

参考文献

Allen, V. (Ed.). (1973). *Children as teachers*. New York: Academic.

Barab, S. A., Hay, K. E., & Duffy, T. M. (2000). *Grounded constructions and how technology can help* (CRLT technical report no. 12-00). Bloomington: The Center for Research on Learning and Technology, Indiana University.

Black, A. (2005). The use of asynchronous discussion: Creating a text of talk. *Contemporary Issues in Technology and Teacher Education*, 5 (1). Retrieved October 3, 2005, from http:// www.citejournal.org/vol5/iss 1/languagearts/article1.cfm

Boud, D., Cohen, R., & Sampson, J. (1999). Peer learning and assessment. *Assessment and Evaluation in Higher Education*, 24(4), 413-426.

Brophy, J., & Good, T. (1986). Teacher behaviour and student. In M. Wittrock (Ed.), *Handbook of research on teaching*. New York: Macmillan Publishing.

Brown, S. (2012). Seeing Web 2.0 in context: A study of academic perceptions. *The Internet and Higher Education*, *15*(1), 50-57.

Brown, J. S., & Duguid, P. (1993). Stolen knowledge. *Educational Technology*, *33*(3), 10-15.

Brown, J. S., Collins, A., & Duguid, P. (1989). Situated cognition and the culture of learning. *Educational Researcher*, *18*(1), 32-42.

Chen, A. Y., Mashhadt, A., Ang, D., & Harkrider, N. (1999). Cultural issues in the design of technologyenhanced learning systems. *British Journal of Educational Technology*, *30*(3), 217-230.

Choi, I. (2009). A case-based e-learning framework for real-world problem solving: Implications for human resources development. *Journal of Korean HRD Research*, *4*(1), 53-71.

Choi, I., & Lee, K. (2008). A case-based learning environment design for a real-world classroom management problem solving. *TechTrends*, *52*(3), 26-31.

Choi, I., & Lee, K. (2009). Designing and implementing a case-based learning environment for enhancing ill-structured problem solving: Classroom management problems for prospective Learners. *Educational Technology Research & Development*, *57*(1), 99-129.

Choi, I., Lee, S., & Kang, J. (2009). Implementing a case-based e-learning environment in a lecture-oriented anesthesiology class: Do learning styles matter on complex problem solving over time? *British Journal of Educational Technology*, *40*, 933-947. doi: 10.1111/j. 1467-8535.2008.00884.x.

Coutinho, C., & Bottentuit, J. J. (2007). *Collaborative learning using wiki: A pilot study with master students in educational technology in Portugal*. Paper presented in the proceedings of the *world conference on educational multimedia, hypermedia and telecommunications* 2007 (pp. 1786-1791). AACE, Chesapeake, VA.

Doyle, W. (1986). Classroom organization and management. In W. C. Merlin (Ed.), *Handbook of Research on Teaching* (4th ed.). New York: Macmillan Publishing.

Doyle, W. (1990). Classroom management techniques. In O. C. Moles (Ed.), *Student discipline strategies: Research and practice* (pp. 113-127). New York: State University of New York Press.

Emmer, E. T. (2001). Classroom management: A critical part of educational psychology, with implications for teacher education. *Educational Psychologist*, *36*(2), 103-113.

Evans, E. D., & Tribble, M. (1986). Percieved teaching problems, self-efficacy, and commitment to teaching among preservice Learners. *Journal of Educational Research*, *80*(2), 81-85.

Evertson, C. M., & Weinstein, C. S. (2006). Classroom management as a field of inquiry. In C. M. Evertson & C. S. Weinstein (Eds.), *Handbook of classroom management: Research, practice, and contemporary issues* (pp. 3-16). Mahwah: Lawrence Erlbaum Associates.

Flynn, A. E., & Klein, J. D. (2001). The influence of discussion groups in a case-based learning environment. *Educational Technology Research and Development*, *49*(3), 71-86.

Greene, B. A., & Land, S. M. (2000). A qualitative analysis of scaffolding use in a resource-based learning environment involving the World Wide Web. *Journal of Educational Computing Research*, *23*(2), 151-179.

Han, I. S. & Kinzer, C. (2007). Developing a multimedia case-based learning environment: Teaching technology integration to Korean preservice teachers. In C. Montgomerie & J. Seale (Eds.), *Proceedings of world conference on educational multimedia, hypermedia and telecommunications* 2007 (pp. 64-69). Chesapeake: AACE. Retrieved April 26, 2014, from http:// www. editlib, org/p/25359

Harasim, L. (Ed.). (1990). *On-line education: Perspectives on a new medium.* New York: Praeger/ Greenwood.

Harrington, H. L., Quinn-Leering, K., & Hodson, L. (1996). Written case analyses and critical reflection. *Teaching and Teacher Education*, *12*(1), 25-37.

Heitzmann, R. (2007). Target homework to maximize learning. *The Education Digest*, *72*, 40-43.

Hew, K., & Cheung, W. (2010). Use of three-dimensional (3-D) immersive virtual worlds in K-12 and higher education settings: A review of the research. *British Journal of Educational Technology*, *41* (1), 33-55. doi:10.1111/j.1467-8535.2008.00900.x.

Hmelo-Silver, C. E., & Barrows, H. S. (2008). Facilitating collaborative knowledge building. *Cognition and Instruction*, *26*, 48-94.

Hogan, D., & Gopinathan, S. (2008). Knowledge management, sustainable innovation, and preservice teacher education in Singapore. *Teachers and Teaching: Theory and Practice*, *14* (4), 369-384.

Johnson, D. W., Johnson, R. T., & Smith, K. A. (1991). *Cooperative learning: Increasing college faculty instructional productivity* (ASHE-ERIC report on higher education). Washington, DC: The George Washington University.

Jonassen, D., Howland, J., Marra, R. M., & Crismond, D. (2008). *Meaningful learning with technology* (3rd ed.). Upper Saddle River: Pearson Education, Inc.

Jones, V. F., & Jones, L. S. (1998). *Comprehensive classroom management: Creating communities of support and solving problems* (5th ed.). Boston: Allyn and Bacon.

Kim, H., & Hannafin, M. J. (2008). Situated case-based knowledge: An emerging framework for prospective teacher learning. *Teaching and Teacher Education: An International Journal of Research and Studies*, *24*(7), 1837-1845.

Kim, H., & Hannafin, M. J. (2009). Web-enhanced case-based activity in teacher education: A case study. *Instructional Science*, *37*(2), 151-170.

Lee, K., & Choi, I. (2008). Learning classroom management through Web-based case instruction: Implications for early childhood teacher education. *Early Childhood Educational Journal*, *35*, 495-503.

LePage, P., Darling-Hammond, L., Akar, H., Gutierrez, C., Jenkins-Gunn, E., & Rosebrock, K. (2005). Classroom management. In L. Darling-Hammond & J. Bransford (Eds.), *Preparing learners for the real world: What learners should learn and be able to do* (pp. 327-357). San Francisco: Jossey-Bass.

Ministry of Education (MOE). (2010). *MOE to enhance learning of 21st century competencies and strengthen art, music and physical education*. Singapore: MOE Press Releases. Retrieved from, http://www.moe.gov.sg/media/press/2010/03/moe-to-enhance-learning-of-21 s.php

Piwowar, V., Thiel, F., & Ophardt, D. (2013). Training in-service Learners' competencies in classroom management. A quasi-experimental study with Learners of secondary schools. *Teaching and Teacher Education*, *30*, 1-12. doi: 10.1016/j.tate.2012.09.007.

Silverman, R., Welty, W. M., & Lyon, S. (1994). *Educational psychology cases for teacher problem solving* (3rd ed.). New York: McGraw-Hill.

Slavin, R. E. (1990). Research on cooperative learning: Consensus and controversy. *Educational Leadership*, *47*(4), 52-54.

Strauss, A., & Corbin, J. (1998). *Basics of qualitative research: Techniques and procedures for developing grounded theory* (2nd ed.). Thousand Oaks: Sage.

Voorn, R. J. J., & Kommers, P. A. M. (2013). Social media and higher education: Introversion and collaborative learning from the student's perspective. *International Journal of Social Media and Interactive Learning Environments*, *1*(1), 59-73.

Vygotsky, L. S. (1978). *Mind in society: The development of higher psychological processes*. Cambridge, MA: Harvard University Press.

Wang, F. K. (2002). Designing a case-based e-learning system: What, how, and why. *Journal of Workplace Learning*, *14*(1), 30-43.

Wang, M. C., Haertel, G. D., & Walberg, H. J. (1993). Toward a knowledge base for school learning. *Review of Educational Research*, 63 (3), 249-294. doi: http://dx.doi.org/10.3102/00346543063003249.

Wheeler, S., Yeomans, P., & Wheeler, D. (2008). The good, the bad and the wiki: Evaluating student-generated content for collaborative learning. *British Journal of Educational Technology*, 39 (6), 987-995.

第七部分

结论与未来方向 >>

第十九章 真实性问题解决与学习：经验与展望

迈克尔·**J.** 雅各布森①

教育是一个社会化过程。教育即成长。教育不是为未来生活做准备，教育即生活本身。

——约翰·杜威（John Dewey，1938）

摘要：本章主要是本书论述的一系列 PBL 研究与实践的反思，将讨论各种 PBL 方法的实证评估以及在学校有效开展 PBL 教学的一些相关议题。本书也着重考虑了像 PBL 这样的教学方法与文化和社会背景的关系，并特别强调亚洲这一地区。此外，还有一个重要问题：PBL 作为一个研究和教学实践领域，应该如何发展和推进？我建议研究者从以下三个主要方面推进该领域发展：理论指导下的 PBL、PBL 的教学顺序和技术支持下的 PBL。

关键词：PBL；理论问题；教学问题；技术支持下的 PBL

尽管这本雄心勃勃的、严谨的但同时又具有实践性的书在第一章描述了三大主题——真实性问题、真实性实践和真实性参与，但对读者而言，杜威的"教育即生活本身"的观点可能是最重要的。不同章节的作者认真承担了将真实的议题、实践和相

---

① M. J. Jacobson (✉)
Center for Computer Supported Learning and Cognition，University of Sydney，Sydney，NSW，Australia
e-mail：michael. jacobson@sydney. edu. au
© Springer Science＋Business Media Singapore 2015
Y. H. Cho et al. (eds.)，*Authentic Problem Solving and Learning in the 21st Century*，Education Innovation Series，DOI 10. 1007/978-981-287-521-1 _ 19

关知识带入真实生活学习这一艰巨的教育挑战，并基于理论、历史和文化背景、实证研究和实际课堂教学经验提供洞见。第一章对每章提供了精彩的概括性总结，因而在这里提供的评论中我主要关注一些有所选择的经验，以及展望未来研究的建议。

根据已掌握的经验，PBL 代表了教育实践的一个家族，在超过半个世纪①的时间里，它被用于支持不同学科领域和年级水平的学习。PBL 或许最适于被视为随着时间在教学方式上不断演化的教育实践共同体。对各种 PBL 方法的实证评估通常发现了积极的学习结果以及情感体验，如本书中多个章节所讨论的那样。既然 PBL 可以有效地用于不同领域和教育水平的学习，那么对于可能对使用 PBL 感兴趣的老师和指导员来说，教学方面的考虑就出现了。本书中的精彩章节描述了在学校中有效开展 PBL 教学的多种议题，如问题的选择、教师的角色、学习活动的持续时间、评估等。同时，本书还讨论了与文化和社会背景下的 PBL 等教育学关系相关的问题，并特别强调亚洲地区。

尽管如此，考虑到 PBL 的价值和实践有着普遍积极且令人信服的观点（尽管下文将就 PBL 的缺点进行讨论），有一个很重要的问题仍需要考虑：PBL 作为一个研究和教学实践领域应该如何发展，从而得到进一步推进？我认为研究者应该从以下三个主要领域来推进 PBL：理论指导下的 PBL、PBL 的教学序列和技术支持下的 PBL。我将依次讨论这些领域。

一、理论指导下的 PBL 发展

在第 5 章中，洪伟提供了几个主要理论视角的精彩回顾——如信息处理和认知理论、图式理论、情景认知、元认知和建构主义——阐明了不同类型的 PBL。近来，还有一种认知理论方法，即类比编码理论（Analogical Encoding，AE）（Gentner et al., 2003），它可能与所有 PBL 方法都有潜在的相关性，这不仅有助于理解为什么 PBL 是一种强有力的学习设计，而且有助于进一步增强 PBL 的有效性。

简而言之，AE 理论认为，对比和共享一个基本原则或概念的不同案例，或许能帮

---

① 和 PBL 相似的学习方法，例如法学教育中的案例法在 19 世纪 90 年代末期已经在使用，参见 Williams (1992)。

助学习者关注概念的相似性，而非变化莫测的表面特征，进而可能导致建构与目标概念相关的抽象的图式，提高在迁移测验中的表现，如在新问题和情景中应用知识。这一方法与常见的类比（例如类比推理）不同。常见的是通过与学习者熟悉的事物进行类比来获得新知识，例如用水流类比电子是如何在电路中流动的。

　　很多研究已经表明，类比可以成为有效的教育工具（Bulgren et al.，2000），但是，如果学生不能很好地理解所给的基础案例，类比就没有效果。相反，用 AE 的学习者最初可能对原则或概念只是理解其中的一部分，但是通过对比两个案例，学习者能对共有的原则或概念有更好的理解。比较能帮助学习者关注结构的共性而非表面特征的不同。因此，用 AE，学习是"双向的"，学习者在一个例子中理解的内容可以匹配到他对第二个例子的理解（反之亦然），而在类比推理中，知识是单向的，只能从已知基础匹配到目标领域。

　　与研究单个案例相比，AE 另一个潜在的优势是两个案例的对比将帮助学习者建构抽象的图式，而不需要与特定案例相关的特殊性表面特征，这可能导致"惰性知识"问题。相比通过单个例子学习到的情景化图式，学习者应该能更好地回忆并应用这样的抽象图式。换句话说，通过比较案例，AE 能帮助学习者理解知识，促使学生在新案例和问题情境中更好地应用知识（例如迁移）。与之一致，对一系列使用对比案例的类比编码学习谈判策略的高级心理模型的研究表明，与使用单一案例相比，AE 展示出显著的学习和迁移效果（Gentner et al.，2003）。

　　鉴于比较不同的 PBL 案例和问题似乎是一项合理的学习活动，同时也有很强的认知依据，我们自然会预期 PBL 和 AE 的研究能够在文献中找到。令人惊讶的是情况并非如此，在谷歌学术上用"类比编码和 PBL"进行简单搜索，发现了一些 PBL、类比推理（非编码）和结构映射的文献，但并没有涉及 AE 和 PBL 的研究，除了我的一些超媒体学习环境研究（Jacobson，2008；Jacobson et al.，2011）。在本书中，也没有提及包括 AE 的 PBL 或使用问题和案例的比较，除了讨论有益性失败的几个章节中涉及对学生生成想法和由教师提供权威解决方法的探索和比较。有趣的是，以我在大学任职逾 20 年的经验，我在与医学院和商学院的同事就他们在教学中如何使用 PBL 进行交流时发现，作为这些课程的一个正式方面，没有或极少直接比较不同的案例和问题。

　　为什么 AE 理论对 PBL 研究者和教育者来说值得关注？基于以上对理论的讨论，

我们可以预期，与单个学习问题和案例相比，使用基于 AE 的对比活动可能会增强对概念和原则的学习，这些概念和原则在不同的案例中是通用的，而不是针对问题和案例进行单独的学习。也许更重要的是，如果通过 AE 理论对问题和案例的对比能够让学习者建构更加抽象的图式，那么对知识迁移的评估以及学习者将知识应用于新的真实情境的能力也将得到提高。

从教学实践的视角来看，要求学习者比较案例和问题是很容易实施的，这既可以作为单独的书面作业，也可以作为小组合作学习活动的一部分。研究探索假设，如通过问题和案例对比强化学习和迁移，相对比较容易实施，这些实证研究发现对当前正运用 PBL 的教师而言，既有理论意义，也有实践意义。鉴于所有学段和学科领域的教师可能面临的挑战，在实际的教与学中真正有价值的研究，是那些虽然对 PBL 进行了相对细微的教学法调整，但却有可能展示"在有限的教学时间内能够获得更多的学习成效"的研究。

二、促进 PBL 改进的教学顺序[①]

正如第五章所提到的，PBL 不是一种单一的教学方法，而是一系列不同的方法，从纯粹的 PBL 到含有问题解决活动的讲授。洪提出了一个框架，从问题结构化程度和自主程度两个维度对不同的 PBL 类型进行概念化。

然而，尽管 PBL 研究者发现了不同 PBL 方法间的细微差异，但近来 PBL 能否作为一种一般性的教学方法仍受到了质疑。基施纳等人（Kirschner et al.，2006）对许多学习研究进行了批判性回顾，他们将其宽泛地分为直接教学指导和最少教学指导。他们讨论包括工作样例（Miller et al.，1999；Quilici and Mayer，1996；Sweller and Cooper，1885）和工作流程单（Nadolski et al.，2005）等研究的直接教学指导方法，以及讨论像建构主义（Jonassen，1991）、PBL（Hmelo-Silver，2004）、经验学习（Kolb et al.，2001）、发现式学习（Mayer，2004）和探究学习（Van Joolingen et al.，2005）等的最少教学指导方法。基施纳等人（Kirschner et al.，2006）在分析使用这些不同方法学习的研究时指出，"对新手和中等学习者而言，应该采用直接、强有力的教学指

①　该部分融合了来自 Jacobson et al.（2013）的材料。

导，而非基于建构主义的最低限度的指导"。正如人们所预期的那样，PBL 共同体的研究者对这一主张提出了尖锐的质疑（Hmelo-Silver et al.，2007）。

　　为了提供一个更广泛的框架来审视这场争议，基施纳及其同事（Kirschner et al.，2006）所描述的直接教学指导，以及其他启发性的教学方法，可以看作是高结构教学，而最少教学指导则提供了低结构教学。[①] 我们也发现，在他们回顾的许多研究中，主要自变量在直接指导（例如高结构）教学方法与最少指导（例如低结构）教学方法之间变化，而因变量是对各种学习或问题解决是否成功的评估。这样的案例，可以从阿尔班尼斯和米切尔（Albanese and Mitchell，1993）对医学 PBL 研究的回顾以及克拉尔和尼加姆（Klahr and Nigam，2004）对学生学习实验设计的直接教学和发现学习的研究中找到。

　　然而，基施纳等人（Kirschner et al.，2006）的综述结论仅仅基于主要控制高结构或低结构（教学）的研究。而且，他们并未就学习活动期间不同结构序列的研究进行讨论，例如研究者施瓦茨和布兰斯福德（Schwartz and Bransford，1998）、范·雷恩等（van Lehn et al.，2003）、比约克和林（Bjork and Linn，2006）以及卡普尔及其同事（Kapur et al.，2012；本书第 12 章）等的研究。

　　为了将这些议题概念化，我提出了教学结构框架序列（Sequences of Pedagogical Structure Framework，SPSF）。这是一个 2×2 的矩阵，包括了对教学结构进行排序的可能方式：（a）低—低结构（LL），（b）高—高结构（HH），（c）高—低结构（HL），（d）低—高结构（LH）（Jacobson et al.，2013）。为了便于讨论，将完全高结构的学习活动视为 HH 序列，将完全低结构的学习活动视为 LL 序列。因此，基施纳等人（Kirschner et al.，2006）所引用的大部分直接教学研究将被划分为 HH 序列。

　　在表 19.1 中，我建议洪伟在第 5 章提出的 PBL 分类与教学结构框架序列（SPSF）相一致。（提示：有些人可能认为教学序列维度与洪的自我定向维度相关联，因为高水平自我定向对应于低水平的教学结构，而低水平自我定向对应于高水平的教学结构。然而，在本框架中时序性的概念与洪的框架差别很大。）

---

　　① "结构"可以宽泛地理解为多种形式，例如问题结构化、脚手架、教学促进、提供练习题或脚本等。

表 19.1　教学结构框架序列（SPSF）和 PBL 方法

教学顺序	PBL 分类
低—低（LL）	纯 PBL
高—高（HH）	纯讲授
高—低（HL）	有问题的讲授，基于案例，基于项目
低—高（LH）	有益性失败的 PBL（混合 PBL），抛锚式教学

　　我认为大部分的 PBL 研究要么在 LL 序列（例如，纯 PBL）中进行，要么在 HL 序列（例如，带问题的讲授，基于案例的学习）中进行，如让学生参与复杂的脚手架问题（即高结构）的学习，随着时间的推移，学习者越来越博学或技能越来越娴熟，脚手架将慢慢退去（即低结构）。讲课中使用现实问题在实践中是比较普遍的［参见施瓦茨和布兰斯福德（Schwartz and Bransford，1998）在这方面的一项重要研究］，如果不经常直接研究，这显然符合 HL 序列。尽管第 12、13、14 章呈现了与 LH 序列一致的不同研究项目，但是 LH 教学序列在 PBL 研究中是很少见的（在教育研究中更常见，参见 Jacobson et al.，2013）。

　　在未来的 PBL 研究中，为什么考虑教学结构序列可能是重要的？首先，这一因素在以往的 PBL 研究中并未得到明确的考虑。涉及这一因素的研究将在研究设计上允许对不同 PBL 方法进行比较，还允许对 PBL 方法与直接教学的其他各种方法进行比较，就像基施纳及其同伴感兴趣的那样（如工作样例）。与教学结构顺序相关的第二种研究可能被称为效率（效果）权衡。在使用 PBL 时一个经常被提起的问题是 PBL 可能是有效果的，但是没有效率，因为在一门课中"要教的内容实在太多"。接受这种说法的教师可能会因此选择 HH 纯讲授方式，或者在 HL 讲授中渗透问题。但是，在施瓦茨和布兰斯福德（Schwartz and Bransford，1998）进行的一项开创性研究中，他们基于 SPSF 分类，直接研究了 HH、LL 和 LH 组的表现。研究发现，HH 和 LL 处理组均表现不好，两者没有显著差异；但是在后测中，LH 组（他们称之为"聊天组"）的表现显著优于其他两组。我相信，未来在研究不同的 PBL 方法和其他教学方法时，明确考虑教学顺序将有助于提供进一步的实证基础，从而增进我们对基于原则设计有效且高效的 PBL 方法的理解。

三、技术促进 PBL 的进展

在第三部分，我将简要思考如何利用技术来实现和增强 PBL。医学教育中传统的 PBL 方法几乎只用纸质呈现的案例让学生学习，并作为教师提供指导的基础。

本书对技术促进 PBL 使用的环境也非常感兴趣。第 10 章讨论了基于网络的学习环境，它作为活动设计的一部分为论证提供脚手架。第 11 章讨论了基于网络的环境，支持作为设计活动一部分的论证和协作。在第 18 章中，学生使用基于维基百科的环境学习课堂管理案例。这些章节很好地阐释了技术环境表征的蕴含性，能够拓展与案例和问题相关的信息，并提供概念的、认知的和协作的支持，以更加现实和生活化的方式丰富学生的 PBL 经验。显然，未来 PBL 研究应进一步探索有可能出现的和成本上负担得起的新技术，如 3D 可视化、虚拟世界、增强现实等，可以将它们纳入创新的 PBL 设计，推进这一领域发展。

四、结论

本书关注在亚洲教学的背景下，基于问题和以学习者为中心的创新学习设计。读者将收获丰富的信息以及与 PBL 相关的诸多研究经验。我们也期望本章所建议的三个方面将促进 PBL 理论和实践的发展——PBL 的理论发展、促进 PBL 提升的教学顺序、技术促进 PBL 的发展——将激发新的学习设计理念的研究，这将进一步实现杜威给所有教育者提出的挑战：教育不是为未来生活做准备，教育即生活本身。

参考文献

Albanese, M. A., & Mitchell, S. (1993). Problem-based learning: A review of literature on its outcomes and implementation issues. *Academic Medicine*, *68*(1), 52-81.

Bjork, R. A., & Linn, M. C. (2006). The science of learning and the learning of science: Introducing desirable difficulties. *APS Observer*, *19*(29), 39.

Bulgren, J. A., Deshler, D. D., Schumaker, J. B., & Lenz, B. K. (2000). The use and effectiveness of analogical instruction in diverse secondary content classrooms. *Journal of Educational Psychology*, *92*(3), 426-441. doi:10.1037/0022-0663.92.3.426.

Dewey, J. (1938). *Education and experience*. New York: Kappa Delta Pi.

Gentner, D., Loewenstein, J., & Thompson, L. (2003). Learning and transfer: A general role for analogical encoding. *Journal of Educational Psychology*, *95*(2), 393-408.

Hmelo-Silver, C. E. (2004). Problem-based learning: What and how do students learn? *Educational Psychology Review*, *3*, 235-266.

Hmelo-Silver, C. E., Duncan, R. G., & Chinn, C. A. (2007). Scaffolding and achievement in problem-based and inquiry learning: A response to Kirschner, Sweller, and Clark. *Educational Psychologist*, *42*(2), 99-107. doi:10.1080/00461520701263368.

Jacobson, M. J. (2008). Hypermedia systems for problem-based learning: Theory, research, and learning emerging scientific conceptual perspectives. *Educational Technology Research and Development*, *56*, 5-28.

Jacobson, M. J., Kapur, M., So, H.-J., & Lee, J. (2011). The ontologies of complexity and learning about complex systems. *Instructional Science*, *39*, 763-783. doi:10.1007/s11251-010-9147-0.

Jacobson, M. J., Kim, B., Pathak, S., & Zheng, B. (2013). To guide or not to guide: Issues in the sequencing of pedagogical structure in computational model-based learning. *Interactive Learning Environments*. doi: 10.1080/10494820.2013.792845.

Jonassen, D. (1991). Objectivism vs. constructivism. *Educational Technology Research and Development*, *39*(3), 5-14.

Kapur, M., & Bielaczyc, K. (2012). Designing for productive failure. *The Journal of the Learning Sciences*, *21* (1), 45-83. doi: 10.1080/10508406.2011.591717.

Kirschner, P. A., Sweller, J., & Clark, R. E. (2006). Why minimal guidance during instruction does not work: An analysis of the failure of constructivist, discovery, problem-based, experiential, and inquiry-based teaching. *Educational Psychologist*, *41*(2), 75-86.

Klahr, D., & Nigam, M. (2004). The equivalence of learning paths in early science instruction: Effects of direct instruction and discovery learning. *Psychological Science*, *15*, 661-667.

Kolb, D. A., Boyatzis, R. E., & Mainemelis, C. (2001). Experiential learning theory: Previous research and new directions. In R. J. Sternberg & L. Zhang (Eds.), *Perspectives on thinking, learning, and cognitive styles: The educational psychology series* (pp. 227-247). Mahwah: Lawrence Erlbaum Associates.

Mayer, R. (2004). Should there be a three-strikes rule against pure discovery learning? The case for guided methods of instruction. *American Psychologist*, *59*(1), 14-19.

Miller, C., Lehman, J., & Koedinger, K. R. (1999). Goals and learning in microworlds. *Cognitive Science*, *23*, 305-336.

Nadolski, R. J., Kirschner, P. A., & van Merriënboer, J. J. G. (2005). Optimising the number of steps in learning tasks for complex skills. *British Journal of Educational Psychology*, *75*, 223-237.

Quilici, J. L., & Mayer, R. E. (1996). Role of examples in how students learn to categorize statistics word problems. *Journal of Educational Psychology*, *88*, 144-161.

Schwartz, D. L., & Bransford, J. D. (1998). A time for telling. *Cognition and Instruction*, *16*(4), 475-522.

Sweller, J., & Cooper, G. A. (1885). The use of worked examples as a substitute for problem solving in learning algebra. *Cognition and Instruction*, *2*, 59-89.

Van Joolingen, W. R., de Jong, T., Lazonder, A. W., Savelsbergh, E. R., & Manlove, S. (2005). Co-Lab: Research and development of an online learning environment for collaborative scientific discovery learning. *Computers in Human Behavior*, *21*, 671-688.

VanLehn, K., Siler, S., & Murray, C. (2003). Why do only some events cause learning during human tutoring? *Cognition and Instruction*, *2*(3), 209-249.

Williams, S. M. (1992). Putting case-based instruction in context: Examples from legal and medical education. *The Journal of the Learning Sciences*, *2*(4), 367-427.

第二十章　真实性学习研究和实践：问题、挑战和未来方向

高恩静

阿曼达·S. 卡雷恩

马努·卡普尔①

摘要：真实性学习研究关注的主题和应用的视角是多方面的，包括认知、情感和社会文化方面。本书的各个章节呈现了真实性问题、真实性实践和真实性参与中的理论和实践问题。我们建议未来的研究应专注于开发一个稳健的理论框架，检验真实性学习对发展 21 世纪素养的有效性，研究从传统教育向真实性学习实践的转化，探索前几章提到的真实性学习的新兴研究话题。研究者、实践者和其他利益相关者需要共同努力推进真实性学习的理论和实践，并解决新实践与学校现行系统其他要素间的矛盾。

关键词：真实性问题解决；真实性学习；理论和实践；未来研究

① Y. H. Cho (✉)

Department of Education，Seoul National University，Seoul，South Korea

e-mail：yhcho95@snu. ac. kr

I. S. Caleon · M. Kapur

National Institute of Education，Nanyang Technological University，Singapore，Singapore

e-mail：imelda. caleon@nie. edu. sg；manu. kapur@nie. edu. sg

© Springer Science+Business Media Singapore 2015

Y. H. Cho et al. （eds.），*Authentic Problem Solving and Learning in the 21st Century*，Education Innovation Series，DOI 10. 1007/978-981-287-521-1 _ 20

一、引言

真实性学习促进问题解决和合作技巧的发展已经在多方面被探讨。近年来，在以往以考试为导向的教育阻碍学生非认知技能和价值发展的许多国家，学校改革和教育创新都强调用真实性学习方法。本书包括理论讨论、真实性学习具体案例、真实性学习过程和结果的实证研究，以及学生在实施真实性任务时面临的挑战。这些研究为与真实性学习和问题解决相关的教育实践及理论问题提供了新见解。

本书呈现了真实性学习的多种方法。一些研究者强调复杂和结构不良问题的解决，但也有研究者鼓励学生参与社会文化共同体的实践。此外，在正式和非正式的情境下，多种理论框架和模型（例如：有益性失败、认知功能盘、具身认知）被用来研究真实性学习现象。有几章还呈现了根据新加坡学校的实际情况重新解释和修改的真实性学习案例。尽管本书的研究运用了多元的方法，但它们都有一个共同的假设，即学习不应该与学校之外的真实世界分开（Barab et al.，2000；Brown et al.，1989）。

二、三种真实性学习的方法

在本书中，关于真实性学习的研究分为三个方面：真实性问题、真实性实践和真实性参与。这些方法不是分离的，但是它们强调了真实性学习的不同方面。也就是说，一项研究可能不止一种方法。

（一）真实性问题

真实性问题的方法强调通过解决包含真实世界情景的开放性的、复杂和结构不良的问题进行学习。这种方法的一种著名的教学模型是问题式学习（PBL）。自 20 世纪 60 年代以来，PBL 已经在医学、商学、K-12 学校教育等不同领域内使用。正如洪伟（第 5 章）所说的，根据问题结构化程度和学习者自主程度，PBL 模型有很多种。例如在第 4 章，教师给小学生提供了一个开放式的数学问题。这一问题界定非常清晰，并给学生提供了足够的教学支持。相反，在第 6 章，理工学院的学生通过以学生为中心的协作活动来解决结构不良的真实世界问题。教师需要决定哪种 PBL 模型是适合学生的，能为学习目标做贡献且在他们学校的大背景之下是可行的。

关于真实性问题的方法，设计真实性问题解决方案是至关重要的，它可以决定学生从问题解决活动中学到什么。多希等人（Dochy et al.，2003）认为 PBL 中的真实性问题是"作为一种工具来获得最终解决问题所需的知识和必要技能"。在第 3 章，撒坎林甘牧（Sockalingam）建议教师通过考虑 PBL 问题的相关性、熟悉性、难易性和清晰性来设计 PBL 问题的内容、情景、任务和呈现形式。她也认为设计的问题应该旨在促进自主学习，鼓励团队合作和精细加工，激发兴趣和批判性推理并能导向学习议题。这些原则可以应用于设计各领域内的真实性问题。但是，值得注意的是真实性问题的特征会因领域而异。例如，设计工程学的真实性问题需要不同的问题解决方案，科学探究的过程、直觉和能力，旨在解释自然现象的因果关系。乔纳森（Jonassen，2011）认为学生学习如何解决不同类型的问题需要不同的教学方法。根据问题的结构、复杂性和动态性，他鉴别了 11 种问题（例如，逻辑问题、做决策、困境）。

（二）真实性实践

真实性实践方法包括各种各样的学习活动，类似于校外社区的普通实践。本书呈现了学生在真实的实践中是如何学习的，例如游戏、再混合、论证、具身活动和失败的经历。这些实践在亚洲以考试为导向的学习系统中是被忽视的。为了发展 21 世纪能力，学生应该参与到真实性实践中，而不仅仅是获得一门学科的知识。卡法伊和伯克（Kafai and Burke，2013）认为计算机编程教育应该从单个的编码练习转向真实且有形的应用，在网络共同体中，真实的应用能共享且再混合。这样能鼓励 K-12 学生像计算机科学家一样去思考。与之一致，白宗浩等人提出带有论证的真实思维（ATA）模型，在这个模型中，学生像工程师一样生成、共享评估论证（第 10 章）。林和伊斯梅尔也提供了在浸润式的环境中通过具身经历促进地理学习的 6 种学习框架（例如，通过探究学习、合作、存在、建构、竞赛和表达）。三维虚拟世界让初中生可以像真实世界的地理学家一样从地理经验中学习。

在学徒制等真实学习情景中，人们从错误中学习，往往能获得新经验（Lave and Wenger，1991）。根据有益性失败模型（第 12、13、14 章），在获得教师权威的答案之前，针对一个新问题，学生生成并探究多样的解决方法是有益的。通过多个实证研究，卡普尔和他的同事发现，与直接讲授式教学中伴随问题解决活动相比，有益性失败活动对数学概念的理解和迁移方面更有效。即使学生没有根据规范原则表达正确的或更能接受的回答，他们也能通过生成多元的表达和解决方法，并将自己的答案与最可取的答案进行比较来学习。洛伊布尔和拉梅尔也发现，先于教学的数学问题解决活动能让学生将已有的知识具体化，并关注已有知识与权威解决方法间的差异（第 13 章）。这些发现表明当学生以数学共同体成员之一的身份去探究、生成、重新定义、解释、比较和评估他们的表现和解决方法时，他们就能有效地学习数学。

（三）真实性参与

本书包括一些真实性参与方法的章节，它主要关注通过参与共同体实践发生的学习（Barab et al.，2000；Lave and Wenger，1991）。鼓励学生即使没有掌握足够的知识和技能（Brown and Adler，2008），也要"学着成为"共同体中的一员。这一方法是对传统模式中让学生先积累很多知识然后再参与校外共同体实践的颠覆。在第 15 章中，许诺景呈现了一个案例，在案例中学校将一门商业课程与零售商店的实习进行整合。在真实的工作场所，初中生跟随他们的导师，作为零售助理完成真实世界的任务，并共同反思他们的经历。另外，金米宋和叶晓璇（Kim and Ye，第 16 章）展示了未来教师通过实地观察恒星、建构多模态模型来考察天文学现象，积极与导师互动以及在工作坊中教初中学生，学会了教授尺寸和距离的天文概念。在这两项研究中，学习者都参与学习，通过真实世界情景下的真实性经历学习如何像他们的导师一样思考和行动。让学生参与一个真实的共同体并扮演从业者的角色，这样能帮助他们体验一个与实际工作环境相符合的角色。学生获得的知识和技能是与某一领域从业者的实践相关的。在多个领域内整合学校课程与基于共同体的社区参与需要更多的努力。为了实现这一目的，教师可以鼓励学生使用移动设备或网络 2.0 技术，以构建在线共同体并实现校内外无缝学习（Looi et al.，2010）。

此外，由从业者组成的学习共同体也作为其他以参与为导向研究的焦点——陈婉诗和卡雷恩（Tan and Caleon，第 17 章）详细描述了教师合作式的问题发现，郭俊郎和王其云（Quek and Wang，第 18 章）描述了在问题发现和解决方法决策时教师使用基于案例和基于技术的学习环境。这两项研究对当前在问题发现方面文献不足的情况都有贡献。但是，不同于陈婉诗和卡雷恩的研究，参与郭俊郎和王其云的研究的教师在问题发现过程中看上去是独立的而不是合作的。郭俊郎和王其云关注的是班级课堂管理案例的问题，而陈婉诗和卡雷恩关注的是在参与者教学实践中真实的问题。尽管在这些研究中呈现了不同小组的互动模式，但是二者都强调有效讨论的必要性，以及为了促进问题解决的过程，团队成员间拥有共同知识基础的必要性。新入职的教师可以通过讨论教育问题，反思他们的教学实践、合作式地创建课程计划、共享课程资源，在教师共同体中与有经验的教师交流来发展他们的知识、技能、价值和身份认同。当前，教师间的交流得到网络 2.0 技术的支持（Goos and Bennison，2008；Herrington et al.，2006）。

三、真实性学习研究和实践未来的方向

本书的研究表明真实性学习对补充或修正现行注重知识获得以在考试中取得好成绩的课程和教学非常有价值。在 21 世纪，学生应该发展诸如合作、交流、ICT 素养、公民意识、创造力、批判性思维和问题解决技能（Voogt and Roblin，2012）。与教师直接教学相比，真实性学习方法对发展 21 世纪能力更有利，教师直接教学很少能促进学生积极参与。尽管真实性学习有着巨大的潜力，但真实性学习研究和实践仍面临不少挑战：（1）建立一个综合的理论框架；（2）真实性学习在培养 21 世纪能力方面的有效性；（3）传统教学向真实性学习的转化；（4）研究新兴话题的必要性。

（一）建立一个综合的理论框架

首先，有必要建立一个有力的理论框架来解释真实性学习和问题解决的机制。为了推进真实性学习的研究，我们需要了解人们是如何在实践社区中学习成为一名实践共同体中的从业者或专业人员，学生通过真实性学习和问题解决学会了什么，以及真实性学习过程是如何影响能力发展的。本书从认知和社会文化的角度，对学生从真实性学习或问题解决活动中学到了什么、如何学习有多种解释。例如，第 7 章将与 PBL 相关过程的认知和元认知功能概念化。基于认知理论，研究者也解释并验证了通过有益性失败的学习机制以及创造影响学习的条件（第 12、13、14 章）。另外，为了

研究学生在合作探究活动中是如何形成并维持共同基础，塔拉等运用社会文化的视角（例如参与分配）进行研究。陈婉诗和卡雷恩也描述了教师如何通过协商来确定他们的学习目标并在专业学习共同体中识别课程和教学问题（第 17 章）。这些关于真实性学习的多元视角应该相互比较，并通过多元背景之下的实证研究加以检验。

尽管在研究假设、研究兴趣、术语和研究方法上，持社会文化观点的研究者与持认知观点的研究者会存在差异（Greeno，1997），但他们之间需要分享研究发现，协商真实性学习和问题解决的意义。安德森等（Anderson et al.，2000）声称"情景和认知的方法能让人了解教育过程的不同方面，二者都应该大力推行"。为了形成真实性学习强有力的理论框架，研究者不仅需要从各自的视角研究真实性学习的机制，也需要从认知和社会文化的角度整合研究发现。例如，卡普尔和比莱克兹（Kapur and Bielaczyc，2012）阐述了有益性失败问题的设计原则，以及真实性学习发生的参与和社会环境。嵌套在有益性失败设计中的机制可以在多种水平进行操作，从设计任务的认知机制与嵌套在合作式参与结构中的社会机制到设置适合的规则和期待的社会文化背景以让真实性学习发生（Bielaczyc and Kapur，2010；Bielaczyc，Kapur and Collins，2013）。

（二）真实性学习在培养 21 世纪能力方面的有效性

我们需要更多的研究，以调查真实性学习对培养 21 世纪能力的有效性。尽管有人批判像 PBL 和探究式学习这样的最少指导方法对知识建构并不有效（Kirschner et al.，2006），但是本书有几个章节表明真实性学习方法对学术和情感的学习结果有积极影响。例如，谭佩玲和聂尤彦发现，真实性任务对初中生的处置结果有重要影响，包括个人参与、掌握性和表现性学习目标以及任务的价值（第 2 章）。另外，卡普尔和卓也梳理了已有的研究（例如 Kapur，2013，2014，2015），发现了有益性失败实践在不影响程序流畅性的前提下对概念理解迁移的有效性（第 12 章）。

但是，很少有研究关注真实性学习活动在培养诸如合作性问题解决、交流、批判性思维和公民意识等能力方面的影响。这些研究很少进行，主要是因为很难用一种有效且可靠的方式去评估这些能力。例如，卡普尔和他的同事试图分析合作性问题解决的复杂性动态以及这种动态是如何影响合作的和个体的结果（Kapur et al.，2005，2006，2007）。另一个例子，格里芬等（Griffin et al.，2013）开发了一项基于技术评估合作式问题解决技能的系统，作为 21 世纪技能评估和教学计划的一部分。评估系统能帮助我们研究真实性学习对促进合作式问题解决技能的有效性。更多的关注点需要放在对 21 世纪能力的评估，以及研究真实性学习活动与能力提升的关系上。

（三）从传统教育向真实性学习的转化

我们需要更多的研究来推进从传统教育到真实性学习实践的转化。即使有许多研究支持真实性学习的有效性，教师仍可能会问他们应该如何设计真实性学习（Kapur and Bielaczyc，2012；Kapur and Rummel，2009），他们如何才能改变教学实践或改变对学与教的信念（Cho and Huang，2014；Lawrence and Chong，2010），如何鼓励动机和能力较低的学生参与真实性问题解决，在真实性学习时或之后应该如何评价。谭佩玲和聂尤彦指出，在能力驱动的学校系统之下高风险测试决定未来教育路径，这种环境之下的教师和学生对能力更倾向于持一种固定的观念（第 2 章）。这一观念可能会阻碍教师应用真实性学习活动，它们需要高阶思维技能，尽管这些活动对成绩差和好的学生都有帮助，尤其是成绩较差的学生（Kapur and Bielaczyc，2012；Zohar and Dori，2003）。另外，程陆萍和卓镇南发现了教师在数学课上应用真实世界问题时面临的三大挑战：给不同能力水平的小组同样的题目、在课程规定的时间内完成真实性任务、在呈现真实性任务之前仅教一些基本的计算技巧（第 4 章）。这些挑战与教育系统内或系统间的矛盾密切相关（Engeström，2001）。真实性学习实践可能会与传统学校系统的其他要素产生冲突或紧张关系。（诸如教师和学生的观念、课程与评估、学校文化）根据活动理论，这些冲突是发展和改变的重要来源（Engeström，2001）。为了实现从传统教学向真实学习实践有效的转化，有必要识别、分析并解决真实性学习与学校系统其他要素间的矛盾。

（四）研究新兴话题的必要性

本书的一些章节呈现了未来需要研究的新议题。例如，第 5 章洪伟呈现了许多在医学教育中最初的 PBL 模型之上或多或少有所修改的 PBL 模型。雅各布森也提出教学结构顺序框架（SPSF），并根据教学结构和顺序对 PBL 模型进行分类（第 19 章）。尽管以前的研究总是假定单一类型的 PBL（Kirschner et al.，2006），但以后的研究需要对不同的 PBL 模型进行比较，还要与直接教学进行比较。另外，林等认为东亚社会的学生更应该多参与游戏，这有利于培养创造力（第 9 章）。我们需要更多的研究来解释人类是如何将游戏作为一种真实性实践来学习并产生创造性想法的，并改善游戏在课堂实践中玩的倾向。在第 17 章中，陈婉诗和卡雷恩还提出了有关教师是如何发现和商讨共同体实践问题的新兴研究话题（例如，课程和教学问题）。在学校环境之下，即使是 PBL 问题也通常由教师开发和提供。但是，在共同体的实践中，为了寻求更好的解决办法或进行创新，有必要从不同的角度鉴别新问题并给现存的问题下定义。未来的研究，我们建议设计一种鼓励学生在真实世界情景下发现并商讨问题的真实性学习环境。另一个潜在的有用的研究方向可能是确定问题发现过程的质量与真实性学习环境下生成的解决方案质量间的关系。由于真实性学习研究的历史较短，研究者需要探索新的研究议题并基于对真实性学习实践的反思形成真实性学习原则。

四、结论

真实性学习研究正在不同的话题下积极开展，例如真实性任务、基于问题的学习、具身经验、有益性失败和共同体实践等。根据这些研究关注的真实性类型，我们将这些研究分为真实性问题、真实性实践和真实性参与（Barab et al.，2000）。这些研究也从不同的视角实施，包括认知的、情感的和社会文化方面的。这些多元的方法和视角对理解真实性学习的机制并建立真实性学习环境以满足 21 世纪学生需求是很有帮助的。

本书的多个章节表明真实性学习活动对学生认知、情感和成就以及教师的专业发展是有益的。与此同时，研究者发现教师在学校实施真实性学习活动时遇到了挑战。这些挑战看上去是由新的实践与学校系统其他要素间的矛盾或紧张关系所引起的，在当前的学校中以考试为导向的教育和教师直接教学是很流行的。有必要将这些矛盾看作是开发学校系统，改变教育文化，促进真实性学习实践的机会。对于真实性学习理论和实践的发展，研究者应该共同努力，通过多元视角形成对真实性学习深入的理解。

参考文献

Anderson, J. R., Greeno, J. G., Reder, L. M., & Simon, H. A. (2000). Perspectives on learning, thinking, and activity. *Educational Researcher*, *29*(4), 11-13.

Barab, S. A., Squire, K. D., & Dueber, W. (2000). A co-evolutionary model for supporting the emergence of authenticity. *Educational Technology Research and Development*, *48*(2), 37-62.

Bielaczyc, K., & Kapur, M. (2010). Playing epistemic games in science and mathematics classrooms. Educational Technology, 50(5), 19-25.

Bielaczyc, K., Kapur, M., & Collins, A. (2013). Building communities of learners. In C. E. Hmelo-Silver, A. M. O'Donnell, C. Chan, & C. A. Chinn (Eds.), *International handbook of collaborative learning* (pp. 233-249). New York: Routledge.

Brown, J. S., & Adler, R. P. (2008). Minds on fire: Open education, the long tail, and learning 2.0. EDUCAUSE Review, 43(1), 16-32.

Brown, J. S., Collins, A., & Duguid, P. (1989). Situated cognition and the culture of learning. *Educational Researcher*, *18*, 32-42.

Cho, Y. H., & Huang, Y. (2014). Exploring the links between pre-service teachers' beliefs and video-based reflection in wikis. *Computers in Human Behavior*, *35*, 39-53.

Dochy, F., Segers, M., den Bossche, P. V., & Gijbels, D. (2003). Effects of problem-based learning: A meta-analysis. *Learning and Instruction*, *13*, 533-568.

Engeström, Y. (2001). Expansive learning at work: Toward an activity theoretical reconceptualization. *Journal of Education and Work*, *14*(1), 133-156.

Goos, M. E., & Bennison, A. (2008). Developing a communal identity as beginning teachers of mathematics: Emergence of an online community of practice. *Journal of Mathematics Teacher Education*, *11*, 41-60.

Greeno, J. G. (1997). Response: On claims that answer the wrong questions. *Educational Researcher*, *26*(1), 5-17.

Griffin, P., Care, E., Bui, M., & Zoanetti, N. (2013). Development of the assessment design and delivery of collaborative problem solving in the Assessment and Teaching of 21st Century Skills project. In E. McKay (Ed.), *ePedagogy in online learning: New developments in webmediated human-computer interaction* (pp. 55-73). Hershey: IGI Global.

Herrington, A., Herrington, J., Kervin, L., & Ferry, B. (2006). The design of an online community of practice for beginning teachers. *Contemporary Issues in Technology and Teacher Education*, *6*(1), 120-132.

Jonassen, D. H. (2011). *Learning to solve problems: A handbook for designing problem-solving learn-*

ing environments. New York: Routledge.

Kafai, Y. B., & Burke, Q. (2013). Computer programming goes back to school. *Phi Delta Kappan*, *95*(1), 63-65.

Kapur, M. (2013). Comparing learning from productive failure and vicarious failure. *The Journal of the Learning Sciences*. doi: 10.1080/10508406.2013.819000.

Kapur, M. (2014). Productive failure in learning math. *Cognitive Science*. doi: 10.1111/cogs.12107.

Kapur, M. (2015). The preparatory effects of problem solving versus problem posing on learning from instruction. *Learning and Instruction*, *39*, 23-31.

Kapur, M., & Bielaczyc, K. (2012). Designing for productive failure. *Journal of the Learning Sciences*, *21*(1), 45-83.

Kapur, M., & Rummel, N. (2009). The assistance dilemma in CSCL. In A. Dimitracopoulou, C. O'Malley, D. Suthers, & P. Reimann (Eds.), *Computer supported collaborative learning practices-CSCL 2009 community events proceedings*, Vol. 2 (pp. 37-42). International Society of the Learning Sciences.

Kapur, M., Voiklis, J., & Kinzer, C. (2005). Problem solving as a complex, evolutionary activity: A methodological framework for analyzing problem-solving processes in a computer-supported collaborative environment. In T. W. Chan (Ed.), *Proceedings of the Computer Supported Collaborative Learning (CSCL) conference* (pp. 252-261). Mahwah: Erlbaum.

Kapur, M., Voiklis, J., Kinzer, C., & Black, J. (2006). Insights into the emergence of convergence in group discussions. In S. Barab, K. Hay, & D. Hickey (Eds.), *Proceedings of the international conference on the learning sciences* (pp. 300-306). Mahwah: Erlbaum.

Kapur, M., Hung, D., Jacobson, M., Voiklis, J., Kinzer, C., & Chen, D.-T. (2007). Emergence of learning in computer-supported, large-scale collective dynamics: A research agenda. In C. A. Clark, G. Erkens, & S. Puntambekar (Eds.), *Proceedings of the international conference of computer-supported collaborative learning* (pp. 323-332). Mahwah: Erlbaum.

Kirschner, P. A., Sweller, J., & Clark, R. E. (2006). Why minimal guidance during instruction does not work: An analysis of the failure of constructivist, discovery, problem-based, experiential, and inquiry-based teaching. *Educational Psychologist*, *41*(2), 75-86.

Lave, J., & Wenger, E. (1991). *Situated learning: Legitimate peripheral participation*. New York: Cambridge University Press.

Lawrence, C. A., & Chong, W. H. (2010). Teacher collaborative learning through the lesson study:

Identifying pathways for instructional success in a Singapore high school. Asia *Pacific Education Review*, 11 (4), 565-572.

Looi, C.-K., Seow, P., Zhang, B., So, H.-J., Chen, W., & Wong, L.-H. (2010). Leveraging mobile technology for sustainable seamless learning: A research agenda. *British Journal of Educational Technology*, 41(2), 154-169.

Voogt, J., & Roblin, N. P. (2012). A comparative analysis of international frameworks for 21st century competences: Implications for national curriculum policies. *Journal of Curriculum Studies*, 44(3), 299-321.

Zohar, A., & Dori, Y. J. (2003). Higher order thinking skills and low-achieving students: Are they mutually exclusive? *Journal of the Learning Sciences*, 12(2), 145-181.

索 引

索 引 1

A

Active learning

主动学习　012，021，043，099，125，277，278，281，298

Adaptive learning

自适应学习　023，024，187

Affordance

蕴含性　068，221，369

Analogical encoding，AE

类比编码　364，365

Analogical reasoning

类比推理　365

Apprenticeship

学徒制　006，168，374

Assessment

测评　241

Astronomy

天文学　012，294，295，297，299—303，305，313，375

D

Peer interaction

同伴互动　125，185

Prior knowledge

先前知识　046，047，050，051，066，108，200，201，217，221，223－225，227，234－236，238－240，243－246，248－251，256－258，298，308，312

Problem-based learning，PBL

问题式学习/基于问题的学习　005—008，010—012，041—053，075—088，094—101，108，109，115—129，134，135，348—353，356，359—362

Problem finding

发现问题　005，326，333

Problem solving

问题解决　004－009，011，019，022，043，044，046，047，052，059－063，065，066，077－079，081，082，084－086，096，101－103，107，119，121，131，136，137，152，153，162，179，186，193，228，234，236－239，244，246，248，250，258，268，318，320，326，338－340，343，347，353，367

Problem solving teacher-generated classroom management cases

教师生成的问题解决课堂管理案例　333

Procedural skill

程序性技能　238，239，241，244，245，250，251

Productive failure，PF

有益性失败　005，006，009，011，012，217－221，223－227，229，231，233－235，237，241，242，245，248，249，257，258，365，368，373－377，379

Professional learning community，PLC

专业学习共同体　012，317－319，321，323，325，327，329，331，333，335，337，377

R

S

W

索引 2

A

B

E

F

G

N

O

P

Translation from the English language edition:
Authentic Problem Solving and Learning in the 21st Century Perspectives from
Singapore and Beyond
edited by Young Hoan Cho，Imelda Santos Caleon and Manu Kapur
Copyright © Springer Science＋Business Media Singapore 2015
This Springer imprint is published by Springer Nature
The registered company is Springer Science＋Business Media
Singapore Pte Ltd
All Rights Reserved

湖南省版权局著作权合同登记图字：18－2018－370

图书在版编目（CIP）数据

真实问题解决和 21 世纪学习 /（韩）高恩静（Young Hoan Cho），
（新加坡）阿曼达·S. 卡雷恩（Imelda S. Caleon），（新加坡）马
努·卡普尔（Manu Kapur）编著；杨向东，许瑜函，鲍孟颖
译.—长沙：湖南教育出版社，2020.3（2022.2重印）
（21 世纪学习与测评译丛）
书名原文：Authentic Problem Solving and Learning in the 21st
Century
ISBN 978 - 7 - 5539 - 6485 - 0

Ⅰ.①真… Ⅱ.①高… ②阿… ③马… ④杨… ⑤许… ⑥鲍…
Ⅲ.①问题解决（心理学）－研究 ②学习理论（心理学）－研究
Ⅳ.①B842.5 ②G442

中国版本图书馆 CIP 数据核字（2018）第 250559 号

ZHENSHI WENTI JIEJUE HE 21 SHIJI XUEXI

书　名	真实问题解决和 21 世纪学习	
策划编辑	李　军	
责任编辑	张件元　李　军	
责任校对	任　娟　张　征	
装帧设计	肖睿子	
出版发行	湖南教育出版社（长沙市韶山北路 443 号）	
网　址	www.bakclass.com	
电子邮箱	hnjycbs@sina.com	
微信号	贝壳导学	
客服电话	0731 - 85486979	
经　销	湖南省新华书店	
印　刷	湖南省众鑫印务有限公司	
开　本	787 mm×1092 mm　1/16	
印　张	26.25	
字　数	430 000	
版　次	2020 年 3 月第 1 版	
印　次	2022 年 2 月第 2 次印刷	
书　号	ISBN 978 - 7 - 5539 - 6485 - 0	
定　价	130.00 元